高职高专教育“十二五”规划建设教材
服务区域经济、骨干院校建设项目成果系列教材

兽医实用技术

陆江宁　主编

中国农业大学出版社
·北京·

内 容 简 介

本书针对高职高专人才培养要求，系统全面介绍了动物临床诊断技术和治疗技术，内容包括动物保定、临床检查、实验室检查、仪器检查、诊断建立、注射技术、免疫接种技术、内服给药技术、穿刺技术、冲洗技术、其他治疗技术和兽医临床外产科基本操作技术等项目的基本知识、操作要点和注意事项。本书取材丰富、资料新颖、图文并茂、内容通俗易懂、注重实践、诊疗先进、措施实用，体现了最新兽医科技发展水平。突出实践性、实用性和可操作性是本书的最大特点。

本书既可以作为高职高专畜牧兽医、动物医学、动物防疫与检疫及相关专业的教材，也可以供各级畜牧兽医工作者和相关人员参考。

图书在版编目(CIP)数据

兽医实用技术/陆江宁主编. —北京：中国农业大学出版社，2014.9(2018.1 重印)
ISBN 978-7-5655-1054-0

Ⅰ.①兽…　Ⅱ.①陆…　Ⅲ.①兽医学　Ⅳ.①S85

中国版本图书馆 CIP 数据核字(2014)第 188991 号

书　　名　兽医实用技术
作　　者　陆江宁　主编

策划编辑　陈　阳　伍　斌　　**责任编辑**　韩元凤
封面设计　郑　川　　**责任校对**　王晓凤　陈　莹
出版发行　中国农业大学出版社
社　　址　北京市海淀区圆明园西路 2 号　　**邮政编码**　100193
电　　话　发行部 010-62818525，8625　　读者服务部 010-62732336
编辑部 010-62732617，2618　　出　版　部 010-62733440
网　　址　http://www.cau.edu.cn/caup　　**e-mail** cbsszs @ cau.edu.cn
经　　销　新华书店
印　　刷　北京时代华都印刷有限公司
版　　次　2014 年 9 月第 1 版　　2018 年 1 月第 2 次印刷
规　　格　787×1 092　　16 开本　　19.25 印张　　480 千字
定　　价　43.00 元

编审委员会

编 写 人 员

主　编　陆江宁　黑龙江农业职业技术学院

副主编　杨名赫　黑龙江农业职业技术学院

许贵新　黑龙江省九三管理局红五月农场

参　编　王晓楠　黑龙江农业工程职业学院

李兰东　黑龙江农业职业技术学院

解志峰　黑龙江农业职业技术学院

董秀华　黑龙江哈尔滨维尔好有限公司

主　审　章红兵　金华职业技术学院

总　序

黑龙江农业职业技术学院坐落在华夏东极、最佳生态环境魅力城市佳木斯市，耕耘在世界三大黑土带、美丽富饶的三江平原，融入我国发达的北大荒现代化大农业，已走过66年的办学历程。学院历经逆境求存、困境崛起、深化改革、全面跨越，取得了辉煌成就。在长期的培养实用人才、服务区域经济的实践中，我院形成了“大力发展农业职业教育不动摇、根植三江沃土不动摇和为‘三农’服务不动摇”的办学理念。我院20世纪90年代初就在农业职业教育领域率先实施模块式教学，引领全国农业教学改革。在漫漫职教路上以不断探索、深化改革、努力创新来紧跟国家导向、适应社会发展、满足人民需求。以服务为宗旨、就业为导向，不断创新办学模式；依专业创建各具特色的人才培养模式；尽心倾力服务三农，融入区域经济建设，结出人才培养、服务地方、学院发展硕果。

在人才培养、社会服务过程中，我们觉得有必要以一套教材为载体，按照行业、企业标准，依据实际生产过程组织教学内容，制定课程标准，将相关专业培养技术技能人才、服务区域经济发展及教育教学改革成果、科学研究成果有机融合，旨在提高教学效果、提升人才培养质量，提高对生产一线人员再培训的针对性、指导性和精准度，提升为“三农”服务的水平。

本套教材我们主要推介我院农学、动物科学两个分院，这两个分院的主干专业分别得到了国家财政重点建设资金的支持，也是我院骨干院校建设的重点建设专业，在教育教学改革研究与实践及为“三农”服务等方面均取得了显著成绩。

农学类专业是我院1948年建校初期就有的元老级专业，从2008年开始在农学类专业中进行“校企轮换三循环周期”人才培养模式改革，即3+3模式。配合此项改革，我们又陆续进行了课程重组、公司运营模式下的教学管理、公司绩效考核制度等项改革，效果显著，得到了企业、学生、学生家长的认同。连续多年农学专业毕业生提前一年就被用人单位全部抢定，就业率连年达到100%。

农学类专业教材围绕北方主要种植的四大农作物（水稻、大豆、玉米、马铃薯）的生产技术进行编写，包括《水稻生产流程》、《大豆生产流程》、《玉米生产流程》、《马铃薯生产流程》、《水稻植保措施及应用》、《大豆植保措施及应用》、《玉米植保措施及应用》、《马铃薯植保措施及应用》、《水稻生产与管理》、《大豆生产与管理》、《玉米生产与管理》、《马铃薯生产与管理》共12本教材，这套教材将作物栽培、植物保护、土壤肥料等知识融合为一体，使教学内容更贴近生产实际需要。每本教材包括播前准备、播种（育苗移栽）、田间管理、收获及贮藏等项目。每个项目由技术培训、技术推广和知识文库三部分组成，技术培训为教师讲解内容。技术推广主要锻炼学生查阅资料文献、自主学习、制作PPT、团队协作等方面的能力。知识文库为帮助学生进一步学习和实践，拓展知识面而设置。教材力求贴近农业生产实际，以作物为基础，以作物生产流程为主线，瞄准就业岗位群，突出职业培养能力，做到“学中做、做中学”。

畜牧兽医专业也是我院1948年建校初期设立的传统优势专业，近年来，他们坚持以提高人才培养质量建设为核心，紧密结合区域经济发展和行业进步，不断改革、创新与实践，通过深化校企合作、工学结合不断丰富自身内涵建设，在课程建设与改革，尤其是专业教材建设上取得了一系列独具特色的成果。

此次利用畜牧兽医专业列入中央财政重点支持专业和教育部重点实验实训基地建设的契机，根据学院建设骨干院校项目的统一部署，充分运用近年来专业教学改革的成果，组织了理论功底深厚、职教经验丰富的专家和生产技能纯熟的企业能工巧匠共同开发了《畜禽环境控制技术》、《动物营养与饲料配制技术》、《动物繁育技术》、《兽医实用技术》、《动物病理诊断实务》、《禽生产技术》、《猪生产技术》、《禽病防治技术》和《猪病防治技术》等九部畜牧兽医专业的校本教材。

畜牧兽医专业教材主要在以下四个方面做了有益的探索：一是教材编写突出企业属性，情境、标准、程序等紧贴或模拟企业生产实际，紧跟行业变化，重在实用；二是突出技能属性，围绕技能编写教材，重在技能培养、训练与养成，期望使学科型教材力争让位于以能力为本位的教育；三是突出地域属性，紧紧依托北方畜牧生产实际，突出解决寒地畜禽品种生产中的关键问题；四是突出多功能属性，教材既是理论讲义、实验实习指导手册，同时也具备生产指导的功用。

畜牧兽医专业教材充分贯彻了畜牧兽医行业职业岗位能力培养这一主题，以常规技术为基础，以关键技术为重点，以先进技术为导向，将素质教育、技能培养和创新实践有机地融为一体。希望通过它的出版不仅较好地满足我们及兄弟院校相关专业的教学需要，而且对北方地区畜牧兽医及其相关专业的高职高专专业建设、课程建设与改革、提高教学质量等方面也能起到积极的推动作用。

本套教材也适用于基层农业技术人员、农业生产者培训及自学。

在此还要感谢拜耳作物科学（中国）有限公司、先正达（中国）投资有限公司、陶氏益农（中国）有限公司、巴斯夫（中国）有限公司、黑龙江共青农场青林猪场、山东益生种畜禽股份有限公司、内蒙古新浩基农牧发展有限公司、北京大北农饲料科技有限公司等单位长期以来与我们密切合作、共谋职业教育，共同育人、携手发展。感谢各行业、企业的有关领导和专家对本套教材编写出版的鼎力支持。

黑龙江农业职业技术学院院长：

2014年6月13日

前　言

现代兽医工作者必须具备对动物疾病进行诊断的能力和使用各种临床治疗技术的能力。本书对动物疾病诊断方法和治疗技术等做了系统的介绍。内容包括动物保定、临床检查、实验室检查、仪器检查、诊断建立、注射技术、免疫接种技术、内服给药技术、穿刺技术、冲洗技术、其他治疗技术和兽医临床外产科基本操作技术等项目的基本知识、操作要点和注意事项。本书紧扣高职高专畜牧兽医、动物医学、动物防疫与检疫及相关专业学生培养目标，以提高学生兽医临床实用技术水平为主线，着重培养学生的实践动手操作能力，实现了教、学、做一体化。突出实践性、实用性和可操作性是本书的最大特点。

本书编写分工如下：陆江宁主要编写动物保定技术、临床检查技术等两个项目；杨名赫主要编写实验室检查技术、仪器检查技术及建立诊断等三个项目；许贵新主要编写注射技术和穿刺技术等两个项目；王晓楠主要编写一般外科技术；李兰东主要编写免疫接种法和其他治疗技术等两个项目；解志峰主要编写接产技术；董秀华主要编写内服给药法和冲洗技术等两个项目。

本书在编写过程中得到有关院校专家学者和现场兽医专家的热情指导和大力支持，在此表示衷心感谢。同时感谢本书中提到的文献资料的作者。本书承蒙金华职业技术学院章红兵老师的审核并提出宝贵意见，在此表示衷心感谢！

由于编者水平有限，书中不足之处在所难免，敬请读者批评指正。

编　者

2014 年 7 月

目　录

模块一
临床诊断技术

项目一　动物保定技术

△【项目描述】

● 本项目主要介绍对各种动物进行保定方面的知识以及常见动物的保定方法。

△【技能目标】

● 通过对本项目的学习，会使用各种动物保定器械，能对常见动物进行保定。

技能一　马的保定技术

一、马的接近方法

接近马时应先向主人了解其习性，有无咬人、踢人和刨人等恶癖，切不可贸然接近；接近时要大胆、沉着，不要犹豫和慌张，否则会引起马的不安而做出踢、咬等伤害动作。

接近马时，应从马的左前方接近，以便事先有所注意。用手接近马的鼻孔，同时轻声呼唤马的名字或用轻柔友善的声音与马打招呼，这时，马会用鼻子嗅闻气味，以辨别来人。不要从马的后部，特别是后躯部接近，也不要从正前方接近。

接近马时不要突然触碰马的耳、腹、肷、睾丸、蹄和肛门等敏感部位，否则会引起马的强烈反应。

二、笼头保定法

对于温顺的患马，可以一边抚摸一边让畜主协助，两手呈水平握住笼头，保定头部。

三、鼻捻子保定法

将鼻捻子的绳套套入一手上，并夹于指间，另一手抓住笼头，持有绳套的手自鼻梁向下轻轻抚摸至上唇时，迅速有力地抓住马的上唇，此时另一手离开笼头，将绳套套于唇上，并迅速向一方捻转把柄，直至拧紧为止(图 1-1)。

四、耳夹子保定法

即用耳夹子压迫耳朵。先将一手放于马耳后的颈侧，然后迅速抓住马耳，以持夹子的另一手迅即将夹子放于耳根并用力夹紧，此后应一直握紧耳夹(图 1-2)。需注意的是：不论遇到什么情况，不能将耳夹子的两个把柄同时撒手，以免因骚动、挣扎、甩头时将耳夹子甩出伤人。亦可左手抓住笼头，右手拧紧耳朵做徒手保定。

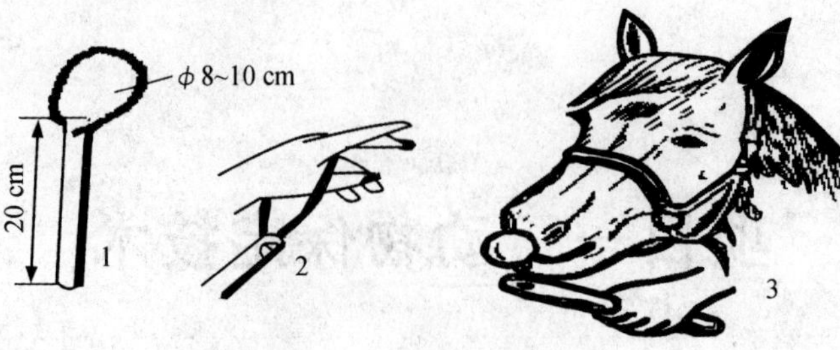

图 1-1　马鼻捻子保定法

1. 鼻捻绳及绳套　2. 绳套夹于指间的姿势　3. 拧紧上唇

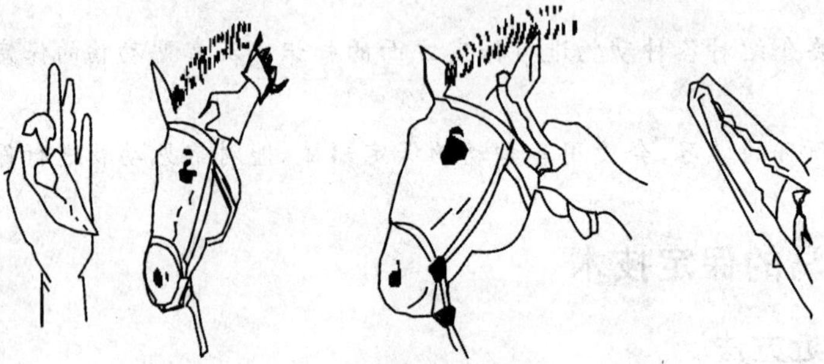

图 1-2　马耳夹子保定法

五、柱栏保定法

依据患马的骚动程度以及治疗目的，把马保定在栏柱内（图 1-3）是最安全的。用做柱栏的材料多为钢管，也有少数为木质的。柱栏上有多个钩和环，可拴缰绳、挂输液瓶、吊桶，并备有一头固定、另一头拴解方便的绳或带，如肩前带、臀带、背带和腹带，使前、后、左、右、上、下都固定，十分安全。

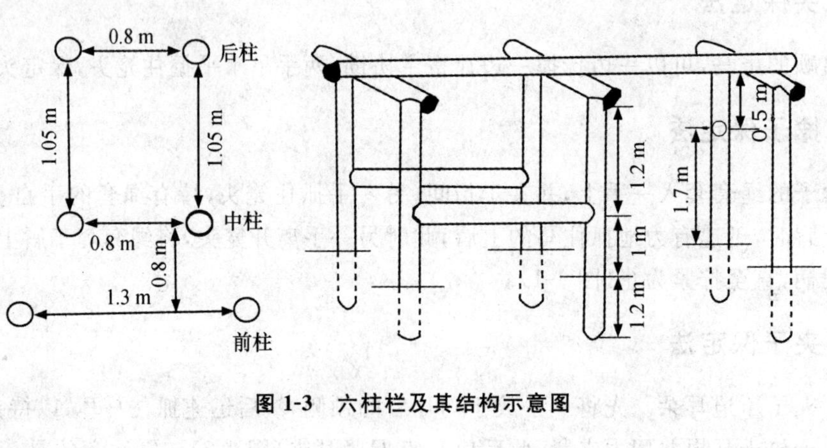

图 1-3　六柱栏及其结构示意图

1. 单柱栏保定法

本法多用于野外。将缰绳系于立柱或树桩上，用颈绳或直接用缰绳，绕颈部后系结固定。

2. 二柱栏保定法

将马牵至柱栏左侧，缰绳系于横梁前端的铁环上，用另一绳将颈部系于前柱上，最后缠绕围绳及吊挂胸、腹绳（图 1-4）。此法可用于临床检查、检蹄、装蹄等。

3. 四柱栏保定法

四柱栏较六柱栏少两个门柱，但前柱上方各向前外方突出并弯下，设有吊环，可供拴缰绳用。先挂好胸带，将马牵入柱栏内，然后挂上臀带。在直肠检查时，需上好腹带及肩带（图 1-5）。本法常用于诊疗室内。

图 1-4 马二柱栏保定法

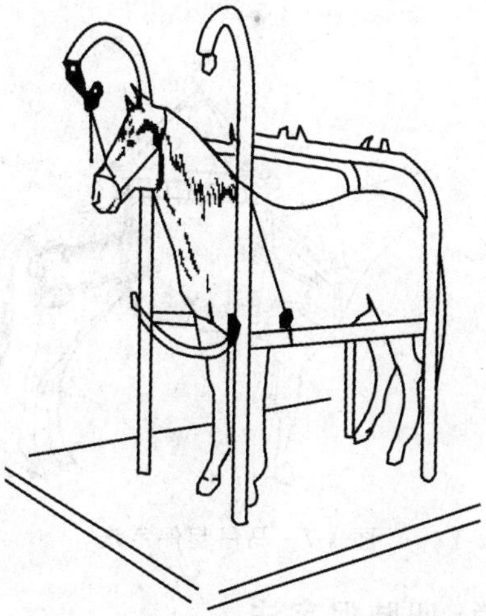

图 1-5 马四柱栏保定法

六、柱栏内前后肢转位保定法

此法适用于蹄底、系凹部以及腕、跗关节手术（图 1-6）。

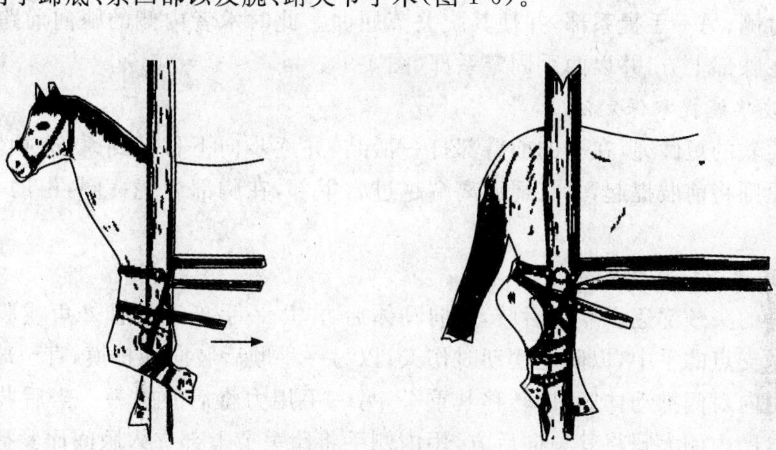

图 1-6 马柱栏内前后肢转位保定

七、吊起保定法

当患畜起立困难时，为使其站立，便于治疗和操作，可将患畜吊起在栏柱内或其他适宜的地方，并用笼头将头部固定，同时必须安装吊带(图 1-7)。

八、马尾保定法

在保定马时，除保定头和四肢外，还要保定尾部。用细绳系尾，将绳的一端系在头颈部或系在后部的保定栏柱上(图 1-8)。

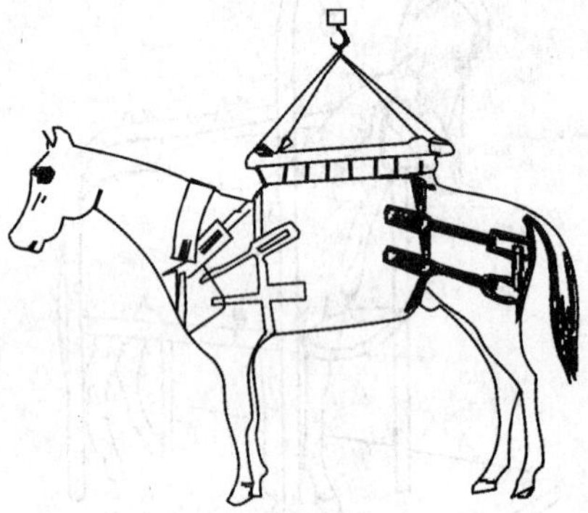

图 1-7 马吊起保定法

图 1-8 马尾保定法

九、四肢保定法

此法用于一般外科处置及蹄病的诊疗。

1. 马前肢徒手提举保定法

令助手牵住马头，术者由马的头颈逐步靠近前肢，面向马体后方，用一手按鬐甲部或臂部做支点，另一手沿肢体逐步向下抚摸，直达系部。提举时做支点的手稍用力推动体躯，使马体重心转移到对侧；另一手提系部，并使其腕关节屈曲。此时术者内侧的腿向前跨出半步，将马的腕关节放在膝部上方，并以两手固定系部(图 1-9)。

2. 马前肢单绳提举保定法

用一根柔软的短圆绳，在马的前臂部打一活结，并逐步向下移动到系部，抽紧。然后按徒手提举法的原则将前肢提起，并将绳游离端越过鬐甲部，在胸部缠绕一圈，由助手拉住绳游离端(图 1-10)。

3. 马后肢徒手提举保定法

术者从马的头颈部逐步靠近后肢，面向马体后方，以一手抵于髂骨外角或股部做支点，并将马尾抓在做支点的手中，以防尾摆动时伤人；以另一手顺后肢向下抚摸，直至球节。此时，做支点的手用力向对侧推动体躯，以转移其重心，另一手用力将后肢提举。当后肢离开地面时，术者立即用自己内侧大腿将其顶向后方，用内侧手将跗关节上部夹入腋间而紧握跖部，并把球节放在大腿上，用两手加以固定(图 1-11)。

图 1-9 马前肢徒手提举保定法

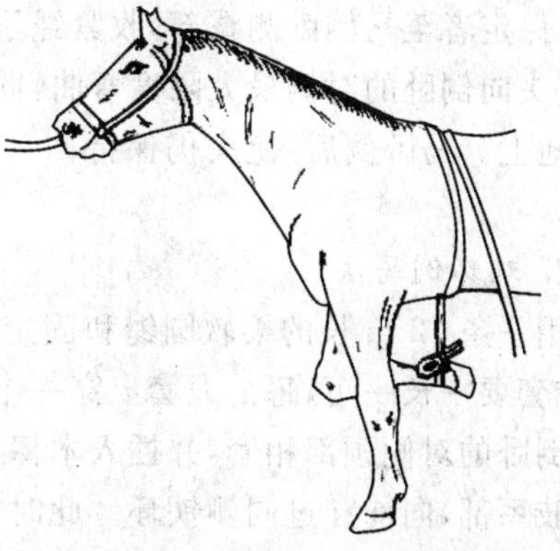

图 1-10 马前肢单绳提举保定法

4. 马后肢单绳提举保定法

用一柔软的短圆绳在胫部打一活结，并逐步移向系部，抽紧。将绳子的游离端通过两前肢之间在颈部绕一圈，然后将后肢拉向前侧方，边拉边收紧绳子，使之离开地面，最后在颈部打一活结，使后肢向前提起(图 1-12)。

图 1-11 马后肢徒手提举保定法

图 1-12 马后肢单绳提举保定法

5. 马两后肢系部保定法

用两条柔软的圆绳，把每条绳的一端分别拴在两后肢的系部，再将两绳的另一端由两肢之间引向前方，分别从前肢的前臂部外侧绕到后侧，从圆绳的下面穿过，并将两侧的绳会合到鬐甲处打活结(图 1-13)。此法是防止马向后踢。

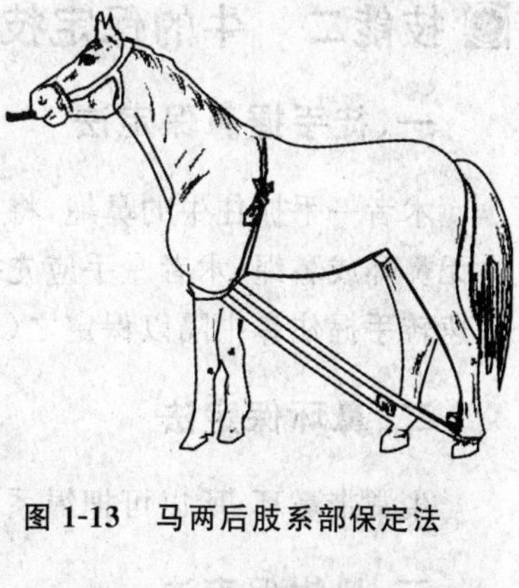

图 1-13 马两后肢系部保定法

十、倒卧保定法(倒马法)

1. 单绳倒马法

用一条长 12 m 的柔软圆绳，一端在颈基部绕圈打结，另一端从两后肢间引向后方，在倒卧对侧的跗关节上方向前折转至腹部，保定者左手抓住平行的这两股绳，右手将绳头经腰背部抛至对侧腹下，利用绳的惯力并用脚将绳勾过来，再以右手穿过颈基部绳环拉紧，同时左手松开，并将腰背部绳子顺臀、尾部推下，边推边拉紧绳子，这时绳子便套在倒卧侧的后腿上，再使绳慢慢下移套住系部。然后，保定者至马倒卧侧臀部，收紧绳子后，使倒卧侧的后肢离开地面。另外，将马缰绳用力拉紧，使头向倒卧的对侧最大限度弯曲，同时用两肘强压马倒卧侧的背腰臀部，使马体失去平衡卧倒地上。马卧倒后，使头仍保持回头状态，迅速用游离绳端固定另一后肢，固定好后，将马放平。

2. 双环倒马法

用一条 12 m 长的柔软圆绳和固定木棒一根，于绳的正中间，做一双套结，并做成两个绳套，绳套要一长一短，每个绳套上穿一个直径 10 cm 的铁环。绳套在马的颈基部，使两个套环在马倒卧的对侧颈部相套，并插入木棒，两游离绳端穿过两前肢及两后肢之间，分别再绕过同侧后肢系部，向前穿过同侧铁环。此时，左右侧的保定者，同时用力向马体后方平行牵引同侧绳的游离端，使马倒卧。马倒后，使两后肢蹄尖靠近前肢肘头，如果是左侧倒卧，则将右侧绳通过右侧颈部，缠于木棒上固定一周，再将该绳从右后肢系部缠绕一周，以活结固定于棒上。主侧绳的游离端从左侧绕过鬐甲至右侧，在木棒上绕一周，再于左侧系部绕一周，以活结固定于棒上(图 1-14)。

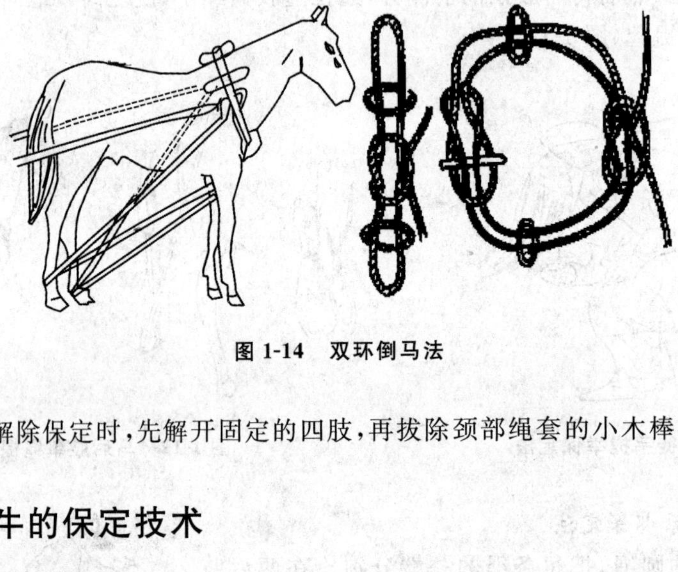

图 1-14　双环倒马法

双环倒马法解除保定时，先解开固定的四肢，再拔除颈部绳套的小木棒，绳子即可完全松开，马即可站起。

◎ 技能二　牛的保定技术

一、徒手握鼻保定法

术者一手抓住牛的鼻绳，将牛鼻上提，另一手握住牛的角根，并略向后推动，即可保定。若牛无鼻环或鼻绳，术者左手应先握住牛的右边角根，右手从下向上将牛下巴拖起，并顺着嘴端迅速转手握住鼻中隔以保定之(图 1-15)。此法可用于一般检查、灌药、肌肉及静脉注射。

二、鼻环保定法

牛常带鼻环，所以可把绳系在鼻环上进行适当的保定。

三、鼻钳保定法

牛鼻钳是特制的专用于保定牛的金属保定器械。将鼻钳插入鼻孔，迅速夹紧鼻中隔，用一手或双手握持，同时牵住鼻钳，也可用绳系紧钳柄固定（图 1-16），此法应用很广。

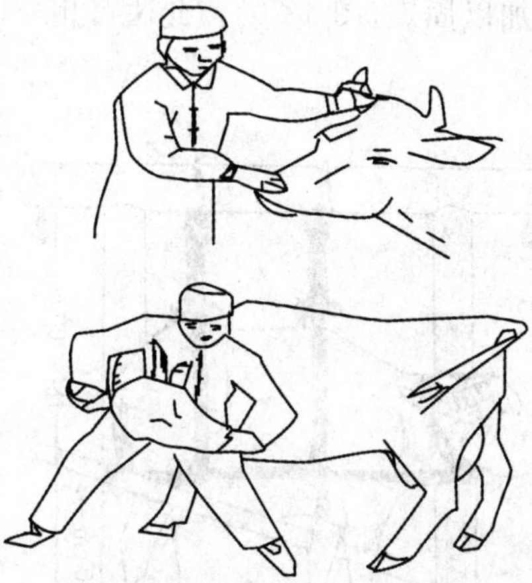

图 1-15 牛徒手握鼻保定法

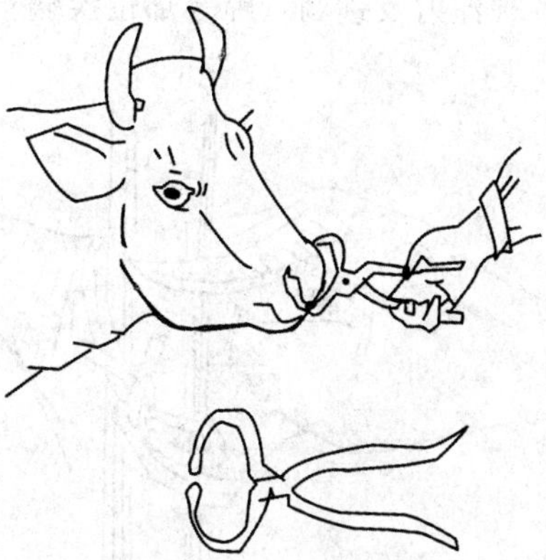

图 1-16 牛鼻钳保定法

四、角根保定法

把绳子沿两角根缠紧，其一端固定在柱栏上，即可将头部固定（图 1-17）。如同时使用鼻钳，则保定效果更佳。此法常用于一般临床检查时保定。

五、牛头部保定法

将牛的两角及笼头绳分别拴在柱栏上，使头部紧顶在柱上（图 1-18）。

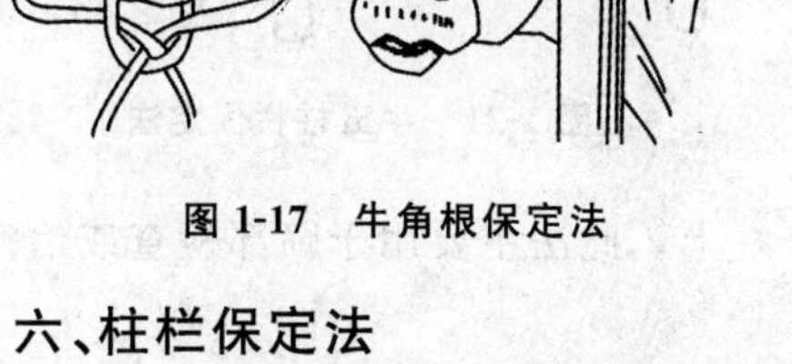

图 1-17 牛角根保定法

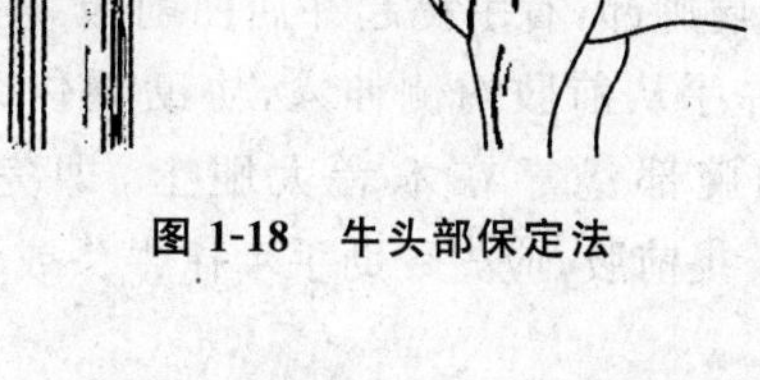

图 1-18 牛头部保定法

六、柱栏保定法

此法临床上最为常用，也是最为确实可靠的保定方法。此法适用于修蹄、瘤胃切开等手术。

1. 单柱颈绳保定

将牛的颈部紧贴在单柱上，以单绳或双绳做颈部活结固定（图 1-19），适用于一般检查或直肠检查。

2. 二柱栏保定

将牛牵至二柱栏内，先做颈部活结保定使颈部固定在前柱一侧，再用一条长绳在前柱至后柱的挂钩上做水平缠绕，将牛围在前后柱之间，然后用绳在胸部或腹部做上下、左右固定，最后分别在鬐甲和腰上打结。必要时可用一根长竹竿或木棒从右前方向左后方斜过腹下，前端在前柱前外侧着地，后端斜向后柱挂钩下方，并在挂钩处加以固定（图 1-20）。此法可用于临床检查、各种注射及颈、腹、蹄等部位疾病治疗。

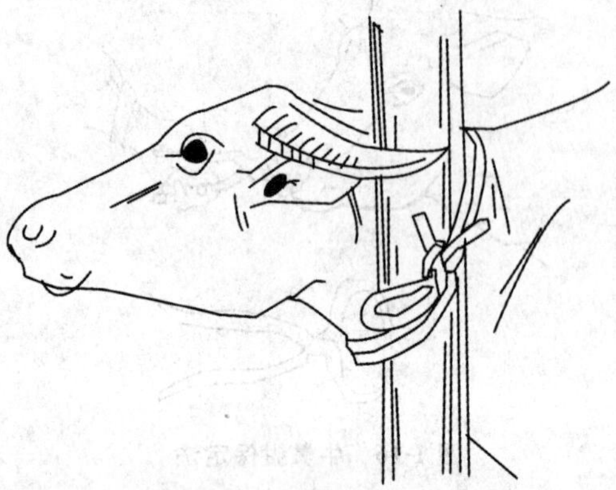

图 1-19　牛单柱颈绳保定法

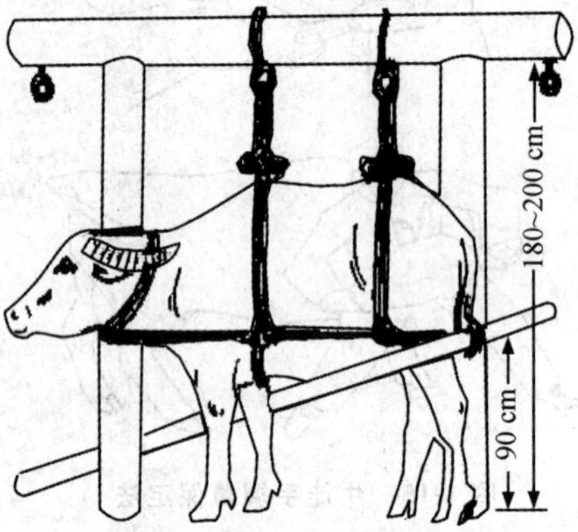

图 1-20　牛二柱栏保定法

3. 四柱栏保定

先将四柱栏的活动横梁按所保定的畜体高度调至胸部 1/2 水平线上，然后牵畜入四柱栏，上好前后保定绳即可保定。必要时可加背带和腹带。适用于临床一般检查或治疗时的保定。

4. 五柱栏保定

保定时，可将牛头固定在前柱上（图 1-21）。其他同四柱栏保定。

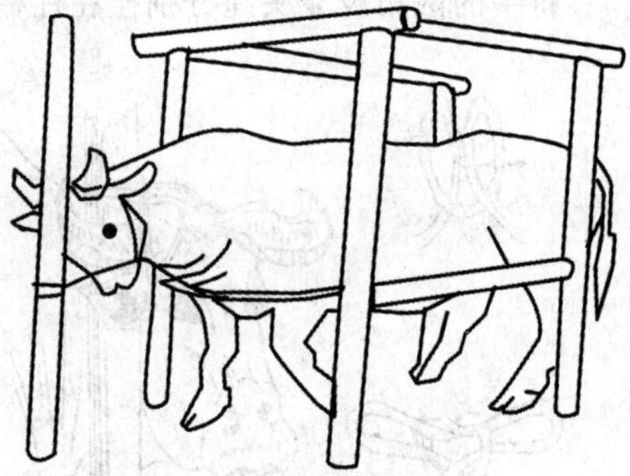

图 1-21　牛五柱栏保定法

七、四肢保定法

1. 牛前肢徒手提举保定

术者面向后，站立在牛左颈侧，以左手扶住肩部，右手顺前肢往下抚摸，握住掌部，然后左手向对侧轻推肩胛部，右手提起并屈曲前肢，左脚同时跨上一步，左手从前肢内侧伸入，协助握住系部，同时将屈曲的腕部垫靠在术者大腿上，即完成保定（图 1-22）。提前肢，应先令助手牵住牛头或将牛角保定于柱上。此法主要用于蹄部检查或治疗时保定。

2. 牛前肢前方转位保定

牛先做四柱或六柱栏保定，再用一根柔软的绳，在牛系部打一环结，将绳子在前柱前面从外向内绕过下横梁，拉起前肢，再将绳子兜住掌部前面，收紧绳子，把掌部侧面拉至前柱，使之紧贴前柱，然后用绳子环绕掌部和前柱，使二者紧靠在一起，固定得越紧越安全（图 1-23）。此法用于较复杂的修蹄或治疗时保定。

图 1-22 牛前肢徒手提举保定法

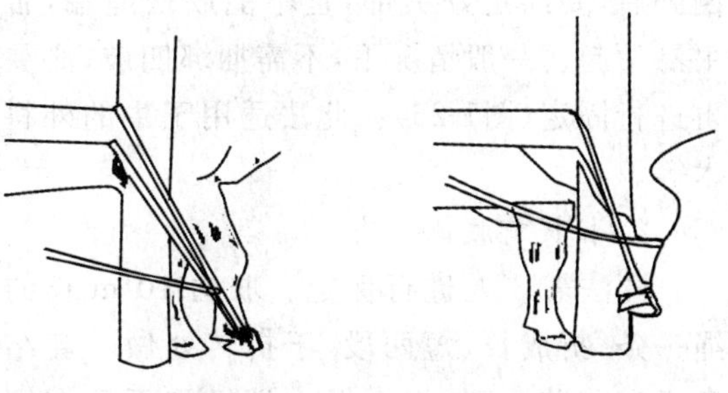

图 1-23 牛前肢前方转位保定法

3. 牛后肢一般保定

用一根柔软的小绳对折，以双绳在跗关节上将两肢胫部围住，然后将绳端穿过折转处拉紧，或将绳和尾拴在一起固定。也可用一根柔软的小绳，先在一后肢跗关节上胫部用绳结系住，再做“∞”形缠绕两肢胫部，将胫部固定在一起，拉紧绳子后打一活结固定(图 1-24)。此法可用于恶癖牛的一般检查、静脉注射以及乳房、子宫、阴道疾病的治疗。

4. 牛后肢后方转位保定

牛先做四柱或六柱栏保定，再用一根柔软的绳，在牛系部打一环结，将绳子从后肢外面由外向内绕过下横梁拉起后肢，使之离开地面，再将绳子兜住跖部，并用力收紧绳子，使跖部前面靠近后柱，然后将二者捆绕在一起，最后用引绳在胫部绕一圈，拉紧固定(图 1-25)。主要用于修蹄或治疗时保定。本法是利用捆绑的方法固定前后肢。前肢的前臂部，后肢的跟腱上部或两后肢的飞节上部，分别用麻绳或尼龙绳捆绑并系紧，以达到保定的目的。

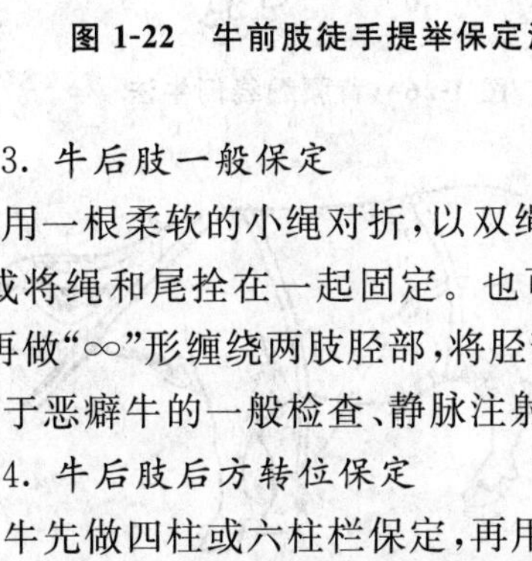

图 1-24 牛后肢一般保定法

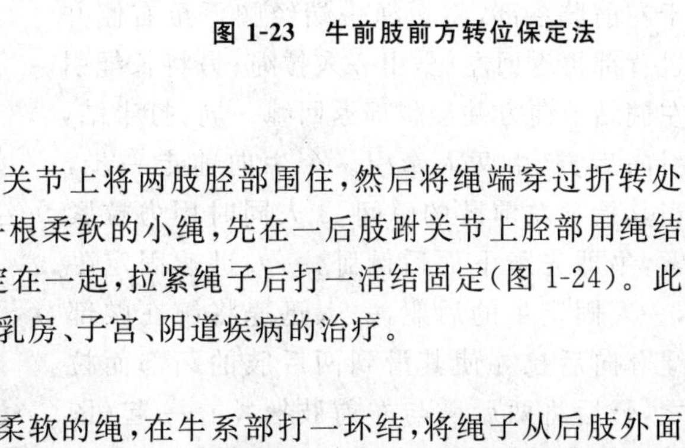

图 1-25 牛后肢后方转位保定法

八、倒卧保定法

1. 背腰缠绕倒牛法

用 12～15 m 长的圆绳一条，一端拴在牛颈部，或套在两个角的跟部，将绳沿非卧侧颈部外面和躯干上部向后牵引，在肩胛骨后角处环胸绕一圈做成第一绳套，继而向后引至肷部，再环腹一周做成第二套。再引绳向后，两环套的绳交叉点均在倒卧对侧，随后，由两人慢慢向后拉绳的游离端，由另一人把持牛角，使牛头向下倾斜，牛即可蜷腿而慢慢倒下。牛倒卧后，要固定好头部，且不能放松绳端，否则牛易站起。一般情况下，不需捆绑四肢，必要时再进行固定(图1-26)。此法适用于牛的外科手术等。

图 1-26 背腰缠绕倒牛法

2. 拉提前肢倒牛法

此法需 3 人进行保定。取约 10 m 长的圆绳一条，折成长、短两段，于折转处做一套结并套于左前肢系部，将短绳一端经胸下至右侧并绕过背部再返回左侧，由一人拉绳；另将长绳引至左髋结节前方并经腰部返回缠一周，打半结，再引向后方，由两人牵引。令牛向前走一步，正当其抬举左前肢的瞬间，3 人同时用力拉紧绳索，牛即先跪下而后倒卧，一人迅速固定牛头，一人固定牛的后躯，一人迅速将缠在腰部的绳套向后拉并使其滑到两后肢的跖部而拉紧之，最后将两后肢与左前肢捆扎在一起(图1-27)。此法主要用于去势及会阴部外科手术等。

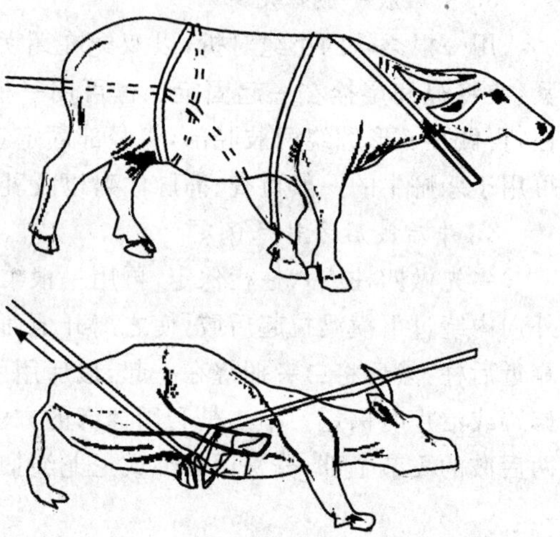

图 1-27 拉提前肢倒牛法

3. 勒压式倒牛法

取一条长 10 m 的绳索，将绳对折，绳中部搭在牛颈上方，两绳端向下，经两前肢间向后，交叉后胸侧上引，至腰背部再交叉，分别经腹部下行，由前向后穿过两后肢间，由两助手向后拉，牵牛人向前拉，3 人同时用力，使牛四肢屈曲而卧倒(图 1-28)。倒牛后，上侧绳端绕上侧后肢系部，下侧绳端绕下侧后肢系部，引向前拉紧固定。

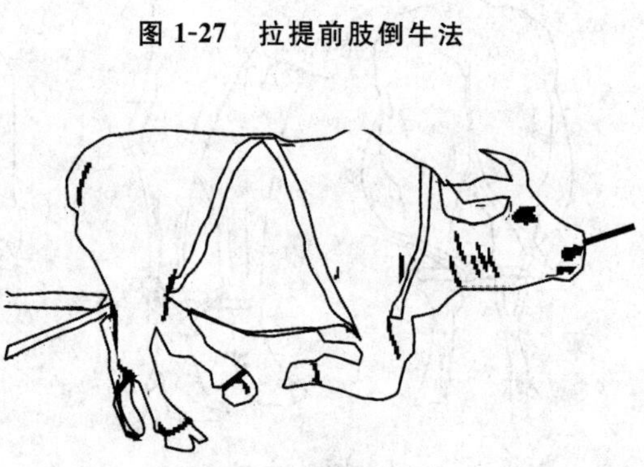

图 1-28 勒压式倒牛法

◙ 技能三 羊的保定技术

一、握角骑跨夹持保定法

用手握住羊的两角或两耳固定，骑跨羊身，以大腿内侧夹持羊两侧胸壁即可保定(图1-29)。可用于临床检查或治疗。

二、两手围抱保定法

在羊身体一侧用两手分别围抱其前胸或股后部加以保定(图 1-30)。用于一般检查或治疗时的保定。

图 1-29 羊握角骑跨夹持保定法

图 1-30 羊两手围抱保定法

三、倒卧保定法

保定者俯身从对侧一手抓住两前肢系部或抓一前肢臂部，另一手抓住腹肋部膝襞处扳倒羊体，然后改抓两后肢系部，前后一起按住即可（图 1-31）。此法可用于治疗或简单手术时保定。

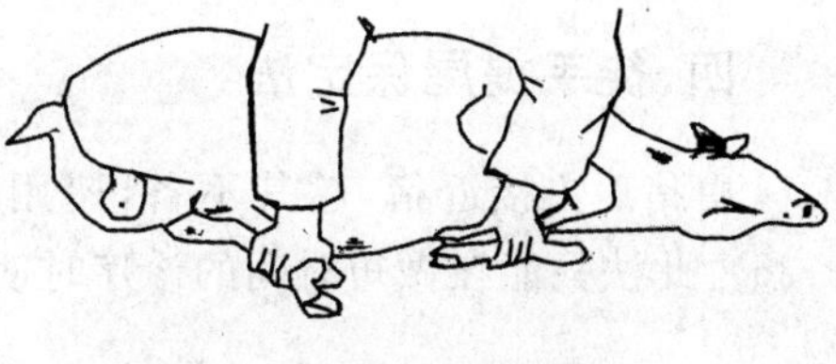

图 1-31 羊倒卧保定法

◙ 技能四 猪的保定技术

一、一般保定法

在猪群中，可将其赶至猪栏一角，使其相互拥挤而不便骚动，然后进行检查、处置。本方法适用于检查体温、臀部的肌肉注射及一般的临床检查。欲捉住猪群中个体猪只进行检查时，可迅速抓提猪尾、猪耳或后肢，并将其拖出猪群，然后做进一步的保定。

二、鼻端绳套保定法

在绳的一端做一活套，放在猪的鼻端使绳套自鼻端滑下，当猪只张口时趁机将绳套套入上颌犬齿后面并立即勒紧，然后由一人拉紧保定绳或拴于木桩上。此时，猪多呈用力后退姿势，但很快可安静站立，从而可保持安定的站立状态（图1-32）。或用直径 0.3 cm、长 220～140 cm 的铁丝及直径 1.5 cm、长 90 cm 的铅管或铁管，将其装在一起。把做成的铁丝套环套进鼻端部，然后拉紧铁丝固定。此法适用于体格较大的猪，带仔母猪或大公猪的保定及一般的临床检查、灌药和注射等。

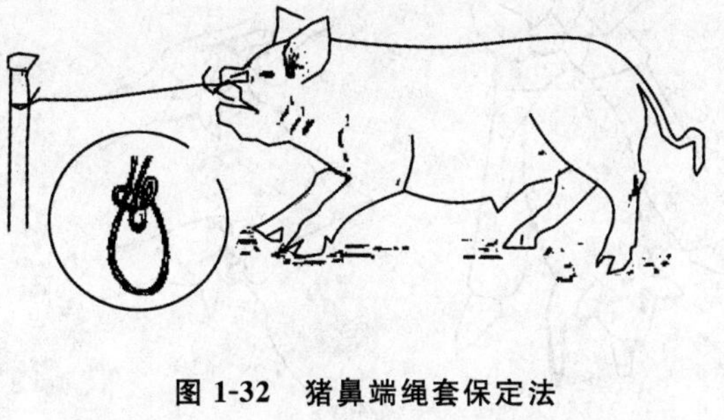

图 1-32 猪鼻端绳套保定法

三、提举保定法

抓住猪两耳，迅速提举，使猪腹部朝前，同时用膝部夹住其颈胸部（图 1-33）。也可两手握住后肢飞节并将其提起，头部朝下，用膝部夹住背部来固定(图 1-34)。抓耳提举主要用于经口投药及注射；后肢提举主要用于直肠脱的整复、腹腔注射以及阴囊和腹股沟疝手术等。

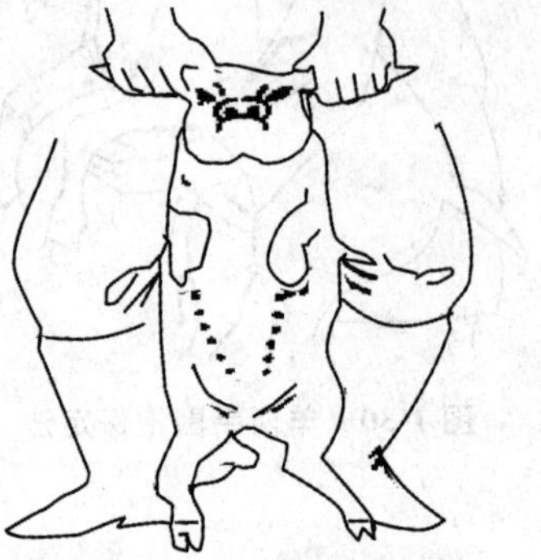

图 1-33 猪提举双耳保定法

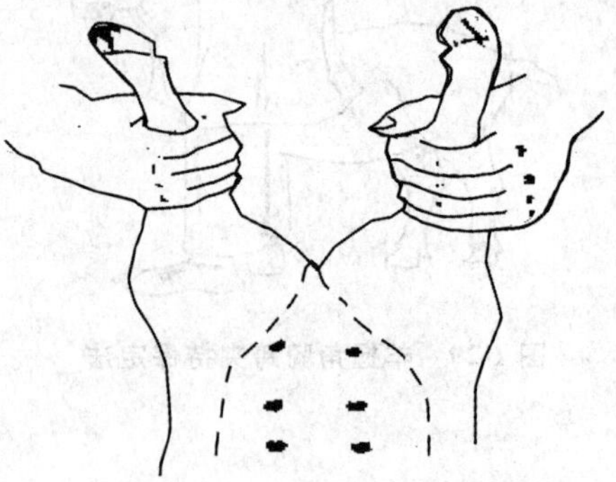

图 1-34 猪提举后肢保定法

四、徒手提尾保定法

由猪后方接近猪，趁其不备，速用双手抓住其尾并用力上提，使猪两后肢离开地面(图 1-35)。此法只能在做短时间的诊疗时使用。

五、网架保定法

取两根木棒或竹竿(长 100～150 cm)，按 60～75 cm 的宽度，用绳织成网床。将网架于地上，把猪赶至网架上，随即抬起网架，使猪的四肢落入网孔并离开地面即可保定。较小的猪可将其捉住后放于网架上保定(图 1-36)。此法可用于一般的临床检查、耳静脉注射等。

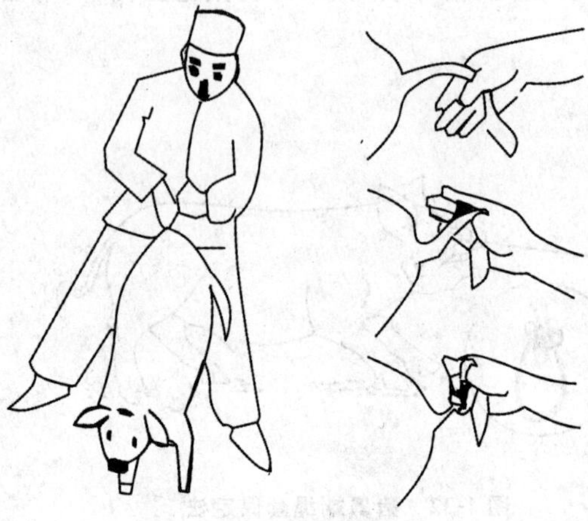

图 1-35 猪徒手提尾保定法

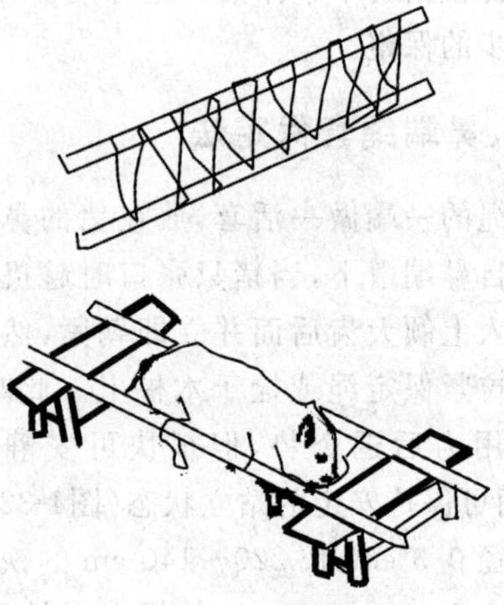

图 1-36 猪网架保定法

六、后肢和口角的保定法

用两根粗绳，一根绳的一端绑在一侧后肢的球节部；另一端准确的套入两口角间，返向后绑在另一后肢的球节部。用另一根绳子搭在猪的肩上，其两端分别系在前一根绳子的两侧。该法适用于各种治疗。

七、小母猪阉割保定法

施行小母猪阉割时，将猪侧卧，头向术者右侧，背朝术者。术者用右脚掌外侧踩住猪右耳或颈左侧，把小猪左后肢向后伸直，用左脚踩住其跗关节部使其腹面向前，用骑马蹲裆式的姿势实施手术。

八、小公猪去势保定法

给小公猪去势时，可将小公猪的头向左，尾向右，使其侧卧且背向术者，然后用左脚踩住猪耳或颈，右脚踩住尾巴。施术时，术者左手掌侧向上向前推压猪上侧后肢，使其前置，即可实施手术。

九、横卧保定法

在猪的手术及繁杂的外科处理时，多需要横卧保定。即左手抓住猪的右耳，右手抓住右侧膝部前皱褶，并向术者怀内提举放倒，将其横倒，然后将猪右胸壁横放于一端系有绳的木棒上（木棒长度超出猪体的横径），以膝抵压猪的腰臀部，将绳从猪腋下向上绕过左胸至背侧再向下绕过木棒后，引绳向前，将上下腭缠绕拉紧，使猪头部向后上方弯曲，然后将绳端再向后绕过左腋下，返回向前系在腭与棒之间的绳上，系结固定。最后，检查者踩住地上的木棒即可（图 1-37）。此法适用于大公猪去势、母猪的阉割、腹腔手术、静注、腹腔注射等。

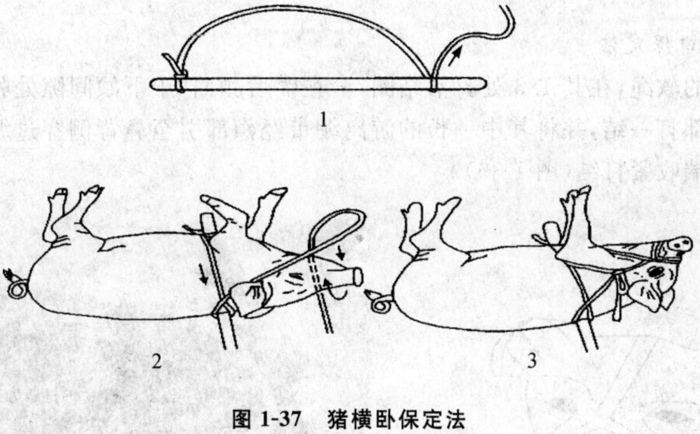

图 1-37 猪横卧保定法

1. 棒绳 2. 绳的捆法 3. 保定后状态

技能五 犬的保定技术

因犬对其主人有较强的依恋性，保定时，若有主人配合，可使保定工作顺利进行。保定方法有多种，可根据犬体的大小、行为及诊疗目的，选择不同的保定法。保定要做到方法简单、确实，确保人及犬的安全。对于温顺的犬可以不必保定，一边安抚一边治疗。诊疗时要防止咬伤，但也不要过于害怕。

一、扎口保定法

为防止人被犬咬伤，尤其对性情急躁、有损伤疼痛的犬，应采用扎口保定。

1. 长嘴犬的扎口保定法

用绷带或细的软绳，在绳中间绕两次，打一活结圈（猪蹄套），套在犬嘴后颜面部，在下颌间隙系紧。然后，将绷带两游离端沿下颌拉向耳后，在颈背侧枕部收紧打结（图 1-38）。这种方法保定可靠，一般不易被犬抓挠松脱。另一种扎口法是先打开口腔，将活结圈套在下颌犬齿后方勒紧，再将两游离端从下颌绕过鼻背侧，打结即可。

图 1-38　长嘴犬的扎口保定法

2. 短嘴犬扎口保定法

用绷带或细的软绳，在其 1/3 处打活结圈，套在嘴后颜面，于下颌间隙处收紧，其两游离端向后拉至耳后枕部打一结，并将其中一长的游离绷带经额部引至鼻背侧穿过绷带圈，再返转至耳后与另一游离端收紧打结（图 1-39）。

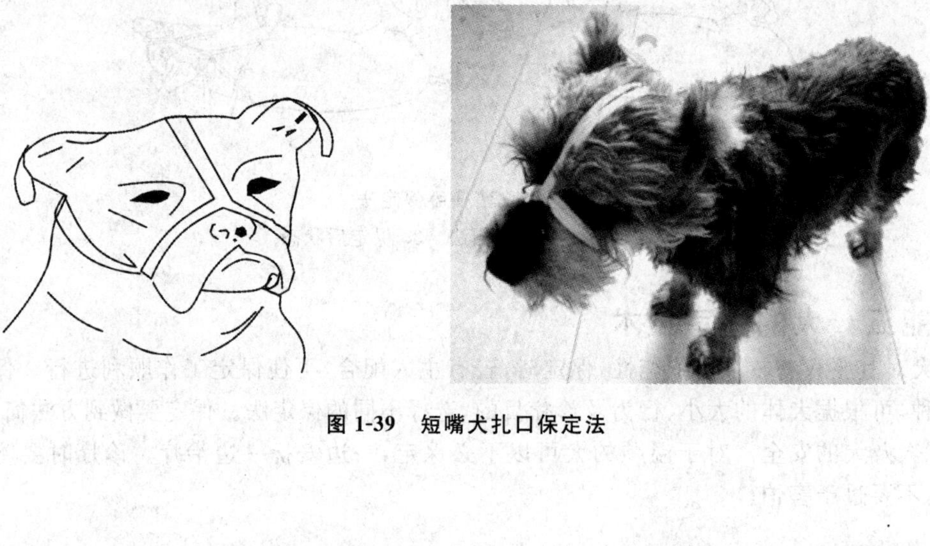

图 1-39　短嘴犬扎口保定法

3. 口笼保定法

犬口笼是用牛皮革或帆布制成。可根据动物个体大小选用适宜的口笼给犬套上，将其带子绕过耳扣牢(图 1-40)。此法主要用于大型品种犬。

图 1-40 犬口笼保定法

二、颈枷保定法(伊丽莎白项圈保定法)

颈枷(伊丽莎白项圈)是一种防止自我损伤的保定装置。有圆盘形和圆筒形两种。可用硬质皮革或塑料制成特制的颈枷(伊丽莎白项圈)。也可根据犬头形及颈粗细，选用硬纸壳、塑料板、三合板和 X 线胶片自行制作。如制作圆筒形颈枷，其筒口一端粗，一端细。圆筒长度应超过鼻唇 2～3 cm。常用废弃的塑料筒代替圆筒形颈枷。将筒底去掉，边缘磨光或粘贴胶布。在筒底周边距边缘 1～2 cm 处等距离钻 4 个孔，每个孔系上纱布条做一环形带。再将塑料筒套在犬头颈部，用皮革颈圈或绷带穿入筒上 4 个环形带，收紧扣牢或打结。犬手术后或其他外伤时戴上颈枷，头不能回转，防止治疗时咬人及舔咬身体受伤部位，也防止犬爪搔抓头部(图 1-41)。此法不适用于性情暴躁和后肢瘫痪的犬。

图 1-41 犬伊丽莎白项圈保定法

三、颈钳保定法

颈钳柄长 90～100 cm，钳端为两个半圆形钳嘴，使之恰好能套入犬的颈部。保定时保定人员持钳柄，张开钳嘴将犬颈套入后再合拢钳嘴，以限制犬头的活动。此法适用于捕捉狂犬或凶猛的犬(图 1-42)。

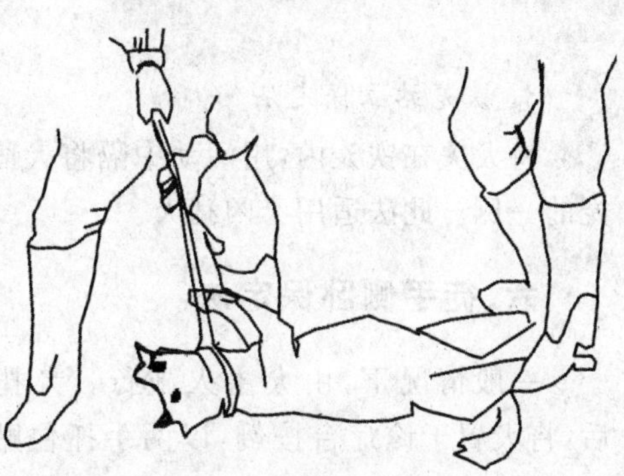

图 1-42 犬颈钳保定法

四、徒手犬头保定法

保定者站在犬的一侧，一手托住犬下颌部，另一手固定犬头背部，控制头的摆动(图 1-43)；为了防止犬回头咬人，保定者站在犬侧方，面向犬头，两手从犬头后部两侧伸向其面部。两拇指朝上贴于鼻背部，其余手指抵于下颌，合拢握紧犬嘴(图 1-44)。此法适用于幼年犬和温顺的成年犬。

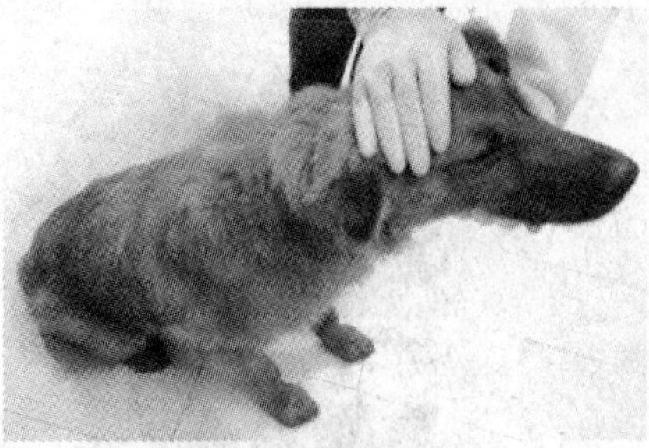

图 1-43 徒手犬头保定法(一)

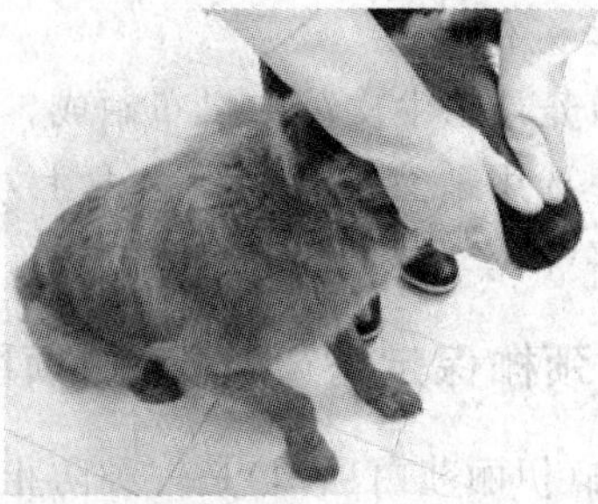

图 1-44 徒手犬头保定法(二)

五、站立保定法

在很多情况下,站立保定有助于体检和治疗。

1. 地面站立保定法

犬站立于地面时,保定者先给犬戴上口笼,而后蹲于犬右侧,右手抓住犬颈圈,左手托住犬腹部。此法适用于大型品种犬的保定(图 1-45)。

2. 诊疗台站立保定法

犬一般应在诊疗台上诊疗,但有的犬因胆怯,不愿站立,影响操作。保定者先给犬戴上口笼,而后站在犬一侧,一手臂托住胸前部,另一手臂搂住臀部,使犬靠近保定者胸前(图 1-46)。

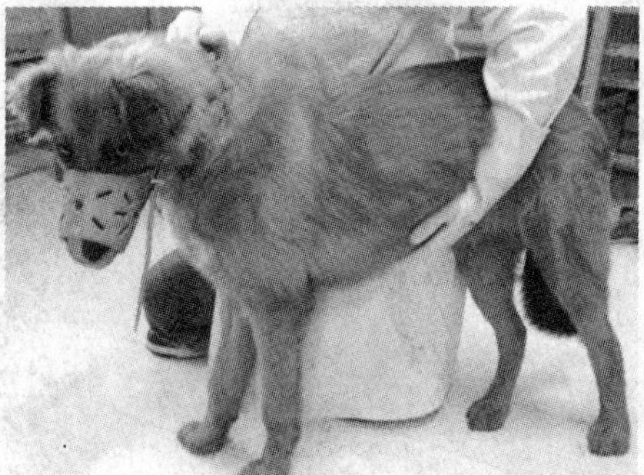

图 1-45 地面站立保定法

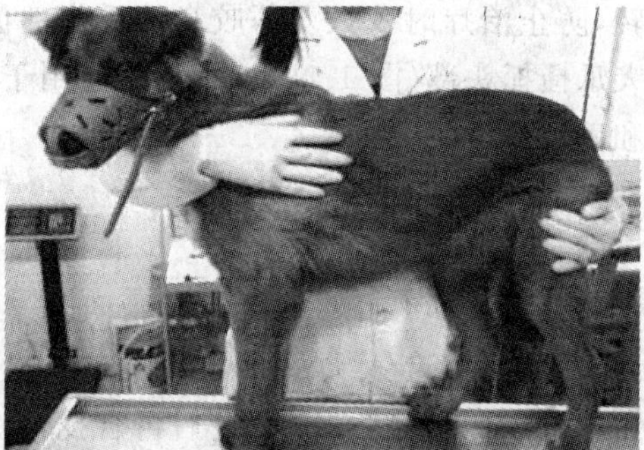

图 1-46 诊疗台站立保定法

3. 铁笼站立保定法

将犬关在铁笼内,用活动中隔将犬固定于犬笼的一侧。此法适用于凶猛犬。

六、徒手侧卧保定法

一般情况下,由犬主人施行。犬扎口保定后,将犬置于诊疗台按倒,以两手抓住贴卧手术台上的犬腿,身体靠近犬背,并以两前臂分别将犬的肩部和臀部压于手术台上(图 1-47)。此法适用于注射和较简单的治疗。

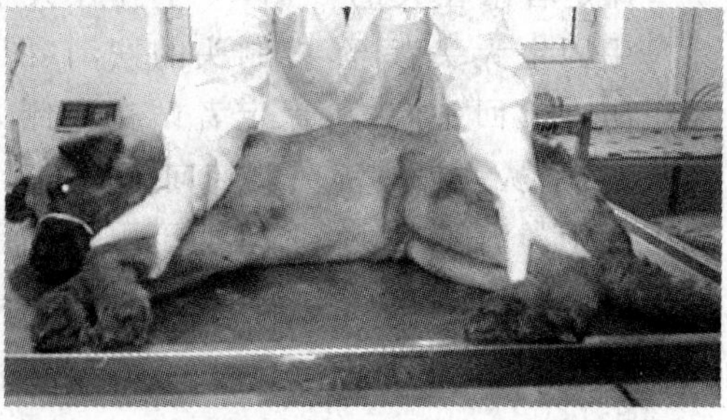

图 1-47 徒手侧卧保定法

七、手术台保定法

犬手术保定有侧卧、仰卧和腹卧保定三种。保定前，动物应进行麻醉。根据手术需要，选择不同体位的保定方法。保定时，用保定带将四肢固定在手术台上。在做仰卧保定时，其颈、胸腹部两侧应垫以沙袋，以保持犬身平稳。一般用于危重的病犬或麻醉状态下的犬。

1. 侧卧保定法

保定人员一边用温和的声音呼唤犬，一边用手抓住犬四肢的掌部和跖部，向上搬动四肢，犬即可卧地。用细绳分别将两前肢和两后肢绑在一起（图 1-48）。让犬主人看管犬的头部，防止犬抬头，对凶猛难以控制的犬，一般可在化学药物保定的基础上进行。

2. 仰卧保定法

按徒手侧卧保定法将犬放倒于手术台上，用绳分别系于四肢的球节下方，拉紧绳，使犬呈仰卧姿势，犬头用细绳保定于手术台上，以防犬头活动（图 1-49）。本保定法适用于腹下部及会阴部的手术操作。

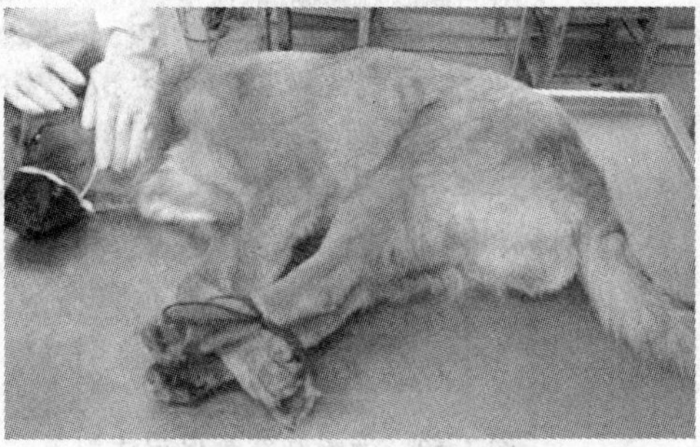

图 1-48 侧卧保定法

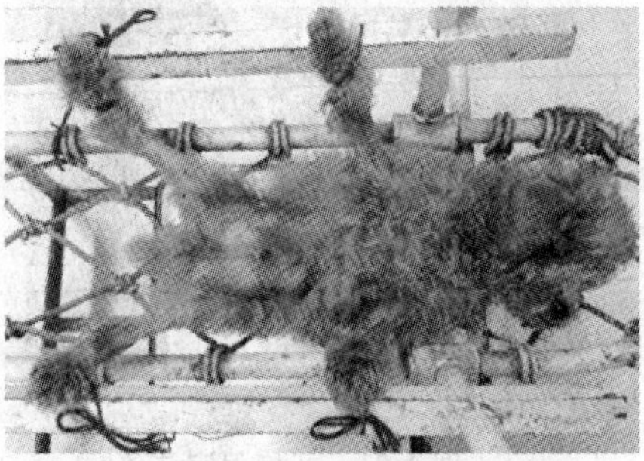

图 1-49 仰卧保定法

3. 腹卧保定法

按徒手侧卧保定法将犬放倒于手术台上。用绳分别系于四肢球节下方，拉紧绳，使四肢伸展，并使犬呈腹卧姿势。犬头用绳保定于手术台上，防止犬头活动。本保定法适用于耳的修整术。

八、倒提保定法

术者在犬主人的帮助下，先给犬戴上口笼，然后以两手分别握住犬的两后肢跖部，将其腹侧向前提起，同时用两腿将犬的头颈部夹住，防止其骚动，也可用小绳拴于两后肢胫或跖部将犬倒挂起来（图 1-50）。

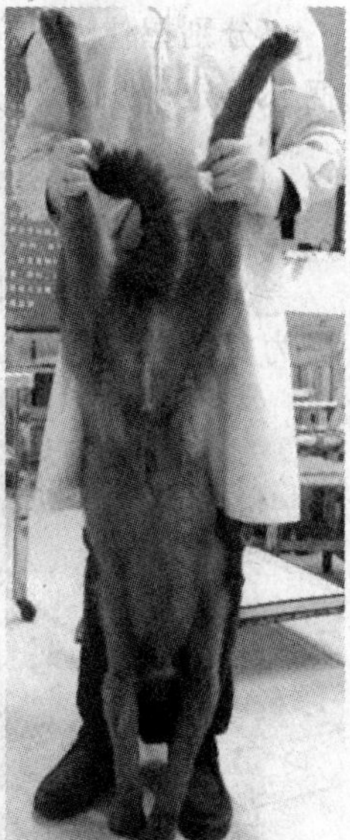

图 1-50 倒提保定法

九、怀抱保定法

保定者站在犬一侧，两只手臂分别放在犬胸前部和腹后部将犬抱起，然后一只手将犬头颈部紧贴自己胸部，另一只手按住犬后腹部限制其活动（图 1-51）。此法适用于对小型犬和幼龄犬、中型犬进行听诊等检查，并常用于皮下或肌肉注射。

十、静脉穿刺保定法

静脉穿刺主要用于静脉采血和注射，需正确地加以保定。

1. 前臂皮下静脉穿刺保定法

犬胸卧于诊疗台上，保定者站在诊疗台右(左)侧，面朝犬头部。右(左)臂搂住犬下颌或颈部，以固定头部。左(右)臂跨过犬右(左)侧，身体稍依犬背，肘部支撑在诊疗台上，利用前臂和肘部夹持犬身，控制犬移动。然后，手托住犬肘关节前移，使前肢伸直，再用食指和拇指横压近端前臂部背侧，使静脉怒张。必要时，应先做犬扎口保定，以防咬人。

2. 颈静脉穿刺保定法

犬胸卧于诊疗台一端，两前肢位于诊疗台之前。保定者站于犬左(右)侧。右(左)臂跨过犬右(左)侧颈部，夹持于腋下，手托住犬下颌，并向上提起头颈。左(右)手握住两前肢腕部，拉直，使颈部充分显露(图 1-52)。

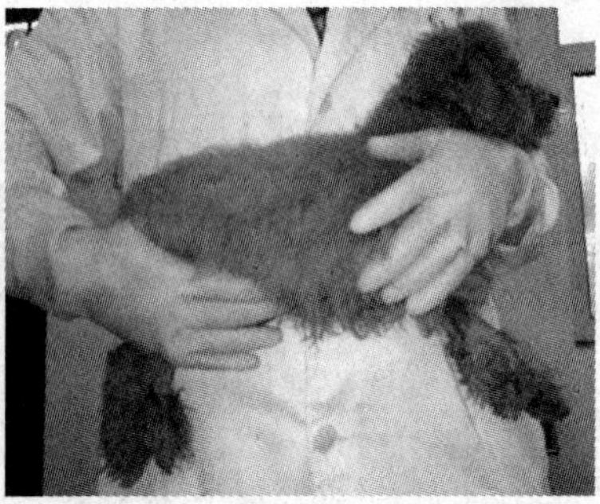

图 1-51 怀抱保定法

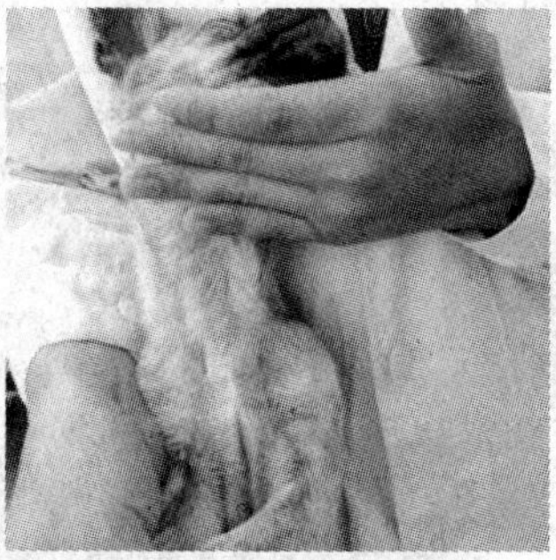

图 1-52 颈静脉穿刺保定法

十一、捆绑四肢保定法

分别握住犬的前后肢进行捆绑，将一侧前臀部和小腿部捆牢后，再将另侧前后肢合并一起捆绑固定(图 1-53)。本法应用于横卧保定。

十二、双耳握住保定法

对于性情不温顺或狂暴型的犬，可以从后部紧紧握住双耳，如同时结合口笼或扎口保定则更为安全(图 1-54)。

图 1-53 捆绑四肢保定法

图 1-54 双耳握住保定法

十三、化学药物保定法

是指应用化学药物，使动物暂时失去正常活动能力的一种保定方法。此法达不到真正麻醉要求，仅使犬的肌肉松弛、意识减退、消除反抗。常用的药物包括镇静剂、安定剂、催眠剂、镇静止痛剂、分离麻醉剂等。此法适用于对犬进行长时或复杂的检查、治疗，方便操作，对人安全，但增加了用药可能带来的一些风险。

(一)常用保定药物

1. 氯胺酮

氯胺酮又名凯他敏，犬和猫的氯胺酮肌肉注射量为22～30 mg/kg 体重，3～8 min 进入麻醉，可持续 30～90 min。

2. 噻胺酮

噻胺酮又称复方麻保静。噻胺酮的成分是 5%氯胺酮1 mL，麻保静 1 mL，混合后肌肉注射，犬的使用剂量为0.1～0.2 mL/kg 体重。噻胺酮复苏药，常用的是回苏 3 号(1%噻恶唑)，静脉推注后，一般 2 min 后可自然起立，其用量与噻胺酮静脉注射剂量相同，若肌肉注射回苏 3 号应加倍。

3. 麻保静

药理作用很广，在安定、镇静、镇痛、催眠、松肌、解热消炎、抗惊厥、局部麻醉八个方面都有明显作用，无论是单独使用，或者和其他镇静剂、止痛剂合用，均能收到满意效果。犬的用量为 0.5～2.5 mg/kg 体重。

4. 846 合剂

本药使用方便，效果良好。犬的推荐剂量为 0.04 mL/kg 体重，肌肉注射。本药的副作用主要是对犬的心血管系统的影响。用药量过大，呼吸频率和呼吸深度受到抑制，甚至出现呼吸暂停现象。若出现麻醉过量的症候时，可用 846 合剂的催醒剂(每毫升含 4-氨基吡啶 6.0 mg、氨茶碱 90.0 mg)作为主要急救药物，用量为 0.1 mL/kg 体重，静脉注射。

除上述 4 种保定药物外，还可用新保定系列制剂、眠乃宁、保定宁等药均获得良好效果，但在犬科动物(尤其是犬)还以上述 4 种保定药使用方便、成本低，药效确实。

(二) 应用禁忌

对心、肺、肝、肾实质器官患有严重疾病或机体患有急性感染者，要慎重或禁止采用药物保定；对孕犬要慎用，妊娠后期禁用；在不具有保证倒卧和起立等安全设施的情况下，一般不宜药物保定。

◙ 技能六 猫的捕捉与保定技术

临诊时，对猫要特别留心，注意咬伤或搔抓。为防止猫逃离诊疗场所，应把门窗关闭起来。

其保定方法有以下几种。

一、徒手捕捉与保定

在诊疗或其他日常管理需要抓猫时，不能抓其耳、尾或四肢。正确的抓猫方法是轻摸猫的脑门或抚摸背部消除敌意，然后用右手抓住猫的颈部或背部皮肤，迅速用左手托住猫的腰荐部或臀部，使猫的大部分体重落在托臀部的手上，再轻轻抚摸其背部，使其尽快安静下来。保定小猫时，可先把一只手放在小猫的胸腹下，用手掌托起，再用另一只手扶住头颈部即可。对野性大的猫或新来就诊的成年猫，最好一手抓住猫的颈背部皮肤，另一手抓住猫的两前肢和两后肢，将猫牢牢固定住。

二、猫袋保定法

猫袋是用人造革、粗帆布或厚布缝制而成的与猫身等长的圆筒形保定袋。袋的两侧缝上拉链，袋的前端装一根能抽紧及放松的带子，把猫装入猫袋后，猫头便从前端袋口露出，先拉上拉链、再抽紧前端袋口的带子（不影响呼吸），使头不能缩回袋内，再拉开部分拉链拉出猫的后肢（图 1-55）。这样，便可进行头部检查、测量直肠温度、灌肠及注射等治疗。

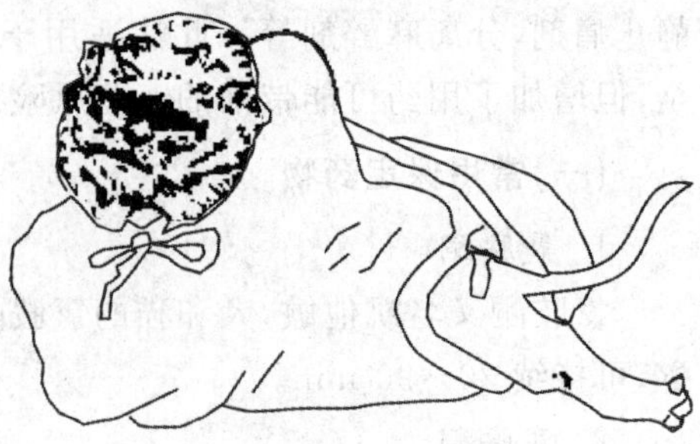

图 1-55 猫袋保定法

三、扎口保定法

尽管猫嘴短平，仍可用扎口保定法，以免被咬致伤。其方法与短嘴犬扎口保定相同。

四、横卧保定法

通常用两手来保定四肢和头颈，就可投药和注射。

五、手术台和保定台保定法

要进行外科处理，最好在手术台上进行保定。

此外，也可根据治疗目的，选择其他的适当的保定方法。对于狂暴的猫，应根据具体情况而进行适当的保定。

六、犬、猫接近与保定注意事项

犬、猫有攻击人的习性。犬主要用锋利的牙齿咬人，猫除了牙齿咬人外，还可用利爪抓人，这是在临床接触犬、猫时必须随时警惕的安全问题。

犬、猫对其主人有较强的依恋性。在接近犬猫时，最好有主人在场。要询问犬、猫的主人，了解其犬、猫是否咬人，平时是否愿意让别人抚摸等；然后向其发出接近信号（如呼唤犬猫的名字或发出温和的呼声，以引起犬猫的注意），从其前方徐徐绕至前侧方动物的视线范围内，一面观察其反应，一面接近。若是单眼瞎的动物则从健侧接近，若是双眼瞎的动物则从头部抚摸接近。

接近犬猫后检查者用手掌或其他软物轻轻抚摸其头部或背部，并密切观察其反应，当其怒目圆睁、龇牙咧嘴，甚至发出“呜呜”的声音时，应特别小心，应待其安静后方可进行保定和诊疗活动。切不要有粗暴动作或突然刺激，以免引起惊恐、应激、主人反感，甚至造成动物伤人。

检查者接近动物时，不能手拿棍棒或其他闪亮和发出声响的器械，以免引起其惊恐不安，检查人员在接近犬猫时禁止一哄而上，应避免粗暴的恐吓和突然的动作以及其他可能引起犬猫防御性反应的各种刺激。

检查者着装应符合兽医卫生和公共卫生要求。

◎技能七 野生动物的捕捉与保定技术

动物园动物为了便于展览和观赏，均自由活动于畜舍、室外活动场或配合展览需要而设置的模仿自然的栖息环境。为了管理上的某些需要，或为了诊断和治疗疾病，常常将自由散养的动物捕捉和保定。

一、捕捉、保定器具

1. 革制手套或厚的棉手套

适用于捕捉和保定小型哺乳动物及鹦鹉，防止被咬伤和抓伤。革手套较坚韧，但较硬。棉手套应有 1 cm 厚的棉絮。

2. 无柄扣网

适用于捕捉善飞的鸟类，如雀形目的小鸟和鸡形目的雉类等。用竹条做成直径 30～70 cm 的圆环，用细线绳编织成网，网口连接于圆环上，网底为盲端。网眼的大小和网口圆环的大小依捕捉对象的体型而定。使用时，手持竹条做成的环，迎着鸟运动的方向扣住飞行中或地上跑动中的鸟。

3. 长柄扣网

适用于小型动物。以直径 4～5 mm 的圆钢做成圆环，环的直径为 30～50 cm。圆环固定于一根长 1.2 m 的木棍上，木棍的粗细以手持感到舒服为宜。用直径 3～4 mm 的线绳编织成网，网口连接于圆环上，网底为盲端。圆环大小、网深及网眼大小均依捕捉对象的体型而定。捕捉时，站在一处，等待动物从附近跑过时，迎头扣住，立即翻动网圈向地面扣下，以防动物逃脱。

4. 绳套

绳子以麻质较好，绳的直径以 1～2 cm 适于手握为宜。绳套以长竹竿挑持，前端做成一可收紧的活扣。适于捕捉有角的草食动物、体型大的猫科动物、给予镇静药物后的马属动物。捕捉猫科动物时，将活扣套在动物的肩前部位并包括一侧前肢，即套在颈部和一侧前肢的腋下，这样不至于因绳套扼勒颈部而发生意外。套马属动物时，应在绳套活扣的适宜部位打一结，防止活扣收紧过度引起动物窒息。

5. 挤压笼

在钢棍制成的长方形动物笼子的一侧加一可移动的栅栏，可将动物挤压至不能活动。另在笼子的顶部有一可下降的铁板，当动物被挤压后，压下顶板。在适当部位开启两个小窗口，便于将动物后肢拉出笼外，进行静脉穿刺及输液。挤压笼适用于中型猫科动物及大体型的灵长类动物。本法也适用于大型动物的保定，可根据动物的体型大小自行设计，但应考虑各种动物的行为类型和生理结构特点，如长颈鹿的保定可设置特定的挤压笼。值得注意的是，长颈鹿不宜采用全身麻醉药物保定，因长颈鹿一旦头部与身体平行，易造成脑血管血压升高而发生意外。

二、捕捉、保定原则

(1)应将被捕捉的动物从群栖动物群中分隔出来，并关在容积较小的兽舍(笼)内。但某些草食动物，如野驴、野马及一些小体型的羚羊、鹿，单独一头关在兽舍内会撞伤甚至撞死，故可以两头关在一起，以减少其恐惧心理。

(2)捕捉、保定或注射时，尽可能减少工作人员，直接操作者最好是该动物的饲养员。人的活动、不熟悉的声音刺激，均为有害的应激因素，应减少到最低限度。

(3)捕捉、保定应在平坦的地面上进行，避开水域，避开游客。应用药物保定时，还应避开由过多障碍物形成的无回旋余地的狭窄场所。饮水器中的水应排空。

(4)捕捉、保定动物应在动物空腹时进行，尤其在应用药物保定动物时更应注意。

【项目小结】

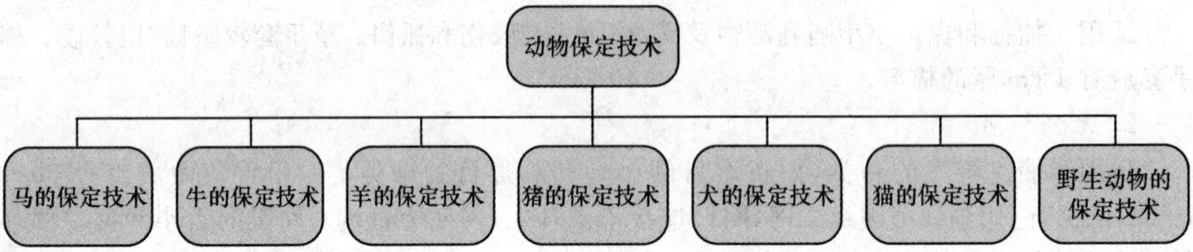

【复习与思考】

1. 常用的牛的保定方法有哪些？在对牛进行静脉注射时，应选择哪种保定方法？

2. 如何对猪进行站立保定？

3. 犬的扎口保定法有哪几种？

4. 接近犬猫时，有哪些注意事项？

【知识链接】

特殊注射器具

对动物园动物进行肌肉注射时，需将动物保定(包括捕捉)。这些操作对患病动物很不利，即使对于药物保定的健康动物，这也是强烈的应激因素。为此，开发出一些注射器械，能在离开动物一定的距离注射而不必捕捉保定。其中有些可自制。

1. 长柄注射器具

取一根 1 m 长的塑料管或竹竿，内壁加工至光滑。管前端封闭，其中心开一小孔，可容注射针头通过。一根相应略细的内芯(用塑料、木质或轻的金属材料均可)，长 1.1～1.2 m，表面光滑，可自由在塑料管内滑动。以一次性注射器吸入药液后置入长管内，注射针通过中心孔外露出 2～2.5 cm，插入内芯。一手持长管，另一手持内芯，突然刺入动物体肌肉丰富部位，并同时推动内芯，药物即可注入。

2. 吹管注射器具

一支长 80～100 cm 的塑料管或金属管，内壁光滑。一支特殊的注射器，其前半部为药液室，后半部为压气室，注射针头前端封闭，其旁侧开一小孔作为出药孔，该孔以具有弹性的塑料封套封闭。使用时，以不锈钢通针将活塞推至适当的部位，另一注射器吸药液后从吹管注射器前端将所吸药液注入药液室内，安装上注射针头，将塑料封套封于出药孔。用另一注射器向气室内注入空气至针芯推不动为止，使压气室内保持很大的气压。将装完药液的吹管注射器装入吹管内，用力吹出，针头刺入动物身体后，塑料封套自动后移，先露出药孔，气室内空气压力将压药活塞向前推动，药液从出药孔注入动物体。因动物跑动，注射器随即脱落，此法可注射 3 mL 药液。

3. 麻醉枪

有两种:近距离枪射程 15～20 m,远距离枪约 50 m。发射动力有两种,即火药或二氧化碳气,火药动力射程更远一些。已有商品供应。其注射器亦为特制的,最大注射量可达 10 mL。

此外,有一种自制的导管注射装置,即一根长 6～10 m 的硅胶管,前端连接注射针,后端连接注射器。在小面积的兽舍内,给草食动物注射。此装置可注入大量药液。注射过程中动物在舍内自由跑动,亦不会影响操作。

项目二　临床检查技术

▲【项目描述】

● 本项目主要介绍临床检查的基本方法和程序、建立诊断的方法、一般检查方法和各系统检查方法。

▲【技能目标】

● 通过对本项目的学习，会对常见动物进行一般临床检查和系统检查，能够对检查所获得的资料进行综合分析，对疾病做出初步诊断，并能够填写病历记录。

技能一　临床检查的基本方法和程序

临床基本检查方法，就是兽医人员应用自己的眼、耳、手、鼻等感觉器官，再借助一些简单医用器械(如听诊器、叩诊锤等)，对发病动物进行直接的检查方法，包括问诊、视诊、触诊、叩诊、听诊和嗅诊六种方法。这些方法简单、方便，实用性较强，在任何临床场所都广泛应用。

一、问诊

问诊是在病畜登记以后和现症检查之前进行的，通过询问的方式向畜主或有关人员了解病畜或畜群发病前后的情况和经过，获取病史资料的过程。通过问诊，可了解病畜或畜群的发病现状和历史。问诊采用交谈和启发式询问方法。一般在着手检查病畜之前进行，也可边检查边询问，以便尽可能全面地了解发病情况及经过。

(一)问诊目的

了解病畜平时的饲养管理情况以及发病前后的经过，主要是帮助我们分析病因，为进一步检查提供线索和重点。

(二)问诊内容

问诊内容十分广泛，主要包括现病史、既往病史及饲养管理情况等。

1. 现病史

指本次发病情况及经过，其应重点了解的有：

(1)发病时间　包括疾病发生于饲前或喂后或休息时、舍饲或放牧中、清晨或夜间、产前或产后等，借以估计致病的可能原因。

(2)病后表现　向畜主或饲养人员问清其所见到的病畜的饮、食欲、是否呕吐及呕吐物性状、精神状态、排粪、排尿状态及粪、尿性状变化，有无咳嗽、气喘、流鼻液及腹痛不安、跛行表现，以及泌乳量和乳汁物理性状有无改变等。可作为确定检查方向和重点参考依据。

(3)发病经过及诊治情况　目前与开始发病时疾病程度的比较;症状的变化,又出现了什么新的病状或原有的什么症状消失;病后是否进行过治疗?用过什么药物及效果如何?曾诊断为何病?从开始发病到现时病情有何变化等,借以推断病势进展,也可作为确定诊断和用药的参考。

(4)畜主所能估计到的发病原因　如饲喂不当,受凉,被其他外因所致伤等。

(5)畜群发病情况　同群或附近地区有无类似疾病的发生或流行,借以推断是否为传染病、寄生虫病、营养缺乏或代谢障碍病、中毒病等。

2. 既往病史

指病畜或畜群过去发病情况。即是否发生过类似疾病,其经过和结局如何?预防接种的内容和实施时间、方法、效果如何?特别当有传染病可疑和群发现象时,要详细调查了解当地疫病流行、防疫、检疫情况及毒物来源等。这些资料在对确定当前疾病与过去疾病的关系,以及对传染性和地方性疾病的诊断上都有重要意义。当怀疑遗传性疾病时要调查系谱。

3. 饲养管理情况

应该详细询问饲养管理情况,主要了解饲料日粮情况、水源情况、动物的生产性能,畜舍的卫生情况、环境条件,放牧地地理环境、气候变化、防疫制度、繁殖方式和配种制度、环境条件等因素。这些资料有助于消化系统疾病、营养代谢病、中毒病、生殖系统疾病、遗传病等的诊断,并对传染病的流行病学情况分析具有重要诊断意义。

问诊的内容十分广泛,要根据病畜的具体情况适当地加以必要的选择和增减。问诊的顺序,也应依实际情况灵活掌握,可先问诊后检查,也可边检查边询问。

(三)问诊的技巧与注意事项

1. 语言要通俗,态度要和蔼

问诊时语言应通俗易懂,尽量避免使用有特定意义的兽医学术语,如铁锈色鼻液、里急后重、潜血等,并尽可能用当地方言提问,以便取得畜主的很好配合。

2. 在问诊内容上既要有重点,又要全面搜集资料

问诊的内容十分广泛,不可能对畜主询问上面所述的全部内容,应根据病畜的具体情况进行必要的选择和增减,做到抓住重点,切合实际;在问诊的顺序上应根据实际情况灵活掌握,可以先问诊后检查,也可以边检查边问诊,还可在检查结束后补充。注意提问的系统性和目的性,从而获得全面的、准确可信的病史资料。

3. 对问诊所得资料不要简单地肯定或否定,应结合现症检查结果,进行综合分析

对问诊材料的估价,应持客观的态度。既不应绝对的肯定又不能简单地否定,而应将问诊材料和临床检查的结果加以联系进行对比和全面的综合分析,为找到致病原因和建立诊断提供依据。如果病史资料与临床检查结果不符,则应重新检查,也可有针对性地向畜主再次询问。

二、视诊

用肉眼或借助器械通过观察病畜的异常表现来诊断疾病的方法,即为视诊。用肉眼直接观察的称为直接视诊;借用器械的称为间接视诊,指用各种内窥镜(腹腔镜、膀胱镜、胃镜、鼻喉镜等)的检查。

(一)视诊目的

通过自己亲眼所视所诊,了解病畜的一般概貌,并发现大量的临床症状特别是一些主要症状和示病症状,为进一步检查提供线索,尤其要注意在畜群里发现病畜。

(二)应用范围

1. 观察其整体状态

如体格的大小,发育的程度,营养的状况,躯体的结构,胸腹及肢体的匀称性等。

2. 判断其精神及体态、姿势与运动、行为

如精神沉郁或兴奋,静止时的姿势改变或运动中步态的变化,是否腹痛不安、运步强拘或强迫运动等病理性行为。

3. 发现其表被组织的病变

包括被毛状态,皮肤及黏膜颜色及特性,体表创伤、溃疡、疹疱、肿物等病变的位置、大小、形状及特征。

4. 某些生理活动异常

如呼吸动作有无喘息、咳嗽;采食、咀嚼、吞咽、反刍等消化活动有无呕吐、腹泻;排粪、排尿姿势及粪便、尿液数量、性状与混合物等。

5. 检查某些与外界直通的体腔

如口腔、鼻腔、咽喉、阴道等。注意其黏膜的颜色改变及完整性的破坏,并确定其分泌物或排泄物的数量、性状及其混合物。

(三)视诊的方法

视诊时,一般先不要靠近病畜,也不宜进行保定,以免惊扰,应尽量使动物取自然的姿势。视诊的程序和方法,一般来说是先群体后个体,先整体后各部,逐渐缩小诊断范围。即对群居家畜来说,要先观察整个群体,发现其中的患病个体;对于单个病畜进行视诊时,首先要整体观察,然后再对发病部位认真仔细地检查。具体的方法是:检查者应先站在距家畜一定距离(一般为1.5~2.0 m)的地方,观察其整体状况,然后从前到后,从左到右地边走边看,观察病畜的头、颈、胸、腹、脊椎、四肢。当行至病畜的正后方时,应注意尾、肛门及会阴部,并对照观察两侧胸、腹部及臀部的状态和对称性,再从右侧观察到前方。最后可进行牵遛,观察其运步状态。若发现异常,再走近家畜,仔细检查。站立视诊过后,还要进行运步视诊。畜群视诊时,可深入畜群进行巡视,注意发现精神沉郁、离群呆立或卧地不起、饮食异常、腹泻、咳嗽、喘息及被毛粗乱无光、消瘦衰弱的病畜,并从群中挑出作进一步个体检查。

(四)注意事项

(1)对初来的门诊病畜,应让其稍经休息、呼吸平稳,并先适应一下新的环境后再进行检查。

(2)最好在自然光照的场所进行,可防止灯光下对颜色的影响,如对黄疸色常不易分辨清楚。

(3)收集症状要客观全面,不要单纯根据视诊所见症状就确立诊断,要结合其他方法检查的结果,进行综合分析与判断。

(4)视诊方法虽然简单,但对初学者来说,要想具有一定的发现症状和分析问题的能力,就必须加强实际锻炼。

三、触诊

检查者用手(包括手指、手掌、手臂和拳头)对要检查的组织器官进行触压和感觉,以判定病变部位的大小、形状、硬度、温度、敏感性、移动性等病理变化,从中获得症状资料,称为触诊。

触诊是祖国医学的瑰宝,有其独到之处。尤其在切脉和直检方面广泛应用,我们应继承和发扬。

(一)触诊目的

了解病畜体表及腹腔器官的状态,以及根据某些组织器官生理或病理性的冲动(如心脏搏动、胃肠蠕动、脉搏跳动)来判定病变部位的大小、形状、硬度、温度和敏感性。

(二)应用范围

(1)动物的体表状态检查。如判断皮肤表面的温度、湿度,皮肤与皮下组织的质地、弹性及硬度以及有无肿胀和肿胀的性质。浅在淋巴结及局部病变(肿物)的位置、大小、形态及其内容性状、硬度、可动性及疼痛反应等。

(2)感知某些器官、组织生理性或病理性的冲动。如心搏动强度、频率及节律;瘤胃蠕动次数及力量强度;检查浅在动脉的脉搏,判定其频率、性质及节律等变化。

(3)腹部触诊。可感知腹壁的紧张度及敏感性,还可通过软腹壁进行深部触诊感知腹腔状态,胃、肠的内容物与性状,反刍兽的瘤胃、瓣胃与真胃的状态和内容物性状,肝、脾的边缘及硬度,肾脏与膀胱以及母畜的子宫与妊娠情况等。

(4)触诊也可作为对动物机体某一部位所给予的机械刺激,并根据其对此刺激所表现的反应,而判断其感受力与敏感性。如检查胸壁、网胃或肾区的疼痛反应,腰背与脊髓的反射,神经系统的感觉、反射功能,体表局部病变的敏感性等。

(三)触诊的方法

触诊可分为外部触诊法和内部触诊法两种。

1. 外部触诊法

又可分为浅表触诊法和深部触诊法。

(1)浅表触诊法　适用于检查躯体浅表组织器官。按检查目的和对象的不同,可采用不同的手法,如检查皮肤温度、湿度时,将手掌或手背贴于体表,不加按压而轻轻滑动,依次进行感触;检查皮肤弹性或厚度时,用手指捏皱皮肤并提举检查;检查淋巴结等皮下器官的表面状况、移动性、形状、大小、软硬及压痛时,可用手指加压滑推检查。注意躯干与末梢的对比及左右两侧、健区与病部的对照检查。

(2)深部触诊法　是从外部检查内脏器官的位置、形状、大小、活动性、内容物及压痛。常用的做法有:双手按压触诊法和插入触诊法。双手按压触诊法为从病变部位的左右或上下两侧同时用双手加压,逐渐缩短两手间的距离,以感知小家畜或幼畜内脏器官、腹腔肿瘤和积粪团块。如对小动物腹腔双手按压感知有香肠状样物体时,可疑为肠套叠;当小动物发生肠阻塞时,可触摸到阻塞的肠段等。插入触诊法是用并拢的 2～3 个手指,沿一定部位插入或切入触压,以感知内部器官的性状。适用于肝、脾、肾脏的外部触诊检查。

(3)冲击触诊法　用拳或并拢垂直的手指,急促而强力地冲击被检查部位,以感知腹腔深部器官的性状与腹腔积液状态。适用于腹腔积液及瘤胃、皱胃内容物性状的判定。如腹腔积液时，可呈现荡水音或击水音。

2. 内部触诊法

包括大家畜的直肠检查以及对食道、尿道等器官的探诊检查。如直肠内触诊检查，瘤胃积食时，呈现捏粉样或坚实感；瘤胃臌气时，瘤胃壁紧张而有弹性。再如探诊检查，当食道或尿道阻塞时，探管无法进入；炎症时，动物则表现敏感不安。

(四)触感

1. 捏粉样感

触压时柔软，如生面团样，指压时留有痕迹，除去压迫后慢慢复平，为组织中发生浆液性浸润，多见于皮下水肿，常发生于眼睑、胸前、四肢、腹下等部位，临床上常见于心脏疾病、肾脏疾病、血液疾病及营养不良等。

2. 波动感

病变部位触压时柔软有弹性，指压不留痕，有波动感，表明存在含有液体的囊腔，常见于血肿、淋巴外渗、脓肿等。

3. 气肿感

触压病变部位有气体向邻近部位窜动，可听到捻发音，柔软稍有弹性，常见于皮下气肿、气肿疽、恶性水肿等。

4. 坚实感

触压病区如触压肝脏一样，感觉致密坚实，是发生组织发生细胞浸润，见于蜂窝织炎、组织增生及肿瘤等。

5. 坚硬感

常见于骨瘤、尿道结石等，触压病变部位时，组织如触压骨、石一样坚硬。

6. 疼痛感

触压到疼痛部位或压痛点，躲闪或抗拒，病畜表现回头顾腹、后肢踢腹、皮肌抖动等疼痛症状。

7. 疝

触压柔软，有回纳性，内容物不定，可摸到疝孔和疝轮，常见于腹侧、腹下、脐孔或阴囊。

(五)注意事项

1. 注意安全

应了解待检动物的习性及有无恶癖，并在必要时进行保定。当需触诊马、牛的四肢及腹下等部位时，要一只手放在畜体的适宜部位做支点，用另一只手进行检查，并应从前往后，自上而下地边摸边接近欲检部位，切忌直接突然接触。

2. 检查某部位的敏感性时，动作要柔和，逐渐加压，切忌突然用力

应先健区后病区，先边缘后中心，先远后近，先轻后重，并注意与对应部位或健区进行对比；注意不要使用引起病畜疼痛或妨碍病畜表现反应的动作。

触诊虽然是一种简便的方法，但若要取得判断上的准确，也必须经过长时间的实践锻炼。显然，触诊也不只是单纯地用手去摸，而必须同时手、脑并用，做到边触诊边思索。

四、叩诊

根据叩打动物体表所产生音响的性质来判断被检组织器官的病理变化，也可理解为变相

触诊,因为在病理情况下的音响与生理性情况下的音响存在差别。

(一)应用范围

1. 直接叩诊

主要用于检查表在体腔(如颅腔、鼻腔、额窦、颌窦、胸腔、腹腔、喉腔等)、心脏,检查马属动物的盲肠和反刍动物的瘤胃,以判断其内容物性状、含气量及紧张度。

2. 间接叩诊

主要用于检查肺脏、心脏及胸腔的病变;也可以检查肝、脾的大小和位置以及靠近腹壁的较大肠管的内容物性状。

叩诊可作为一种刺激,判断其被叩击部位的敏感性;叩诊时除注意叩诊音的变化外,还应注意锤下抵抗。

(二)叩诊的方法

1. 直接叩诊

直接叩诊是用手指或叩诊槌直接叩击动物体表被检部位的方法,可用于脊柱、副鼻窦、喉囊等组织和器官的检查。

2. 间接叩诊

间接叩诊按是否用器械分为指指叩诊和槌板叩诊两种。

指指叩诊通常以左手的中指(或食指)代替叩诊板,使之紧密地贴在检查部位,用右手的中指(或食指)第二指关节呈 90°屈曲作为叩诊锤,并以右腕做轴而上、下摆动,用适当力量垂直地向左手中指(或食指)第二关节处进行叩击(图 2-1、图 2-2)。由于此法叩击力量较小,振动范围也不广,因此,主要用于中、小动物的检查。

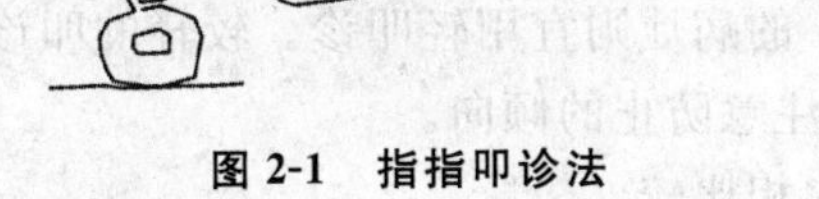

图 2-1 指指叩诊法

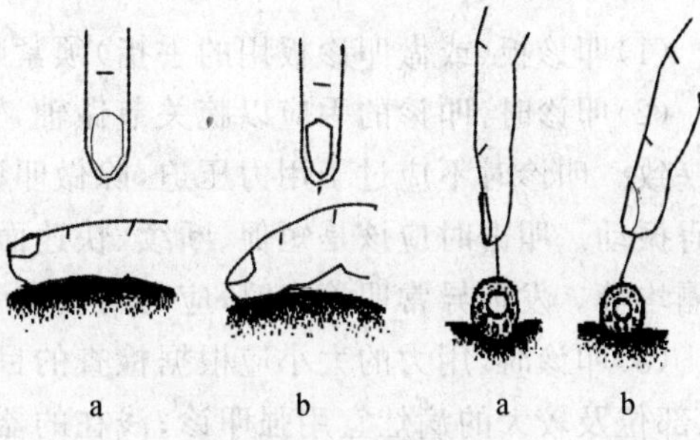

图 2-2 指指叩诊法姿势

a. 正确姿势 b. 不正确姿势

槌板叩诊是用特制的叩诊器械(叩诊槌和叩诊板)进行叩击。其方法是,一手拿叩诊板紧贴于动物欲检查的部位上,另一手握叩诊槌,以腕关节做轴,将锤上、下摆动垂直地向叩诊板上连续叩击 2 或 3 次,以听取其音响。因此法叩击力量可大可小,所以,对大、中、小动物都可用。

(三)基本叩诊音

由于被叩诊部位及其周围组织器官的弹性、含气量不同,叩诊时常可呈现下列三种基本的叩诊音。

1. 清音

叩击具有较大弹性和含气组织器官时所产生的比较强大而清晰的音响，音调低、音响大、持续时间长。如同叩诊正常肺区中部所产生的声音。

2. 浊音

叩击柔软致密及不含气组织器官时所产生一种弱小而钝浊的音响，音调高、音响小、持续时间短。如同叩诊臀部肌肉和肝脏等实质器官时所产生的声音。

3. 鼓音

是一种音调比较高朗、振动比较规则的音响。音调强、音响大、持续时间长。如同叩击正常马盲肠底部或正常牛瘤胃上 1/3 部时所产生的声音。

三种基本音调之间，可有程度不同的过渡阶段如清音与浊音之间有半浊音，当肺、胃肠等含气器官的含气量发生病理性改变(如减少或增多)或胸腹腔出现病理性产物(如积液或积气)时，叩诊音也会发生病理性变化。

三种基本叩诊音的特性，见表 2-1。

表 2-1　三种基本叩诊音的特性

声音的特性	清音	浊音	鼓音
强度	强	弱	强
持续时间	长	短	长
高度	低	高	低或高
音色	非鼓性	非鼓性	鼓性

(四)注意事项

(1)叩诊板(或做叩诊板用的手指)须紧贴动物体表，其间不得留有空隙。

(2)叩诊时，叩诊的手应以腕关节做轴，轻松地振动，垂直地向叩诊板上叩击，用力均匀，间隔一致。叩诊时不应过于用力压迫，除做叩诊板用的手指外，其余不应接触动物的体壁，以免妨碍振动。叩击时应该是短促、断续、快速而富有弹性。每一叩诊部位连续进行 2～3 次，时间间隔均等。发现异常叩诊音时，应与对侧同一部位进行比较。

(3)叩诊时，用力的大小应根据检查的目的和被检查器官的解剖特点而不同。对深在的器官、部位及较大的病灶宜用强叩诊；浅在的器官与较小的病灶则宜用轻叩诊。较轻的叩诊经常能得到清晰而易辨别的声音；用力过强常是初学者应注意防止的倾向。

(4)叩诊时，注意与解剖上相同的对称部位的变化相比较。

五、听诊

直接用耳朵或借助器械间接地听取动物内脏器官在运动时发出的各种音响，以音响的性质去推断病理变化的一种诊断方法。听诊很重要，有的疾病通过听诊即可确定。如心区部听诊出现拍水音和摩擦音可确诊为心包炎；心室部听诊出现心内杂音可确诊是心脏瓣膜病；肺区听诊出现支气管音或啰音时是肺炎的表现；腹部听诊时听不到肠音是肠麻痹。

(一)应用范围

(1)对心血管系统主要听取心音，对心音的频率、强度、性质、节律以及有无心杂音等内容进行检查。

(2)对呼吸系统主要听取呼吸音,如喉、气管、支气管呼吸音,肺泡呼吸音,啰音,胸膜的病理性音响的听诊。

(3)对消化系统主要听取胃肠蠕动音,判断其性质、强度、频率。

(二)听诊的方法

听诊可分为直接听诊法与间接听诊法。

直接听诊时不用器械,一般先于动物体表上放一听诊布做垫,然后将耳直接贴于动物体表的相应部位进行听诊。直接听诊具有方法简单、声音真实的优点,但因检查者的姿势不便、不卫生、不安全,多不习惯于应用。

间接听诊即器械听诊法,应用听诊器(图 2-3)。但在兽医临诊上应注意其听诊器的微音装置与动物体表被毛接触,会产生很明显杂音,从而可干扰声音的听取与判断(图 2-4)。

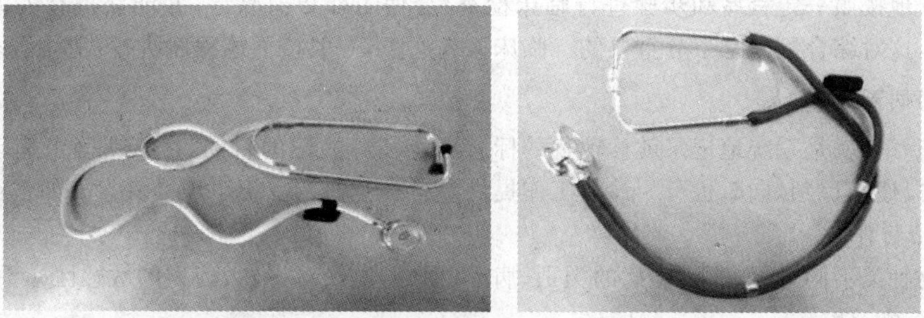

图 2-3 听诊器

(三)注意事项

(1)听诊应在安静的环境下进行,一般选择在安静的室内。

(2)听诊器的接耳端,要适宜地插入检查者的外耳道;听头要紧密地放在动物体表的检查部位,防止滑动,注意区别动物被毛的摩擦音和肌肉的震颤音,但也不应过于用力压迫。听诊器的胶管不应交叉,也不要与手臂、衣服动物被毛等接触、摩擦,以免发生杂音。

(3)检查者要将注意力集中在听取的声音上,并且同时要注意观察动物的动作,如听呼吸音时同时应观察其呼吸活动。

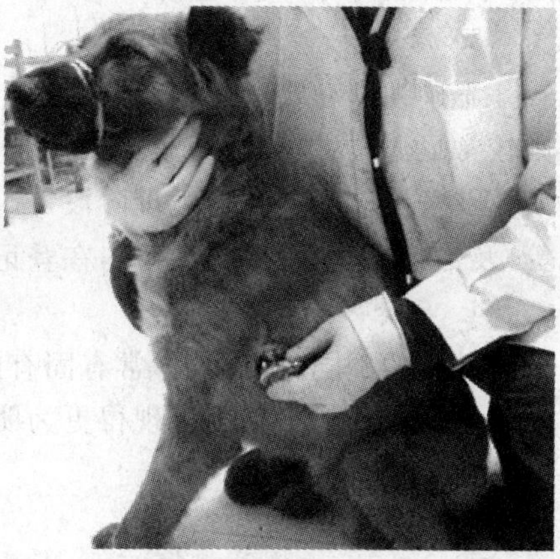

图 2-4 动物间接听诊

(4)听诊胆小易惊或性情暴烈的动物时,要由远而近地逐渐将听诊器集音头移至听诊区,以免引起动物反抗。听诊过程中仍需注意防止动物踢咬。

六、嗅诊

就是通过用嗅觉来辨识排泄物、分泌物、呼出气及皮肤气味的一种辅助诊断方法。这种方法虽然没有前几种方法重要，但在某些疾病过程中，往往可以确定诊断。例如尿毒症时，皮肤、汗液、呼出气有尿臭味；酮血病时，呼出气、乳汁、尿液有酮臭味；肺坏疽时，呼出气有腐臭味；子宫蓄脓、胎衣滞留时，阴道分泌物有腐臭味；胃肠炎时，粪便有腥臭或恶臭味。

上述的六种检查方法操作简单，方便易行，不受畜种、场地等因素的限制并且可直接准确地判断病理变化，所以一直沿用至今。其中，视诊是获得病畜的整体状态和局部状态的初步印象，为深入重点检查提供线索，有时根据特殊症状即可确定诊断；叩诊和听诊可判定胸腔和腹腔器官的物理状态，对胸腹腔器官疾病的诊断具有重要的意义。总之，每种基本检查方法均有其固有的特点，但也有各自的不足，不能互相代替，应该相互配合使用。如听诊与叩诊配合检查胸腹腔器官疾病，触诊和听诊配合检查胃肠内容物和机能变化等。只有这样才能对某一器官疾病的病变获得全面的印象与合理的判定，这是临床工作的一般常规和准则。

七、临床检查的程序

系统地按照一定程序和步骤进行临床检查，会使工作更有秩序，并能获得有关的全面症状、资料，这对综合判断是十分重要的。临床检查病畜，一般按下述程序进行：

(一)病畜登记

病畜登记就是系统地记录就诊动物的标志和特征。登记的目的，在于明确患病动物的个体特征，以便于识别，同时也可为诊疗工作提供参考。主要的登记事项及其意义如下：

1. 动物种类

动物种类不同，因而所患疾病的类别、病程、预后，以及对毒物、药物的敏感性亦不同。

2. 品种

品种与动物个体的抵抗力及其体质类型有一定关系，如高产乳牛易患某些代谢紊乱性疾病，本地品种猪较耐粗饲等。

3. 性别

不同性别动物的解剖、生理特性，在临诊过程中应给予注意。如因结石而引起的尿道阻塞则较常见于公牛与公羊；至于母畜的生殖器官疾病及乳腺病，则应给以更大的注意，而在妊娠期间及分娩前后的特定生理阶段，常有特定的多发病(如乳牛的产后瘫痪、乳房炎、马的骨软症等)及治疗中的特别注意事项，在登记时对妊娠动物应该加以说明。

4. 年龄

动物的不同年龄阶段，常有固有的常发病，如幼畜的消化与呼吸道感染(如仔猪白痢、雏鸡白痢、幼畜肺炎等)猪则表现得更为明显。此外，根据不同年龄的发育状态，在确定药量以及判断预后上也值得参考。

5. 毛色

毛色既是个体特征的标志之一，也关系到疾病的趋向。如白色皮毛的猪，可患感光过敏性皮肤病(如荞麦中毒时)。一般认为深色动物较浅色动物对某些皮肤病的抵抗力强。

此外，作为个体特征的标志，应注明畜名、号码、烙印等事项；为便于联系，更应登记动物的所属单位或管理人员的姓名及住址。通常应注明就诊的日期和时间。

(二)临床检查的程序

1. 临床检查的项目

(1)一般检查　一般检查包括全身状态观察，被毛和皮肤、可视黏膜、淋巴结的检查，以及体温、脉搏、呼吸次数的测定。

(2)系统器官检查　系统器官检查包括心脏血管系统检查，呼吸、消化、泌尿生殖器官检查，神经系统检查。

(3)实验室检查及仪器检查　实验室检查及仪器检查主要是指必要的实验室检验，X 射线、心电图和超声检查等。

在临床实际工作中，并非对每个病例全部实施上述临床检查项目，应根据不同疾病的特点决定需要检查的内容和次序。但有一条原则必须遵守，就是在临床上主要的系统和器官都必须详细地和全面地进行检查，甚至在病因已被查明、病变部位已被确定的情况下，也应重视其他器官的检查，这样才不至于遗漏各种伴随症状或并发病。

2. 临床体检的顺序

临床体检是应用基本诊断法，融会贯通各器官系统的检查，面对具体的病例从头到尾、井然有序地进行全身体格检查，即一般检查和系统检查的综合应用。进行临床病畜全面体检时，应先将就诊病畜拴系于诊疗栏或保定柱上，也可由畜主徒手保定，让其恢复自然平静状态，然后再按以下顺序分步检查。

(1)视诊与体温测定　围绕病畜进行观察，注意动物的眼神、被毛、皮肤、精神状态、站立与运动姿势、腹围的大小和形状、呼吸及体表的色泽等，然后直肠测温。

(2)头颈部检查　观察眼、口腔可视黏膜及鼻镜(鼻盘)；触诊颌下淋巴结；视诊和触诊咽喉、嗉囊与气管；观察人工诱咳反应；注意颈静脉沟和食道、颈椎状况。

(3)胸腹部检查　观察胸廓和脊柱的外形及呼吸运动；心区、肺部听诊，记录心音、呼吸频率、呼吸音的变化；腹部触诊和听诊检查胃肠内容物及蠕动音，必要时进行叩诊检查。

(4)会阴部检查　会阴部检查主要是肛门与会阴、外生殖器以及乳房检查。

(5)四肢检查　观察动物的运动、步态、姿势，并进行各种反射检查。

(6)实验室及仪器检查　在临床检查的基础上，根据疾病诊断的实际需要，选择有针对性和特异性较强的项目进行实验室和仪器检查，为疾病的鉴别诊断提供依据。

3. 畜群的检查

畜群的检查，不仅在于早期诊断疾病，防止疾病蔓延，更重要的是通过检查，对疾病进行预测预报，防患于未然。因此，畜群检查的程序为：

(1)群体观察　目的是客观地掌握疾病的发生状况，了解饲料配方、管理、环境卫生、畜舍通风、免疫接种、药物使用、生产性能等情况。在养殖场一般应有计划地、经常或定期地进行检查。

(2)个体检查　对单个的病畜进行详细的临床检查，确定疾病的主要症状和主要侵害器官。

(3)流行病学调查　流行病学调查主要确定发病年龄、发病季节、发病率、死亡率、繁殖性能、疫苗接种情况、应激反应等。

(4)病理学检查　畜群发病后应尽可能进行尸体剖检和组织学检查，了解机体组织、器官和细胞形态的改变。根据特征性的病变，结合流行病学特点和临床症状，一般能做出初步诊断。

(5)实验室检查　对一些群发性疾病，靠临床检查和病理学检查很难确诊，必须进行实验室检查。传染病应通过微生物学、血清学和变态反应等确定诊断；寄生虫病应进行虫卵和虫体检查确诊；中毒性疾病应对饲草料、饮水、胃内容物及相关的组织器官进行毒物分析。因此，实验室检查是疾病诊断的重要方法。

技能二 一般检查

一般检查是对病畜进行临床检查的初步阶段。通过检查可以了解病畜全身基本状况，并可发现疾病的某些重要症状，为系统器官检查提供依据。一般检查主要以视诊、触诊、听诊等方法检查。检查的内容包括：精神状态、营养、发育与体格结构、姿势与步态等全身状况的检查；被毛和皮肤的检查；可视黏膜的检查；浅表淋巴结的检查；体温、呼吸、脉搏的测定。

一、整体状态观察

整体状态观察的内容主要包括精神状态、营养及体格发育、姿势表现等。

(一)精神状态

精神状态是指中枢神经系统的机能状态。可根据动物对外界刺激的反应能力和行为表现来判定。健康动物中枢神经系统的兴奋与抑制两个过程，始终保持着动态平衡。当中枢神经机能发生障碍时，兴奋和抑制两个过程的平衡状态被破坏，动物表现过度的兴奋或抑制。因为任何疾病都或轻或重地影响中枢神经机能，所以临床表现轻重不同的神经症状。因此，临床检查病畜时，首先要注意病畜精神状态的检查。

1. 检查方法

精神状态的检查，可根据动物对外界刺激的反应能力及其行为表现而判定之。主要观察病畜的行为、面部表现和眼耳动作。健康动物两眼有神，反应敏捷，动作灵活，行为正常。如表现过度兴奋或抑制，则表示中枢神经机能紊乱。主要观察病畜的神态，根据其眼耳动作、面部表情及各种反应、举止而判定。

2. 正常状态

动物正常时表现为静止时比较安静，行动时头耳灵活，两眼有神，反应迅速，动作协调。经常注意外界，并对各种外界刺激反应比较敏感。毛、羽平顺而有光泽。

3. 病理状态

(1)兴奋 精神兴奋是中枢机能亢进的结果，依据其病变程度不同可表现为：

轻度兴奋：病畜对外界的轻微刺激即表现为强烈反应，经常左顾右盼、竖耳、刨地、不安乃至挣扎。可见于脑及脑膜充血和颅内压增高及某些毒物中毒疾病，如脑与脑膜的炎症、日射病与热射病的初期等。

精神狂躁：病畜表现为不顾一切障碍向前直冲或后退不止，狂躁不驯或挣扎脱缰。牛可哞叫或摇头乱跑；猪则有时伴有痉挛与癫痫样动作。严重时可见攀登饲槽，跳越障碍，甚至攻击人畜，多提示为中枢神经系统的重度病例，如流行性脑脊髓膜炎的狂躁型、狂犬病或中毒等。

(2)抑制 抑制是中枢神经系统机能降低的结果。按其程度不同可分为：

精神沉郁：是中枢轻度抑制的现象。病畜表现精神萎靡、耳耷头低、两眼半闭、多卧少立、呼唤不应，对外界刺激反应迟钝，甚至完全消失。猪多表现离群、向隅、喜卧、头钻草堆；鸡则表现缩颈、闭目、毛逆立、两翅下垂。主要见于一般热性病、一般普通病、慢性消耗性疾病及衰竭性疾病。

嗜睡：是中枢中度抑制现象。病畜表现卧地不起，闭眼嗜睡，或站立不动或卧地不起，强刺激下才能引起其轻微反应，随后又陷入昏睡状态。主要见于重度脑病及中毒，例如马的慢性脑室积水。

昏迷：是中枢高度抑制的现象。病畜表现卧地不起，意识不清，昏迷不醒，呼唤不应，强刺激下毫无反应或仅保留少量的反射功能。主要见于上述疾病的后期，在虚脱、休克时也可出现。昏迷常是预后不良的征兆。由于大失血、急性心力衰竭或血管机能不全而引起的急性脑贫血时，临床上表现一时性昏迷状态，称为休克或虚脱。如果病程好转，随着脑的供血机能的改善，动物的精神状态即行恢复。

总之，兴奋和抑制的出现，是脑病的指标。二者可相互转化，不能绝对的看问题。某些时候同一种疾病兴奋和抑制会同时出现。例如猪的李氏杆菌病和狗的狂犬病。

4. 注意事项

动物的精神状态的异常表现，常常随着病程的发展而有程度不同的变化。如动物疾病初期的兴奋不安可逐渐变为高度的狂躁，或由轻度精神沉郁而逐渐变成嗜睡或昏迷状态，这些表现均为病情加重的结果；在同一疾病的不同阶段中，可因兴奋与抑制过程的相互转化，而表现临床症状的转变或两者交替出现，由此可见，对精神状态异常症状的认识及其诊断意义的分析，不能简单、固定、绝对地看待，必须要用动态变化的观点看待问题。

(二)营养及体格发育

1. 营养状态

动物的营养状态，是动物机体物质代谢情况的标志。

(1)检查方法　营养状态与动物机体的代谢机能和日常的饲养管理密切相关，一般用视诊或触诊进行(长毛动物用触诊)。大猪应该注意其臀部，仔猪应该同窝仔猪间比较；骆驼应该注意驼峰；大尾羊应该根据其尾巴的丰满程度；马、牛通过观察躯体的轮廓；家禽除观察羽毛状态外，应通过触诊胸肌来判定。临床上依据检查的结果，可将营养程度划分三个等级或以膘成的多少来表示。一般分为营养良好(八九成膘)，营养中等(六七成膘)，营养不良(二成膘以下)。

(2)正常状态　健康动物表现为营养良好，肌肉丰满，皮下脂肪充盈，被毛光泽，躯体圆满而骨骼棱角不显露。

(3)病理状态　营养不良：表现为消瘦，被毛蓬乱、无光，皮肤缺乏弹性，骨骼表露明显(如肋骨)。营养不良的病畜多同时伴有精神不振与躯体乏力。营养不良是临床上常见的症状，如病畜在短期内急剧消瘦，应考虑有急性高热性疾病及由于急性胃肠炎而大量失水；如病程较为缓慢，多提示为某些慢性传染病、慢性消耗性疾病如贫血、结核、某些寄生虫病或长期消化紊乱等。有时可因长期的饲养失宜而引起。

高度消瘦：临床上称为恶病质，是预后不良的一个条件。

营养过肥：过肥多由于运动不足而引起，种畜可影响其繁殖能力。

2. 体格发育

(1)检查方法　动物体格的大小及发育状况，一般可根据骨骼与肌肉的发育程度及躯体的大小而确定。为了确切地判定，可应用测量器械测定其体高、体长、体重等体尺。

(2)正常状态　发育良好的动物，体躯发育与年龄相称，肌肉结实，体格强壮。强壮的体格，不仅生产性能良好，而且对疾病的抵抗力也强。

(3)病理状态　发育不良的病畜，主要表现为发育不良，可见躯体矮小、结构不匀称。在幼畜阶段，常呈发育迟缓或发育停滞，可见于某些慢性消耗性的传染病、寄生虫病及长期消化功能紊乱等。临床上多见于因矿物质、维生素代谢障碍引起的骨质疾病，如佝偻病或骨软症等。典型的幼畜佝偻病，呈躯体矮小、头大颈短、关节粗大、肢体弯曲或脊柱凸凹等特有的病变体态。

(4)注意事项　临床上在判断体格与营养状态时，要注意动物的品种及其体质类型的特点。

(三)姿势

姿势是指动物在静止时或运动中的空间位置及其体态表现。

1. 正常状态

健康状态下，各种动物都有其特定的生理姿势且随着生理需要而改变，站立时昂首挺胸，二目有神；运动时动作协调，自然流畅。

2. 病理状态

病理情况下，如中枢神经系统疾病，骨骼、肌肉或内脏器官疼痛性疾病及外周神经麻痹时出现异常姿势。临床上应着重检查有无强迫姿势，因为根据强迫姿势，常可确诊疾病。

临床上常见的异常站立姿势有以下几种：

(1)木马样姿势　典型的木马状站立姿势：呈头颈平伸、肢体僵硬、四肢关节不能屈曲似木马样、尾根竖起、鼻孔开张、瞬膜露出及牙关紧闭等，全身肌肉强直性痉挛。多见于动物破伤风疾病，是全身骨骼肌强直的结果。

(2)站立不安　常见的疾病有马腹痛病、牛子宫扭转、瘤胃积食等，由于腹腔脏器疼痛，动物表现起卧不安、回头顾腹、前肢刨地、后肢踢腹，甚至倒地滚转；中枢神经系统疾病，特别是小脑损伤时，由于躯体平衡失调，动物表现站立不稳，躯体歪斜，四肢叉开，倚墙靠物；骨软症及风湿症时，由于关节、肌肉疼痛，动物表现四肢频繁交替负重。

(3)四肢疼痛性疾病站立姿势　单肢疼痛时患肢提举，健肢负重站立姿势；两前肢疼痛时两后肢前移；两后肢疼痛时两前肢后送；多肢疼痛时常常四肢聚于腹下的站立姿势，或肢体频频交替的负重站立，健肢采用替代负重的姿势。主要见于四肢、骨骼、关节及肌肉的带痛性疾病、风湿症和骨软病等。

临床上常见的异常运动姿势有：

①强迫运动　是指由于脑机能障碍所引起的不自主运动，常见的有盲目运动、圆圈运动、时针运动、暴进暴退、共济失调及跛行等。运动姿势异常主要表现强迫运动。

②盲目运动　即病畜无目的地徘徊走动，常数小时不止，无视周围事物，对外界刺激反应冷漠。前冲或后退，或呈圆圈运动，或以一肢为轴，呈时针样运动。一般在脑病或脑脊髓受损伤时出现，主要见于脑及脑膜充血及炎症、流脑、乙脑、中毒性疾病或脑的占位性病变等。

③圆圈运动　即病畜按一定方向作圆圈运动，圆圈的直径或者不变，或者逐渐缩小。前庭核的一侧性受损伤则向患侧作圆圈运动；四叠体后部至脑桥的一侧损伤则向健侧作圆圈运动；大脑皮质的两侧性损伤可向任何一侧作圆圈运动。主要见于流脑、乙脑、狂犬病及猪的水肿病等。反复出现盲目运动或圆圈运动的，可见于颅内占位性病变，如牛羊的多头蚴病、猪脑囊虫病。

④时针运动　即以一肢为轴，呈现时针样运动。见于上述脑病。

⑤暴进暴退　即向前猛冲或后退不止的运动。见于上述脑病。

⑥共济失调　表现运动四肢配合不协调，走路摇摆，行走欲跌，呈醉酒状；或肢蹄高抬，用

力着地，似涉水样。主要见于侵害中枢神经系统的传染病。如伪狂犬病、神经型猪瘟、脑脊髓的丝状虫病、羊的缺乏铜病、脑包虫病(寄生在小脑部位)。

⑦跛行 因肢蹄的带痛性疾病而引起的运动机能障碍，称为跛行。分支跛、悬跛、混合跛。马属动物多发。见于四肢、骨、关节、肌肉的疾病，外周神经性疾病，骨软症，风湿症(如多肢的转移性跛行)。如果在牛群或羊群中发现多数家畜跛行，提示口蹄疫和腐蹄病，如果是猪群发现则提示传染性水疱病和口蹄疫。

跛行的诊断如下：

支跛：患肢着地、负重时表现疼痛为支跛。敢提不敢踏、病在四肢下。

悬跛：患肢提举时有运动障碍为悬跛。敢踏不敢提、病在肩与胯。

混合跛：支跛和悬跛两者均有时为混合跛。一走三点头，病痛到处有(即患肢提举和负重机能均发生障碍)。

临床上常见的异常躺卧姿势有：健康马骡仅于夜间休息时取躺卧姿势，偶尔于昼间卧地休息，但姿势自然，常将四肢积于腹下而呈背腹位躺卧姿势，当呼唤、驱赶时即行自然起立；牛多于饱食后躺卧休息并反刍；猪喜于食后躺卧。因疾病而引起的强迫卧地可见：

①四肢骨骼、关节、肌肉疼痛 动物喜卧，站立时困难并伴有全身肌肉震颤。见于骨软症、风湿病等。

②衰竭性疾病 四肢无力喜卧不动，多见于长期消耗性疾病。

③截瘫性强迫伏卧 多见于两后肢的截瘫，表现后躯麻痹，发射减弱或丧失，动物呈“犬坐”姿势，严重的病例表现后躯感觉、反射机能障碍及排粪、尿失禁。

④奶牛生产瘫痪 由于血钙大量流入乳腺，血钙突然下降，中枢神经机能受到抑制，引起头颅侧卧的特异性躺卧姿势，同时伴有昏睡或昏迷症状。

⑤马肌红蛋白尿病 因臀部肌肉乳酸蓄积，肌肉肿胀变性，压迫坐骨神经而导致后肢麻痹，但前肢尚能挣扎起立，因此呈特征性地犬坐姿势，常排红色或茶褐色尿液。

⑥仔猪低血糖 由于血糖降低，影响大脑皮层，继而波及间脑、中脑、脑桥和延髓，动物在临床表现出一系列的神经症状，后期瘫痪卧地不起。

⑦鸡马立克氏病 两腿叉开呈劈叉姿势。另外，鸡新城疫、维生素 B_1 缺乏症、呋喃类药物中毒，动物表现曲颈背头、站立不稳、翻转滚动。

⑧仔猪缺硒病 由于骨骼肌变性坏死，呈犬坐姿势。

⑨牛创伤性网胃心包炎 表现前高后低的站立姿势，不愿意走下坡路，不愿急转弯等。

二、表被状态检查

表被状态检查的内容包括被毛、皮肤和皮下结缔组织以及浅在淋巴结的检查。

(一)被毛的检查

主要采用视诊和触诊。主要观察毛、羽的清洁、光泽及脱落情况。健康动物的被毛清洁卫生、平顺柔软而富有光泽、生长牢固、不脱不断。每年于春、秋两季脱换新毛。病理情况下，当被毛粗乱无光、易脱易断、换毛延迟时，可见于慢性消耗性疾病，长期营养不良和代谢紊乱。病畜脱毛，即在非换毛期，被毛成片脱落，是营养极度不良、内寄生虫病及湿疹的特征。碘、汞中毒也常引起大块脱毛。局部性被毛脱落，常见于一些体外寄生虫病。若头颈或躯干部有多数脱毛、落屑，并伴有剧痒的多是螨病的表现，刮取皮屑进行显微镜检查可进一步确诊；马尾根被毛脱落并常向周围物体摩擦，应注意蛲虫症的发生。家禽肛周羽毛脱落，往往由啄肛引起，是动物营养代谢扰乱的表现。当被毛污染的时候，特别是后肢和尾部被粪便污染，提示下痢和胃肠炎。

(二)皮肤的检查

皮肤检查时应注意皮肤的颜色、温度、湿度、弹性、疹疱、创伤、溃烂性病变。

1. 颜色

家畜皮肤富有色素，其颜色不易看出。临床仅猪和鸡具有诊断意义，猪特别应注意检查耳及鼻盘，鸡则注意检查鸡冠。鸡和猪几种常见的病理性皮肤颜色变化如下：

(1)苍白色　主见于贫血性疾病，例如维生素缺乏、铁缺乏和寄生虫病。

(2)蓝紫色(发绀)　主要是由于缺氧所致(还原血红蛋白和变性的血红蛋白增多的结果)，见于中毒性疾病(如猪的亚硝酸盐中毒)，猪肺疫，猪气喘病，鸡新城疫，禽霍乱，蓝耳病。

(3)黄色　主要见于黄疸性疾病，例如肝片吸虫、胆道蛔虫和肝胆疾病。

(4)红色　主要表现红斑和疹块，见于猪瘟，猪丹毒，猪肺疫，仔猪副伤寒，感光过敏等，出现部位一般在胸前、腹下和股内侧。鉴别诊断如下：

猪瘟为针尖大小的出血性斑点，指压不褪色。由猪瘟病毒引起，以出血性败血症，慢性纤维素坏死性肠炎为特征，抗生素治疗无效。

猪丹毒为充血性不规则疹块，指压褪色。由猪丹毒杆菌引起，急性特征为高热和皮肤疹块，亚急性表现为心内膜炎和关节炎，青霉素治疗有效。

猪肺疫有时也有大小不等的出血点。由多杀性巴氏杆菌引起，临床特征是急性败血症和组织器官的出血性炎症，纤维性胸膜炎，实验室检查巴氏杆菌镜下有荚膜。

仔猪副伤寒是由猪沙门氏杆菌引起，主要特征是肠道发生坏死性炎症，呈现严重下痢。

感光过敏是猪吃了含有感光物质的饲料(如荞麦、灰菜)，经过日光照射皮肤发红产生红斑，并且伴有痛感和痒感。

2. 温度

皮肤温度的检查，一般用手掌或手背触诊躯干部判定之，为确定末梢部位皮温分布的均匀性，在马应触诊耳根、鼻端及四肢下部；牛羊触诊角根(正常时基部有温感)、鼻镜(正常时鼻镜发凉)、四肢下部；猪触诊耳根及鼻端；家禽触诊冠、肉髯及脚爪。

(1)皮温升高　全身性皮温升高是体温升高的结果。这是由于皮肤血管扩张，血流加快所引起。见于一切热性病及日(热)射病，如猪瘟、猪丹毒等；局限性皮温升高，是局部发炎的表现。

(2)皮温降低　全身性皮温降低是体温降低的标志，见于衰竭病、营养不良、大失血、重症贫血、生产瘫痪、酮血病及严重的脑病或中毒；局限性皮温降低，如四肢末梢厥冷，见于高度血液循环障碍、心力衰竭、休克和虚脱。

(3)皮温不整　即身体对称部位的皮肤温度不一样，主要是由于皮肤血管收缩与扩张不一致的结果。如马左右耳温度不同，牛四肢及两角温度不同。见于牛马热性病、马腹痛病末期、虚脱和休克。

3. 湿度

皮肤的湿度主要决定于家畜排汗能力。马属动物汗腺最发达，其次为牛、羊和猪，水牛、家禽和犬无汗腺。马表现全身出汗，牛、羊、猪出汗在鼻端。生理性发汗主要见于外界温度过高，

或运动使役之后,或紧张惊恐之时;病理性发汗主要表现:

(1)全身出汗 主要见于高热性疾病,如日射病、热射病、败血症、脓毒血症;剧烈疼痛性疾病,马属动物腹痛性疾病、肢蹄疼痛性疾病以及骨折等;严重呼吸困难的疾病,如呼吸道狭窄,弥漫性支气管肺炎、肺气肿等;马肌红蛋白尿病及许多疾病的濒死期也常全身出汗(这时常伴发体温下降)。

(2)局部出汗 是指被毛某部位湿润或有汗珠,出汗区的界限往往很明显,经一定时间消失。主要见于外周神经损伤及局部炎症。

(3)冷汗 正常出汗时,皮肤充血发热,皮肤与汗液俱热的称为热汗;皮肤与汗液俱冷的称为冷汗。冷汗主要见于内脏破裂、虚脱、休克及严重的心脏衰竭,多预后不良。

(4)血汗 即由汗腺自然排出血液而皮肤无损伤的称为血汗。主要见于血斑病、炭疽等。

(5)少汗 临床表现皮肤干燥,是长期营养不良及热性病发作的特征。正常情况下,牛的鼻镜及猪的鼻盘上面附有水珠,触诊冰凉而湿润。如果鼻镜发干则是患病及发热的特征,如果鼻镜发生龟裂或形成痂皮,则表示病程长久,另外见于牛瘟和恶性卡他热。

4. 弹性

幼畜及营养良好的家畜,其皮肤具有一定的弹性。检查皮肤弹性的方法,是用手指捏成皱褶并轻轻拉起(马可在颈部,牛在最后肋骨部,羊在背部),如是健畜,放手后皱褶迅速恢复原状;但是在营养不良、慢性病、机体脱水(严重腹泻、呕吐)、大失血及疥癣和湿疹等慢性皮肤病时则恢复缓慢。注意:老龄家畜皮肤弹性降低是正常生理现象。

5. 疹疱

(1)痘疹 皮肤上出现豆粒大小的疱疹,一般取红斑、丘疹、水疱、脓疱、溃疡、结痂定期或分期性经过。好发部位:被毛稀少的部位,如股内侧、乳房、尾根下、口角部、鸡冠、鼻盘、头面部,主要见于牛痘、羊痘、鸡痘、猪痘。

(2)水疱 是皮肤表层下组织聚积透明液体的小水疱,水疱容易破溃形成溃疡。主要见于口蹄疫,口蹄疫分良性口蹄疫和恶性口蹄疫。口蹄疫是由口蹄疫病毒所引起的偶蹄动物的一种急性热性高度接触性传染病。病的特征为口腔黏膜、蹄趾部和乳房皮肤发生水疱。除此之外,还见于猪的传染性水疱病和各种动物的水疱性口炎。

(3)斑 斑是皮肤弥漫性充血或出血形成的红斑。见于湿疹(过敏性疾病)、丘疹(荨麻疹,注射血清和药物过敏等)、玫瑰疹(猪瘟和出血性败血症)和饲料疹(感光过敏)。

6. 创伤

瘢痕是创伤溃疡愈合的结果。临床上有诊断意义的是瘢痕呈冰花样或放射线状,这是鼻疽瘢痕的特征,常见于鼻中膈。

7. 溃疡

主要是由以上疾病(水疱、脓疱和组织坏死)而来,见于皮肤破溃,久治不愈的外伤,皮鼻疽和流行性淋巴管炎等。临床上应该特别注意的是溃疡边缘呈"火山口状",周围隆起,溃疡底呈猪脂肪样则是皮鼻疽溃疡的特征;若淋巴管呈索状肿胀,并于淋巴管索状肿胀上,形成连串的结节或溃疡是流行性淋巴管炎的特征;猪体表部位有较大的坏死与溃疡是坏死杆菌的表现。

(三)皮下组织检查

皮下组织检查,主要注意皮肤和皮下组织的肿胀。皮肤及皮下有肿胀时,应用视诊观察肿胀部位的形态、大小,并用触诊判定其内容物性状、硬度、温度,以及可动性和敏感性等。皮肤肿胀可由多种多样的原因引起，多伴有局限性，很少波及全身。临床上常见的肿胀有气肿、水肿和其他性质的肿胀。

1. 皮下气肿

气肿是由于空气或因腐败产生的其他气体积聚于皮下组织所引起。其特征是肿胀界限不明显，一般情况下无热痛反应，触诊时由于气泡破裂和移动而产生捻发音。原因：皮肤破损，含气器官的破裂。易发部位：颈部或肘后。按气体的来源临床上分为窜入性和腐败性气肿两种。窜入性气肿是在体表移动性较大的部位（如肘后及肩胛附近各部位等）发生创伤时，由于动物的运动，创口一张一合，空气即被吸入皮下，并逐渐向四周扩散，严重者可达全身各部皮下，或由于含气器官，如肺、咽囊、气管发生破裂时，气体沿气管和食管周围组织窜入皮下组织。牛创伤性网胃炎时，由于异物穿透胃壁，也可在胸垂部发生气肿。窜入性气肿的特征是，缺乏炎性变化，局部无热痛，除全身性严重气肿影响循环、呼吸正常活动外，一般没有机能障碍。腐败性气肿是由于感染了产气细菌（多为梭菌属），使局部组织腐败、分解，产生气体而积聚于组织内所致。其特征是肿胀部增温、敏感、界限不清，逐渐扩大，乃至波及广大的区域，同时伴有皮肤的坏死和较重的全身反应（如精神沉郁、发热、切开肿胀部位组织流出混有气泡的暗红色泡沫样恶臭液体，并含有大量细菌），多发生在肌肉丰满的股部、臀部、肩部等部位。见于气肿疽以及恶性水肿等。

2. 皮下水肿

皮下水肿又称浮肿。是由于各种原因使组织渗透压增高（如血液循环障碍、血液稀薄、水盐代谢紊乱等），血浆液体成分向组织间漏出过多而回收减少，使皮下组织的细胞内及组织间隙液体潴留过多所致。如果液体积于浆膜腔则形成积水。好发部位为胸腹部、四肢下部、阴囊和眼睑。特点是容积较大，皮肤紧张而弹性降低，指压有痕，感觉如生面团，有凉感，无热痛反应。根据发生原因分为：

(1)心源性水肿　由于心脏机能减弱，血液循环障碍，全身静脉瘀血所引起。其特征是发生于远离心脏及血液回流困难的部位，因为压力不够血液回流困难。如胸下，腹下、四肢末端。肿胀无热、无痛，多呈对称性分布。有时伴发胸腹腔积水。役畜多于早晨出现，轻者可经运动后消失。常见于心内膜炎和心力衰竭。

(2)营养不良性水肿　又称低蛋白血症，由于长期营养不良或饲料营养价不全造成家畜营养障碍，血液中白蛋白减少，血液稀薄、血浆胶体渗透压降低所致。如慢性消耗性疾病，重度贫血，维生素不足，肝片吸虫。特点：皮下水肿的同时伴有营养不良及贫血综合体征。水肿波及身体的大部分而且无明显的局限性，颌下、胸部和下颌间隙都易发生，无热无痛。

(3)肾性水肿　是肾炎和肾病的主要症状。由于肾小球分泌机能降低，水钠滞留体内，肾小管毛细血管变性，血浆蛋白大量滤出，血浆胶体渗透压降低所致。主要见于急慢性肾炎和肾病。特点：迅速发生，无热无痛。易发在组织疏松的部位，不受重力的影响，最初眼睑水肿，以后胸部、腹下、阴囊和四肢水肿。肾性水肿多见于犬等肉食动物。

3. 炎性水肿

由于皮肤或皮下组织受到创伤发炎，致使炎症处血管扩张渗出引起。特点：红、肿、热、痛，机能障碍，及全身性反应。不对称发生。大面积的弥散性肿胀，应考虑有蜂窝织炎的可能，特别是发生于四肢部，多因创伤感染所致。躯干、四肢局限性肿胀，如触之有波动，则提示为脓肿、血肿或淋巴外渗，宜检查其穿刺内容物而确诊。主要见于血斑病、蜂窝织炎、炭疽、挫伤、刺伤。不同动物发生不同的水肿病。例如,猪眼睑或面部浮肿,常见于水肿病;牛、羊下颌浮肿可见于肝片形吸虫病;牛下颌或胸前浮肿,常见于创伤性心包炎;臀部、尾根、肛门、会阴等部浮肿,见于牛青杠叶中毒;雏鸡皮下浮肿可见于渗出性素质(如当硒或维生素 E 缺乏),表现为腹下、胸下、腿内侧等部位皮下变为蓝绿或蓝紫色肿胀,触诊稍硬;马骡胸下、腹下、阴囊及四肢浮肿,见于营养不良,心脏和肾脏疾病及局部血液循环障碍等。

4. 其他肿胀

(1)局部肿胀　触诊有波动感,主见于脓肿、血肿和淋巴外渗,三者可以通过穿刺加以鉴别。

(2)赫尔尼亚(疝)　腹壁、脐部或阴囊部触诊呈波动感,深部触诊可摸索到疝孔,有时可将脱垂肠管还纳,听诊局部可听到肠蠕动音,提示腹壁疝、脐疝、阴囊疝。临床诊断相对容易。

5. 体表皮肤震颤

(1)局部战栗　尤其以肘后、肩部肌肉明显。常见于四肢疼痛性疾病,牛创伤性心包炎。

(2)全身痉挛　见于脑病和中毒时,常可出现全身痉挛,但多伴有昏迷现象。如 2～3 日龄仔猪出现全身痉挛是低血糖的象征,如出生后即出现全身痉挛,为仔猪先天性震颤。

6. 水肿鉴别诊断(表 2-2)

表 2-2　三种基本叩诊音的特性

水肿性质	心脏性水肿	肾脏性水肿	肝脏性水肿	营养性水肿	内分泌性水肿	妊娠性水肿
水肿部位	首先出现在远心端,如末端、颌下,然后发展到全身	首先在皮薄毛稀处、眼睑、腹下部,然后向全身发展	见于下肢和皮肤松软处,多出现腹水	见于四肢末端、颜面,向全身发展,消瘦	多见于头部与颜面部	见于四肢和腹下,乳房前部
皮肤变化	皮肤可能发绀	苍白	黄疸与出血斑	粗糙、苍白、干燥有皮屑	苍白	正常或苍白
心脏变化	心脏听诊区扩大有杂音	正常	正常	有缩期杂音、心音近而清	心悸亢进	正常或稍快
肝脏变化	肿大	正常	肝脏缩小,脾脏肿大	正常或稍肿大	正常	正常
呼吸	困难	正常	正常	正常	正常	加快
红细胞计数	正常	减少	减少	减少	正常	减少
病因	心包炎(创伤性)、心肌炎、心内膜炎	肾小球肾炎	肝硬化、肝肿大	长期营养缺乏	用激素药物过多症	妊娠后期中毒症

7. 皮肤疾病的主要综合征

皮肤疾病的主要临床表现，可见有脱毛、落屑，皮肤增厚并缺乏弹性，皮肤、黏膜的发疹或形成疱疹（红斑、结节、丘疹、水疱或脓疱等），出现溃疡、烂斑、结痂或龟裂等表被病变；多数伴有痒感，从而啃咬或相互啃咬病变部位，或将病变部向周围物体（墙壁、畜栏、木桩、树木或用具等）上摩擦。同时有整体状态及某些内脏器官的变化。

（1）普通皮肤病的综合征　以皮肤的被毛稀疏部位多发的小红斑、结节、粟粒大小的丘疹或继发水疱为特征的病变，如伴有较轻度痒感，皮肤污秽不洁，畜舍或畜床潮湿、饲养管理失宜等致病原因，一般提示湿疹。无传染性，除去病因并用一般常规疗法可收到疗效等条件，可做验证性参考。

（2）感光过敏性皮肤病的综合征　感光过敏性皮肤病，常发生于白色皮毛的动物，有大量饲喂荞麦、灰菜、某些三叶草等富含感光物质的饲料或植物的病史可查；须经日光长期直晒而发病，主要表现在头、颈、背部出现红斑、结节甚至水疱。停止饲喂上述植物、饲料后疾病即停息；将患病动物放于阴暗的畜舍、防止日光直晒，可见病情减轻或恢复；黑色毛皮的动物皮肤部分不见有病变等发病情况的特征，可做验证诊断的根据。

（3）寄生虫性皮肤病的综合征　吸血昆虫的叮咬、蜇刺而致的皮肤病，根据蚊、虻生长的条件及地区、季节和皮肤病变的表现，临床诊断并不困难。

疥螨所引起的皮肤病，在表现呈头面、颈侧、躯干部的局限性或成片性脱毛、落屑、皮肤变厚且硬化或呈龟裂、出血、结痂的特征性变化的同时，剧烈的痒感是重要特征，在畜群中因相互感染而大批发生的流行病学特点，是提示诊断的重要条件，刮取皮屑（在健、病交界处的皮肤部位，深刮后取刮取物进行显微镜检查），证明有病原体是确诊的根据，特效药物的良好治疗效果，可以验证诊断。

（4）侵害皮肤、黏膜传染病的临床综合征　口、鼻周围及蹄、趾部呈现红斑、水疱、溃烂、结痂性病变并伴有大量牵缕性延续因蹄部病变而致跛行，是口蹄疫的临床特点；牛、羊、猪、骆驼等偶蹄兽均可发生，呈迅速传播、大批流行病学特点。通常临床诊断并不困难。

主要表现于蹄趾部呈现红斑、水疱、溃烂性病变。且仅流行于猪时，提示猪传染性水疱病的可疑。同样有迅速传播、大批流行的特征；一定地区的生猪仓库、交易市场等集散场所，可呈地区性、常在的发生。

痘主要可见于猪、牛、羊、山羊等家畜，以皮肤、被毛稀疏部呈现分期性豆粒大小的红斑、结节、水疱等规律性病程经过病变为其特征。

马在头面部、颈侧、胸侧或四肢出现成串的结节、溃疡性病变。应注意于皮肤鼻疽及流行性淋巴管炎。应依各该病的特异性检查结果而确诊。

三、可视黏膜检查

可视黏膜是指肉眼能看到或借助简单器械可观察到的黏膜，如眼结膜、口腔、阴道等部位的黏膜。检查可视黏膜时，主要观察颜色变化，尤其是眼结膜的颜色变化；同时，注意其温度、湿度、有无出血，结膜的颜色变化，可反映局部的病变，并可推断全身的循环状态，判定血液循环障碍程度及血液中某些成分的改变，对疾病诊断与预后的判定有一定临床意义。临床上多用视诊进行检查。

(一)检查方法

1. 马的眼结膜检查

检查左眼时,左手抓住笼头,右手最后三指放在颧弓上面固定后,食指撑开上眼睑,用拇指翻开下眼睑,同时拇指、食指向眼窝稍加压力,眼结膜和瞬膜即可露出。检查右眼时,换手按同样的方法进行(图 2-5)。检查时,必须两眼都作检查,应在自然光线下进行,以免误认。必要时,对照其他可视黏膜检查。健康马骡的眼结膜呈淡红色。

2. 牛的眼结膜检查

用一手握住鼻中隔,并向检查人的方向牵引,另一手持同侧角,向外用力推,如此使头转向侧方,即可露出结膜。也可两手分别握住两角,将头向侧方扭转,进行眼结膜检查(图 2-6)。健康牛的眼结膜颜色较马的稍淡,呈淡粉红色。

图 2-5 马的眼结膜检查

图 2-6 牛的眼结膜检查

3. 羊、猪、犬等中小动物的眼结膜检查

用两手的拇指打开上下眼睑进行检查。猪、羊的眼结膜颜色较牛的稍深,并带灰色。犬的眼结膜为淡红色,但很易因兴奋而变红色。

4. 检查时注意事项

(1)两眼对照检查。

(2)自然光线下检查,以免因光线影响结膜色彩。

(3)不要反复检查,因为反复检查受压或磨损易引起充血而误判。

(二)正常状态

健康动物的可视黏膜湿润,有光泽,眼睑无肿胀,眼角无分泌物。可视黏膜随动物种类不同稍有差别,马呈淡红色;牛的颜色较马稍淡,呈淡粉红色,水牛颜色较深;猪、羊呈粉红色;犬呈淡红色。

(三)病理变化

1. 颜色变化

在病理情况下,结膜颜色的改变,可表现为苍白、潮红、发绀或发黄(黄疸)。

(1)苍白　结膜色淡呈灰白色,是各型贫血的特征。如果结膜迅速苍白,主要见于大失血、肝脾等内脏器官的破裂;如果结膜缓慢逐渐苍白,主要见于慢性消耗性疾病和传染病,如牛结核病、仔猪贫血、蛔虫病和血孢子虫病。但是溶血性贫血在结合膜苍白的同时伴有不同程度的黄染。

(2)潮红　结膜下毛细血管充血的象征,除反应眼部病变外,主要反应机体的血液循环状态。如果是单眼潮红多是结膜炎引起,如果是双眼潮红则标志着全身循环障碍。

弥漫性潮红:结膜一片潮红,主要是由于二氧化碳过多和氧气不足所引起,见于急性发热性传染病,如猪瘟、猪丹毒、高度呼吸困难、肺炎、肠臌气、炭疽、犬瘟热和鸡新城疫。

树枝状潮红:血管高度充盈特别明显呈树枝状,主要是血液循环或心脏机能障碍的结果,见于严重的心脏疾病、肺脏疾病和脑炎,或小循环瘀血。

出血性潮红:结膜上有点状或斑状出血点,是出血性素质疾病的特征,主要由于血管壁通透性增大所致。见于各种急慢性传染病。如炭疽、血斑病、血孢子虫病、马传贫和出血性败血症。

(3)发绀　结膜呈蓝紫色,主要是由于血液中还原 HB 增多或形成大量变性 HB 的结果,见于高度吸入性呼吸困难和肺呼吸面积显著减少的疾病。如肺炎、胸膜炎、心脏瓣膜病、心包炎、心脏衰弱和某些中毒性疾病(例如亚硝酸盐中毒)。

(4)发黄　眼结膜呈黄色,主要是由于胆色素代谢障碍,使胆红素形成过多或排出障碍,大量胆红素蓄积在体内,使皮肤黏膜、浆膜及实质器官被染成黄色。常见于各种疾病引起的黄疸。

正常胆色素的代谢:衰老的红细胞被肝、脾、骨髓的吞噬细胞吞噬破坏后释放出血红蛋白,后者进一步分解脱去铁和珠蛋白形成胆绿素,胆绿素再转化为胆红素,这种胆红素在血液中和白蛋白、α-球蛋白结合形成间接胆红素。间接胆红素再由血液运到肝脏后在葡萄糖醛酸转化酶的作用下形成直接胆红素。直接胆红素随胆汁分泌经胆道进入肠内被肠内细菌还原为胆素原,大部分胆素原被氧化为粪胆素原随粪便排出,小部分再吸收入血经门静脉进入肝脏,这部分胆素原又有两个去向,大部分变为直接胆红素然后再随胆汁排入肠道(肠肝循环),小部分进入血液经肾脏转化为尿胆素原随尿排出。

健康机体内胆色素不断形成和排泄,保持着相对的动态平衡,当发生某些疾病时,由于体内胆红素形成过多,或由于肝细胞的严重损伤,或因胆道阻塞就会破坏这种相对的平衡状态,使胆红素大量蓄积在体内,从而发生各种类型的黄疸。常见病因有:

阻塞性黄疸:各种原因造成的胆道狭窄或阻塞,引起胆汁淤滞和胆管破裂,使胆色素混入血液或血液中的胆红素增多。主要见于胆结石、胆道蛔虫、胆管炎、十二指肠炎症。

溶血性黄疸:各种原因造成红细胞大量破坏,使胆色素蓄积并增多。主要见于血孢子虫病、焦虫病、锥虫病、新生幼畜溶血病、二氧化硫中毒、马传贫、大叶性肺炎、大面积烧伤、毒蛇咬伤和牛的 HB 尿症。突出症状是结膜苍白并且黄染。

实质性黄疸:由于肝细胞发炎、变性或坏死,肝细胞结合和排出胆红素机能降低,同时又由于常伴有毛细胆管淤滞或破裂,引起胆红素混入血液而黄染,主要见于引起肝脏变性坏死的传染病,如马流脑、马传贫、猪白肌病、中毒病、钩端螺旋体病。

2. 肿胀

眼睑肿胀并伴有羞明流泪,是眼炎或眼结膜炎的特征。结膜肿胀是由于结膜及结膜下炎性渗出浸润,或由于结膜瘀血,或血液稀薄渗出引起。由炎性渗出引起的肿胀同时伴有羞明流泪和热痛反应,主要见于结膜炎、周期性眼炎、流感、猪瘟和水肿病;由瘀血或血液稀薄造成的肿胀无热痛反应,主要见于贫血、肾炎和寄生虫病。在马,如有反复地周期性的发作病史,多提示为周期性眼炎，如夜盲症。轻度的结膜炎症，伴有大量的浆液性眼分泌物，可见于流行性感冒；黄色、黏稠性眼眵，是化脓性结膜炎的标志，常见于某些发热性传染病，如犬瘟热。猪眼大量流泪，可见于流行性感冒。猪眼窝下方有流泪痕迹，应提示传染性萎缩性鼻炎。仔猪眼睑水肿，应注意为水肿病。

3. 分泌物

健康家畜结膜无分泌物，病理情况下分泌物增多，根据其性状不同分浆液性、黏液性和脓性。临床上注意的是两侧性的为全身性疾病，如流感、猪瘟、犬瘟热、马腺疫、仔猪副伤寒、山羊支原体肺炎；一侧性的为眼部疾病，如副鼻窦炎、喉囊炎、外伤等。

四、体表淋巴结检查

淋巴系统是动物自然防御屏障之一。在病理情况下，病理产物、特异性病原菌及代谢产物可随淋巴液进入相应部位的淋巴结引起肿胀或化脓，所以淋巴结的检查，在确定感染和诊断某些传染病方面有重要意义。淋巴结肿胀是机体的一种防御性反应。

临床上奶牛常检查的浅在淋巴结有：颌下淋巴结，肩前淋巴结，膝上淋巴结，腹股沟淋巴结，乳房上淋巴结。常用的检查方法有视诊，主要是触诊，必要时配合进行穿刺。检查时主要注意其位置、大小、形状、硬度、敏感性及活动性。

（一）检查方法

检查浅表淋巴结，可用视诊，主要是触诊，必要时可配合应用穿刺检查法。视、触诊检查时，主要注意其位置、大小、形状、硬度及表面状态、敏感性及其可动性（与周围组织的关系）。

（二）病理变化

病理情况下，淋巴结有以下几种变化：

1. 淋巴结的急性肿胀

是淋巴结急性炎症浸润的结果，由微生物、病毒和毒素进入血液所引起。特点：淋巴结肿大明显，有移动性，表面光滑坚硬且敏感，触诊有热痛反应，主要见于急性传染病或周围组织器官的炎症，如腺疫、流感、传染性胸腹肺炎、乳房炎、急性鼻疽和咽喉炎等。

2. 淋巴结的慢性肿胀

淋巴结慢性肿胀是由于病原微生物的慢性刺激使淋巴结及其周围结缔组织增生的结果。特点：触诊发硬，表面不平，无热无痛，活动性差。主要见于慢性鼻疽、慢性鼻炎、慢性鼻窦炎和牛结核，还可见于该淋巴结的周围组织器官的慢性感染及炎症。

3. 淋巴结的化脓性肿胀

淋巴结的化脓性炎症是淋巴结急性炎症发展的结果。主要是由于在淋巴结急性炎症过程中，淋巴结失去防御能力所致。特点：触诊淋巴结高度肿胀，皮肤紧张，有热有疼有波动感，表面被毛脱落光亮，最后破溃流脓，常见于马腺疫、鼻疽、结核。

（三）淋巴管检查

正常家畜体表淋巴管难以触摸到，当淋巴结发炎时，由于炎性浸润，有时波及相应的淋巴管，致使发炎而呈索状肿胀，有的在索状肿胀的淋巴管上形成多数结节而成串珠状，有时结节破溃形成特有的溃疡，触压移动性差但有疼痛反应，在胸侧、颈侧、四肢表现明显，主要见于皮鼻疽和马流行性淋巴管炎。

五、体温、脉搏和呼吸数的测定

体温(T)、脉搏(P)、呼吸(R)是家畜生命活动的重要生理指标。在正常情况下,除受外界气候、运动及使役等环境条件的暂时性影响外,一般变动在一个较为恒定的范围之内。但是,在病理过程中,受病原因素的影响,却发生不同程度和形式的变化。因此,临床上测定这些指标,在诊断疾病和分析病程的变化上有重要的实际意义。

(一)体温的测定

家畜为恒温动物,均具有发达的体温调节中枢及产热、散热装置,故能在外界不同温度条件下,保持体温的恒定不变。如果体温发生变化,常是患病的重要症状之一。

在某些疾病时,体温的变化往往早于机体的其他临床症状。因此测定体温对发现疾病、判断疾病的性质、推断预后和检验治疗效果均具有重要的价值。健康动物体温变动范围见表 2-3。

表 2-3 健康动物体温变动范围 ℃

动物种类	变动范围	动物种类	变动范围
黄牛、乳牛	37.5～39.5	骆驼	36.0～38.5
骡	38.0～39.0	鹿	38.0～39.0
马	37.5～38.5	兔	38.0～39.5
水牛	36.5～38.5	犬	37.5～39.0
绵羊、山羊	38.0～40.0	猫	38.5～39.5
猪	38.0～39.5	禽类	40.0～42.0

健康动物体温受许多生理性因素和外界因素的影响,从而出现一定程度的生理性变动,如年龄、性别、品种、营养、生产性能、气候条件、地区性等。通常情况下,幼龄家畜高于成年家畜,公畜高于母畜,高产奶牛高于低产奶牛,围产期高于其他期,营养良好高于营养不良,夏季高于冬季,南方家畜高于北方家畜,这些生理性变动可能与机体的代谢强度及产热、散热的特殊条件相关。

一般动物体温的昼夜变动范围:晨温稍低,午后稍高,昼夜温差变动在 1.0℃以内。如果出现上午体温高下午体温低,则称为温差逆转,例如马传贫。

临床上测定体温的方法:除禽类测其翼下温度外,其他动物都以直肠温度为标准。

测定直肠温度的注意事项:测定前将体温计水银柱甩至 35℃以下,用酒精棉球擦拭消毒,并涂润滑剂,一手提起动物尾巴,另一手将体温计徐徐捻转地插入直肠,然后放下尾巴,将体温计上的夹子夹于臀部毛发上,经 3～5 min 后,取出体温计,读数即可。

体温测定注意事项:

(1)为了防止有过大的误差,测温前对体温计进行检查、验定,用前应甩下体温计的水银柱;对门诊病畜,应使其适当休息并安静后再测定。

(2)注意保护人、畜安全,对凶猛病畜进行必要的保定。

(3)体温计的玻棒插入的深度要适宜(一般大动物约插入体温计长度的 2/3;小动物则不宜过深)。

(4)每日对病畜定时进行测温,并逐日记录绘成体温曲线表。

(5)进行灌肠、直检的病畜应在处置前测温；直肠有多量宿粪的病畜，为防止把体温计插入粪球中，出现误差，应排出积粪后再测定。

(6)遇有直肠炎、频繁下痢或肛门松弛的患畜，对母畜可测阴道温度代替(测得值加上0 3℃)。

(7)注意长期腹泻的病例体温低于实际体温。

在排除生理性和外界性因素影响之后，体温的升高降低变化即为病理变化。

1. 体温升高

体温升高是动物机体对病原微生物及其毒素，代谢产物或组织坏死分解产物的刺激，以及某些有毒物质被吸收所产生的一种防御反应。病畜体温升高多是传染病指标之一，一般炎性疾病如胃肠炎、肺炎、胸膜炎、腹膜炎、子宫内膜炎等体温一定升高，风湿症、无菌手术后体温也一时性升高。在上述疾病经过中，若通过治疗体温逐渐下降则是病情逐渐好转的标志。

(1)由病理原因所引起的体温升高，称为发热。根据体温升高的程度不同分微热、中热、高热、最高热。

微热：体温超过正常体温 0.5～1.0℃，主要见于局限性炎症和轻微性疾病，如胃肠卡他。

中热：体温超过正常体温 1.0～2.0℃，主要见于消化道和呼吸道的一般性炎症，如支气管炎、胃肠炎、咽喉炎、牛结核、布氏杆菌等慢性传染病。

高热：体温超过正常体温 2.0～3.0℃，主要见于急性传染病和广泛性炎症，如流感、猪瘟、猪肺疫、牛肺疫、口蹄疫、大叶性肺炎、小叶性肺炎、急性弥漫性胸膜炎及腹膜炎。

最高热：体温超过正常体温 3.0℃以上，主要见于严重的急性传染病。如败血症、脓血症、脓毒败血症、传染性胸膜肺炎、猪丹毒、炭疽、日射病、热射病。

(2)在疾病发热过程中，根据其经过的特点不同分为以下几种发热类型：弛张热、稽留热、间歇热、不定型热。热型的确定主要是通过记录每天体温变化(早晚各测温一次，然后取平均值)并把结果记录在一定表格上，得到不同形状的曲线即体温曲线，根据体温曲线形状判定发热类型。

稽留热：高热持续数天或更长时间，并且昼夜温差在1℃以内。主要是由于致热物质在血液中长期存在并且对中枢不断刺激的结果，见于大叶性肺炎，猪瘟猪丹毒，流感、牛肺疫(图 2-7)。

弛张热：体温昼夜间有较大的升降，温差在 1～2℃或 3℃以上，不降到正常温度。主要是由于炎性病灶消失而又出现新的炎性病灶的结果。见于各种化脓性疾病、小叶性肺炎、败血症和严重的结核病(图 2-8)。

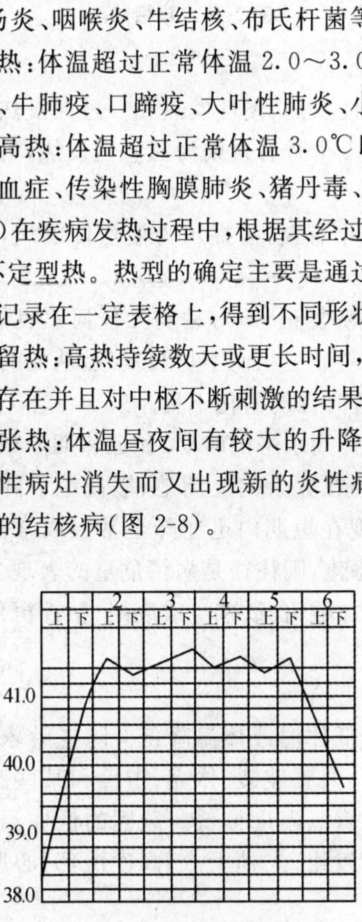

图 2-7 稽留热型

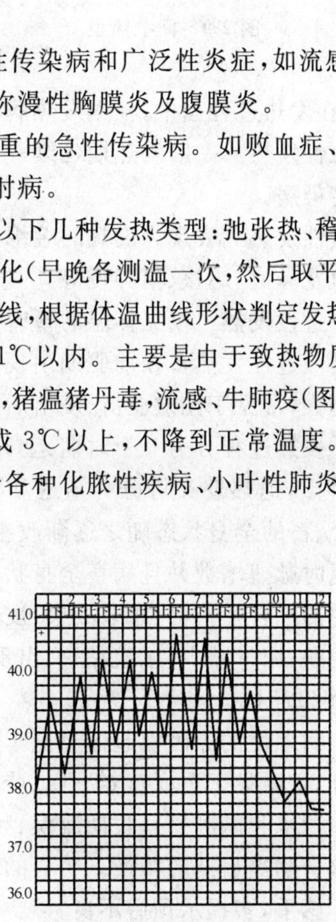

图 2-8 弛张热型

间歇热：在持续数天的发热后出现无热期，如此以一定间隔时期而反复交替出现发热的现象。或体温升高与体温正常交替出现。主要是由于病原性有毒物质周期性的进入血液的原因。见于焦虫病、锥虫病和慢性马传贫（图 2-9）。

不定型热：体温曲线无规律的变动。主要见于许多非典型性疾病，如牛结核病、布氏杆菌病、慢性猪瘟、猪肺疫等。

双相热型：即初次体温升高约持续 2 d。然后降至常温 2～5 d，再次体温升高并持续数日，常见于犬瘟热等（图 2-10）。

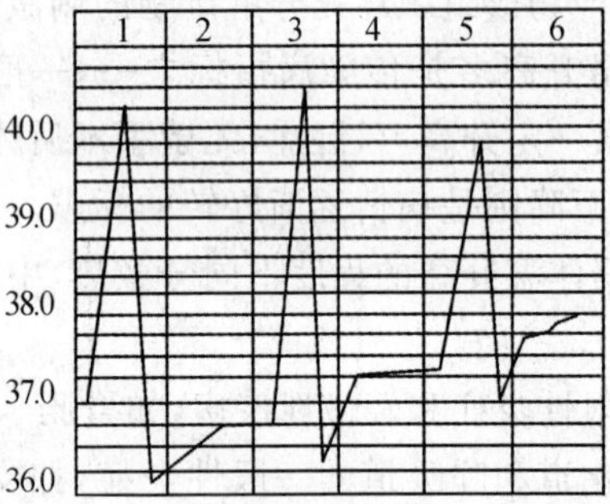

图 2-9 间歇热型

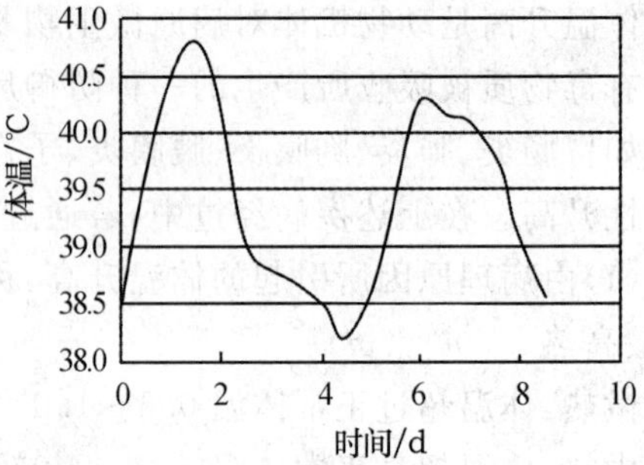

图 2-10 双相热型

（3）在发热过程当中，根据发热病程的长短分为：急性发热、慢性发热和一过性发热。

①急性发热　一般发热期延续一周至半月，如长达 1 个月有余则为亚急性发热，可见于多种急性传染病。

②慢性发热　表现为发热的缠绵，可持续数月至一年有余，多提示为慢性传染病，如慢性马传贫血及鼻疽、结核、猪肺疫等。

③一过性发热　仅见体温的暂时性升高，以后很快恢复正常，对动物无任何不良影响，某些疾病的一过性发热多在前驱期出现，因临床上无其他明显症状而不易被发现，从而对实际诊断意义不大，常见于注射血清、疫苗后的一时性反应和暂时性的消化不良。

整个发热过程分为三个时期：上升期、极期（体温维持高水平的时期）和退热期。根据体温下降的特点，退热期又可分为渐退和骤退。前者表现为在数天内逐渐地、缓慢地下降已至常温，并且病畜的全身状态随之逐渐改善而康复；后者表现在短期内迅速降至常温或常温以下。如果骤退时脉搏增数并且病畜全身状态不见改善甚至恶化，则往往是病情危重的表现。

发热的综合症候群：恶寒战栗；皮温不整；呼吸脉搏加数；食欲减少或废绝；精神沉郁；消化障碍如便秘；尿量减少、尿液黏稠、出现尿蛋白。

2. 体温降低

由于病理性的原因引起体温低于常温的下界，称为低体温或体温降低。除老龄家畜的体温降低外，主要见于重度营养不良、严重的贫血、大失血、内脏破裂、休克、中毒和某些脑病（如慢性脑室积水和脑肿瘤），长期瘫痪、频繁下痢的病畜其直肠温度偏低。顽固的低体温常为马流行性脑脊髓炎后期的特征。明显的低体温，同时伴有发绀、末梢厥冷、高度沉郁、心脏微弱、脉搏弱不感手，多提示预后不良。

总而言之，发热和低体温只能说明动物已经患病，但并不能确定患什么病。在未确诊疾病之前，要慎用退热药，只有结合其他病候综合分析，确诊疾病之后再采取对因和对症治疗。

3. 注意事项

在临床诊疗中,应对病畜逐日测温,一般为每昼夜定期测定 2 次(清晨及午后各一次),并将测量结果记录于体温曲线表上,以便于分析病情变化。

当病畜肛门弛缓、频繁下痢或将体温计插入直肠内的宿粪中时,测得的温度将不准确,应注意避免。

4. 以发热为主症的猪病鉴别诊断(表 2-4)

表 2-4 猪各种高热性传染病的鉴别诊断

病名	发热程度	皮肤	消化系统	呼吸系统	基本症候群
猪瘟	高热	小出血点,指压不褪色。	便秘与下痢交替出现	伴有咳嗽。	高热、出血性素质,伴有消化扰乱症状。
猪丹毒	最高热	块状丘疹样红斑,指压褪色。		呼吸加快。	最高热,皮肤充血性疹块。
急性猪肺疫	高热	颈部红肿,黏膜发绀或有小出血点。	或伴有下痢	吸入性呼吸困难,咳嗽。	高热,呼吸系统症候群。
流感	高热	或有发绀。	多呈便秘	流泪,流鼻液,咳嗽及气喘。	高热,呼吸系统症候群。
急性副伤寒	高热	或有小出血点,耳尖、鼻端发绀。	下痢		高热,消化系统症状或有出血性素质。
口蹄疫	高热	蹄趾部、口周围有水疱、溃烂。			高热,皮肤损害伴有跛行症状。
传染性水疱病	高热	蹄趾部有水疱,溃烂。			高热,皮肤损害伴有跛行症状。
猪痘	高热	呈红斑疹、水疱、结痂的分期性。	或伴有下痢		高热,皮肤呈分明性疹疱症候群。

(二)脉搏数的测定

脉搏是随每次心室收缩血液向动脉管中输送而引起的动脉波动。临床上一般用触诊的方法感知动物体表动脉的波动称为脉搏。

测量脉搏时要注意脉搏的频率、节律及脉搏的性质变化,分析心脏和血液循环的状态,对疾病的临床诊断和预后的判定有着重大的临床诊断价值。

1. 测量方法

应用触诊检查动脉脉搏,测定每分钟脉搏的次数,用“次/min”表示。牛通常检查尾动脉,兽医人员站在牛的正后方,左手抬起尾巴,右手拇指放于尾根背面,用食指与中指贴着尾根腹面进行检查;马可检查下颌动脉,检查者站在马头一侧,一手握住笼头,另一手拇指置于下颌骨外侧、食指与中指伸入下颌支内侧,在血管切迹处前后滑动,触摸脉管,用手指轻压即可感知脉搏。猪和羊可在后肢股内侧检查股动脉。

2. 正常脉搏数

记录每分钟脉搏跳动的次数，称为脉搏数。健康家畜的脉搏数见表2-5。脉搏数受气候、年龄、品种、性别、使役、采食等生理因素的影响，如幼龄＞成龄、母畜＞公畜、高产奶牛＞低产奶牛、轻型马＞重型马、母畜于妊娠后期脉搏数增加。检查脉搏的部位：马在颌下动脉；牛在尾动脉；猪、羊、犬在股内侧动脉。如果脉跳弱不感手时，可通过检查心脏的心搏动代替。诊查脉搏可获得关于心脏活动机能与血液循环状态，在疾病的诊断和预后的判定上都有很重要的实际意义。

表2-5 健康动物脉搏变动范围 次/min

动物种类	变动范围	动物种类	变动范围
黄牛、乳牛	50～80	鹿	36～78
马、骡	26～42	骆驼	30～60
驴	42～54	兔	80～140
水牛	30～50	猫	110～130
绵羊、山羊	70～80	犬	70～120
猪	60～80	鸡（心跳）	120～200

3. 病理变化

脉搏次数的病理性变化主要表现为脉搏数增多和脉搏数减少。

（1）脉搏数增多　影响脉搏频率的病理性因素很多，常见于以下几种：

所有热性病，主要是血液温度增高和细菌毒素刺激的结果。一般体温每升高1℃，约可引起脉搏次数相应地增加4～8次不等。

各种心脏病，如除有严重的传导阻滞以外的心内膜炎、心肌病、心肌炎、心包炎等，主要是机能代偿的结果使心动加快而脉数增多。

疼痛性疾病，如马骡腹痛症、四肢的带痛性疾病等，可反射地引起脉搏次数增多。

呼吸系统疾病，如各型肺炎、胸膜炎，由于呼吸面积减少而引起二氧化碳和氧气交换障碍。心搏动加快而脉搏次数增多。

各型贫血或失血性疾病，如频繁下痢而引起的严重失水，致使血液浓缩脉搏次数增多。

某些药物中毒或毒物中毒，如有机磷农药中毒和使用交感神经兴奋药。

脉搏数增多实际上是多种因素作用的结果，在对疾病的预后判定上具有十分重要的意义。一般说来，脉搏数增多的程度可以反映心脏功能障碍和损伤的程度。通常当脉搏数比正常增加一倍以上时，可提示疾病的严重性。

（2）脉搏数减少　主要见于引起颅内压增高的脑病、胆血症、中毒病（迷走神经兴奋所致）、心脏传导机能障碍的疾病（如重度的传导阻滞或严重的心律不齐），此外，老龄家畜或高度衰竭时，也可引起脉搏数减少。临床上脉搏数显著减少且弱不感手时提示预后不良。

脉搏次数具有临床诊断价值的病理变化，除表现为增多和减少外，临床上还有如下变化。

（3）脉搏的性质　脉搏搏动的振幅较大称大脉，振幅较小称小脉；脉搏的力量较强称强脉，力量微弱称弱脉；动脉管壁较松弛称软脉；动脉管壁过于紧张而硬感称硬脉；血管内血液过度充盈称实脉，血量充盈不足称虚脉。

临床上动脉波动较强、大、充实、较软的脉搏，表示心脏机能良好；动脉搏动较弱、较小的，多提示心脏机能衰弱。脉搏微弱的不感于手，多提示心脏重度衰竭。在剧烈的疼痛性疾病时多表现出硬脉；宠物在失血或脱水时多表现为虚脉。

(4)脉搏的节律　脉搏的节律又称脉律，脉律不齐是心律不齐的反映，其临床诊断价值与心律不齐相一致。

4. 注意事项

检查脉搏时应在动物安静状态下进行，否则脉搏数不准确；当遇有脉搏节律紊乱时，应计算每分钟的平均数值或检查心冲动次数、测定心音的频率代替。

(三)呼吸数的测定

动物一呼一吸组成一次呼吸，记录每分钟呼吸的次数即呼吸数。

1. 测量方法

测量呼吸次数时，一般可站在动物的前侧方或其腹部的后侧方一定距离处，观察胸腹部的起伏运动和鼻翼的开张动作计算，胸壁的一起一伏即为一次呼吸。也可将手背放在鼻孔前方，感觉呼出气流(冬季可以看呼出气流)，呼出一次气流，是一次呼吸。家禽通过观察肛门部羽毛的缩动计算。通常计测 2 min 的次数而平均之。

2. 正常呼吸数

正常动物的呼吸次数和体温、脉搏一样，也受动物年龄、品种、季节、气候等因素的影响，如幼龄＞成龄，炎热季节＞寒冷季节，使役时、运动后呼吸数增加，饱食情况下呼吸数增加，母畜在妊娠期呼吸数增加。正常动物呼吸数见表 2-6。

表 2-6　健康动物呼吸次数变动范围　次/min

动物种类	变动范围	动物种类	变动范围
黄牛、乳牛	10～30	鹿	15～25
马、骡	8～16	兔	50～60
水牛	10～50	猫	10～30
绵羊、山羊	12～30	犬	10～30
猪	18～30	禽类	15～30
骆驼	6～15		

3. 病理变化

呼吸数的病理性变化主要表现为呼吸数增多和呼吸数减少。

(1)呼吸数增多　影响呼吸数的病理性因素很多，常见于以下几种：

呼吸器官本身疾病，当上呼吸道轻度狭窄及呼吸面积减少时可反射的引起呼吸加快。例如牛结核、牛肺疫、山羊的传染性胸膜肺炎、猪肺疫、气喘病、猪肺虫病等。

多数发热性疾病，包括传染性和非传染性疾病。

心力衰竭及贫血、失血性疾病。

某些中毒。如亚硝酸盐中毒引起的血红蛋白变性。

中枢神经兴奋性增高的疾病。

剧烈疼痛性疾病。

(2)呼吸数减少　临床上比较少见，主要见于引起颅内压显著升高的疾病(如慢性脑室积水、猪的伪狂犬病以及马的流行性脑脊髓炎后期)，某些中毒病及重度代谢紊乱等。呼吸次数的显著减少并伴有呼吸形式与节律的改变，常提示预后不良。

体温、脉搏、呼吸数等生理指标的测定，是临床诊疗工作的重要常规内容，对任何病例都应认真的实施，而且要随病程的经过，每天定时地进行测定并记录之。正常情况下体温、脉搏、呼吸的相关变化，常常是平行一致的，即同时升高或同时下降。但是，在某些特殊情况下，体温、脉搏、呼吸变化并不一致，如体温下降脉搏升高，这种交叉现象，一方面由于高热的急剧下降甚至常温以下，可能并非病情的真正的突然好转，反而说明是机体反应能力的显著衰竭，另一方面，同时脉搏次数的显著增多，又反映心脏机能状态的进一步恶化。因此体温、脉搏、呼吸交叉现象，多为预后不良的征兆。

4. 注意事项

宜在动物休息、安静时测定。一般应计测 2 min 的次数而平均之。观察动物鼻翼的活动或以手放于鼻前感知气流的测定方法不够准确，必要时可依听诊肺部呼吸音的次数代替。某些因素可引起呼吸次数的增多，如外界温度过高、家畜运动和使役时、母畜妊娠及兴奋等。

技能三　各系统检查

一、循环系统检查

心脏和血管组成机体的循环系统，是维持生命活动的重要器官，它主要参与机体的血液循环代谢。心脏是血液循环的动力装置，主要功能是将消化系统吸收来的营养物质和肺吸入的氧气运至全身各组织、细胞，供其新陈代谢之需要，还运送激素至相应器官，以调节其生理功能。因此，心血管系统的机能状况与各器官组织的生命活动有极其密切的关系。本系统原发病虽不多，但当发病时，必然要引起其他系统机能障碍，其他系统疾病，也常常影响本系统的机能。如二尖瓣闭锁不全，则引起肺瘀血。反之肺炎时，由于肺瘀血而引起心室扩张，进而心收缩无力而引起全身瘀血。特别是传染病(猪瘟、猪丹毒、传染性胸膜肺炎)及寄生虫病的经过中，由于毒素对机体的作用而使心肌发生障碍，间接或直接威胁着生命的安全。此外，根据心脏、血管受害程度，往往可判定预后，因此，对病畜的心脏、血管进行检查，对疾病发生的判断和预后具有指导意义。

(一)心脏的检查

心脏检查，一般应用视诊、触诊、叩诊和听诊的方法进行。必要时可选用心电图、心音图、X 线的透视或摄影、脉管的特殊检查、实验室检验等方法，其中听诊和特殊检查为最重要的诊断手段。

1. 心脏的位置

各种动物的心脏都位于胸腔下 1/3 处，第 3～6 肋骨间，偏于胸腔正中线的左侧，长轴倾向右心尖斜向左后下方，大部分与左侧胸壁直接接触。故心脏检查应在左侧进行。由于家畜种类不同，其位置亦不尽相同。

马属动物：心脏 3/5 位于胸腔左侧，心基在胸高 1/2 处稍下方，心尖向下向后向左倾斜，抵于 3～6 肋间(右侧在 4～5 肋间,不低于胸壁),距胸骨 2 cm,约有一掌大小紧贴于胸壁。

反刍兽和猪:心脏 3/5 位于胸腔左侧,心基在胸高 1/2 处水平线上,心尖于左侧抵于 3～5 肋间,紧贴胸壁,距胸骨约 6 cm。

2. 心脏触诊

心脏触诊主要是检查心搏动强度、频率及其敏感性。心搏动亢进时,视诊心区部亦可。心搏动是心脏收缩时冲击左侧心区的胸壁而引起的震动。通过检查心搏动可以判断心脏的跳动频率、强度和心区范围的变化。

各种动物心区触诊最适宜的部位在左侧第 3～5 肋间。检查者站在病畜左侧,右手放于鬐甲部或背部,左手掌平放于肘头后上方 2～3 cm 处,即可感知其搏动。

正常情况下,心搏动的强弱,决定于心脏的收缩力量、胸壁厚度及胸壁与心脏之间介质的状态。健畜则由于营养不同,胸壁厚度不同,其搏动强度也不同。如过肥的动物因胸壁厚而心搏动较弱;营养不良而消瘦的动物,因胸壁较薄而心搏动较强。此外,使役及运动后,外界温度高,兴奋或受惊时也增强。

病理性心搏动常见于以下几种情况:

(1)心搏动增强　即心肌收缩力强,震动面积大。见于一切引起心机能亢进的疾病,如热性病初期,剧疼性疾病,轻度贫血,病理性心肥大(如心肌炎、心内膜炎、心包炎的初期)。心搏动过度增强而引起的体壁震动称为心悸。阵发性心悸,常见于敏感而易兴奋的家畜,在马可继发于急性过劳(特别是炎热的夏天)及患慢性心脏衰弱的病畜在使役时常可发生。强而明显的心悸称为心悸亢进,应注意与膈痉挛区别。心悸亢进时病畜腹胁部跳动与心搏动一致,而且心搏动明显的增强;膈肌痉挛时,腹胁部跳动与呼吸一致,心搏动不增强,并伴有呼吸活动紊乱。

(2)心搏动减弱　即心肌收缩无力,震动微弱,严重的甚至弱不感手。见于心脏衰弱,病理性胸壁肥厚(纤维素胸膜炎、胸壁结核、胸壁浮肿),胸腔积液(渗出性胸膜炎、渗出性心包炎、胸腔积水、心包积水)及肺气肿。

(3)心搏动移位　向前移位,见于胃扩张、腹水、膈疝;向右移位,见于左侧胸腔积液,向后移位,见于气胸、肺气肿。

(4)心区震动　即触诊心区部感到有轻微震颤。见于心包炎初期、胸膜炎及心脏瓣膜病。

(5)心区疼痛　即触诊心区部有疼痛反应。见于心包炎、创伤性心包炎及胸膜炎等。

3. 心脏叩诊

心脏部叩诊主要是判定心脏大小、疼痛等变化。此项检查在马最常用,其他动物少用。尤其是反刍动物因其心脏几乎完全被肺掩盖,查不出心脏的大小,但在牛发生创伤性心包炎时,叩诊心区疼痛,呈浊音或鼓音,有一定诊断意义。

(1)正常心脏叩诊区　心脏仅一小部分和胸壁接触,叩诊呈浊音,称绝对浊音区;心脏大部分为肺掩盖,叩诊呈半浊音,称相对浊音区。叩诊时大动物取站立姿势,使其左前肢向前伸半步充分暴露心区;小动物可放在桌上进行叩诊。马心脏浊音于左胸壁下 1/3 处 3～5 肋间有一掌大浊音区(8～10 m^2),呈锐角三角形,三角形的顶点在第三肋间肘肌后缘肩关节线下 2～3 cm 处;后界由顶点至第 6 肋间末端呈一弧线,前界沿肘肌而下;下界与胸骨浊音相融合。其相对浊音区在绝对浊音区周围左右宽 3～5 cm;牛心脏与胸壁接触很少,几乎全为肺掩盖,故不呈现绝对浊音区,仅在左侧 3～4 肋间肩关节水平线下方呈现相对浊音区,故无诊断意义。但当呈现浊音时,常是创伤性心包炎的象征;绵羊、山羊心脏浊音区在左侧胸壁 3～4 肋间;猪心脏浊音区与牛、羊相似，但肥胖脂肪过多的，无法叩诊。

(2)心脏叩诊方法 大动物用槌板叩诊法。叩诊时先将动物左前肢向前方拉半步，使心区充分显露，然后持叩诊器由肩胛骨后角垂直地向下叩击，直至肘后心区，再转而斜向后上方叩击，随叩诊音的改变，而标明由肺清音变力心浊音的上界点及由心浊音区又转为肺清音的后界点，将此两点连成一个弧形线即为心浊音区的后上界线。马的心浊音区近似一不等边的三角形，其顶点在第 3 肋间，高度距肩关节线下方 4～6 cm 处，由顶点斜向第 6 肋间下端引一弧线，即为其后下界。大动物和体壁较薄的小动物检查心脏浊音区有意义，体壁厚的中小动物叩诊检查心浊音区很困难，意义不大。

决定心浊音区大小变化的条件，除心脏本身容积大小的改变之外，还应考虑掩盖心脏的肺脏尖叶部分及心包、胸膜腔的状态。

(3)浊音区的变化 心脏浊音区的改变，主要由心脏容积增大与缩小，肺掩盖心脏面积的大小及胸膜与心包状态所决定。

心脏浊音区扩大见于心容积增大，如心肥大、心包炎、心扩张；特别是当牛患创伤性心包炎时，可见心浊音区的显著扩大。当患渗出性胸膜炎时，心浊音区将混同于胸下部的叩诊水平浊音区之内。而当胸壁浮肿时，心浊音区则难于判定。绝对浊音区扩大，见于肺脏覆盖心脏的面积缩小，如肺萎缩、肺实变等。

心脏浊音区缩小常由掩盖心脏的肺边缘部分的肺气肿所引起。为进一步判断心脏的容积与肺脏边缘的关系，可仔细地在心区部位用较强的叩诊与较弱的叩诊方法反复进行检查，并根据产生绝对的浊音区域及呈现相对的半浊音区域，确定心脏的绝对浊音区及相对浊音区。绝对浊音区缩小，标志着肺脏容积扩大，见于肺泡气肿。

叩诊鼓音见于心包内蓄积气体时。如牛创伤性心包炎、渗出液在心包内腐败分解产生气体时而呈鼓音、肺泡气肿时也出现鼓音。

叩诊时，动物回头、呻吟、躲闪、抗拒而表现疼痛时，见于心区疼痛性疾病。如心包炎、胸膜炎等。

4. 心脏听诊

心脏听诊是检查心脏最重要的方法之一，因为心脏听诊不仅可检查出心脏本身的疾病，而且可判定疾病的预后。因此，任何疾病经过中，都应进行心脏的听诊。听诊心脏的目的，在于确定心音性质、频率、节律及有无心脏杂音等。采用听诊器进行听诊，被检动物取站立姿势，使其左前肢向前拉伸半步，以充分暴露出心区。听诊时注意听诊器要紧贴听诊部皮肤并最好是在安静的室内进行。听取时，当心音过于微弱而听取不清时，可使动物做短暂的运动后，立即听诊，可使心音加强而便于辨认。同时注意心音的频率、强度、性质、杂音和节律不齐等。

(1)正常心音 心音是心室收缩与舒张活动所产生的音响。心机能正常时，在心脏部听诊，可听到两个有节律的类似“嗵一哒、嗵一哒”的两个交替出现的音响。前者为第一心音，后者为第二心音。

第一心音的特点是音调低，持续时间长，尾音也长，但到第二心音发生时间间隔较短。其产生是由心肌收缩音、两房室瓣同时闭锁音及心室驱出的血液冲击动脉管壁的声音混合而成。因发生于心缩期，故称为缩期心音。其出现与心搏动及脉搏一致。

第二心音的特点是音调高，响亮而短，尾音消失快，到下一次第一心音时间间隔长。其产生是由于心室舒张时，两动脉瓣同时关闭，两房室瓣同时伸张及心肌舒张音混合而成。因发生于心舒期，故称舒期心音。其出现与心搏动及脉搏不一致。

在正常情况下，两心音不难区别，但在心跳增数时，两心音的间隔几乎相等时则不易区别。这时可一边听心音，一边触诊心搏动，与心搏动同时出现的心音是第一心音，与心搏动不一致的心音是第二心音。

(2)心音最强(佳)听取点　在心脏部任何一点，都可以听到两个心音，但由于心音沿血液方向传导，因此只能在一定部位听诊才听得最清楚。临床上把心音听得最清楚的部位，称为心音最强(佳)，听取点见表 2-7。

表 2-7　动物心音最佳听取部位

畜别	第一心音区		第二心音区	
	二尖瓣口	三尖瓣口	主动脉口	肺动脉口
马	左侧第 5 肋间，胸廓下 1/3 的中央水平线上。	右侧第 4 肋间，胸廓下 1/3 的中央水平线上。	左侧第 4 肋间，肩关节水平线下 2～3 cm 处。	左侧第 3 肋间，肘头的稍上方。
牛、羊	左侧第 4 肋间，主动脉口听取点的下方。	右侧第 4 肋间，胸廓下 1/3 的中央水平线上。	肩关节水平线下 2～3 cm 处。	左侧第 3 肋间，肘头的稍上方。
猪	左侧第 4 肋间，主动脉口听取点的下方。	右侧第 4 肋间肋骨和肋软骨结合部稍下方。	左侧第 4 肋间，臂骨结节线的直下方。	左侧第 3 肋间，接近胸骨处。
犬	左侧第 4 肋间。	右侧第 3 肋间肋。	左侧第 3 肋间。	左侧第 3 肋间。

病理性心音主要有心音增强和减弱，心音分裂与重复，心脏杂音和心律不齐。

(3)心音增强和减弱　正常情况下，听诊心脏时，第一心音在心尖部(第 4 或第 5 肋间下方)较强。第二心音在心基部(第 4 肋间肩关节水平线下方)较强。因此，判定心音增强或减弱，必须在心尖部和心基部比较听诊，两处心音都增强或都减弱时，才能认为是增强或减弱。心音强弱决定于心音本身的强度(心肌的收缩力量、瓣膜状态及血液量)及其向外传递介质状态(胸壁厚度、胸膜腔及心包腔的状态)。但是第一心音的强弱，主要决定于心室的收缩力量；第二心音的强弱，则主要决定于动脉根部血压。

临床上注意的是在营养良好，胸廓丰满，胸壁肥厚的家畜，两心音都相对的较弱；消瘦的家畜，胸壁薄胸廓狭窄，则两心音相对的都增强；此外当动物兴奋、恐惧或使役、运动后也可见心音增强，所以应具体问题具体分析。

两心音同时增强：是由于心肌收缩力增强，血液在心脏收缩和舒张时冲击瓣膜的力量同时增强所致。见于心肥大，热性病初期，剧疼性疾病，轻度贫血或失血及肺萎缩等。

第一心音增强：是由于心肌收缩力增强、瓣膜紧张度增高、心室充盈不良、血容量不足等引起。临床上表现多是第一心音相对增强，第二心音相对减弱，甚至难以听取。主见于贫血、热性病及心脏衰弱的初期。当大失血、剧烈腹泻、休克及虚脱时，由于循环血量少，动脉根部血压低而第二心音往往消失。

第二心音增强：亦多相对的增强。是由于动脉根部血压升高引起。故于心舒张时半月瓣迅速而紧张地关闭有关系。主动脉口第二心音增强，见于心肥大、肾炎。肺动脉口第二心增音增强，见于小循环的充血、瘀血，如肺充血或肺炎的初期。

第一心音减弱：相对的减弱已如前述。单纯的第一心音减弱，临床上几乎很少遇到。多见于第二心音增强的同时，第一心音相对的减弱，是动脉根部血压升高的结果。

第二心音减弱（甚至消失）：临床上最常见。主要是由于每次压出的血量减少，故当心舒张时血液回击动脉瓣的力量微弱所至。是动脉根部血压显著降低的标志。见于贫血、心脏衰弱。第二心音消失时，见于大失血、高度的心力衰竭、休克及虚脱，多预后不良。

两心音同时减弱：是心肌收缩无力的表现，常见于心脏衰弱的后期，心肌炎、心肌变性、重症贫血、渗出性胸膜炎、渗出性心包炎及重症肺气肿等。

心音混浊：即心音音质低、浊或含混不清。是由于心肌及其瓣膜变性，而使其振动能力发生改变的结果。见于重症营养不良、重症贫血、心肌炎后期及高热疾病等。

（4）心音分裂与重复　第一心音或第二心音分为两个音色相同的音响，称为心音分裂或重复；两个声音之间间隔较短的称为分裂，间隔较长的称为重复。二者在临床诊断上意义相同，仅程度不同而已。这主要是由于心脏机能障碍或神经支配异常，两心室不同时收缩和舒张所引起。

第一心音分裂或重复：是左右心室收缩有先有后，或有长有短，左右房室瓣膜不同时闭锁的结果，见于因心肌损害而导致的传导机能障碍，常提示心肌的重度变性。健马在使役后或兴奋时常可出现，但安静后即消失，注意不要误诊。

第二心音分裂或重复：主要反映主动脉与肺动脉根部血压有较悬殊的差异。是两心室驱血期有长有短，主动脉瓣与肺动脉瓣不同时闭锁的结果。见于主动脉或肺动脉血压升高的疾病及二尖瓣口狭窄等。如左房室口狭窄时，左心室血量减少，主动脉血压降低，则左心室驱血期短，主动脉瓣先期闭锁；又肺部瘀血时，肺动脉压升高，则右心室驱血期延长，肺动脉瓣闭锁较晚，出现第二心音分裂或重复。又肾炎时则因主动脉压升高也出现第二心音分裂或重复。

（5）心脏杂音　是指伴随心脏的舒、缩活动而产生的正常心音以外的附加音响。按其发生部位不同，而有心内杂音及心外杂音之分。

（6）心内杂音　在临床上多是心内膜及其相应的瓣膜口发生形态改变或血液性质发生变化时引起，常伴随第一或第二心音之后或同时产生的异常音响，称为心内杂音。其特点是杂音从远而来，加压听诊器音量无变化；其音性如笛声、吱吱声、嗞嗞声、嗡嗡声、飞箭声或风吹声。

按其发生时期，分为缩期杂音和舒期杂音。缩期杂音发生于心收缩期，伴随第一心音之后或同时出现 杂音；舒期杂音发生于心舒张期限，伴随第二心音之后或同时出现杂音。

按其瓣膜或瓣膜口有无形态改变可分器质性心内杂音和非器质性心内杂音（机能性）。器质性心内杂音：是慢性心内膜炎的特征。慢性心内膜炎的后果，常引起某一瓣膜或瓣孔周围组织增生、肥厚及粘连，瓣膜缺损或腱索的短缩，这些形态学的病变统称为慢性心脏瓣膜病。

非器质性心内杂音（机能性杂音）由于心瓣膜上并无不可逆性的形态学改变，多由机能的变化而引起，所以也称为机能性杂音。非器质性心内杂音的发生，有两种情况：一种是瓣膜和瓣膜口无形态变化，当心室扩张或心肌弛缓时，造成瓣膜相对闭锁不全而产生杂音；另一种是当血液性质的变为稀薄时，血流速度加快，振动瓣膜口和瓣膜引起的所谓贫血性杂音。非器质性心内杂音的特点是杂音不稳定，仅出现于心缩期，故称缩期杂音；其区别于器质性心内杂音的主要之处在于它是暂时性杂音。杂音柔和如风吹声；运动、使役及给予强心剂后杂音消失；饲养、管理改善或病情好转时杂音消失。多见于心扩张、营养性贫血、马传染性贫血及焦虫病等。

心内杂音临床上较多见，如仅出现杂音，而无其他心脏衰弱症状，使役能力也不降低，就不能认为是病理现象。如出现全身瘀血、浮肿、易疲劳出汗，则是病的表现。

(7)心外杂音　是心包或靠近心区的胸膜发生病变时引起。按杂音性质分为心包拍水音和心包摩擦音。

心包拍水音，是心包发生腐败性炎症时，由于心包内积聚多量液体与气体，故当心脏活动时所产生的一种类似震动半满玻璃瓶水的声音或似河水击打河岸的声音。见于渗出性心包炎和心包积水。

心包摩擦音，是心包发炎的特征。由于心包发炎，纤维蛋白沉着于心包，使心包两叶变为粗糙，当心脏活动时，粗糙的心包两叶互相摩擦产生杂音。其音性如两层粗糙的皮革相互摩擦的音响，其特点是杂音与心跳一致，常呈局限性，但在心尖部明显，心脏收缩期及舒张期均可听到，但以缩期明显，主见于纤维素性心包炎及创伤性心包炎。

心包胸膜摩擦音，是胸膜发生纤维素性胸膜炎时，当心脏活动时，心包与粗糙的胸膜面发生摩擦所产生的音响。此音与呼吸运动同时发生，呼吸运动停止时，即减弱或消失。心包胸膜摩擦音，除心区部能听到外，肺区各部也出现。

心外性杂音与心内性杂音的区别：心外性杂音都是伴随心脏的活动而产生的，特点是杂音似来自耳下，仅限于局部听到，加压听诊器其音增强，杂音与心跳一致，杂音比较固定，且可长时间存在。心内性杂音通常具有"不可逆性"的特点，因为慢性心脏瓣膜病的形态学改变，一般是"不可逆性"的，因此，在病程经过中可长期持续存在，又称为长久性杂音。心内性杂音只能作为提示慢性心脏瓣膜病的一个特征，而不能作为诊断心瓣膜病的唯一根据。唯有将心杂音及其他全部的症状、资料加以综合分析，才能做出合理而正确的诊断结论。

(8)心律不齐　正常情况下，每次心音的间隔时间相等，强弱一致。若每次心音的间隔时间不等、强弱不一致时，称为心律不齐。

心律不齐为心脏活动的快慢不均及心音的间隔不等或强弱不一，主要提示心脏的兴奋性与传导机能的障碍或心肌损害，并与植物神经的兴奋性有关。轻度的、短期的一时性的心律不齐，一般无重要诊断意义。重症的、顽固性的心律不齐，多是由于心肌损伤引起。常见于心肌炎、心肌变性、心肌硬化等。造成心肌损害的这些变化，可由于营养代谢紊乱(如幼畜白肌病)，贫血，长期发热，中毒或内中毒所引起；某些传染病时，由于心肌受菌、毒的侵害而常有不同程度的损伤；也表现明显的心律不齐。病畜表现有心律不齐的同时，并伴有心血管系统的明显改变及整体状态变化，则是病的表现。

(二)血管的检查

血管检查的要点：主要检查动脉的脉搏和表在较大的静脉。

1. 动脉脉搏的检查

通常用触诊的方法，主要检查判定动脉脉搏的频率、节律、性质(搏动的大小、强度、软硬及充盈状态等)，以推断心脏机能及血液循环状态，这对疾病的诊断、预后很重要。临床上注意的是应在家畜安静的状态下进行。如病畜远道来就诊，要稍事休息后再进行检查为宜。

(1)检查部位　马检查颌外动脉；牛、骆驼检查尾中动脉；绵羊、山羊及猪检查股内侧动脉。但肥猪往往不能触知，故常以检查心跳代替脉搏。

(2)检查方法　一般用右手食指及中指压于血管上，左右滑动，即可感知一富有弹性的管状物在手下滑动，此时可根据脉搏大小(振幅的大小)，强弱和软硬(脉管的紧张度)分别施以轻压、中压或重压，计算其数，并体会其性质（脉大小、脉管紧张度）、血液充盈度（血管内容血量），脉搏形态和节律。按动物不同，其检查方法也不同。

马、骡脉搏检查时，检查者站于马左前侧，以左手握笼头，用右手食指、中指压于下颌缘内侧，前后触摸即可触觉到有一细胶管状物在指下滑动，随即以手指轻压其上，即可触知脉搏搏动。

牛脉搏检查时，检查者站于牛的正后方，左手将尾略上举，用右手食、中指轻压于尾腹面正中的尾动脉上即可。

羊脉搏检查，检查者蹲于羊的侧后方，一手握后肢，一手插入股内侧，以手指压于股动脉上即可。

(3)正常脉搏　动物正常脉搏数，即每分钟脉搏跳动的次数。临床上常检查半分钟所得脉搏数乘以 2 作为 1 min 脉数计算。但最好是检查 1 min，并重复 2～3 次检查，取平均数较为准确。正常动物脉搏数见表 2-5。

正常动物的脉搏性质表现脉管有一定的弹性，搏动的强度中等，脉管内的血量充盈适度脉搏节律强弱一致，间隔相等，都是很规律的，称节律脉，即中兽医称之为平脉。若脉搏强度不一致，间隔不等，称无节律脉（或脉搏不齐），是疾病的表现。

(4)病理性脉搏

浮脉：轻取则得，重按则无。如木浮水，多属表证。如外感风寒。

沉脉：轻举不取，重按则得，如石沉水，多属里证。如便秘、慢性肺气肿。

迟脉：脉搏稀少，主寒证。临床上少见，但在颅内压增高的疾病（脑水肿、脑肿瘤）、心肌萎缩及洋地黄中毒时见之。

数脉：脉搏数过多，主热证。临床上最常见，多与体温增高并发。一般体温升高 1℃，脉搏数可相应的增多 4～8 次。若体温下降而脉数反而增多的预后不良。马骡每分钟达 80 次时，是重症的表现；如超过 100 次（牛 130 次）以上时，则预后慎重。常见于热性病、呼吸器官炎症、心脏病、贫血性疾病和剧疼性疾病等。

虚脉：举、寻、按三取皆无力，主虚证。见于大失血、脱水等病。

实脉：举、寻、按三取皆有力，主实证。见于热性病初期、心肥大、运动和使役之后。

洪脉：脉搏洪大而充实，来盛去衰，如波涛汹涌。主实热证。见于发热性疾病、心肥大或心机能亢进。

细脉：脉搏软弱而无力，细小如线，主虚证。见于久病体弱、气血两虚时，如衰竭症。

滑脉：往来流利，如盘走珠，应指而圆滑，主痰湿、宿食、实热等证，注意孕畜表现滑脉，不属病态。

涩脉：往来艰涩，欲来而未即来，欲去而未即去，如轻刀刮竹，主精伤、血少、气滞、血瘀等证。

跳脉：动脉急膨大，急缩小，指压有骤来急去之感，是主动脉瓣闭锁不全的特征。

徐脉：动脉徐徐上升，又缓缓下降，指压有徐来慢去之感，是主动脉口狭窄的特征。

上述各种脉搏，实践中常是综合体现的。如洪脉与跳脉；细脉与徐脉等。临床上应特别注意脉搏的大小、强弱，即大而强的脉搏，说明收缩力强，血量充盈，脉管较弛缓，是心机能良好的表现；小而弱的脉搏表示心收缩力弱，血量不足，脉管紧张，是心力衰弱的表现。正常情况下，每次脉搏的间隔时间均等且强度一致，称为有节律的脉搏。如每次脉搏的间隔时间不等或强弱不一，则称为脉搏节律不齐，一般是心律不齐的直接结果，此时，应注意检查心脏的机能状态，并将其结果一并综合分析。

2. 浅在静脉的检查

浅在静脉的检查，主要用视诊和触诊等方法进行，是检查静脉的瘀血程度和颈静脉的搏动。通过静脉的检查，了解心脏活动及全身的血液循环状态。这对诊断某些疾病和推断预后，提供依据。

(1)静脉瘀血程度的检查　对被毛短细、皮肤较薄的动物，主要检查体表静脉；对于长毛和皮肤较厚的动物，主要检查可视黏膜。病理情况下表现为全身静脉瘀血和局部静脉瘀血两种。

(2)全身静脉瘀血　表在静脉，可视黏膜的静脉，尤其是四肢的静脉，牛的乳房静脉，均明显扩张，突出如索状，可视黏膜潮红，并往往伴有浮肿，提示体循环瘀滞，是心脏机能衰弱、静脉血液回流障碍、全身静脉瘀血的结果。主见于三尖瓣闭锁不全、肺动脉狭窄和心脏衰弱。

(3)局部静脉瘀血　是局部静脉受肿瘤压迫的结果。往往沿瘀血的静脉发生水肿。

3. 颈静脉的检查

检查颈静脉主要是应用视诊和触诊的方法检查颈静脉的充盈状态和颈静脉波动。

(1)静脉充盈而隆起　颈静脉明显的扩张或极度膨隆，似绳索状，可视黏膜潮红或发绀，可见于各种原因所引起的心力衰竭以及导致胸内压升高的疾病(如渗出性胸膜炎、肺气肿、胃肠内容物过度充满等)。牛的颈静脉高度充盈(也称为怒张)，甚至呈绳索状，常提示创伤性心包炎。

(2)静脉萎陷　颈静脉不显露，即使压迫静脉，其远心端也不膨隆，将针头插入静脉内，也不见血液流出。这是由于血管衰竭、大量血液淤积在毛细血管内的缘故，见于休克、严重血症等。

(3)颈静脉波动的检查　检查颈静脉时可见随心脏活动而由颈根部向颈上部的逆行性波动，称颈静脉波动。在正常情况下，颈静脉波动是当右心房收缩时，由于腔静脉血液回流入心的一时受阻及部分静脉血液逆流并波及前腔静脉而至颈静脉所引起，故此种波动出现于心房收缩与心室舒张的时期，且逆行性波动的高度一般不超过颈部的下1/3处，这是生理现象，静脉的波动高度超过颈下部的1/3处，多为病态。

病理性的颈静脉波动，有以下三种类型：

①阳性波动(心室性颈静脉波动)　见于三尖瓣闭锁不全。随心室收缩使部分血液经闭锁不全的空隙而逆流入右心房，并进一步经前腔静脉而至颈静脉。此际其波动较高，力量较强，并以出现于心室收缩期(与心搏动及动脉脉搏相一致)为其特点。

②阴性波动(心房性颈静脉波动)　当生理性的颈静脉波动过强，由颈根部向头部的逆行波超过颈中部以上时，即为病理现象。见于右心衰竭或淤滞。心房性颈静脉波动的特点，是波动出现于心搏动与动脉搏之前。

③伪性搏动　由于颈动脉的过强搏动可引发的颈静脉处发生类似的波动，以手指于颈中部的静脉处加压后，远心与近心端的波动均不消失，并可感知颈动脉的过强搏动，是在主动脉瓣闭锁不全时，脉搏骤来急去，搏动力量强大所致为区别几种不同的颈静脉波动，应注意其波动的强度和逆行波的高度，特别要确定其出现的时期(是否与心室收缩相一致)。必要时还可应用指压试验：用手指压在颈静脉的中部并立即观察指压后波动情况，如远心端及近心端波动均消失，则为阴性波动；如远心端消失而近心端仍存在，则为阳性波动。如系伪性搏动，则两端

搏动无任何改变。

此外，颈静脉沟处出现肿胀、硬结并伴有热、痛反应，是颈静脉及其周围炎症的特征。多有静脉注射时消毒不全或刺激性药液（如钙的制剂等）渗漏于脉管外的病史。但应注意，当牛颈部垂皮肿胀较严重时，也可引起颈静脉沟处的肿胀，一般无热痛反应，常见于创伤性心包炎，应依伴有的其他症状而鉴别之。

（三）循环系统疾病的主要综合征

循环系统是由心脏及血管（动、静脉与毛细血管）所组成。循环器官疾病的综合症候群主要是动物无力、多汗、气喘、可视黏膜发绀、静脉瘀血及皮下浮肿等。这一综合症候群是提出循环器官疾病的重要启示。

1. 心包疾病的综合征

临床触、叩诊的心区敏感、疼痛反应（呻吟，躲闪、反抗）；听诊的心包摩擦音或心包击水音；心区叩诊的浊音区扩大，听诊心音微弱，脉搏与心率加快；黏膜发绀、表在静脉瘀血及皮下浮肿等，是心包疾病的综合征。

2. 心内膜疾病的综合征

在气喘、发绀、静脉瘀血及皮下浮肿等综合症候群的启示下，心脏听诊有心内器质性杂音，是诊断心内膜病，特别是慢性心内膜炎的特征性症状。

3. 心肌病的综合征

心肌病是心肌组织结构的改变及其营养、代谢紊乱的病理过程，是心机能不全、心机能障碍的物质基础。

肌原性心肌扩张并进一步发展为心肥大。临床上可表现为心容积增大的体征（触诊心冲动增强，叩诊心浊音区扩大）。

心肌兴奋性与传导机能的改变。在临床上表现有心律不齐与脉律紊乱。

心肌的收缩力量减弱，心排血量减少，动脉血压下降，静脉血压上升，并反射地引起心率加快与脉搏数增多，以及心音强度的相应变化，静脉瘀血及皮下浮肿。

在具有一般性的循环障碍综合症候群的基础上，心脏容积扩大及明显的心律不齐（如期外收缩或传导阻滞），常为提示心肌病的重要根据。

4. 心脏功能不全的综合征

心脏机能不全，是由于心肌收缩力量减弱而使心脏排空困难，心排血量减少而动脉血压下降，静脉血回心受阻致使静脉瘀血，并引起全身的代谢及机能发生扰乱的病理过程。心包、心内膜，尤其是心肌的疾病，都会导致心脏机能不全。

（1）急性心力衰竭　心动过速、脉搏显著增多（在牛常达 100 次/min 以上），心冲动过强并伴有明显的心悸，第一心音过强而第二心音显著减弱乃至消失，脉搏细弱甚至不感于手或呈心律不齐或脉律紊乱。表在静脉充血，颈静脉及胸外静脉明显怒张，黏膜发绀，呼吸急促、浅表而困难，肺泡呼吸音普遍增强，当伴发肺水肿时，可见有大量混有泡沫的鼻液。精神兴奋或惊恐不安，有时沉郁呈苦闷状，有时兼有体温升高、汗分泌增多，重则步态不稳、共济失调乃至倒地、痉挛并呈昏迷状态。

（2）慢性心力衰竭　慢性心力衰竭又称慢性心机能不全或慢性心脏衰弱。主要症候群为精神沉郁、瘦弱、乏力、易疲劳，气喘、多汗等整体状态变化；心音低沉与混浊，第一心音亢进与第二心音减弱，或有心音分裂，心内杂音、心律不齐，脉搏微弱、脉数增多或减少、脉律不齐等心、血管的表观，并伴有由于肝、肾、肺、胃肠道瘀血而引起的机能障碍等附属症状等，共同组成其临床综合症候群。

5. 血管机能不全的综合症候群

可视黏膜苍白或发绀，体温下降的同时末梢冷厥并有大量冷汗；精神状态呈短暂的惊恐状后，继而出现共济失调（散脚、打晃等）甚至倒地、昏迷、痉挛等变化；动脉血压下降的同时，心率过快与脉搏增数，第一心音增强而第二心音微弱甚至消失，脉搏微弱而不感于手，或有心律不齐等一系列心、血管系统症状。

（四）血液系统及造血系统疾病的主要综合征

血液疾病时，依其病变性质为转移而呈不同的症候群。贫血，以皮肤、黏膜的苍白为特征；溶血性疾病，在皮肤、黏膜苍白带黄的同时，常有血红蛋白尿；出血性素质则可见皮肤、黏膜的出血点。血液及造血器官疾病的诊断，除以上述临床症状作为提示的线索外，通常必须进行血液学的实验室诊断才能明确其原因、类型及程度等特点。所以，在临床检查的基础上，进行必要的实验室检验。

1. 贫血性疾病的综合症候群

皮肤、黏膜的明显苍白，是提示贫血性疾病的出发点，同时可伴有心搏动增强与心率加快，呼吸增多以及机体的衰弱等症状和现象。

如有起病急，发展快的特点，应提示急性失血性贫血的可能。临床多伴有心动疾速、第一心音亢进而第二心音减弱甚至消失、脉搏微弱而不感于手等症状，重则可见因急性脑贫血而致的共济失调、昏迷、痉挛等神经症状。

如呈慢性经过，则应考虑为慢性出血性贫血，同时整体逐渐衰竭，瘦弱，并宜注意引起失血的原因及病变部位（如鼻、肺、肾、膀胱、胃、肠道的出血性疾病等），以便明确病因诊断。

哺乳仔猪（一月龄内）的贫血，多属于营养性贫血，常因微量元素（铜、铁、钴等）补给不足等病因可查，改善饲养条件，并补给造血所需要的营养物质后可逐渐康复。

因某些传染病、寄生虫病（牛结核、肝片吸虫症、仔猪蛔虫症等）而引起继发性或消耗性贫血，应根据其疾病的临床特点及特异性检查结果而区别诊断。

2. 溶血性疾病的综合症候群

红细胞大量被破坏后，同时可引起胆色素的代谢紊乱并表现为皮肤、黏膜的黄疸，所以，皮肤、黏膜的苍白带黄色并多伴有血红蛋白尿为起特征。

3. 伴有出血性素质的疾病的综合症候群

皮肤、黏膜的出血点，常是提示出血性素质的线索。伴有出血性素质的传染病，皮肤、黏膜的出血点，仅为各该疾病的一个症状，应依其相应的主要症状和流行病学条件而区别诊断。

4. 造血器官疾病的综合症候群

造血器官疾病中常见有白血病，牛的淋巴性白血病，临床以体表淋巴结的普通肿大为特征，血检时白细胞数显著增多，并可见贫血、肝脾肿大与营养逐渐消瘦。必要时宜参考淋巴结穿刺和病理组织学检查结果而诊断。鸡的白血病，除应注意临床的贫血现象及血检的白细胞增多外，主要根据剖检变化的特征而确诊。

二、呼吸系统检查

呼吸系统包括鼻腔、咽喉、气管、支气管和肺脏。呼吸系统是动物机体与外界环境进行气体交换，维持生命活动的重要系统，同时也容易受到温热、潮湿、机械、化学和微生物等各种因素的影响而发生呼吸器官疾病，特别是在许多传染病的过程中，常呈现出呼吸系统症状，某些寄生虫病，也侵害呼吸系统。所以呼吸系统疾病发病率较高，尤其是幼龄、老弱家畜和冬春气候寒冷骤变季节。动物患呼吸系统疾病时，不仅影响动物的生产性能，还严重影响幼年动物的生长发育，甚至引起死亡。在临床诊断治疗过程中，只有熟练地掌握呼吸系统的检查方法和内容，熟悉呼吸系统的症状，才能对呼吸系统疾病做出早期诊断，从而提出合理的防治措施。

呼吸系统的检查包括呼吸运动的观察、呼出气、鼻液和咳嗽的检查、上呼吸道的检查和胸肺部的检查。常用的一般检查方法包括问诊、视诊、触诊、叩诊、听诊等。特殊检查方法有支气管镜、超声波检查和 X 光检查。实验室检验方法有血液的一般化验、鼻液、痰液、胸腔穿刺液及寄生虫卵的检查。

(一)呼吸运动的观察

动物呼吸时，外界所见的鼻翼、胸廓和腹壁等呼吸器官及参与呼吸的其他器官所表现的有节奏的协调运动，称为呼吸运动。呼吸运动的检查具有重要意义，不仅能够获得疾病的重要症状，而且还可为进一步检查提供线索或方向。检查呼吸运动时，主要检查呼吸数(即呼吸频率)、呼吸类型、呼吸节律、呼吸的对称性和有无呼吸困难。健康动物在平静状态下，呼吸运动有稳定的节律，这是通过神经中枢及神经反射性调节来实现的。某些体液性因素，如二氧化碳浓度增高和缺氧等，也可通过神经反射或直接作用于呼吸中枢。

1. 呼吸频率

每分钟呼吸的次数为呼吸频率。病理情况下，常见于呼吸次数增多(如各种呼吸器官疾病、热性病、贫血和某些中毒)和呼吸次数减少(如各种脑炎、脑肿瘤、脑积水和疾病的濒死期)。

2. 呼吸类型

呼吸类型即动物的呼吸方式，检查时应注意吸气与呼气时胸廓与腹壁所表现的起伏动作的协调性和强度。健康动物的呼吸类型均属胸腹式呼吸(但犬以胸式呼吸为主)，即在呼吸时胸壁和腹壁的起伏动作协调一致，强度大致相等，又称混合式呼吸。病理情况下，表现为胸式呼吸和腹式呼吸。

(1)胸式呼吸　呼吸活动中以胸廓的起伏动作为主，而腹壁运动微弱的呼吸类型。通常见于膈肌的疾病(如膈肌破裂、膈肌麻痹)，腹腔器官膨大压迫膈肌的疾病(如急性腹膜炎、胃扩张、重度肠臌气、腹腔积液、腹腔肿瘤、反刍动物瘤胃臌气、瘤胃积食、皱胃变位)和腹壁外伤等。

(2)腹式呼吸　呼吸活动中以腹壁的起伏动作为主，而胸壁活动微弱的呼吸类型。通常见于胸腔器官疾病，如肺气肿、胸膜炎、胸膜肺炎、胸腔积液、猪喘气病、肋骨骨折等。胸壁疼痛敏感，反射性抑制胸壁的起伏动作所致。

3. 呼吸节律

健康动物呼吸时，吸气后紧接着呼气，每次呼吸之后，经过短暂的间歇期，再开始第二次呼吸。吸气与呼气所持续的时间有一定比例，每次呼吸的强度一致，间隔时间相等，称为节律性呼吸。在兴奋、惊恐、运动、尖叫及嗅闻等均可使呼吸节律发生暂时性的变化。在病理情况下，正常的呼吸节律遭到破坏，称为节律异常。

临床上常见的呼吸节律异常主要有：

(1)吸气延长　其特征是吸气时间显著延长，表示空气进入呼吸器官的过程受阻，常见于上呼吸道狭窄性疾患(如鼻炎、喉水肿、异物梗塞或呼吸道外部有病变压迫)。

(2)呼气延长　其特征是呼气时间显著延长，表示肺内气体呼出受阻，此为支气管腔狭窄，肺的弹性不足所致。常见于细支气管炎、慢性肺气肿等病程。

(3)间断性呼吸　其特征是在吸气或呼气过程中，出现吸－停－吸－停，或呼－停－呼－停的多次短暂呼吸现象。常见于细支气管炎、慢性肺气肿、胸膜炎和伴有疼痛的胸腹部疾病，也见于呼吸中枢兴奋性降低时，如脑炎、中毒和濒死期。

(4)陈-施二氏呼吸　又称潮式呼吸，其特征为呼吸开始由浅弱逐渐加强、加深、加快直达高峰，然后又逐渐变弱、变浅、变慢，最后呼吸中断数秒乃至 15～30 s 后，又重复上述方式呼吸，如此反复交替，出现波浪式的呼吸节律。这种呼吸节律的出现表明病情严重，临床上主要见于各种脑病、心力衰竭、某些中毒性疾病和呼吸中枢兴奋性减退等(图 2-11)。

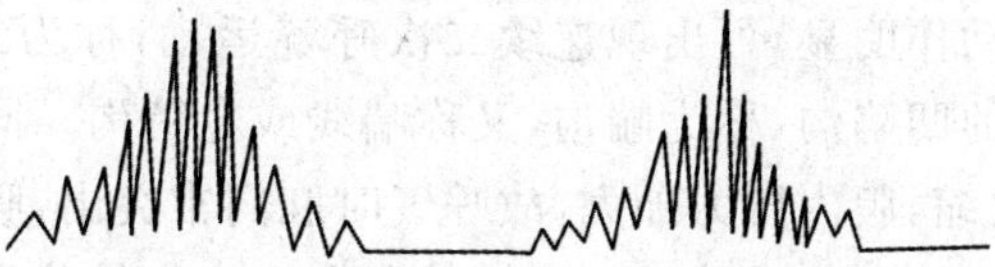

图 2-11　陈-施二氏呼吸

(5)毕欧特氏呼吸　其特征是呼气和吸气分成若干个短促的动作，即数次连续的、深度大致相同的深呼吸和呼吸暂停交替出现。是呼吸中枢兴奋性极度降低的表现，表示病情危重。临床上主要主见于各种脑膜炎、胸膜炎、慢性肺气肿、脑炎、某些中毒和尿毒症(图 2-12)。

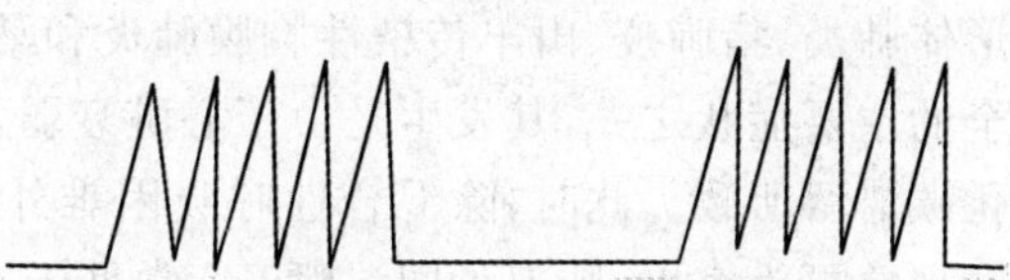

图 2-12　毕欧特氏呼吸

(6)库斯茂尔氏呼吸　又称大呼吸，其特征为吸气与呼气均显著延长，发生深而慢的大呼吸，呼吸次数少但不中断，常伴有狭窄音或鼾声等呼吸杂音。这表示呼吸中枢机能衰竭已达晚期，病情危重，见于酸中毒、尿毒症及濒死期家畜等，偶尔见于脑脊髓炎、脑水肿和大失血(图 2-13)。

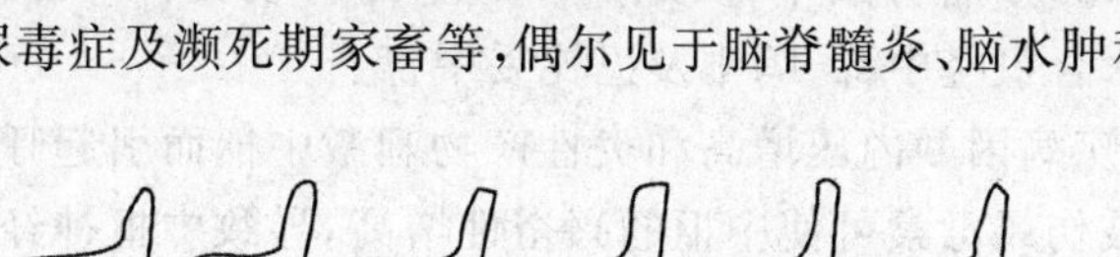

图 2-13　库斯茂尔氏呼吸

4. 呼吸的对称性

健康家畜呼吸时，两侧胸壁起伏的强度完全一致，称为对称性呼吸。当一侧胸壁患疾病时，患侧胸廓的呼吸运动显著减弱或消失，而健侧胸廓的呼吸运动出现代偿性加强，称为不对称性呼吸。常见于一侧胸膜炎、肋骨骨折、气胸和胸腔积液等。当胸部疾病遍及两侧时，胸廓两侧呼吸运动均减弱，但以病变较重的一侧减弱更为明显，也属不对称性呼吸。

5. 呼吸困难

健康家畜不需特殊用力，呼吸运动加强，同时伴有呼吸频率改变和呼吸节律异常，有时呼吸类型也发生改变，并且辅助呼吸肌参与活动，呈现一种复杂的病理性呼吸障碍，称为呼吸困难。高度的呼吸困难，称为气喘。呼吸困难是呼吸器官疾病的一个重要症状，但其他器官患有严重疾病时，也可出现呼吸困难。

根据引起呼吸困难的原因及其表现形式，有以下三种类型：

(1)吸气性呼吸困难　其特征是吸气用力，吸气时间显著延长，辅助吸气肌参与活动，常伴发特异的吸入性狭窄音(口哨音)。如病畜吸气时鼻孔开张，头颈平伸，四肢广踏，胸廓明显扩张，肘部外展，肛门内陷，某些动物张口伸舌。另外，吸气时间显著延长，常伴有特异的吸入性狭窄音，是上呼吸道狭窄的特征。见于鼻腔狭窄、喉水肿、马腺疫、血斑病、猪传染性萎缩性鼻炎、鸡传染性喉气管炎等。

(2)呼气性呼吸困难　特征为呼气时间显著延长，呼气时非常用力，或有辅助呼气动作的出现，如呼气时腹部起伏动作明显，可出现连续二次呼气运动，称为二段呼吸。高度呼吸困难时，沿肋弓出现一条较深的凹陷沟，称为喘沟，又称喘线或息劳沟。同时可见脊背弓曲，肷窝变平。由于腹部肌肉强力收缩，腹内压力加大，故呼气时肛门常突出，吸气时肛门反而下陷，称为肛门抽缩运动。呼气性呼吸困难，是肺组织弹性减弱和细支气管狭窄，肺泡内气体排出困难的特征。见于急性细支气管炎、慢性肺气肿和胸膜肺炎等。

(3)混合性呼吸困难　临床上最多见。其特征是吸气和呼气均发生困难，同时伴有呼吸次数的增加，吸气和呼气鼻孔均扩张。是由于呼吸面积减少，气体交换不全，血中二氧化碳浓度增高，引起呼吸中枢兴奋的结果。按其发生原因可分为 6 种类型：

肺源性：主要由于肺和胸膜疾患引起。可见于各型肺炎、胸膜肺炎、急性肺水肿及侵害呼吸器官的传染病，如猪霉形体肺炎、猪肺疫、山羊传染性胸膜肺炎和马传贫。

心源性：为心功能不全的主要症状之一，其发生是由于心脏衰弱，血液循环障碍，肺换气受到限制，导致缺氧和二氧化碳滞留所致。此时，除混合性呼吸困难外，还常伴有明显的心血管症状，运动后心悸和气喘的现象更为突出，肺部可闻湿啰音。常见于心内膜炎、心肌炎、创伤性心包炎和心力衰竭。

血源性：严重贫血时，因红细胞和血红蛋白减少，血氧不足，导致呼吸困难，尤以运动后更显著。可见于各种类型贫血、血孢子虫病、马传染性贫血和血液寄生虫疾病。

中毒性：内源性中毒，如瘤胃酸中毒、酮病和严重的胃肠炎。外源性中毒，如亚硝酸盐中毒、有机磷农药中毒、水合氯醛中毒、吗啡及巴比妥中毒。

中枢神经性：脑部疾病因颅内压增高和炎性产物刺激中枢而引起呼吸困难，主要见于脑膜炎、脑出血、脑肿瘤。破伤风毒素可使中枢的兴奋性增高，导致中枢神经性呼吸困难。

胃肠源性：由于腹压升高直接压迫并影响膈肌活动所致，主要见于急性胃扩张、急性瘤胃臌气、肠臌气、肠阻塞、肠变位和腹腔积液。

6. 呃逆

呃逆是病畜所发生的短促的急跳性吸气，是由于膈神经受到刺激后，膈肌发生有节律地痉挛性收缩所引起，故又称之为“膈肌痉挛”。临床表现为腹部或肷部节律性跳动，因此，也称为“跳肷”。其常见于某些中毒病(棉籽饼中毒等)、胃扩张、肠便秘、消化不良等。

(二)呼出气、鼻液和咳嗽的检查

1. 呼出气的检查

呼出气检查，应注意两侧鼻孔呼出气流的强度、温度和气味的检查。

（1）呼出气流的强度检查　可用双手置于两鼻孔前感觉，或在寒冷季节直接观察呼出的气流而判断。健康家畜两侧鼻孔呼出气流的强度相等。当一侧鼻腔狭窄、一侧鼻窦肿胀、肿瘤、炎症、积脓或大量积液时，则患侧鼻孔呼出的气流小于健侧，并常伴有呼吸的狭窄音。当两侧鼻腔同时存在病变时，两侧鼻孔的呼出气流则以病变较重的一侧小于另一侧。

（2）呼出气体的温度检查　健康家畜呼出的气体稍有温热感。呼出气体的温度升高，见于上呼吸道炎症、肺炎及其他发热性疾病。呼出气体的温度显著降低，见于内脏破裂、大失血、严重的脑病和中毒性疾病，以及濒死期病畜。

（3）呼出气体的气味检查　用手将病畜呼出的气体扇向检查者的鼻端而嗅闻。健康家畜呼出的气体一般无特殊气味。如呼出气有难闻的腐败气味，见于上呼吸道或肺脏的化脓性或腐败性炎症、肺坏疽、霉菌性肺炎等；呼出气有酮臭气味，见于反刍兽酮血病。

2. 鼻液的检查

鼻液是呼吸道黏膜的分泌物或炎性渗出物。健康动物都有其特殊的排鼻液的方式，如马、骆驼、猪、羊等动物均以喷鼻的方式排出鼻液，牛、犬、猫等动物则用舌舔去鼻液，故所有健康动物都看不见其鼻液或仅有少量浆液性鼻液。出现大量鼻液，则为病理现象。鼻液的病理变化，主要包括鼻液的数量和鼻液性质的变化。这些变化对诊断呼吸器官疾病有着重要的参考价值。

（1）鼻液数量检查　鼻液数量主要取决于疾病发展时期、程度及病变性质和范围。

少量鼻液：常见于呼吸器官轻度炎症或急性炎症初期、慢性呼吸道疾病过程中，如上呼吸道炎症、急性支气管炎及肺炎的初期以及慢性鼻炎、慢性咽喉炎、慢性气管炎、慢性鼻疽、慢性肺结核等。

多量鼻液：主要见于急性呼吸道疾病的中、后期。如急性鼻炎、急性咽喉炎、肺脓肿破裂、肺坏疽、大叶性肺炎的溶解期、马腺疫、流行性感冒、急性开放性鼻疽、牛肺结核、牛恶卡他热、犬瘟热、食道阻塞、副鼻窦炎和喉囊炎。一侧性鼻液见于一侧性鼻炎、一侧性副鼻窦炎、一侧性喉囊炎。两侧性鼻液见于双侧性鼻炎及喉以下的呼吸道炎症。

鼻液时多时少：在诊断上有特殊的意义。动物自然站立时仅有少量鼻液，当病畜低头或运动时，突然从一侧鼻腔流出多量鼻液，以后终日不见或仅有少量鼻液，是额窦、颌窦、喉囊炎的主要症状；如从两侧鼻腔流出多量鼻液，见于肺坏疽。

（2）鼻液性状的检查　由于炎症性质和病理过程的不同，鼻液可分为浆液性、黏液性、脓性、腐败性和出血性。

浆液性鼻液：其特征是清淡如水样，无色透明，鼻液中含有少量白细胞、上皮细胞和黏液。有鼻液则掉到地上而不粘在鼻孔周围，这种鼻液的出现表明，有呼吸道卡他性炎症的存在，如急性鼻卡他、马腺疫的初期、流行性感冒初期。

黏液性鼻液：其特征是蛋清样或粥状，鼻液中含有多量黏液，黏稠张力大，有鼻液时呈棒槌状或线状粘在鼻孔周围或悬吊着，有腥臭味，因混有脱落的上皮细胞和白细胞而呈灰白色，常见于呼吸道卡他性炎症的中期或恢复期，以及慢性呼吸道炎症的过程。

脓性鼻液：其特征是黏稠浑浊，呈糊状，似凝乳状或凝集成块，具有脓味或恶臭味，因其感染的微生物种类不同而呈黄色、灰黄色或黄绿色。鼻液中含有多量中性白细胞和黏液。这种鼻液为化脓性炎症的特征，常见于化脓性鼻炎、副鼻窦炎、肺脓肿破裂、马腺疫、羊鼻疽。

腐败性鼻液：其特征是鼻液污秽不洁，呈褐色或暗褐色。鼻液中含有腐败坏死组织，有恶臭和尸臭味。是腐败性细菌作用于组织的结果。见于马腺疫、肺坏疽、异物性肺炎和腐败性支气管炎等。

出血性鼻液：这种鼻液因出血的数量和部位 不同其颜色也不同。一般带血丝、有凝血块及全血，表明有鼻黏膜肿瘤、出血性鼻炎等鼻出血现象。粉红色或鲜红色并带有一些小气泡，表明有肺水肿、肺充血或肺出血。在炭疽、出血性败血病、某些中毒、猪传染性萎缩性鼻炎时，也有出血性鼻液。

铁锈色鼻液：特征是鼻液为均匀的铁锈色，这是大叶肺炎和传染性胸膜肺炎的特征。

(3)鼻液对称性的检查　一侧性鼻液见于一侧鼻腔、副鼻窦的炎症，两侧性鼻液见于两侧性鼻腔、副鼻窦和喉囊以及喉以下部位的炎症过程中。

(4)鼻液中的混杂物的检查

气泡：小气泡主要见于肺水肿、肺充血、肺出血、肺气肿、慢性支气管炎。

唾液：鼻液中出现唾液主要见于咽炎、咽麻痹、食管炎、食道阻塞、食道痉挛、食道肿瘤。

饲料碎片或呕吐物：见于吞咽和咽下障碍的疾病，如咽炎、咽麻痹、食管炎、食道阻塞、食道痉挛、食道肿瘤，以及严重的胃肠疾病，如马的液滞性胃扩张、幽门痉挛、十二指肠阻塞和小肠变位。

胃液：见于马急性胃扩张

(5)鼻液弹力纤维的检查　检查弹力纤维时，取 2～3 mL 鼻液放于试管中，加入等量的 10%氢氧化钠(钾)溶液，在酒精灯上边震荡边加热煮沸，使其中的黏液、脓汁及有形成分溶解，而弹力纤维并不溶解。加热煮沸，直到变成均匀一致的溶液后，加 5 倍蒸馏水混合，然后离心沉淀 5～10 min，取少许沉淀物滴于载玻片上，加盖玻片镜检。弹力纤维呈透明的折光性较强的细丝状弯曲物，如羊毛状，且有双层轮廓，两端尖或成分叉状，常集聚成乱丝状(图 2-14)。弹力纤维的出现，表示肺组织溶解、破溃或有空洞存在。见于异物性肺炎、肺坏疽、肺脓肿和肺结核等。

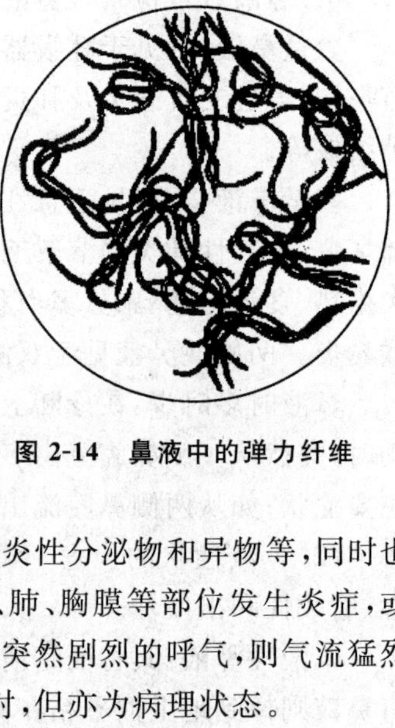

图 2-14　鼻液中的弹力纤维

3. 咳嗽的检查

咳嗽是动物体的一种保护性反射动作，借以排除呼吸道内的炎性分泌物和异物等，同时也是呼吸器官疾病过程中最常见的一种症状。当喉、气管、支气管、肺、胸膜等部位发生炎症，或受到异常刺激时，使呼吸中枢兴奋，在深吸气后声门关闭，继之以突然剧烈的呼气，则气流猛烈冲开声门，形成一种暴发的声音，即为咳嗽。咳嗽虽为保护性反射，但亦为病理状态。

单纯性鼻炎、副鼻窦炎往往不引起咳嗽症状，喉、气管、支气管、肺和胸膜的疾患一般可出现强度不等、性质不同的咳嗽。通常喉及上呼吸道对刺激最为敏感，因此喉炎及气管炎时咳嗽最为剧烈。

检查咳嗽的方法可听取病畜的自然咳嗽，必要时常采用人工诱咳法。马人工诱咳法，拇指与食指、中指捏压喉头或气管的第一、二环状软骨或喉部勺状软骨，即可诱发咳嗽(图 2-15)。健康牛短时间闭塞鼻孔，使之引起深呼吸即可

图 2-15　马的人工诱咳法

诱发咳嗽。小动物对刺激反应灵敏，除上述方法外，拉起背部皮肤，压迫或叩击胸壁，均能引起咳嗽。

检查咳嗽时，应注意其性质、频度、强度和是否带有疼痛。

(1)按性质分

干咳：呼吸道内无分泌物或仅有少量黏稠的分泌物时发生。其特征是咳嗽无痰，咳嗽声音清脆，干而短，见于喉、气管异物、慢性支气管炎、急性支气管炎的初期和胸膜炎。

湿咳：呼吸道内积有多量稀薄的渗出物时发生。其特征是咳嗽有痰，咳声钝浊，湿而长，咳嗽时往往从鼻孔流出多量鼻液，见于急性咽喉炎、支气管炎、支气管肺炎、肺脓肿、肺坏疽等。

疼咳：咳嗽伴疼痛。其特征是咳嗽短而弱，患畜伸颈摇头、前肢刨地，尽力抑制咳嗽，且有呻吟和惊慌现象。这表明有胸壁、胸膜、肺、气管、膈肌等部位疼痛性疾病，如呼吸道异物、异物性肺炎、急性喉炎、喉水肿和胸膜炎，以及长期的咳嗽等。

(2)按频度分

稀咳：即为单发性咳嗽，经过较长时间，才发生1～2声咳嗽，待呼吸道分泌物或异物被排除后则咳嗽停止。常反复发作而带有周期性。见于感冒、流感、呼吸道急性炎症初期、慢性支气管炎、肺结核、鼻疽和肺丝虫病等。

频咳：频繁而连续发作的咳嗽，严重时呈痉挛性咳嗽。见于急性喉头炎、气管炎、传染性上呼吸道卡他、弥漫性支气管炎、猪气喘病、猪肺疫、猪蓝耳病、山羊支原体肺炎等。

痉咳：即痉挛性咳嗽或发作性咳嗽，咳嗽具有突发性和暴发性，咳嗽剧烈而痛苦，且连续发作，见于呼吸道受到强烈刺激如呼吸道异物、慢性支气管炎和肺坏疽。

(3)按强弱分

强咳：当肺组织弹性正常，且分泌物黏稠，咳嗽无痛时发生。其特征是咳嗽有力而强大。见于无痛性呼吸道疾病，如咽喉炎、慢性支气管炎和急性喉炎的初期。

弱咳：当肺组织和毛细支气管有炎症和浸润性病变或肺泡气肿而弹性降低时，其特征是咳嗽无力，咳声低弱，见于细支气管炎、支气管肺炎、胸膜炎、肺气肿和胸水等。

(三)上呼吸道的检查

上呼吸道检查包括鼻腔、副鼻窦、喉囊、喉和气管的检查。

1. 鼻的检查

(1)外部观察　鼻孔周围组织可发生各种各样的病理变化，如鼻翼周围肿胀、水疱、脓疱、溃疡和结节。

(2)鼻孔周围组织肿胀　可见于血斑病、纤维素性鼻炎、异物刺伤及某些传染病如口蹄疫、炭疽、气肿疽及羊痘。

(3)鼻孔周围的水疱、脓疱及溃疡　可见于猪传染性水疱病、脓疱性口膜炎。牛的鼻孔周围结节见于牛丘疹性口膜炎和牛坏死性口膜炎。

(4)鼻甲骨增生、肿胀　见于严重的骨软病、鼻甲骨萎缩、牛放线菌病、慢性氟中毒、副鼻窦炎等，鼻盘翘起或歪向一侧是猪传染性萎缩性鼻炎的特征。

(5)鼻部发痒　可表现经常向周围物体上摩擦，小动物常用前肢搔痒。主要见于萎缩性鼻炎、鼻卡他、鼻腔内外寄生虫、异物刺激及吸血昆虫的刺咬、饲料中含有过多灰尘等。长期的擦痒可使鼻部皮肤擦破，甚至引起炎症。

长期流鼻液时,鼻液流过的皮肤失去色素,形成一条白色斑条,称为“鼻分泌沟”。

2. 鼻黏膜的检查

(1)检查方法　鼻黏膜的检查方法主要是视诊和触诊。将病畜的头抬起,使鼻孔对着阳光或人工光源,即可观察鼻黏膜的病理变化。对于因鼻孔深或鼻翼软下陷的大动物如马无法直接看清的情况下,可用手指或开鼻器打开或扩张鼻孔,是鼻黏膜充分暴露,在进行检查。

(2)检查内容　观察鼻黏膜时应注意其颜色,有无肿胀、水疱、结节、溃疡、瘢痕及肿瘤等。如怀疑患有鼻疽时,注意应戴口罩、眼镜、手套等,进行防护。

颜色:健康家畜鼻黏膜颜色为红色或淡红色,有些牛鼻孔附近的鼻黏膜上常有棕褐色色素沉着,检查时应注意。在病理情况下,鼻黏膜的颜色也有潮红、发绀、苍白、黄染,以及出血斑点等变化,其临诊意义与眼结膜的颜色变化大致相同。

肿胀:健康动物的鼻黏膜表面湿润而有光泽,表面呈颗粒状。鼻黏膜肿胀时表面光滑平坦,颗粒消失,闪闪发光,触诊有柔软增厚感,即为肿胀的表现。这主要见于急性鼻炎、马腺疫、流行性感冒、马鼻疽、牛恶性卡他热、犬瘟热。

水疱:鼻黏膜出现水疱,由粟粒大到黄豆大小,有的水疱破溃形成糜烂。主要见于口蹄疫和猪传染性水疱病。

结节:初期呈现浅灰色,后期呈黄白色,由粟粒大到黄豆大小,界限清晰,周围有红晕者为鼻疽结节,多分布在鼻中隔黏膜。

溃疡:鼻黏膜溃疡有表层和深层之分。表层溃疡见于鼻炎、血斑病和牛恶性卡他热等。深层溃疡多为鼻疽性溃疡,其形如喷火口状,边缘隆突,溃底深,并盖以灰白色或灰黄色白膜,严重的溃疡可造成鼻中隔穿孔,为马鼻疽溃疡的特征。

瘢痕:鼻中隔下部的瘢痕多为创伤所致,一般浅而小呈弯曲状或不规则。鼻疽性瘢痕大而厚,以星芒状为其特点,多位于鼻中隔上。

肿瘤:比较少见,一般呈疣状突起,大小不一,形态各异,有蒂或无蒂,与基部黏膜紧密相连,一个或数个,有出血或无出血。鼻腔肿瘤的确切性诊断,需做病理组织学检查。

3. 副鼻窦的检查

视诊:注意其外形变化,额窦和上颌窦部位隆起、变形,多见于窦腔积脓、软骨病、骨质软化症、肿瘤、牛恶性卡他热、创伤和局限性骨膜炎。牛上颌窦区的骨质增生性肿胀,可见于牛放线菌病。

触诊:注意敏感性、温度和硬度,触诊必须两侧对照进行。窦区病变较轻时,触诊变化往往变化不明显,触诊时敏感和温度增高,见于急性副鼻窦炎和急性骨膜炎。局部骨壁凹陷并有疼痛反应,见于创伤。窦区隆起、变形、触诊坚硬 、疼痛不明显,常见于骨软病、肿瘤和放线菌病。

叩诊:对窦区进行先轻后重的叩打,同时两侧对照,以确定音响是否发生变化。健康家畜的窦区呈清晰而高朗的空盒音,如叩诊出现浊音,常见于窦腔积脓或被异常组织充塞,见于副鼻窦蓄脓、肿瘤以及骨质增生。

4. 喉及气管的检查

(1)外部检查

视诊:注意有无肿胀,是冷肿还是热肿。喉部肿胀,常由于喉部皮肤和皮下组织水肿或炎性浸润所致。马的喉部肿胀,见于咽喉炎、喉囊炎和马腺疫和某些中毒等。牛的喉部肿胀,见于牛肺疫、炭疽、恶性水肿、化脓性腮腺炎、放线菌病、创伤性心包炎。牛气管及垂皮处冷肿,多见于创伤性心包炎。猪的喉部肿胀,见于急性猪肺疫、猪水肿病和炭疽。羊的喉部肿胀可见于其各种寄生虫病,尤其是肝片吸虫病。某些过敏性疾病会出现喉部肿胀而影响呼吸。

触诊:注意有无肿胀、增温、疼痛反应和咳嗽。喉部触诊时,有热感,病畜疼痛,拒绝触压,并发咳嗽,多为急性喉炎的表现。喉黏膜上有黏稠分泌物、水肿、狭窄和声带麻痹时,触诊可感到喉头震颤,似喉壁有明显的波动(图 2-16)。

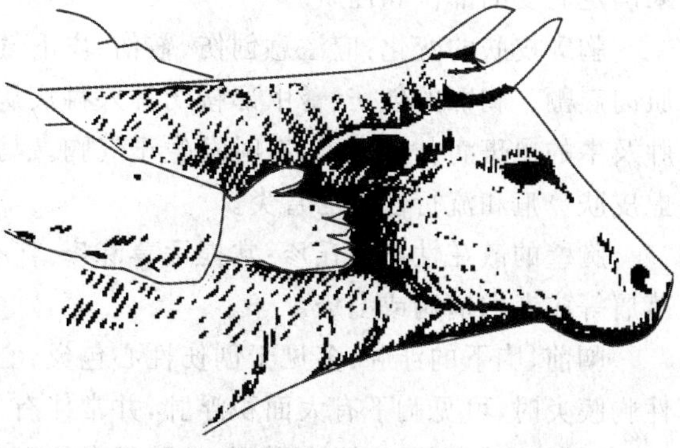

图 2-16 牛咽喉部触诊

听诊:听诊主要是判断喉和气管呼吸音有无改变。听诊健康动物喉部时可以听到一种类似"赫"的声音称为喉呼吸音。喉呼吸音的病理变化常见的有呼吸音增强、狭窄音和啰音。

呼吸音增强即喉呼吸音强大粗粝,见于各种原因引起的呼吸困难的病畜。

狭窄音其性质类似口哨声、呼噜声或拉锯声,有时声音相当强大,以致距病畜数十步远都可听到,是由于喉及气管狭窄和变形引起的。常见于喉水肿、咽喉炎、喉和气管炎、喉肿瘤及马腺疫。喉返神经麻痹时所出现的狭窄音,称为喘鸣音,其特征是在吸气时可听到一种吹哨音、咆哮性或喘鸣性喉头狭窄音,这是由于返神经麻痹而引起喉头和声带麻痹的结果,主要见于马属动物的喘鸣症。

啰音,当喉和气管内有分泌物存在时可出现啰音。如液体黏稠,可听到干啰音,如"咝咝"声。如液体稀薄时则出现湿啰音,如水泡声。

(2)内部检查 内部检查主要为直接视诊,检查时可使动物头略为高举,用开口器打开口腔,将舌拉出口外,并用压舌板压下舌根,同时对着阳光或人工光源,即可视诊喉黏膜。大家畜可借助喉气管镜或喉镜进行检查;家禽可用两手分开上下喙开口,用指头压下舌根进行检查。检查注 意喉黏膜有无肿胀、出血、溃疡、渗出物和异物。

(四)胸肺部的检查

胸肺部的检查是呼吸系统检查的重点。一般用视诊、触诊、叩诊和听诊检查,其中以叩诊和听诊最重要、最常用。必要时可应用 X 光检查、实验室检查和其他特殊检查。

1. 胸廓的视诊

视诊包括胸廓的形状,胸部皮肤的变化,对称性、有无病变和肿胀及念珠状突起。健康的动物其胸廓的大小、形状因动物的种类、品种、年龄、营养及发育状态而有较大的差异,但胸廓两侧对称,脊柱较平直,肋骨穹隆,肋骨间隙宽度均匀,呼吸亦对称,在病理情况下,胸廓的形状可能发生异常变化。

筒状胸:特征为胸廓向两侧扩大,左右横径显著增加,呈圆筒形。肋骨的倾斜度减少,肋间隙变宽,常见于胸膜炎和严重肺气肿。

扁平胸:特征为胸廓狭窄而扁平,左右径显著狭小,呈扁平状。可见于各种骨软症、营养不良和慢性消耗性疾病,有的动物胸骨柄明显向前突出,常常伴有肋骨与肋软骨结合处有串珠状肿胀(主要见于钙磷代谢障碍、佝偻病、软骨病等),还可见于牛羊的慢性氟中毒。

两侧胸廓不对称：表现为患侧胸壁平坦而下陷，肋间隙变窄，而对侧常呈代偿性扩大，致使两侧胸壁明显不对称，见于肋骨骨折，单侧性胸膜炎，胸膜粘连，骨软症和代偿性肺气肿等，此时呼吸的均匀性也发生改变。此外，脊柱的病变亦可导致胸廓变形，检查时必须两侧对照比较来确定病变的部位和性质。

胸廓皮肤的变化：应注意创伤、鞍伤、皮下气肿、丘疹、溃疡、结节、胸前和胸下浮肿及局部肌肉震颤。胸廓的创伤、鬐甲部鞍伤等外科疾病，一看便知；胸壁皮下气肿，多见于外伤；肺气肿及牛的黑斑病甘薯中毒，有时发生于气胸。马胸侧沿淋巴管分布的结节和溃疡性病变应考虑皮肤鼻疽和流行性淋巴管炎。

胸壁的散在性扁平丘疹：常提示荨麻疹；伴有痒感的小结节样疹、水疱以至皮肤增厚、脱毛落屑等应考虑螨病或湿疹。

胸前、胸下的浮肿：多见于创伤性心包炎、心力衰竭、重度贫血和营养不良等。此外，渗出性胸膜炎时，可见胸下有大面积浮肿，并常伴有局部的热、痛反应。

肘后、肩胛和胸壁肌肉震颤：常见于发热病的初期。疼痛性疾病（如马腹痛病）、中毒、某些代谢性疾病和神经系统疾病时也可见到。

2. 胸壁的触诊

胸壁的触诊主要检查其温度、敏感性、震颤和有无变形等，对于判断某些病变的性质，确定胸膜摩擦感等都有一定的意义。

胸壁温度：胸壁局部温度增高，可见于炎症、脓肿；胸侧壁的温度增高，可见于胸膜炎，此时务必左右对照检查和有无组织损伤等变化。

敏感性：触诊时病畜骚动不安、回顾、躲闪、反抗或呻吟等，表示胸壁有疼痛，见于胸膜炎、肋骨骨折、胸壁的皮肤、肌肉或肋骨发炎等疼痛性疾病。此时易与胸廓敏感相混，因此检查时应注意，可先轻抚动物，使其习惯后再进行触压检查。

胸膜的震颤：表现为皮毛有一些轻微的颤动。这是由于患胸膜炎时，胸膜表面沉积纤维蛋白而变粗糙，呼吸时胸膜的脏层与壁层之间发生摩擦而产生，触诊胸廓可感知震颤。当支气管内啰音粗大时，触诊胸壁也有轻微的震颤感，称为支气管震颤，见于异物性肺炎和肺脓肿破溃等，胸腔积水时运动也可产生胸廓震颤。

肋骨局部变形：见于佝偻病、软骨病、慢性氟中毒和肋骨骨折等。

皮下气肿：胸部皮下组织有气体积存时称为皮下气肿引起气体在皮下组织内移动，可出现捻发音，严重者气体可由胸壁皮下向颈部、腹部或其他部位的皮下蔓延，多见于间质性肺气肿，如牛的黑斑病甘薯中毒。

3. 胸肺部的叩诊

叩诊是胸、肺检查的重要方法之一，目的在于了解胸腔内各脏器的解剖关系和肺在正常体表的投影，根据肺叩诊区和叩诊音的变化来判定胸腔和肺的物理状态，从而为诊断疾病提供重要的依据。同时叩诊也是一种刺激，根据动物的反应，来判断胸膜的敏感性或疼痛等。

（1）叩诊方法　大家畜用锤板法，大家畜主要用锤板叩诊法。本法引起的震动深而广，有利于深在病变的发现。叩诊时，一手持叩诊板，顺着肋间隙，纵放、密贴；另一手持叩诊锤，以腕关节为轴，垂直地向叩诊板上做短促的叩击。一般每点连续叩击两三下，再移至另一处，应叩完整个肺部，进行对比分析而不应该孤立地叩诊某一点或某一部分。小动物则用指指叩诊法。即以左手中指作叩诊板，而以弯曲的右手中指作为叩诊锤。在叩诊时，板指要密贴于肋间隙并和肋间隙平行，其他手指宜略微抬起，勿与体表接触；叩指要与叩击部的体表垂直，以腕关节的活动为主，避免肘关节和肩关节参加运动。叩击的动作要灵活、短促，富有弹性。

(2)叩诊胸、肺时的注意事项　叩诊胸、肺时，必须在较为宽敞的室内进行，才能产生良好的共鸣效果。若房屋狭小或在露天进行往往不能获得满意的结果；叩诊时室内要安静，避免任何嘈杂声音的干扰；叩诊力量的强弱或轻重，应依体壁的厚薄和病灶的深浅而定。胸壁厚，病变深在，宜用重叩诊；反之，胸壁薄，病变浅在，则用轻叩诊。小家畜比大家畜轻。为确定叩诊区和病变的界限时，宜用轻叩诊。叩诊时强度要均匀一致，切勿一轻一重。如此才能比较两侧对称部位的音响。但为了探查病灶的深浅及病变的性质，轻重叩诊可交替使用。因为轻叩诊不易发现处于深部的病变，重叩诊不能查出浅在的小病灶；叩诊胸、肺侧，不仅要有正确的叩诊方法，而且还要准确地判断叩诊音的变化，为此必须熟悉正常叩诊音，只有这样才能发现和辨别病理性叩诊音。当发现病理性叩诊音时，应与对侧相应部位的叩诊音比较判断。叩诊胸、肺时，要注意病畜的表现，有无咳嗽和疼痛不安现象出现。

(3)正常家畜肺的叩诊区　健康家畜肺区：叩诊时产生清音的区域为肺脏的正常叩诊区，表示肺脏在体表投影的可检查部分，并不代表肺的实际大小，因肺的前部被发达的肌肉和骨骼所掩盖，以致不能用叩诊检查，肺后界随呼吸略有变动。

马肺叩诊区：为近似直角三角形。其前界为肩胛骨后角沿肘肌向下至第 5 肋间所划的垂线；上界为与脊柱平行的直线，距背中线约 10 cm；后界为由第 17 肋骨与背界线交界处开始，向下向前经下列诸点所划的弧线，经髋结节线与第 16 肋间的交点，坐结节线与第 14 肋间的交点，肩端线与第 10 肋骨间的交点，而止于第 5 肋间(图 2-17)。

牛肺叩诊区：比马的叩诊区小，也为近似三角形。其背界与马的相同，前界自肩胛骨后角沿肘肌向下画“S”状曲线，止于第 4 肋间，后下界自背界的第 12 肋骨上端开始，向前向下经髋结节线与第 11 肋间相交，经肩端线与第 8 肋间相交，终止于第 4 肋间(图 2-18)。

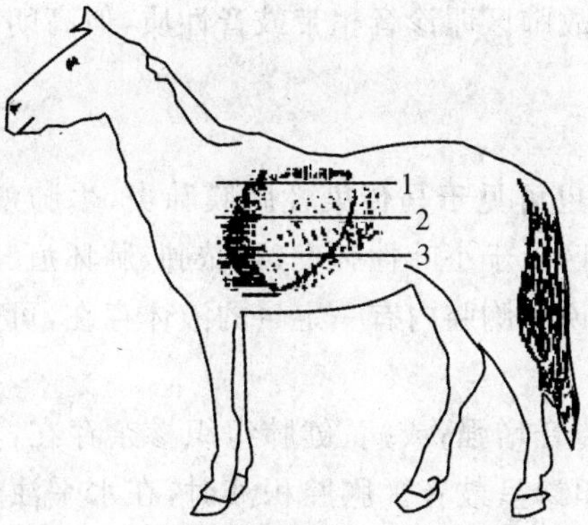

图 2-17　马肺叩诊区

1. 髋结节水平线　2. 坐骨结节水平线

3. 肩关节水平线

图 2-18　牛肺叩诊区

1. 髋结节水平线　2. 肩关节水平线

5,7,9,11,13. 相应肋骨

猪肺叩诊区：前界与马相同，上界距背中线4～5指宽，后界由第11肋骨处开始，向前向下，经坐骨结节线与第9肋间的交点，经肩端线与第7肋间的交点，而止于第4肋间的弧线(图2-19)。

犬肺叩诊区：为真正的三角形。前界距背中线4～5指宽；后界由第11肋骨处开始，向下、向前经坐骨结节线与第9肋间之交点，肩关节水平线与第7肋间之交点而止于第4肋间(图2-20)。

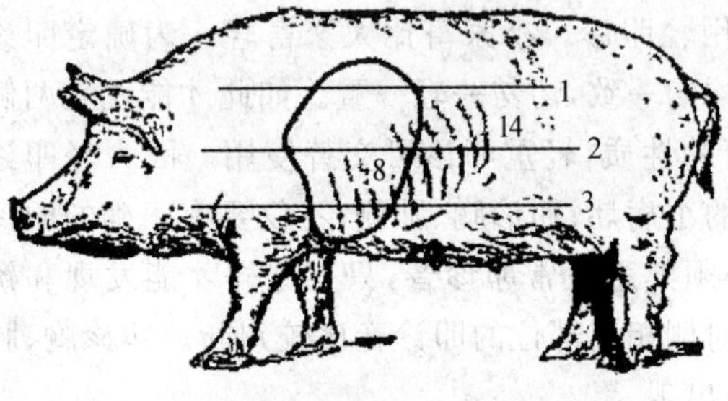

图2-19 猪肺叩诊区

1. 髋结节水平线 2. 坐骨结节水平线 3. 肩关节水平线 8,14. 相应肋骨

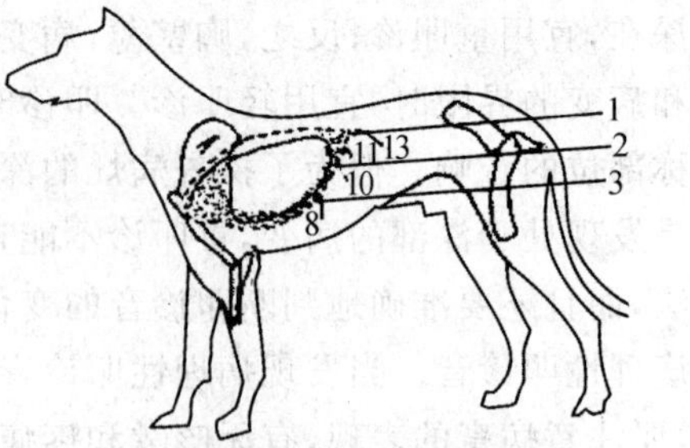

图2-20 犬肺叩诊区

1. 髋结节水平线 2. 坐骨结节水平线 3. 肩关节水平线 8,10,11,13. 相应肋骨

叩诊区的病理变化：叩诊时，动物表现回视、躲闪、反抗等不安现象，常见于胸膜炎，尤以病初最为明显；肺叩诊区扩大，是肺过度膨胀或胸腔积气的结果。当肺过度膨胀时，则心绝对浊音区缩小，肺界后移，见于肺气肿、气胸；肺叩诊区缩小，多为腹腔器官膨大、腹腔积液、心包积液压迫肺组织引起。后下界前移，见于急性胃扩张、急性瘤胃臌气、肠臌气、腹腔积液等；后下界后移，见于心包积液。

(4)叩诊音　肺的正常叩诊音 健康大动物肺区的中1/3叩诊呈清音，其特征是音响较长，响度较大，音调较低，而肺区的上1/3和下1/3声音较弱，肺的边缘则带有半浊音性质。但在小动物，如小狗、猫、兔等，由于肺中空气柱振幅较小，故肺区叩诊音稍带鼓音性质，似高朗的钟鸣音。

肺叩诊音的病理变化(图2-21)：

①浊音、半浊音　大片状浊音区见于大叶性肺炎也可见于马传染性胸膜肺炎、牛肺疫、牛出血性败血病、和猪肺疫等。局灶性浊音区或半浊音区见于小叶性肺炎、肺脓肿、肺坏疽、肺结核等。水平浊音是指叩诊上界呈水平状态的浊音区，说明胸腔内有一定量的液体存在，可见于渗出性胸膜炎和胸腔积液等。

②鼓音　当肺泡内含有气体和液体，弹性降低，传音增强；或病、健肺组织掺杂存在，其周围健康组织叩诊呈鼓音。气胸时，胸腔有大量气体，叩诊呈鼓音。胸腔积液时，在水平浊音界之上叩诊呈鼓音。肺脓肿、肺坏疽、肺结核、鼻疽、牛肺疫等疾病引起的肺空洞时叩诊呈鼓音。

③过清音　为清音和鼓音之间的一种过渡性声音，类似敲打空盒声音，故又称为空盒或匣音。主要见于肺气肿。

④破壶音　类似叩击破瓷壶所产生的音响。见于有与支气管相通的大空洞形成，如肺脓肿、肺坏疽和肺结核等形成的大空洞。

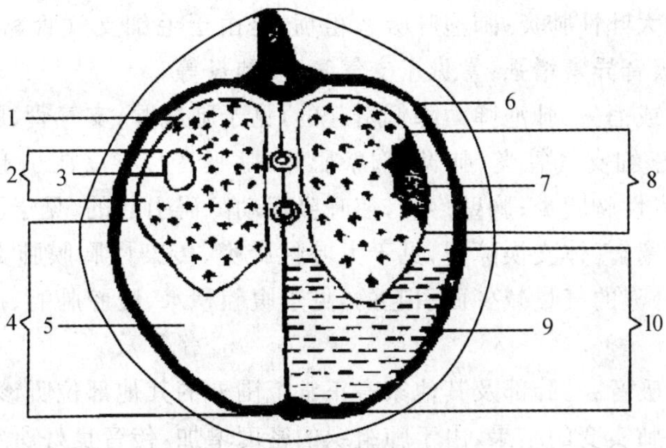

图 2-21 胸部叩诊病理音示意图

1. 肺脏 2. 鼓音 3. 空洞 4. 鼓音 5. 气胸 6. 肋骨
7. 病灶 8. 浊音 9. 积水 10. 水平浊音

⑤金属音 如叩打金属容器发出的声音。当肺脏有大的含气空洞，且位置浅在，洞壁光滑时，能够叩出此声音。

4. 胸肺部的听诊

(1)听诊的方法 一般用听诊器进行间接听诊。听诊区同叩诊区或稍大，在听诊区内应普遍进行听诊。听诊时，宜先从肺部的中 1/3 开始，由前向后逐渐听取，其次为上 1/3，最后为下 1/3，每一听诊点的距离为 3～4 cm，每一听诊点应听取 2～3 次呼吸音，如发现异常呼吸音，应在附近及对侧相应部位进行比较，以确定其性质。如呼吸微弱，呼吸音响不清时，可使病畜作短暂的运动或短时间闭塞鼻孔后，引起深呼吸，再进行听诊。另外听诊时应在室内安静条件下进行，避免受到外界因素的影响。

(2)生理性呼吸音

肺泡呼吸音：健康动物胸部可听到类似轻读“呋”的肺泡呼吸音，是由空气通过毛细支气管及肺泡入口处狭窄部而产生的狭窄音与空气在肺泡内的旋涡流动时所产生的音响构成。其特征是吸气时明显，尤以吸气末期显著，呼气时由于肺泡转为弛缓，故肺泡呼吸音短而弱，仅在呼气初期可以听到。肺泡呼吸音在肺区中 1/3 最为明显。在各种动物中，肺泡呼吸音的强弱顺序依次为：犬、猫、羊、牛、马。幼年比成年动物肺泡音强。

支气管呼吸音：是一种类似将舌抬高而呼气时所发出的“赫”音，是空气通过声门裂隙时产生气流旋涡所致。此音沿气管、支气管传入，健康家畜在颈部喉、气管处明显。支气管呼吸音有生理和病理的两种。健康马，由于解剖生理的特殊性，肺部听不到支气管呼吸音。其他动物肺区前部，接近较大支气管的体表处，可听到支气管呼吸音。但并非纯粹的支气管呼吸音，而是带有肺泡呼吸音的混合性呼吸音。犬在其整个肺部都能听到明显的“呋”、“赫”混合性呼吸音。

(3)病理性呼吸音

肺泡呼吸音增强：肺泡呼吸音普遍性增强是指整个两侧肺区均增强，是呼吸中枢兴奋，呼吸运动和肺换气加强的结果，常见于热性病；肺泡呼吸音局限性增强，是病变侵害一侧或部分肺组织，使其呼吸机能减退或消失，而健侧肺或无病变的部分呈代偿性呼吸机能亢进的结果，常见于支气管肺炎和大叶性肺炎;肺泡呼吸音粗粝,是由于毛细支气管黏膜充血肿胀,使肺泡入口处狭窄、肺泡呼吸音异常增强,常见于支气管炎、肺炎等。

肺泡呼吸音减弱或消失:肺泡弹力降低引起的,见于肺气肿;支气管、肺泡被异物或炎性渗出物阻塞引起的,见于细支气管炎、肺炎;胸壁肥厚,呼吸音传导受阻引起的,见于胸水、胸膜炎、胸壁水肿和纤维素性胸膜炎;胸壁疼痛,使呼吸运动障碍引起的,见于胸膜炎、肋骨骨折;支气管和肺泡被完全阻塞,气体交换障碍,见于大叶性肺炎、传染性胸膜肺炎。腹部疾病使膈肌活动受到限制,进入肺泡的气量减少而引起的,见于腹腔积水、腹腔肿瘤、瘤胃臌气、肠阻塞、变位等。

病理性支气管呼吸音:马肺部及其他家畜正常范围外的其他部位听诊出现支气管呼吸音,都是病理现象。这是肺实变的结果,由于肺组织的密度增加,传音良好所致。临床上见于各型肺炎、传染性胸膜肺炎、广泛性胸膜肺炎、广泛性肺结核、牛肺疫、猪肺疫及胸腔积液等。

病理性混合性呼吸音:当较深部的肺组织发生炎性病灶。而周围被正常肺组织遮盖,或浸润实变区和正常肺组织掺杂存在时,则肺泡音和支气管呼吸音混合出现,称为病理性混合性呼吸音。见于小叶性肺炎、大叶性肺炎的初期和散在性肺结核。有时也见于胸腔积液的上方。

啰音:是伴随呼吸而出现的附加音响,是一种重要的病理特征。按其渗出物性质分为干啰音和湿啰音。

干啰音是支气管炎的典型症状。干性啰音的发生机理主要有两点:一是支气管狭窄,由于支气管黏膜炎症(如黏膜 充血、水肿、分泌物堵塞及黏液腺肿大)、支气管痉挛及支气管受压迫(如肿瘤压迫),导致支气管管腔狭窄当气流通过狭窄部时产生一种狭窄音;二是支气管内有黏稠液体存在,当空气通过含有黏稠分泌物的支气管时,气流可冲击黏液丝条或薄膜引起震动而产生的声音。干啰音在吸气和呼气时均能听到,但吸气时最清楚。干啰音容易变动,可因咳嗽、深呼吸而有明显减少、增多和移位,或时而出现,时而消失为特征。其音调强,长而高朗,似蜂鸣、笛音、哨音。广泛性干啰音见于弥漫性支气管炎、支气管肺炎、慢性肺气肿及犊牛和羊的肺线虫病;局限性干啰音见于慢性支气管炎、肺结核、间质性肺炎等。

湿啰音(水泡音)是支气管炎的表现。按其发生部位不同分为大、中、小水泡音三种。湿啰音发生的机理,一方面是当支气管内有稀薄液体(如渗出液、漏出液、分泌液及血液)存在时,气流通过液体引起液体的移动或水泡破裂而发生的声音,一方面气流冲动液体形成疏密不均的泡沫或气体与液体混合而成泡沫状移动发生的声音,另一方面肺部存在含有液体的较大空洞(如支气管与空洞相通),气流冲击空洞内液体发生震动,或支气管口位于液面下,均可发生湿啰音。湿啰音的性质类似用一小管吹空气入水中时产生的呈沸腾及含漱音等声音。湿啰音在呼气和吸气时均可听到,但在吸气末期明显。由于稀薄分泌物,可随纤毛上皮运动及呼吸道气流冲动和咳嗽活动而移位或被排除,故咳嗽后可暂时消失,但经短时间之后又重新出现。见于支气管炎、支气管肺炎、肺水肿及异物性肺炎等。

捻发音:为一种极细微而均匀的啪啦音。该音的性质类似在耳边用手捻搓一束头发时产生的声音。捻发音发生机理是当肺泡内含有渗出液、漏出液并将肺泡黏合起来,但并非完全实变,当吸气时黏着的肺泡突然被气体冲开,或毛细支气管黏膜肿胀并被黏稠分泌物黏着,当吸气时粘着的部分又被分开而产生特殊爆裂音,即捻发音。一般出现于吸气末期,或在吸气顶点最明显,大小一致,稳定而长期存在,不因咳嗽而消失。捻发音的出现,提示肺实变。主要见于细支气管炎、大叶性肺炎的充血期及溶解期、肺充血和肺水肿的初期。

胸膜摩擦音：正常胸膜壁层和脏层之间湿润而有光泽，呼吸运动时不产生声音。当胸膜发炎时，由于纤维蛋白沉着，使其变为粗糙不平，在呼吸运动时，两层粗糙的胸膜面互相摩擦而产生摩擦音。摩擦音的特点是干而粗糙，声音接近体表，且呈断续性，吸气与呼气时均可听到，但一般多在吸气之末与呼气之初较为明显。摩擦音的强度极不一致，有的很强，粗糙而尖锐，如搔抓声；有的很弱，柔和而细，犹如丝织物摩擦声音。摩擦音的强度与病变的性质、位置、面积大小、两层胸膜接触的程度，以及呼吸时胸廓运动的强度有关。摩擦音常发生于肺移动最大的部位，即肘后、肺叩诊区下 1/3、肋骨弓的倾斜部。有明显摩擦音的部位，触诊可感到有胸膜摩擦感和疼痛表现。

胸膜摩擦音为纤维素性胸膜炎的特征。但没有听到胸膜摩擦音，并不能排除纤维素性胸膜炎的存在。这是由于摩擦音常出现于胸膜炎初期。当胸膜腔中存在一定数量的渗出液而将两层胸膜隔开时，则摩擦音会消失。直至渗出物吸收期，摩擦音才又重新出现。当胸膜发生粘连时，也听不到摩擦音。摩擦音通常只在若干小时内可以听到，但也可能保持数天或更长时间。摩擦音可见于大叶性肺炎、各型传染性胸膜肺炎、胸膜结核及猪肺疫。此外，在高度脱水时也可发生胸膜摩擦音。

拍水音：类似拍击半满的热水袋或振荡半瓶水发出的声音，当胸腔积液时，病畜随着呼吸运动、突然改变体位或心搏动冲击液体所产生的声音。主要见于渗出性胸膜炎和胸水等。在听诊肺部时，常可听到与呼吸无关的一些杂音，这些杂音往往干扰听诊，特别是初学者有时会误认为呼吸音。在这一类声音中，有吞咽食物、嗳气、呻吟和肌肉震颤引起的声音，以及心音及胃肠蠕动音，对此应特别予以注意。病理性呼吸音的共同特点为常伴随呼吸运动而出现，并且动物表现出呼吸器官的其他症状，而杂音的发生则与呼吸运动无关。

(五)呼吸器官、系统疾病的主要综症征

临床上以呼吸活动的加强与加快，出现不同类型及不同程度的呼吸困难，呼吸形式和呼吸节律的改变，黏膜发绀并伴有咳嗽和鼻液等组成呼吸器官、系统的一般综合症候。

1. 上呼吸道疾病的综合征

鼻腔及副鼻窦、喉、气管等上部呼吸道的疾病，通常表现有喷嚏或咳嗽、鼻液增多及吸入困难为主的呼吸紊乱以及有关的局部病变，黏膜发绀及其他较为轻微的全身变化等症候群。

当有喷嚏、鼻液和轻微的吸气困难时，见有鼻黏膜潮红、肿胀，可作为鼻炎诊断的依据。

单侧脓性鼻液、兼有鼻道狭窄和吸气困难，应检查副鼻窦。如颌面部肿胀、变形，局部表现敏感，提示鼻窦炎或鼻窦蓄脓。

频繁而剧烈的咳嗽，同时咽喉局部伴有肿胀、热痛反应，是喉炎的特征。

2. 支气管及肺部疾病的综合征

鼻液、咳嗽、气喘、发绀等一般性症状，肺部听、叩诊出现明显的病理学变化，较为明显的整体状态变化，共同组成肺部疾病的综合症候群。

以一定数量的浆液性鼻液与湿性咳嗽为基础，以肺部听诊的明显水泡音为特征，伴有中等的发热及精神沉郁、食欲减退等一般症状而组成的综合症候群，提示支气管炎的临床诊断。

肺部听诊有成片或局限性肺泡音减弱甚至消失区域，而其余部位却见肺泡音的代偿性增强；叩诊出现与前者相应的成片或局限性的浊音或半浊音区；X 射线的透视或摄影可见相应的阴影变化；则组成肺浸润、实变的特征性症候群。

在肺听诊的小水泡音及叩诊浊鼓音的基础上，伴有严重的呼吸困难及大量的混有小泡沫的浆性鼻液，同时具有心力衰竭的临床症状，可提示肺充血或肺水肿。

3. 胸膜疾病的综合征

在呼吸困难、咳嗽，黏膜发绀等一般性症状的基础上，如有胸壁敏感、叩诊的水平浊音或听诊的胸膜摩擦音等典型症状，为胸膜疾病的综合症候群。

胸膜炎时的呼吸困难，多为混合性。单纯的胸膜炎，咳嗽多为干性或呈带痛性，并无鼻液，胸壁敏感以病的初期为最明显，叩诊的水平浊音或听诊的胸膜摩擦音等典型症状，可提示胸膜炎诊断的基本根据。

三、消化系统检查

消化系统包括口腔、咽、食道、胃、肠及肝脏、脾脏、胰脏等。消化系统结构复杂、发病率高，尤其是幼畜及老龄家畜发病率更高，直接影响动物营养的消化吸收，进而影响机体的生长发育及生产性能的发挥。而且许多传染病、寄生虫病及中毒性疾病常并发消化系统疾病。因此，仅靠物理学方法检查，往往很难确诊，如胃肠寄生虫病与普通胃肠疾病不易鉴别，急性胃肠炎与急性肝炎，慢性胃肠炎与慢性肝炎不易鉴别。有条件时还应根据需要进行血、尿、粪实验室检查和X光、B超、电视腹腔镜等特殊检查。

(一)饮食状况的检查

食欲和饮欲是动物对采食饲料及饮水的需求，食欲的好与坏，不仅对消化系统疾病，而且对其他许多疾病的诊断和预后判定都有一定价值。在临床检查中，主要通过问诊向畜主了解家畜采食和饮水的情况，在此基础上也可直接观察或进行饲喂试验，同时必须注意饲料的种类与品质、饲喂方法、更换饲养员、独居、母子分离、怀孕、泌乳以及环境条件等因素。这些条件的突然改变，会使动物的食、饮欲暂时受到一定的影响。

判定动物的食欲和饮欲状态，主要根据其采食的数量，采食持续时间的长短，咀嚼的力量和速度，吞咽情况，还可参考腹围大小等综合条件。

在病理状态下，食欲和饮欲可发生以下改变。

1. 食欲减退

动物表现不愿采食或采食量减少或喜欢采食一种饲料。是许多疾病的共有症状，主要见于消化器官本身疾病、一切热性病、疼痛性疾病、消化和代谢紊乱等。

2. 食欲废绝

动物表现拒食饲料。是病情严重的表现。主要见于重剧的消化道疾病、急性热性病、某些烈性传染病和全身衰竭等。

3. 食欲不定

动物表现食欲时好时坏，变化不定。主要见于慢性消化不良，如胃溃疡、胃肠卡他。

4. 食欲亢进

动物表现采食量显著增加。主要见于肠道寄生虫病、早期妊娠、发热之后、饥饿和重病的恢复期。

5. 异嗜癖

动物表现食欲紊乱，采食异物(如泥土、煤渣、垫草、粪尿、污水及被毛等)。是体内必需氨基酸、矿物质、维生素、微量元素代谢紊乱及神经功能异常的特征，主要见于佝偻病、骨软症、微量元素和维生素缺乏症、猪蛔虫病、狂犬病、伪狂犬病。

6. 饮欲减退

动物表现不愿意饮水或饮水量减少。可见于伴有意识昏迷的脑病及某些胃肠病。如马骡腹痛病初期、消化道疾病初期以及伴有昏迷症状的脑病等。病畜恐水，主要提示狂犬病。

7. 饮欲废绝

动物表现拒绝饮水。是病情危重的表现。主要见于重症的传染病和重症的内科病。

8. 饮欲增加

动物表现口渴多饮、贪饮或狂饮。在病理情况下主要见于一切热性病、剧烈腹泻、剧烈呕吐、大量出汗、慢性肾炎、渗出性胸膜炎和腹膜炎以及猪食盐中毒和牛真胃阻塞等。

(二)采食、咀嚼和吞咽

1. 采食异常

各种动物在正常状态下，其采食方式各有特点。表现为采食不灵活，或不能用唇、舌采食，或采食后不能利用唇、舌运动将饲料送至臼齿间进行咀嚼，见于唇、舌、齿、下颌骨、咀嚼肌疾患，如口炎、舌炎、齿龈炎、异物刺入口腔黏膜、下颌关节脱臼、下颌骨骨折。某些神经系统疾病，如面神经麻痹、破伤风时咀嚼肌痉挛，以及脑和脑膜的疾病，均可引起采食障碍。

2. 咀嚼障碍

动物表现咀嚼缓慢无力，或因疼痛而中断，有时将口中食物吐出，然后又重新采食，严重的甚至完全不能咀嚼。主要见于口膜炎、舌及牙齿疾病、骨软症、慢性氟中毒、面神经麻痹、下颌骨折等。虚嚼：口腔内没有食物但动物仍然表现咀嚼动作。主要见于马腹痛病、传染性脑脊髓炎、破伤风和某些中毒；牛见于胃肠卡他、前胃弛缓、创伤性网胃炎和真胃疾病；也可见于猪瘟和羊的多头蚴病。

3. 吞咽困难

动物表现吞咽时伸颈摇头，前肢刨地，屡次试咽而中止，吞咽时引起咳嗽并伴有大量流涎、饲料和饮水经鼻孔返流等。主要见于咽部与食道疾病，如咽炎、咽麻痹、咽痉挛和咽肿瘤，三叉神经、面神经、舌咽神经、迷走神经、舌下神经疾患，以及食管阻塞、食管炎、食管痉挛或麻痹、食管狭窄等。

(三)反刍、嗳气和呕吐

1. 反刍

反刍是反刍动物特有的生理功能。反刍是指反刍兽采食后周期性地将瘤胃内的食物返回口腔，重新细致地咀嚼再咽下地复杂过程。反刍通常在安静、伏卧或轻役时进行。正常情况下，动物在饲喂后 0.5～1 h 开始反刍，每昼夜约反刍 4～8 次，每次反刍持续时间 30～50 min，每次返回口腔的食团再咀嚼 40～60 次(水牛 40～45 次)。

病理情况下表现：反刍弛缓、反刍停止、反刍疼痛。反刍弛缓表现为开始出现反刍的时间延迟，每昼夜反刍的次数减少，每次反刍持续时间过短，咀嚼无力，时而中止，每昼夜反刍的次数、每个食团的再咀嚼次数减少，是前胃机能障碍的表现。常见于前胃弛缓、瘤胃积食、瘤胃臌气、创伤性网胃炎、热性病、中毒病、代谢病和脑病。反刍停止表现完全不反刍，是前胃机能高度障碍的表现。主要见于前胃弛缓、创伤性网胃炎或严重的全身性慢性消耗性疾病，如结核病后期、恶病质。反刍疼痛表现为反刍咀嚼时反刍兽呻吟不安，是创伤性网胃炎的特征。

2. 嗳气

嗳气是反刍动物正常的消化活动。嗳气是指反刍兽通过瘤胃收缩和腹肌压迫，将瘤胃内食物发酵产生的气体经过食道、口腔和鼻腔排出体外的过程。一般每小时约有嗳气活动牛为20～30次，羊为9～11次。可以通过视诊和听诊的方法检查动物的嗳气活动。嗳气可在左侧颈部沿食管沟处看到由下向上的气体移动波，有时还可听到嗳气的咕噜音。

病理情况下表现：嗳气增多、嗳气减少、嗳气停止。嗳气增多是瘤胃食物发酵过程增强的结果，主要见于瘤胃臌气的之初或使用药物碳酸氢钠之后。嗳气减少常由于瘤胃内微生物活力减弱、发酵过程降低、气体产生减少、瘤胃兴奋性降低、瘤胃蠕动力减弱所致，见于前胃弛缓、瘤胃积食、创伤性网胃炎、瓣胃阻塞、皱胃疾病，以及继发前胃机能障碍的热性病及传染病。嗳气停止是瘤胃机能严重降低的结果，主要可见于瘤胃内气体排出受阻(如食管阻塞)以及严重的前胃收缩力不足或麻痹。嗳气停止如果不能及时采取急救措施，动物很快窒息死亡。

3. 呕吐

呕吐是一种病理性反射活动。是由于延脑呕吐中枢反射地或直接地受到刺激，胃内容物不由自主地经口腔或鼻腔排出体外的过程。各种动物由于生理特点和呕吐中枢的感应能力不同，发生呕吐情况各异。肉食兽和家禽最易呕吐；其次为猪；再次为反刍兽；马最难呕吐，一般仅有呕吐动作，当在疾病严重时才能有胃内容物经鼻孔返流现象。

根据呕吐发生的原因，可分为中枢性呕吐、末梢性呕吐和中毒性呕吐。

(1)中枢性呕吐　是由于毒物或毒素直接刺激延脑的呕吐中枢而引起。特点是一般无恶心，胃内容物排空后仍然继续呕吐。见于脑病(如延脑的炎症过程)、传染病(如犬瘟热、猪瘟、猪丹毒)、药物(如氯仿、阿扑吗啡)的作用。

(2)末梢性呕吐　是由于延脑以外的其他器官受刺激反射性引起呕吐中枢兴奋而发生。特点是先恶心后呕吐，直至胃内容物排空后呕吐才停止。主要由来自消化道及腹腔的各种异物、炎性及非炎性的刺激所引起，见于食管阻塞、胃扩张、胃内异物、小肠阻塞、肠炎、腹膜炎、子宫蓄脓。

(3)中毒性呕吐　可见于有机磷农药中毒、尿毒症、安妥中毒、砷中毒、铅中毒、马铃薯中毒、肝炎、肾炎、酮病、糖尿病。

猪呕吐常见于胃食滞、肠梗阻、中毒及中枢神经系统疾病；反刍动物呕吐见于前胃及肠的疾病、中毒与中枢神经系统疾病；马呕吐见于急性胃扩张。血性呕吐物见于出血性胃炎和某些出血性疾病(猪瘟、犬瘟热和猫瘟热)；混有胆汁的呕吐物见于十二指肠阻塞，呕吐物呈黄色和绿色，为碱性反应；粪性呕吐物见于犬的大肠阻塞，呕吐物的性状和气味与粪便相同；呕吐物中有时混有毛团、寄生虫及异物等。

临床上经常根据动物呕吐的特点，在中毒时，采用催吐的措施进行救治。

4. 以反刍、嗳气扰乱为主要症状的疾病(表2-8)

(四)口腔、咽和食道检查

1. 口腔检查

(1)开口方法

徒手开口法：检查牛时，检查者站于牛头侧方，可先用手轻拍牛的双眼，在其闭眼的瞬间，以一手的拇指与食指捏住鼻中膈或握住鼻环向上提举，另一手的食指与中指由口角伸入口内，

表 2-8 以反刍、嗳气扰乱为主要症状的胃病症状鉴别诊断

胃病综合症候群	腹围基本正常	具有前胃弛缓症状	创伤性网胃心包炎		1. 网胃、心区敏感,姿势异常。 2. 静脉怒张,垂皮及胸下非炎性浮肿。 3. 心包拍水音或心包摩擦音。
			瓣胃阻塞		1. 鼻镜干燥甚至龟裂。 2. 排便次数减少甚至停止,粪便呈算盘球样。 3. 蠕动音消失。
			真胃变位	左方变位	1. 多数于分娩前、后突然发病。 2. 局限性膨大,具有典型的听、叩诊钢管音,冲击触诊有液体振荡音。 3. 直检时于瘤胃左侧可摸到膨满的皱胃。
				右方变位	1. 急性型有明显腹痛及重度腹泻。 2. 局部膨大,触、听、叩诊变化同左方变位。 3. 亚急性型发病缓慢,无腹痛,触、听、叩诊变化同急性。
		前胃弛缓	原发性		去除病因,对症治疗,健康很快恢复。
			继发性		1. 酮病时,呼出气带酮味,尿酮体增多,有时出现神经症状。 2. 肝片吸虫病时,粪便内可检出肝片吸虫卵。 3. 泰勒焦虫病时,多在炎热季节发病,血检可发现虫体。
	腹围膨大	瘤胃酸中毒			1. 采食谷物饲料后突然发病,病程短,死亡率高。 2. 全身症状重剧,排稀软便或水便。 3. 重症者有明显的神经症状。 4. 血浆二氧化碳结合力下降。
		瘤胃积食			1. 左侧肷窝平坦,腹下部轻度膨大。 2. 胃内容物增多,有黏、硬感,呈生面团样。 3. 蠕动音初期增强,后期减弱乃至消失。
		瘤胃鼓气	急性原发		1. 发病迅速。 2. 有采食多量易发酵饲料的病史。 3. 左侧肷窝明显凸出甚至高过脊柱。
			慢性继发		反复发作,病程长,发病缓慢。

将牛舌向外拉出即可。如牛骚动不安,可用绳索先固定牛角或头部(图 2-22)。检查马时,一手握笼头,另一手用食指与中 指从一侧口角伸入并横向对侧口角方向,握住舌体后拉出口外,另一手拇指从对侧伸入并顶住上腭即可使口张开(图 2-23)。羊的徒手开口法是用两手拇、中二指分别自口的两侧将上下唇自口角压入齿列间,同时上下用力拉开口腔即可。

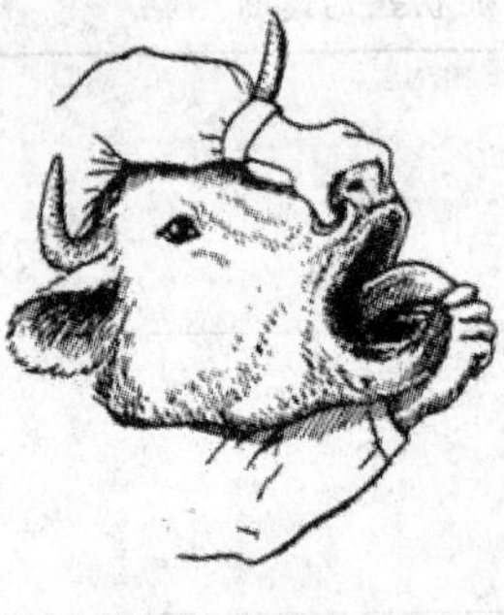

图 2-22 牛徒手开口法

图 2-23 马徒手开口法

开口器开口法：马可使用单手开口器，一手握住笼头，一手持开口器自口角处伸入，将开口器螺旋形部分伸入上、下臼齿之间，使口腔张开。用重型开口器时，将开口器的齿板钳入上下切齿之间，再转动螺旋柄，即可逐渐使口腔张开（图 2-24）。牛开口器开口法是当开口器前端达到牛口角时，将把柄旋转，即可打开口腔进行检查或处理。猪用开口器开口时，由助手紧握猪的两耳进行保定，检查者将猪用开口器平直伸入猪口内，待开口器前端达到口角时，将把柄用力下压，即可打开口腔进行检查或处理（图 2-25）。

图 2-24 马开口器开口法

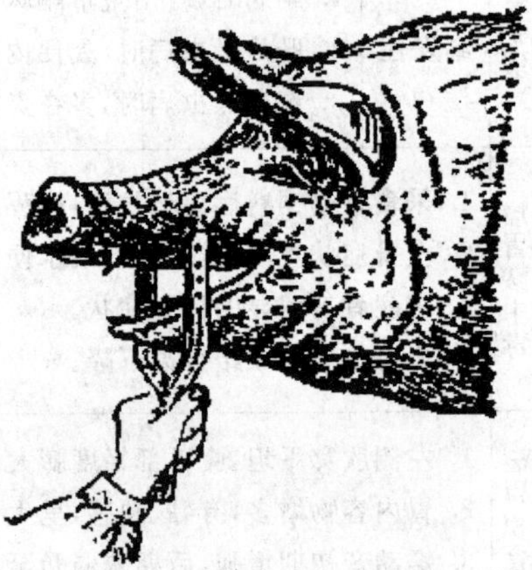

图 2-25 猪开口器开口法

（2）口腔检查的内容

口唇：除老龄家畜外，健康家畜两唇紧闭、对合良好。病理情况下表现为：唇下垂（见于面神经麻痹、马霉玉米中毒、狂犬病、唇舌损伤和炎症、下颌骨骨折及重剧性疾病）、唇歪斜（见于一侧性面神经麻痹、猪萎缩性鼻炎）、唇紧张性闭锁（见于破伤风、脑膜炎及士的宁中毒）、唇肿胀（见于口黏膜的深层炎症和血斑病）、唇部疱疹（见于口蹄疫、马传染性脓疱口炎、猪传染性水疱病）、唇部结节溃疡和瘢痕（见于口蹄疫、黏膜病、马鼻疽和流行性淋巴管炎）。

流涎：动物表现口腔分泌物增多并自口角流出，主要是由于吞咽困难或唾液腺受到刺激分泌增加的结果。健康家畜口腔稍湿润，无流涎现象。大量流涎，乃是由于异物刺激（如麦芒、金属等异物刺伤口腔），口炎及伴发口炎的传染病（如传染性水疱病、口蹄疫），吞咽或咽下障碍性疾病（如咽炎或食管阻塞），中毒（猪的食盐中毒和鸡的有机磷中毒）及营养障碍（犬的烟酰胺缺乏、坏血病)所致。

气味:动物在生理状态下,口腔内除在采食之后,可有某种饲料的气味外,一般无特殊臭味。当动物患消化机能障碍的某些疾病时,口腔上皮脱落及饲料残渣腐败分解而发生臭味,见于热性病、口腔炎、肠炎及肠阻塞等;当动物患有齿槽骨膜炎时,可发生腐败臭味;当奶牛患有酮血症时,可发生酮臭味。

黏膜:口腔黏膜的检查包括温度、湿度、颜色和完整性。口腔温度升高见于口炎及各种热性病;口腔温度降低见于重度贫血、虚脱及病畜濒死期。口腔湿度降低见于一切热性病、马骡腹痛病及长期腹泻等;口腔湿度增加见于口炎、咽炎、狂犬病、破伤风等。口腔黏膜颜色的病理变化表现为潮红、苍白、黄染、发绀,其诊断意义与其他部位的可视黏膜(如眼结膜、鼻黏膜、阴道黏膜)颜色变化的意义相同,其中,口腔黏膜的极度苍白或高度发绀,提示预后不良。口腔黏膜的完整性表现为口黏膜出现红肿、发疹、结节、水疱、脓疱、溃疡、表面坏死、上皮脱落,牛、羊可见于口蹄疫、恶性卡他热及维生素缺乏症,猪可见于传染性水疱病、口蹄疫、痘疮,马可见于脓疱性口炎,鸡发生白喉、牛发生坏死杆菌病时,口腔黏膜上常附有伪膜。

舌头:

舌苔,是舌表面上附着的一层灰白、灰黄、灰绿色上皮细胞沉淀物,是胃肠消化不良时所引起的一种保护性反应。舌苔灰白见于热性病初期和感冒,舌苔灰黄见于胃肠炎。舌苔薄白,一般表示病情轻或病程短。舌苔黄厚见于病情严重和病程长久。

舌色,健康动物舌转动灵活且有光泽,其颜色与口腔黏膜相似,呈粉红色。当循环高度障碍或缺氧时,舌色深红或呈紫色;如果舌色青紫、舌软如绵则常提示病情危重、预后不良。

形态,木舌(舌硬如木,体积增大)致使口腔不能容纳而垂于口外,可见于牛放线菌病;舌麻痹可见于某些中枢神经系统疾病(如各型脑炎)的后期和饲料中毒(如霉玉米中毒、肉毒梭菌中毒);舌体横断性裂伤多见于衔勒所致。猪的舌下和舌系带两侧有高粱米粒大乃至豌豆大的水疱状结节,是猪囊尾蚴的特征。

舌体咬伤,因中枢神经机能紊乱如狂犬病、脑炎引起的。马舌体横断性裂伤,多为外伤所致。

牙齿:牙齿病患主要为对合不整齐、牙齿磨灭不整、尖锐齿、过长齿、赘生齿、波状齿、龋齿、牙齿松动、脱落、损坏。这些现象多为矿物质缺乏所致,常见于骨软病。牙齿上有黄褐色或黑色斑点,多见于氟中毒。

2. 咽的检查

当病畜表现吞咽障碍,尤其是伴随着吞咽动作有饲料或饮水从鼻孔流出时,应作咽部检查。检查方法主要是视诊和触诊,视诊注意头颈姿势及咽部周围是否有肿胀;触诊可用两手在咽部左右两侧触压,并向周围滑动,以感知其温度、硬度、敏感性及肿胀的硬度和特点。

病畜头颈伸直,咽喉部肿胀,触诊有热痛反应,常见于咽炎;如幼驹发病且伴有附近淋巴结肿胀,发炎,可见于马腺疫;牛咽喉周围的硬肿,应注意结核、腮腺炎和放线菌病;猪应注意咽炭疽、链球菌病和急性肺疫;当发生咽麻痹时,黏膜感觉消失,触诊无反应而不出现吞咽动作。

3. 食道检查

当病畜表现吞咽障碍及怀疑食道阻塞时,应作食道检查。常用视诊、触诊和探诊的检查方法。

(1)食道视诊　注意观察吞咽动作、食物沿食管通过的情况、局部有无肿胀和波动;如果食道呈局限性膨隆,主见于食道阻塞、食道狭窄和食道憩室;如果食道呈腊肠样肿大,主见于食道扩张。

(2)食道触诊　检查者站在病畜左侧，左手放在右侧食道沟固定颈部，右手指端沿左侧颈部食管沟自上而下滑动检查，注意是否有肿胀、异物、内容物硬度、波动感及敏感反应等。当食道发炎时，触诊有疼痛反应和痉挛性收缩；当食道痉挛时，触诊食道紧张呈索状；当颈部食道阻塞时，触诊可感知阻塞物的大小、性状及性质；当胸部食道阻塞时，整个食道膨大如腊肠样，触诊呈捏粉状。

(3)食道探诊　通过胃管检查胸部食道疾病的一种方法，同时也是一种有效的治疗手段。根据胃管进入的长度和动物的反应，可确定食道阻塞、狭窄、憩室和炎症发生的部位，并可提示胃扩张的可疑。根据需要可借助胃管抽取胃内容物进行实验室检查。如食道阻塞时，则胃管到达阻塞部位即不能前进；食道憩室时，插入憩室内则不能前进，当反复提插胃管有时可以从憩室上方通过；食道扩张或狭窄时，则插入胃管困难，但饮水未见变化；食道痉挛时，则胃管前进阻力增大，如果缓慢操作有时可以通过；食道炎时，食道探诊病畜表现不安、咳嗽、虚嚼；急性胃扩张时，当胃管插入胃内后，可有大量酸性气体或黄绿色稀薄胃内容物从胃管排出。

4. 禽类嗉囊检查

家禽嗉囊是食道在胸部入口前的突出部分，稍偏于右侧。嗉囊黏膜内分布有黏液腺，分泌黏液。嗉囊是积存、磨碎、浸润和软化食物的器官。主要检查方法是触诊和视诊，注意形状、内容物的多少、软硬度及温度。

嗉囊的病变可表现为软嗉、硬嗉和悬嗉。

(1)软嗉的特征　视诊嗉囊膨大，凸出于颈下部，触诊敏感并有波动，如将头部倒垂同时按压嗉囊时，可从口腔中排出液状或半液状黏性内容物并有特殊酸臭味，见于鸡新城疫及嗉囊卡他。当鸡有机磷中毒时，嗉囊可明显膨大。

(2)硬嗉的特征　坚硬或呈捏粉状，压迫时可排出少量未经消化的饲料，多见于雏鸡采食多量粗纤维饲料。如为异物阻塞时，可用触诊来确定。

(3)悬嗉的特征　嗉囊极其扩大而悬垂，是嗉囊阻塞、发炎的综合症状。

(五)腹部和胃肠的检查

1. 马的腹部与胃肠(图 2-26 和图 2-27)检查

(1)腹部检查

①腹部视诊　主要观察腹部外形、轮廓、容积及肷窝充满度，注意左右侧对比。健康马骡的腹围大小及外形因品种、性别、年龄、体格、妊娠及营养状态与饲养方式等不同而差异较大。

在病理状态下，常有腹围增大和腹围缩小两类表现。

腹围增大：见于肠臌气、肠阻塞、胃扩张、腹腔积液、腹壁水肿、腹壁疝。肠臌气时肷窝常隆起；腹水时腹围增大，下垂并多呈向两侧对称扩展的特征。

腹围缩小：可见于长期饥饿、剧烈的腹泻以及腹肌的紧张。如急性胃肠炎、食欲减退、破伤风等。

②腹部触诊　触诊时，检查者站在马的胸侧方，面向尾方，一手放在背部作支点，另一手用掌平放于腹侧壁或下侧方，用腕力做间断性冲击动作，以感知腹肌的紧张度、腹内容物的性状，并观察动物反应。应避免粗暴或突然的触压而造成动物惊恐以至影响检查效果。

腹部触诊的异常变化包括以下方面：

腹壁敏感性增高：动物表现躲闪、反抗、回顾等动作，提示有腹膜炎症。

腹壁紧张度增高：腹壁肌肉紧张收缩，弹性减小，见于破伤风，有时也见于传染性脑脊髓炎

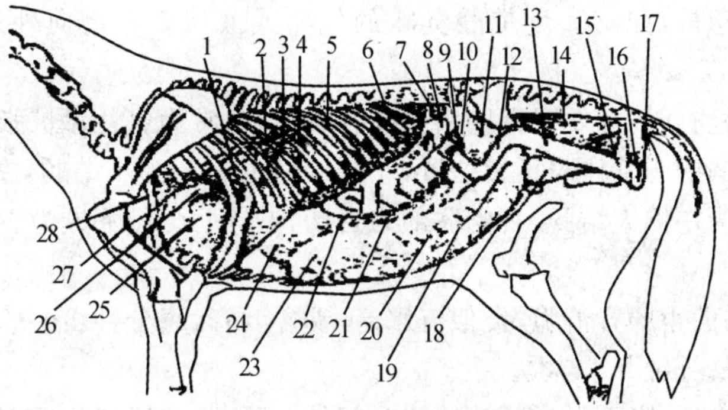

图 2-26 母马内脏器官(左侧)

1. 气管 2. 食道 3. 膈肌 4. 肝 5. 胃 6. 脾 7. 左肾 8. 小结肠 9. 左卵巢 10. 左输卵管 11. 子宫阔韧带 12. 左子宫角 13. 阴道 14. 盲肠 15. 阴道前庭 16. 阴门 17. 肛门 18. 膀胱 19. 大结肠骨盆曲 20. 左下大结肠 21. 左上大结肠 22. 空肠 23. 大结肠胸骨曲 24. 大结肠膈曲 25. 心脏 26. 肺动脉 27. 胸主动脉 28. 前主动脉

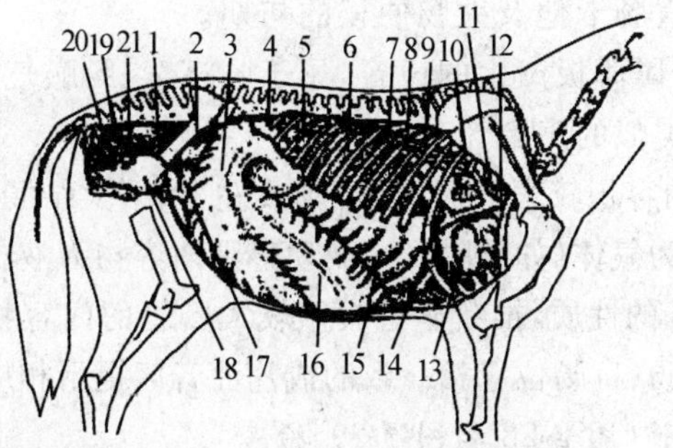

图 2-27 公马内脏器官(右侧)

1. 直肠 2. 结肠骨盆曲 3. 盲肠 4. 十二指肠 5. 右肾 6. 肝脏 7. 膈肌 8. 食道 9. 胸主动脉 10. 奇静脉 11. 气管 12. 前腔静脉 13. 心脏 14. 后腔静脉 15. 右上大结肠 16. 右下大结肠 17. 空肠 18. 膀胱 19. 输精管末端 20. 摄护腺 21. 贮精囊

及腹膜炎。

腹壁紧张度降低:见于腹泻、营养不良、热性病。

腹部有击水音:由助手用手掌放在对侧腹壁作为支点,检查者用拳或手掌对腹壁进行冲击触诊,如有击水音或有波动感提示腹腔积液。

腹部疝:对呈现局部膨大部分进行触诊,常可发现疝环,并经此可将部分脱出的肠管进行还纳。

(2)胃的检查　马胃位于腹腔中部偏左侧,其体表投影位置在左侧第 14～17 肋骨,肩端水平线上下的相对处。

视诊:第 14～17 肋间处稍显隆起,则提示有急性胃扩张。

听诊:听到短促而微弱的胃蠕动音(如沙沙声、流水声)或金属音时,多提示有急性胃扩张。

胃管探诊：胃管探诊，如有大量带酸臭味的气体或液状内容物向外逸出，表明有急性胃扩张。

直肠检查：直肠检查时，如发现胃壁紧张或脾脏后移，常为急性胃扩张的主要症状。

(3)肠的检查　马的肠管体表投影位置，左侧肷部上 1/3 为小结肠，左侧腹部中 1/3 处为小肠，左腹部下 1/3 为左侧大结肠，右侧肷部为盲肠，右侧肋骨弓下方为右侧大结肠，右侧腹股沟部亦为小肠。

①听诊　健康马的小肠音清脆，类似流水音 或含漱音，每分钟 8～12 次，大肠音低钝，类似雷鸣音或远炮音，每分钟 4～6 次。

肠音增强：肠音洪亮、高而强，频繁，持续时间长，不用听诊器甚至远离家畜体也可听到，见于各型肠炎、肠臌气与肠阻塞的初期、胃肠炎、肠痉挛，以及某些中毒病。

肠音减弱：肠音短促而微弱，次数稀少，见于不完全性便秘、肠麻痹、肠阻塞与肠变位的后期、热性病、脑膜脑炎以及某些中毒病。

肠音消失：见于重剧胃肠炎、肠阻塞、肠变位等后期，高度的肠臌气、急性胃扩张以及胃肠破裂的濒死期。消失后的肠音又重新出现时，为病情好转的表现。

肠音不整：肠音次数不定，时快时慢，时强时弱，而且蠕动波不完整，总之，肠蠕动失去规律，主要见于慢性消化不良、胃肠卡他及大肠便秘的初期。

金属性肠音：类似敲击金属薄板产生的声音，见于肠痉挛、肠臌气及大肠阻塞。另外，患破伤风时，腹壁紧张，也能听到类似的声音。

②触诊　触诊靠近腹壁的容积较大的肠管(盲肠或左上、下大结肠)，判断其内容物的性状，当有弹性感觉时，反映内容物为气体(如肠臌气)，波动感则内容物为液状(如肠阻塞物的上段)。

③叩诊　可根据叩诊声音的性质，推断靠近腹壁较大肠管的内容物性状。如成片性鼓音区为肠臌气，与靠近腹壁的大结肠、盲肠位置相一致的成片浊音区提示相应肠段的积粪及便秘。

2. 反刍动物的腹部及胃肠(图 2-28 和图 2-29)检查

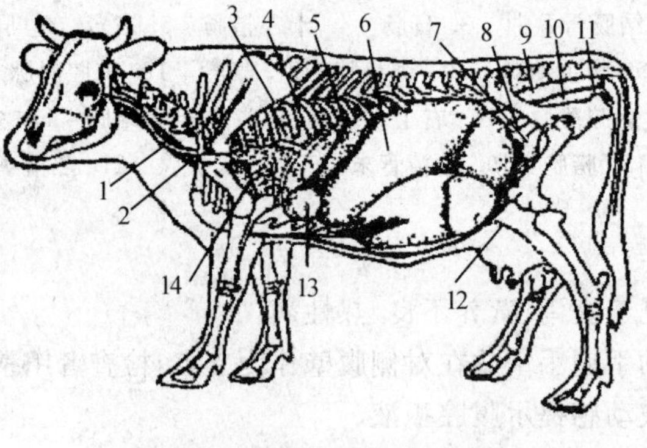

图 2-28　母牛内脏器官(左侧)

1. 食管　2. 气管　3. 肺　4. 膈肌轮廓　5. 脾　6. 瘤胃　7. 膀胱　8. 左子宫角　9. 直肠　10. 阴道　11. 阴道前庭　12. 空肠　13. 网胃　14. 心脏

(1)腹部检查

①腹部视诊

腹围增大：左腹侧上方膨大，肷窝凸出，腹壁紧张而有弹性，叩诊呈鼓音，见于急性瘤胃臌

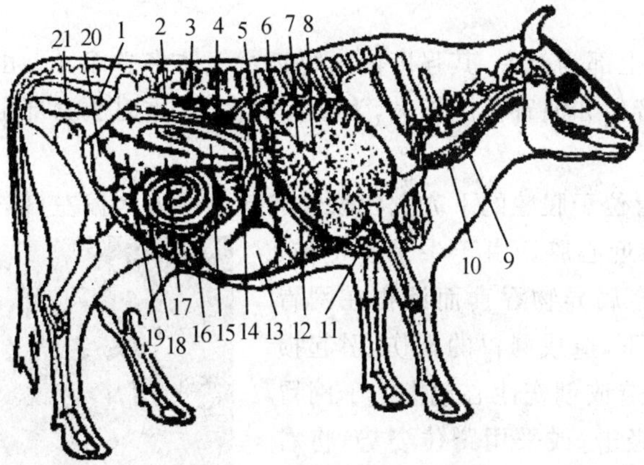

图 2-29 母牛内脏器官(右侧)

1. 直肠 2. 腹主动脉 3. 左肾 4. 右肾 5. 肝 6. 胆囊 7. 膈肌轮廓 8. 肺 9. 食管 10. 气管 11. 心脏 12. 膈肌沿肋骨附着线 13. 真胃 14. 十二指肠 15. 胰腺 16. 空肠 17. 结肠 18. 回肠 19. 盲肠 20. 膀胱 21. 阴道

气。左腹侧下方膨大,肷窝消失,叩诊呈浊音,见于瘤胃积食。右侧腹肋弓后下方膨大,主要见于皱胃积食及瓣胃阻塞。腹部下方两侧膨大,触诊有波动感,叩诊呈水平浊音,见于腹水和腹膜炎。

腹围缩小:主要见于长期饲喂不足、食欲紊乱、顽固性腹泻,以及慢性消耗性疾病,如贫血、营养不良、内寄生虫病、结核和副结核病。

②腹部触诊 腹壁敏感性增强见于急性腹膜炎和肠套叠,腹壁紧张度增高见于破伤风。

(2)胃的检查

①瘤胃检查 反刍动物的瘤胃占左侧腹腔的绝大部分位置,与腹壁紧贴。瘤胃检查通常用视诊、触诊、叩诊及听诊等方法。

视诊:正常时左侧肷窝部稍凹陷。如肷窝凸出与髋结节同高,见于急性瘤胃臌气。如凹陷较深,见于饥饿或长期腹泻。

触诊:瘤胃的外部触诊,目的是检查瘤胃蠕动的次数和力量。触诊时,检查者站于牛的左侧方,面向动物后方,左手放于动物背部作支点,用右手手掌或拳放于左肷上部,用力反复触压瘤胃,或冲击触诊以判断瘤胃内容物性状,也可用恒定的力量按压感知其蠕动力量及蠕动次数。触诊正常瘤胃上部有少量气体,中、下部内容物较坚实。病理情况下,内容物性状、蠕动强度和次数,均可发生不同程度的改变。上腹壁紧张而有弹性,用力强压亦不能感到胃中的内容物,表示瘤胃臌气;触诊内容物硬固或呈面团样,压痕久久不能消失,见于瘤胃积食;内容物稀软,瘤胃上部气体层增厚,蠕动减弱或消失,常见于前胃弛缓。

听诊:主要听取瘤胃蠕动音。听诊在左肷部进行,正常瘤胃蠕动音为弱的沙沙声,听到此音的同时,还可感觉到左肷窝部隆起,然后慢慢下降。听诊时要注意瘤胃蠕动音的强弱、蠕动次数和持续时间的长短。蠕动次数,牛为每两分钟 2～5 次,或每分钟 1～3 次,绵羊、山羊为每两分钟 3～6 次或每分钟 2～4 次,每次收缩持续时间约 15～30 s。瘤胃蠕动力量微弱,次数稀少,持续时间短促,或蠕动完全消失,见于前胃弛缓、瘤胃积食、热性病和其他全身性疾病。瘤胃蠕动加强,次数频繁、持续时间延长,见于急性瘤胃臌气初期,毒物中毒或给予瘤胃兴奋药物之后。

叩诊:健康牛左肷上部为鼓音,其强度依内容物及气体多少而异。由肷窝向下逐渐变为半浊音至下部完全为浊音。如浊音范围扩大,为瘤胃积食,严重时肷窝部也为浊音。如鼓音范围扩大,则为瘤胃臌气。

②网胃检查　网胃位于腹腔的下方剑状软骨突起的后方稍偏左,体表投影与6～7肋间相对,前缘紧贴膈肌而靠近心脏。由于牛采食粗糙,时常将混入饲料中的金属异物吞食而沉积在网胃内,在腹压增高的情况下,造成网胃的损伤,引起损伤性网胃炎,严重的可造成创伤性心包炎。于网胃区行强力叩诊或用拳轻击;或采用蹲位姿势,将右肘支于右膝,右手握拳并抵在剑状软骨突起部,然后用力抬腿以拳顶网胃区;或用一木棒横放于剑突下,由二人用力上抬,然后迅速放下,通过以上几种检查方法观察动物的临床表现,正常家畜,在进行上述方法检查时,家畜无明显反应,相反若动物表现不安、痛苦、呻吟、抗拒或企图卧地时,常为创伤性网胃炎的特征。羊的网胃检查见图2-30。

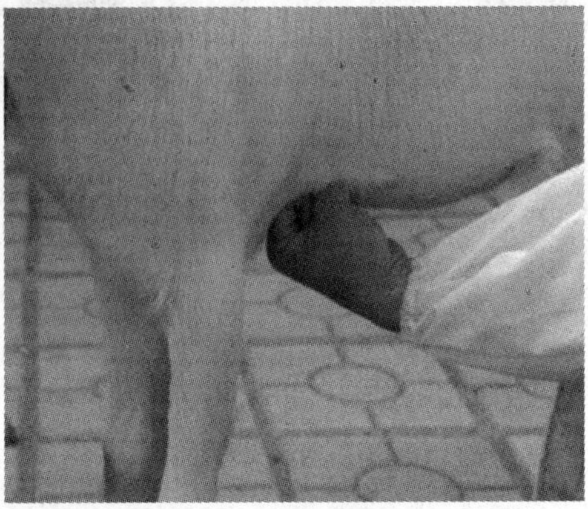

图 2-30　羊的网胃检查

视诊:非穿孔型病例表现前胃弛缓症状,且采用前胃弛缓症状治疗方法长时间不易治愈;穿孔型病例表现磨牙、沉郁、弓背站立、左侧肘头外展、肘后肌肉震颤、颈静脉努张呈绳索状;心包型病例喜欢站立前高后低姿势,严重时动物呈两前肢跨槽、两后肢下蹲的特殊姿势。

运动试验:驱赶病牛在陡峭的坡路上坡、下坡、急转弯等以观察动物反应。

特殊检查:应用X光机和金属探测仪进行检查。

血液学检查:病初白细胞总数增加,其中嗜中性白细胞增加,核左移,嗜酸性白细胞、嗜碱性白细胞和单核细胞减少或消失,红细胞和血红蛋白增加;后期白细胞总数降低,红细胞和血红蛋白减少,血沉加快,该法可作为该病的辅助检查方法。

病理变化:临床检查时,如病牛表现呻吟、不安、反抗等,是网胃区疼痛反应;特殊检查阳性结果;即可确诊创伤性网胃炎和创伤性网胃心包炎。

③瓣胃检查　瓣胃在牛的右侧7～9肋间,肩关节水平线上下各3～5 cm的范围内,一般在这个范围内进行检查。

听诊:正常瓣胃蠕动音是继瘤胃蠕动音之后发出细弱的捻发音或"沙沙"声,类似捻发音,于采食后更为明显。瓣胃蠕动音减弱或消失,见于瓣胃阻塞、严重的前胃疾病及热性病。

触诊:瓣胃的触诊法有两种:一是在右侧瓣胃区第7、8、9肋间用伸直的手指指尖实施重压触诊;二是在靠近瓣胃区的肋骨弓下部,用平伸的指尖进行冲击式或切入触诊法触诊。如出现疼痛不安、呻吟等敏感反应提示瓣胃阻塞或创伤性炎症。瓣胃阻塞时瓣胃坚实、体积增大、胃壁后移。

④皱胃检查　皱胃位于右腹部9～11肋骨之间,沿肋骨弓下部区域直接与腹壁接触,可用视诊、触诊、叩诊和听诊的方法进行检查,其中以触诊和听诊最为重要。

视诊:检查者站在牛的正后方观察,皱胃严重阻塞扩张时,可以看到右侧腹壁皱胃区向外突出,左右腹壁显得很不对称。皱胃右方变位时,可见右腹膨大或肋弓突出。皱胃左方变位时，可见左侧肋弓突出，而右侧原皱胃区则变得扁平。

触诊：将手指插入肋骨弓下方行强压触诊，如动物表现回顾、躲闪、呻吟、后肢踢腹，则表示有皱胃炎、皱胃溃疡和皱胃扭转。如触诊皱胃区感到内容物坚实或坚硬，则表示为皱胃阻塞。如冲击触诊有波动感并能听到击水音，则提示皱胃扭转或幽门阻塞、十二指肠阻塞。此时应与瘤胃积液和腹腔积液相鉴别。

叩诊：正常时皱胃区叩诊为浊音，如叩诊出现鼓音，则提示皱胃扩张。

听诊：皱胃蠕动音类似肠蠕动音，呈流水音或含漱音。蠕动音增强，见于皱胃炎。蠕动音减弱或消失，则提示胃内容物干涸或机能减弱，见于皱胃阻塞。

(3)肠的检查 反刍动物的肠管几乎全部位于体正中线的右侧。

①触诊 若发现某段小肠变硬，形如香肠，触压时敏感疼痛，见于肠套叠。

②听诊 健康反刍动物肠蠕动音短而稀少，声音也较微弱，小肠音类似含漱音、流水音，大肠音类似小的远雷鸣声。

肠音增强：肠音高朗、连绵不断，见于急性肠炎、肠痉挛和内服泻剂之后。还见于肠结核、副结核、副伤寒、肝片吸虫等传染病和寄生虫病；另外有机磷农药中毒也可引起肠音增强。

肠音减弱：肠音短而弱、次数稀少，见于一切热性病、瓣胃阻塞引起消化道机能障碍的疾病。

肠音消失：肠音完全停止，为肠管麻痹的表现，见于肠套叠及肠便秘等。

3. 猪的腹部及胃肠检查(图 2-31)

主要通过视诊和听诊进行检查。

(1)视诊 观察腹围大小及外形有无变化。

腹部容积扩大：除见于母猪妊娠后期及饱食不久等生理情况外，可见于胃食滞或肠臌气、肠变位、肠阻塞、腹膜炎。

腹部容积缩小：见于长期饲喂不足、食欲减少、顽固性腹泻、慢性消耗性疾病(如仔猪营养不良、仔猪贫血、慢性副伤寒、猪霉形体肺炎、肠道寄生虫)及热性病。此外，视诊脐部有时可发现圆形囊状肿物，多为脐疝。

(2)听诊 用听诊器进行胃肠蠕动音的检查，听取胃肠蠕动音的变化。

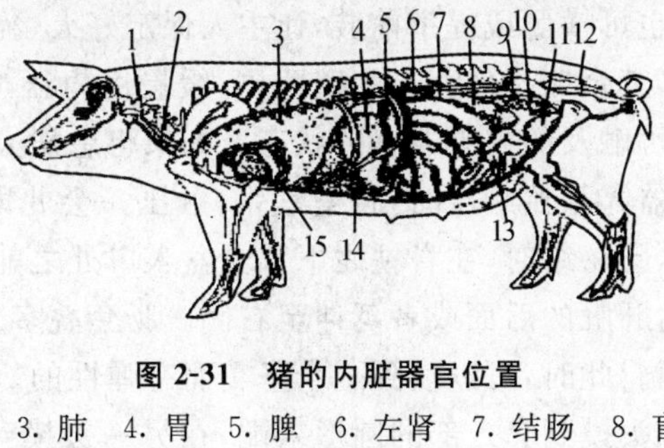

图 2-31 猪的内脏器官位置

1. 食道 2. 气管 3. 肺 4. 胃 5. 脾 6. 左肾 7. 结肠 8. 盲肠 9. 左子宫角 10. 左输卵管 11. 膀胱 12. 直肠 13. 空肠 14. 肝脏 15. 心脏

①胃的检查 猪胃的容积较大，位于剑状软骨上方的左季肋部，其大弯可达剑状软骨后方的腹底壁。视诊时如左肋下区突出，病猪呼吸困难、表现不安、呻吟、两前肢频频交替或作犬坐

姿势，触压胃部可引起呕吐，见于胃臌气或过食。当吞食刺激性食物及某些传染病时，触压胃部也可引起呕吐。当触压胃部时如引起疼痛反应或呕吐，常提示伴发胃炎。

②肠的检查　小肠位于腹腔右侧及左侧下部，结肠呈圆锥状位于腹腔左侧，盲肠大部分在右侧。

触诊：检查瘦小而腹壁薄的猪时，可采取横卧保定，两手上下同时配合触压，当腹部隆起时表明有肠臌气。当结肠套叠或肠便秘时，可感知坚硬的粪串或呈块、盘状，同时伴有疼痛反应。

听诊：猪的肠音，如高朗、连绵不断，则见于急性肠炎及伴有肠炎的传染病（如大肠杆菌病、副伤寒、猪瘟及传染性胃肠炎等）。肠音低沉、微弱或消失，见于肠便秘。视诊脐部有时可发现圆形囊状肿物，多为脐疝（脐赫尔尼亚），其特点是触之柔软或有波动感，听诊可有肠音，经疝环可将肠管还纳。

4. 犬、猫的胃肠检查

因为犬、猫的腹壁较薄，常用触诊方法检查。通常用双手拇指以腰部做支点，其余四指伸直置于两侧腹壁，缓慢用力感觉腹壁及胃肠的状态。也可将两手置于两侧肋骨弓的后方，逐渐向后上方移动，让内脏器官滑过指端，进行触诊。

（1）胃的检查　通常将犬、猫放在桌子上站立，也可横卧或提举前肢进行触诊。当出现急性胃卡他、胃炎及胃溃疡时，均有胃的压痛反应，同时出现食欲减退乃至废绝及呕吐。患胃扩张时，视诊左侧肋骨后下方有膨隆，触诊时可在两侧肋下部摸到胀满、坚实的胃。患气胀性胃扩张时，经鼻腔或口腔将胃管（小犬和猫用人的导尿管）插入食管和胃进行探诊，从胃管内排出较多的酸臭气体。当胃内有异物时，胃部触诊有疼痛反应，有时在肋下部可摸到胃内的异物。胃扭转时，腹部触诊可摸到一个紧张的球状囊袋。插入胃管探诊，插入的胃管停于贲门附近，或者当用力而能推进于胃内时，则有带臭味的气体和带血的液体从管内逸出。

（2）肠管检查

视诊：令犬、猫站在桌子上，从后方观察腹部的轮廓、大小及性状。腹围膨大，见于肠臌气、肿瘤和腹腔积液。结肠便秘时，于髂骨结节和季肋部之间出现局限性隆起。腹围缩小，见于重度腹泻、食欲废绝、慢性消耗性疾病及全身衰弱时。胃肠炎、高热性疾病时，营养明显不良，可见腹围极度缩小，肛门及后躯污秽不洁，且恶臭。腹膜炎时，腹肌紧张，吊肷，弓背和后肢置于腹下。剧烈腹痛则呈“祈祷”姿势。

触诊：通常原地站立，也可横卧或提举前肢，让主人保定好犬、猫头部。检查者面对尾部将两手拇指置于腰部为支点，其余四指伸直于腹壁两侧，缓慢用力压迫，直至两手指端互相接触为止，以感觉腹壁、肠管及可触及的内脏器官的状态。如果将患病犬、猫的前后躯轮流高举，几乎可以触知全部腹腔的脏器。开始触压时，腹壁紧张，触压一会儿即行弛缓。患肠炎、十二指肠虫症时，有过敏性压痛。肠秘结时，在脊柱之下和骨盆入口处之前可以摸到一根坚硬的香肠状粪条或粪块，有时可前达肝脏的后面或者延伸至右侧。肠套叠多发生于十二指肠与空肠、空肠与空肠、空肠与回肠之间。此时，可以摸到一个坚实而有弹性的、弯曲的、移动自如的圆柱形的肠管，有时甚至可以在一头摸到套入部的圆形末端，在另一头摸到鞘部的卷折之处，有一定弹性，此时病畜表现剧痛。肠嵌闭时，可以在腹腔某处发现局部的触痛及臌气的肠管，有时还可以在嵌闭之处摸到一个结节。肠绞窄时，尤其与腹腔带蒂的肿瘤相缠结时，可摸到肿瘤及紧张的肿瘤蒂基部。肠扭转时，可以发现局部的触痛和臌气的肠管，有时可以摸到扭转的肠管或扭转的肠系膜。腹腔积液时，用手掌紧贴一侧腹壁。另一手的手掌或手指从对侧腹壁压迫或轻轻冲击，贴于腹壁的手掌会感到波动，同时可听到水的振荡音。

听诊：健康犬、猫的肠音如捻发音。肠音增强，见于急性肠卡他、胃肠炎的初期以及化学药物刺激等。肠音减弱，见于重度胃肠炎后期、肠便秘。肠音消失，见于肠麻痹、肠便秘及肠变位的后期。肠音不整，见于慢性胃肠卡他和大肠便秘的初期。金属音，见于肠臌气。

(六)排粪动作及粪便的感官检查

1. 排粪动作

排粪是一种复杂的神经反射动作。正常情况下，各种动物均采取固有的排粪动作和姿势。病理情况下常见于：

排便次数减少(便秘)：由于肠道内水分减少，肠壁兴奋性降低，肠蠕动及分泌机能减弱，肠内容物向后运行速度变慢或受阻，表现为排粪费力，次数减少，粪便干硬且色深，外面附有黏液。见于各种热性病、慢性胃肠卡他、肠阻塞、牛前胃弛缓、瘤胃积食、瓣胃阻塞。

排便次数增加(下痢)：由于肠道内水分增多，肠壁兴奋性增高，肠蠕动及分泌机能亢进，肠内容物迅速通过肠道排出体外。其特点是粪呈粥状或水样，动物表现排粪频繁。见于各种类型的肠炎及伴发肠炎的各种传染病，如猪瘟、牛副结核、猪大肠杆菌病、仔猪副伤寒、传染性胃肠炎及某些肠道寄生虫病等。

排便失禁：动物表现不自主地排出粪便，主要是肛门括约肌松弛或麻痹的结果。见于腰荐部脊髓损伤和炎症或中枢性脑病、急性胃肠炎、长期顽固的腹泻性疾病等。

里急后重：动物屡呈排粪动作并强力努责，但每次仅排出少量的粪便或黏液，并表现呻吟。里急后重提示炎症已波及或侵害到直肠黏膜，见于直肠炎、结肠炎、顽固性腹泻、直肠及肛门周围的疾病。

排便疼痛：动物排粪时表现疼痛、不安、惊恐、努责、呻吟，主要见于腹膜炎、直肠炎、结肠炎、胃肠炎和创伤性网胃炎。

2. 粪便的感官检查

即用检查者的感觉器官直接对粪便进行检查，要仔细观察粪便的气味、数量、形状、颜色及混杂物。

气味：粪便有特殊腐败或酸臭味，见于肠炎、消化不良。

颜色：灰白色粪便，见于仔猪大肠杆菌病、雏鸡白痢；灰色粪便，见于重症小肠炎、胆管炎、胆道阻塞和蛔虫病；褐色和黑色粪便，见于胃和前部肠管出血；红色粪便，即粪球表面附有鲜红血液，见于后部肠管出血；黄色或黄绿色粪便，见于重症下痢和肝胆疾病。

混杂物：粪便混有未消化的饲料，见于消化不良、骨软症和牙齿疾病；粪便混有血液，见于出血性肠炎；粪便混有呈块状、絮状或筒状纤维素，见于纤维素性肠炎；粪便混有多量黏液，见于肠卡他；粪便混有脓汁，见于化脓性肠炎；粪便混有灰白色、成片状的伪膜，见于伪膜性肠炎和坏死性肠炎；粪便混有虫卵，见于各种肠道寄生虫病。

(七)直肠检查

直肠检查是手伸入直肠内隔着肠壁对腹腔及骨盆腔器官进行触诊的一种方法，简称直检。直检对大家畜发情鉴定、妊娠诊断、腹痛病、母畜生殖器官疾病、泌尿器官疾病具有一定的诊断价值，同时对某些疾病具有重要的治疗作用(如隔肠破结等)。

1. 准备工作

动物六柱栏站立保定，马的左右后肢应分别以夹套固定于栏柱下端，以防后踢；为防卧下及跳跃，要加腹带及肩部压绳；尾部向上或一侧吊起。术者剪短并磨光指甲，穿胶靴、戴围裙、戴上一次性长臂薄膜手套，涂肥皂水或石蜡油润滑。对腹围增大的病畜应先行盲肠穿刺术或瘤胃穿刺术放气，否则腹压过高，不宜检查。对腹痛剧烈的病畜应先给予镇静剂、对心脏衰弱的病畜应先给予强心剂，然后检查。

一般可先用适量温肥皂水灌肠，排除积粪，松弛肠壁，以便于检查。

2. 操作方法

术者站于病畜的左后方，以右手检查。检查时五指并拢呈圆锥形，先用手指触压肛门，给动物一个信号，然后旋转插入肛门并向前伸入直肠，如遇粪球可用手掌心取出。如膀胱积尿，可下压膀胱，排出尿液。病畜骚动努责时可停止前进或稍后退，待其安静后再慢慢深入，直至将手伸到直肠狭窄部后(此部壁厚、结实，活动范围大)，即可进行检查(努则退，缩则停，缓则进)。如病畜努责过甚，可用1%普鲁卡因10～30 mL行后海穴封闭，使直肠及肛门括约肌松弛以便于检查。

3. 检查顺序与内容

(1)肛门及直肠检查　检查肛门的紧张程度及其附近有无寄生虫、黏液、血液、肿瘤等，并注意直肠内容物的多少与性状，黏膜的温度及湿度等。

(2)骨盆腔内部检查　术者的手稍向前下方即可摸到膀胱、子宫等。膀胱空虚，可感知呈梨形的软物体；膀胱过度充盈，感觉似一球形囊状物，有弹性和波动感。触诊骨盆壁是否光滑，有无脏器充塞和粘连现象。如后肢呈现跛行，须检查有无盆骨骨折。

(3)腹腔内部检查

马腹腔内部检查：肛门→直肠→骨盆腔→膀胱→小结肠→左侧大结肠及骨盆曲→腹主动脉→左肾→脾脏→肠系膜根→十二指肠→胃→盲肠→胃状膨大部。

牛腹腔内部检查：肛门→直肠→骨盆→耻骨前缘→膀胱→子宫→卵巢→瘤胃→盲肠→结肠袢→左肾→输尿管→腹主动脉→子宫中动脉→骨盆部尿道。

4. 病理变化

脾、胃后移，胃膨大，提示马胃扩张；小结肠，大结肠的盆骨曲、胃状膨大部或左上、下大结肠，盲肠，十二指肠等部位发现较硬的积粪，提示各部位的肠便秘；大结肠及盲肠内充满气体，腹内压过高，提示肠臌气；如果发现异常硬实肠段，触诊敏感，并有部分肠管呈臌气者，多疑为肠套叠或肠变位；如果右侧腹腔触之异常空虚，可怀疑真胃左方变位。发生肠系膜栓塞时，检查肠系膜动脉根部有明显的动脉瘤。

(八)肝脏和脾脏的检查

1. 肝脏的检查

肝脏是机体的重要代谢器官，其主要功能包括代谢功能、排泄功能和解毒功能。各种因素均可影响肝脏功能的改变。

(1)检查方法　肝脏的检查，除用触诊、叩诊和肝功能化验外，必要时可进行穿刺及超声检查。

触诊：触诊肝区以观察动物反应，有时可感知肿大的肝脏边缘。马于右侧肋骨弓下强力触诊或冲击式触诊。牛于右侧肋骨弓下进行深部触诊。猪取左侧卧，检查者用手掌或并拢屈曲的手指沿右季肋下部进行深部触诊。犬从右侧最后肋骨后方，向前上方触压可以触知肝脏。

叩诊：大动物用锤板叩诊法，仔猪用指指叩诊法，于右侧肝区进行叩诊，以确定肝浊音区。

(2)病理变化　肝区敏感，提示急性肝炎；于肋弓下深触诊感知肝脏的边缘，提示肝脏高度肿大，常见于高产奶牛的脂肪肝、犬的传染性肝炎等。叩诊肝浊音区扩大，提示肝肿大，见于肝炎、肝硬化、肝脓肿、肝片吸虫病和肝中毒性营养不良。

2. 脾脏的检查

脾脏是动物体内最大的淋巴器官，是体内重要的免疫器官。常用的检查方法是触诊和叩诊，必要时还可进行脾脏穿刺及实验室检查。

(1)牛脾脏的检查　牛脾脏由于紧贴在瘤胃的上壁，被肺后缘所覆盖，叩诊时不易发现特有的浊音区，当牛患脾炎、白血病、炭疽、恶性卡他热、血孢子虫病时，脾脏显著肿大，才可于肺与瘤胃上部之间出现较小狭长的浊音区。

(2)马的脾脏的检查　马脾脏位于左侧腹部，肺叩诊区后方，其后缘接近左侧最后肋骨，上缘与左肾相接近。触诊时脾后缘超出肋弓，叩诊时浊音区扩大，见于脾肿大；脾脏叩诊浊音区后移，提示急性胃扩张。

(3)小动物脾脏检查　犬的脾脏位于左季肋部，可通过外部触诊检查。让犬右侧卧，左手托右腹部，右手在左肋下向深部压迫，借以触之脾脏的大小、形态、硬度和疼痛反应。犬的脾脏肿大，见于白血病、脾炎、炭疽等。

(九)消化器官、系统疾病的主要综合征

消化功能障碍是消化器官疾病的重要启示性症状。通常可见有饮食欲的减少或废绝，采食方式的异常与咀嚼的困难或费力，吞咽障碍；呕吐、便秘或腹泻，或见于口黏膜或牙齿的变化而组成消化器官疾病的综合症候群。在这一综合症候群的基础上，结合对消化器官各部位的局部检查所见，通常可推断病变主要侵害的器官和部位。

1. 口腔、咽、食管疾病的综合征

采食与咀嚼的障碍，兼有流涎或口腔分泌增多，同时口黏膜潮红、肿胀或有疹疱、溃烂，是组成口腔炎的基本症候群。

2. 胃肠疾病的综合征

猪(及其他杂食兽、肉食兽)的呕吐，常是胃部疾病的启示，同时触诊胃区可有压痛反应。

食欲减少并因胃肠弛缓而便秘，通常可反映胃的机能障碍；而确切的诊断指标，要抽取胃液并做实验室分析，依其总酸度、游离盐酸、蛋白酶的含量等而判断其消化功能。

胃液中混有多量黏液、脱落上皮及白细胞，可提示胃卡他，慢性胃卡他常有异嗜现象；胃炎多与肠炎并发而表现为胃肠炎，以腹泻为主要临诊特征。

肠蠕动机能紊乱与便秘或腹泻，是提示肠炎的基本根据。频繁的下痢且肠音高朗、连绵，是急性肠炎的一般特征；肠音不整或低沉，兼有便秘与腹泻的交替出现，是慢性肠炎的特点。

肠音亢进似流水声，频繁而剧烈的腹泻，粪便稀薄如水或混有脓、血，病畜呈现轻度的腹痛不安，兼有发热、失水、内中毒等较重的整体变化，可提示急性胃肠炎的指征。

3. 反刍动物前胃疾病的综合征

反刍、嗳气紊乱，前胃特别是瘤胃蠕动机能障碍，触诊前胃内容物的性状失常兼有某些整体变化，共同组成前胃疾病的综合症候群。

腹围膨大、左肷胀满，叩之如鼓，触诊瘤胃内容物有弹性，瘤胃蠕动失常兼有呼吸困难、腹痛不安，是急性瘤胃臌气的特征。

在长期病程经过中，表现有逐渐发生、反复发作和顽固性的前胃功能紊乱现象，注意提示创伤性网胃炎及其继发症。

在食欲、反刍紊乱等一般性前胃病的综合症候群的同时，发现真胃的临诊变化，应注意真胃溃疡、真胃积食或扩张、真胃变位或扭转等真胃疾病。

4. 马属动物腹痛病的综合征

腹痛不安通常表现为一系列的反常姿态如前肢刨地，后肢踢腹等。在采食、饮水废绝的同时，伴有排便功能紊乱或呕吐与作呕样动作。在腹围变形时，伴有胃肠蠕动音明显改变。

总之，以腹痛不安并呈各种反常姿势及肠蠕动机能紊乱为主，而伴有一系列消化、呼吸、循环及整体状态变化的症状、现象，共同组成腹痛症的综合症候群。

5. 腹膜炎的综合征

临床上腹壁紧张，触诊敏感有疼痛反应，病畜不愿卧地或卧下时小心，肠音频繁或兼有腹泻，有发热及全身变化，可提示腹膜炎的诊断。

6. 肝病的综合征

皮肤、黏膜的黄疸色，是肝、胆疾病的启示性症状，通常以巩膜、瞬膜，舌系带等处最为明显。触诊肝区的压痛(敏感反应)与肝脏边缘的肿胀，叩诊肝浊音区的扩大，是提示肝炎诊断的重要依据。

四、泌尿生殖系统检查

从动物整体而言，泌尿器官与全身的机能活动有密切关系。肾脏是机体最重要的泌尿器官，不仅排泄代谢最终产物种类多、数量大，而且不定期参与体内水、电解质和酸碱平衡的调节，维持体液的渗透压。肾脏还分泌某些生物活性物质，如肾素促红细胞生成素、维生素 D3 和前列腺素等。如果肾脏和尿路的机能活动发生障碍，代谢最终产物的排泄将不能正常进行，酸碱平衡、水和电解质的代谢就会发生障碍，内分泌功能也会失调，从而导致机体各器官的机能紊乱。另一方面，泌尿器官与心脏、肺脏、胃肠、神经及内分泌系统有着密切的联系，当这些器官和系统发生机能障碍时，也会影响肾脏的排泄机能和尿液的理化性质。因此，掌握泌尿器官和尿液的检查和检验方法及泌尿系统患病的症状学，不仅对泌尿器官本身，而且对其他各器官、系统疾病的诊断和防治都具有重要意义。

单纯的泌尿生殖系统疾病在临床上少见，常见的是其他疾病继发的，所以我们在临床检查的时候，很容易被表面现象所掩盖而忽视原发病。泌尿系统的检查方法，主要有问诊、视诊、触诊(外部或直肠内触诊)、探诊、肾脏机能检查、排尿和尿液的检查。必要时还可应用膀胱镜、X 线等特殊检查方法。

生殖是保证动物种属延续的各种生理过程的总称。哺乳动物的生殖是通过两性生殖器官的活动来实现的。生殖系统检查主要是指对外生殖器官和乳房的检查。生殖系统的检查方法，主要有视诊和触诊，其中以触诊较为重要。

(一)排尿动作及尿液的感官检查

排尿障碍的检查，包括排尿姿势、排尿次数和尿量的检查。

1. 排尿姿势的检查

各种家畜正常排尿姿势，因种类和性别不同，其排尿姿势也不尽相同。但大都取站立姿势。母畜排尿时，停止采食及行动，后肢向后侧方展开，后躯稍下沉，尾上举。公马排尿时，四肢向前后张开站立，背腰下沉，伸出阴茎，举尾排尿，最后部分尿液借腹肌收缩而断续排出。公牛、公羊不做排尿准备工作，腹肌也不参与，仅借助会阴尿道部的收缩，在行走及采食中均可排尿，静止时排尿也不改变姿势。公猪排尿，自然站立，不改变姿势，尿液呈急促而断续的射出。公犬采取坐位排尿。

2. 排尿姿势的病理变化

尿淋漓：特征是病畜排尿不畅，排尿困难，尿呈点滴状、线状或断续排出，见于尿闭、尿失禁、排尿疼痛及神经性排尿障碍的疾病。有时也见于老龄体衰、胆怯和神经质的动物。

排尿疼痛：病畜排尿时拱腰，腹肌强烈收缩，反复用力，前肢刨地，后肢踢腹，头不断后盼或摇尾、呻吟，屡呈排尿姿势，但无尿液排出，或尿液呈点滴状或线状排出，排尿完后，仍较长时间保持排尿姿势，见于膀胱炎、尿道炎、尿道阻塞、阴道炎、生殖道炎症及腹膜炎等。

3. 排尿次数及尿量的检查

排尿次数和尿量多少与肾脏的分泌机能，尿路状态，饲料含水量及家畜饮水量、气温、季节及使役程度等因素有密切的关系。生理的排尿次数及尿量变化见表 2-9。

表 2-9 排尿次数及尿量

畜种	次数/(次/d)	尿量/(L/d)
羊	2～5	0.5～2
猪	3～5	2～5
马	5～8	3～6
牛	5～10	6～12

病理的排尿次数及尿量变化：

(1)多尿 是指总排尿量增加，表现排尿次数增多，而每次排尿量增多或不减少，是肾小球滤过机能增强或肾小管重吸收能力减退的结果。见于慢性肾炎初期(因肾小管上皮受损伤，重吸收能力减退)，渗出性胸膜炎、腹膜炎的吸收期(由于尿液中溶质浓度增高超过肾小管重吸收能力)及糖尿病(因尿糖增多影响水的重吸收)。排尿次数增多，每次尿液减少的，又称频尿。尿液不断呈点滴状排出的，是由于膀胱、尿道、阴门黏膜敏感性增高引起。见于膀胱炎、尿道炎、肾盂炎及阴道炎。

(2)少尿和无尿 少尿是指总排尿量减少，表现为排尿次数减少，尿量也少，是肾泌尿机能降低或机体脱水引起。直检时膀胱无尿液，导尿也无尿液排出或排出量很少。无尿即不见排尿，主要是由于肾泌尿机能衰竭，输尿管、膀胱、尿道阻塞及膀胱破裂引起。见于急性肾小球炎症的初期或慢性肾炎的后期，因肾小球不能滤过尿液发生；尿道及输尿管阻塞、膀胱破裂或膀胱麻痹等。

少尿和无尿常密切相关。按其病因一般可分为肾前性、肾原性及肾后性少尿或无尿。

肾前性少尿或无尿，见于脱水、休克、心力衰竭、组织内水分潴留。

肾原性少尿或无尿，见于急性肾小球肾炎、各种慢性肾脏病(如慢性肾炎、肾盂肾炎、肾结核、肾结石等)引起的肾功能衰竭。

肾后性少尿或无尿，见于肾盂、输尿管或尿道被结石、血块、脓块、脱落的组织块所阻塞，或由炎性肿胀、肿瘤使管腔变狭小的疾病。

(3)尿闭(尿潴留)　肾脏泌尿机能正常，而膀胱充满尿液不能排出的称为尿闭。此时或完全不能排尿或尿液呈点滴状流出，这多是由于尿路受阻引起。见于尿道阻塞、膀胱麻痹、膀胱括约肌痉挛或腰荐部脊髓损伤等。直检可确定诊断。

(4)尿失禁　特点是病畜不取排尿姿势，尿液不随意与不随时地排出，不受意识控制的排尿，称为尿失禁。见于腰荐部脊髓疾患、膀胱括约肌麻痹、脑病昏迷和濒死期病畜。

4. 尿液的感官检查

(1)尿液采集　观察或检验尿液时，可在家畜自然排尿时用清洁容器收集，或用导尿管采取。导尿管除作导尿外，亦可用于膀胱的洗涤治疗，以及尿道阻塞时的探诊。

母牛和母马导尿管插入法：母畜导尿或尿道探诊时，可取站立保定，用 0.1% 高锰酸钾溶液消毒术者的手、开膣器、导尿管及外阴，然后将消毒过的右手伸入阴道内，手指在阴道前庭下壁摸到尿道外口，左手持涂润滑剂的橡皮导尿管沿右手指缓慢插入其中；也可用开膣器打开阴门，借助自然光或手电光，在阴道的下方看见尿道口，将导尿管插入其中，之后再继续送入 10 cm左右即达膀胱内。如膀胱内有尿液，即可流出。

公马导尿管插入法：一般采用站立保定，并固定后肢。术者蹲在马的右侧，右手伸入包皮内，握住龟头，或用拇指与食指捏住龟头窝，把阴茎拉出，交左手固定。如拉出有困难时应肌注 5%静松灵 10 mL。用温水洗去污垢后，再以 2% 硼酸液、0.1% 新洁尔灭溶液等无刺激性消毒液拭净尿道外口。右手持已消毒并涂润滑剂的公马导尿管，缓慢插入尿道内。当导尿管前端达坐骨切迹处遇有阻力时，可由助手在该部稍加压迫，使导尿管前端弯向前下方转向骨盆腔，再向前推进约 10 cm，即可进入膀胱。如膀胱有尿，即见尿液流出。如遇膀胱括约肌痉挛，导尿管送入困难时，可行直肠按摩，或以温水灌肠，或向导尿管内灌入 0.1% 普鲁卡因溶液，以解除膀胱括约肌痉挛。

(2)尿液的颜色　家畜由于种类不同，其尿色也不一样。一般来说，马尿呈深黄色；黄牛及奶牛呈淡黄色；水牛及猪尿呈水样。病理情况下常见于以下几种：

红尿：是指尿液呈红色，虽然红色物质不同，来源不同，但在直观检查中均以红色为特征。红尿见于尿中含有血液、血红蛋白、肌红蛋白或某些药物等。

血尿：尿中混有血液称为血尿。血尿在家畜中较多见，血尿的诊断首先应确定是否血尿和出血部位及病变性质。若为全程血尿，则表示肾出血，尿呈洗肉样均匀色。尿沉渣镜检有红细胞、管型及肾上皮细胞。若为初始血尿，则表示尿道出血，尿沉渣内有细条凝血丝，镜检有尾状上皮细胞或扁平上皮细胞，见于重症尿道炎。若为终末血尿，则表示膀胱出血，尿沉渣内有大小不等的凝血块，镜检有大量扁平上皮细胞，见于重症膀胱炎。

血红蛋白尿：尿内含有游离的血红蛋白，称为血红蛋白尿。尿呈葡萄酒红色，透明。尿沉渣镜检无红细胞或仅有少许红细胞。见于溶血性疾病，如幼驹溶血病、犊牛水中毒、焦虫病及败血症等。

肌红蛋白尿：尿内含有肌红蛋白的称为肌红蛋白尿。尿呈红色或茶色，见于马麻痹性肌红蛋白尿病。

黄褐色尿：当尿内含有一定量胆红素或尿胆元时，则尿呈黄褐色或绿色，主见于实质性肝炎及阻塞性黄疸。另外，服用了呋喃类药物、核黄素、四环素和土霉素时也呈黄色。

蓝色尿:服用某些药物时出现,如美蓝、溶石素等。

黑色尿:注射石炭酸和酚类制剂时出现。

白色尿:白尿可见于乳糜尿及饲喂钙质过多;脓尿见于肾、膀胱和尿道的化脓性炎症及猪的肾虫病。

(3)尿液的气味 正常生理情况下,大家畜的尿液呈厩舍味,猪的尿液呈大蒜味,猫的尿液呈腥臭味。病理情况下可见:

氨臭味:尿液在膀胱内停留时间过久造成氨发酵,主见于尿道结石、膀胱炎、膀胱括约肌痉挛和膀胱平滑肌麻痹。

腐臭味:主要见于尿路、膀胱的坏死性炎症和溃疡以及尿毒症。猪应注意猪瘟。

酮臭味:主要见于反刍兽酮病和奶牛的生产瘫痪。

(4)尿液的透明度和黏稠度 正常情况下,马属动物的尿液混浊不透明有一定的黏稠度,静置后沉淀,如果马属动物的尿液变得透明且黏稠度降低,除过劳、过量饲喂精料外,主见于酸中毒和骨软症;反刍兽的尿液透明不混浊且黏稠度低,静置后不沉淀,如果反刍兽的尿液变得混浊不透明,主见于肾脏和尿路的疾患。

(二)泌尿器官(肾、膀胱及尿道)的检查

1. 肾脏的检查

(1)肾脏的位置 肾脏是一对实质性器官,位于脊柱两侧腰下区,包于肾脂肪囊内,右肾一般比左肾稍在前方。

牛的肾脏:具有分叶结构。左肾位于第3~5腰椎横突的下面,不紧靠腰下部,略垂于腹腔中,当瘤胃充满时,可完全移向右侧。右肾呈长椭圆形,位于12肋间及第2~3腰椎横突的下面。

羊的肾脏:表面光滑,不分叶。左肾位于第1~3腰椎横突的下面,右肾位于第4~6腰椎横突下面。

马的肾脏:左肾呈长豆形,位于最后胸椎及第1~3腰椎横突的下面;右肾呈圆角等边三角形,位于最后2~3胸椎及第1腰椎横突的下面。

猪的肾脏:左右两肾几乎在相对位置,均位于第1~4腰椎横突的下面。

犬的肾脏:犬肾较大,蚕豆外形,表面光滑。左肾位于第2~4腰椎横突的下面;右肾位于第1~3腰椎横突的下面。右肾因胃的饱满程度不同,其位置也常随之改变。

禽的肾脏:两个肾脏都较大,占体重的1%~2.6%,嵌入在腰荐椎两侧横突之间,使肾脏背面形成相当深的压迹,其间有气囊作为缓冲带,将肾脏与椎骨横突隔开。肾脏分为前、中、后三叶,有时还分出一侧叶。

(2)肾脏的检查方法 动物的肾脏一般虽可用触诊和叩诊等方法进行检查,但因其位置和动物种属关系,有一定局限性,大动物比较可行的方法是通过直肠进行触诊。体格较小的大动物可触得左肾的全部,右肾的后半部。

诊断肾脏疾病最可靠的方法还是尿液的实验室检查。临床一般检查中,如发现排尿异常、排尿困难以及尿液的性状发生改变时,应详细询问病史,重视泌尿器官,特别是肾脏的检查,也可结合肾脏患病所引起的综合症状,尿液的实验室检查,以及必要时的肾脏功能检查等方法,以判定肾脏的机能状态和病理变化。

视诊:某些肾脏疾病(如急性肾炎、化脓性肾炎等)时,由于肾脏的敏感性增高,肾区疼痛明显，病畜常表现出腰背僵硬、拱起，运步小心，后肢向前移动迟缓。在牛有时在腰脏区呈膨隆状；马间或呈现轻度肾性腹痛。猪患肾虫病时，拱背、后躯摇摆。此外，应特别注意肾性水肿，通常多发生于眼睑、腹下、阴囊及四肢下部。

触诊：触诊为检查肾脏的重要方法。大动物可行外部触诊、叩诊和直肠触诊；小动物则只能行外部触诊。外部触诊时，用双手在腰肾区捏压或用拳锤击，注意观察有无压痛反应。肾脏的敏感增高则可能表现出不安、拱背、摇尾和躲避压迫等反应。直肠触诊应注意检查肾脏的大小、形状、硬度、有无压痛、活动性、表面是否光滑等。

在病理情况下，肾脏的压痛可见于急性肾炎、肾盂炎、肾硬化、肾肿瘤、肾结石、肾脏及其周围组织发生化脓性感染、肾肿胀等，在急性期压痛更为明显。直肠触诊如感到肾脏肿胀、增大、压之敏感，并有波动感，提示肾盂肾炎、肾盂积水、化脓性肾炎等。肾脏质地坚硬、体积增大、表面粗糙不平，可提示肾硬变、肾肿瘤、肾结核、肾石及肾盂结石。肾脏肿瘤时，触诊常呈菜花状。肾萎缩时，其体积显著缩小，多提示为先天性肾发育不全或萎缩性肾盂肾炎及慢性间质性肾炎。

2. 肾盂及输尿管的检查

肾盂位于肾窦之中，输尿管是一细长而可压扁的管道，起自肾盂，终至膀胱。健康动物的输尿管很细，经直肠难于触及。在肾盂积水时，可能发现一侧或两侧肾脏增大，呈现波动，有时还可发现输尿管扩张。在牛肾盂肾炎时，直肠触诊肾盏部，患畜可呈现疼痛反应。输尿管严重发炎时，由肾脏至膀胱的径路上可感到输尿管呈粗如手指、紧张而有压痛的索状物。严重的肾盂或输尿管结石的病例，当直肠触诊时，可发现肾脏的触痛，有时还能在肾盂中触摸到坚硬的石块和感到石块相互之间的摩擦，或经直肠触诊到停留于输尿管中的豌豆大至蚕豆大、坚硬的结石，同时病畜呈疼痛反应。

3. 膀胱的检查

膀胱为贮尿器官，上接输尿管，下和尿道相连。因此膀胱疾病除膀胱本身原发外，还可继发于肾脏、尿道及前列腺疾病等。

大动物的膀胱位于盆腔的底部。膀胱空虚时触之柔软，大如梨状；中度充满时，轮廓明显，其壁紧张，且有波动；高度充满时，可占据整个盆腔，甚至垂入腹腔，手伸入直肠即可触知。牛、马大动物的膀胱检查，只能行直肠触诊；小动物可将食指伸入直肠进行触诊，或在腹部盆腔入口前缘施行外部触诊。肉食动物的膀胱，位于耻骨联合前方的腹腔底部，在膀胱充满时，可能达到脐部，检查时可由腹壁外进行触诊，感觉如球形而有弹性的光滑物体。

检查膀胱时，应注意其位置、大小、充满度、膀胱壁的厚度以及有无压痛等。

在病理情况下，膀胱疾患所引起的临床症状表现有尿频、尿痛、膀胱压痛、排尿困难，尿潴留和膀胱膨胀等。直肠触诊时，膀胱可能增大、空虚、有压痛，其中也可能含有结石块、瘤体物或血凝块等。

膀胱增大的原因多继发于尿道结石，膀胱括约肌痉挛，膀胱麻痹，前列腺肥大，膀胱肿瘤以及尿道的瘢痕和狭窄等，有时也可由于直肠便秘压迫而引起，此时触诊膀胱高度膨胀。当膀胱麻痹时，在膀胱壁上施加压力，可有尿液被动地流出，随着压力停止，排尿也立即停止。

膀胱空虚除肾源性无尿外，常因肾功能不全或膀胱破裂造成，临床上常见于膀胱破裂。膀胱破裂多为外伤引起，或为膀胱壁坏死炎症（如溃疡性破溃）所致。膀胱破裂多发生于牛、羊、驹和猪，此时患畜长期停止排尿，腹部逐渐增大，下腹侧向下、向外膨大，腹腔积尿。直肠检查时，膀胱完全空虚，膀胱呈现浮动感，腹腔穿刺时，可排出大量淡黄、微混浊、有尿臭气味的液体，或为浊红色混浊的液体；镜检此液体中有血细胞和膀胱上皮细胞。严重病例，在膀胱破裂之前，有明显的腹痛症状。有时持续而剧烈，破裂后因尿液流入腹腔往往引起腹膜炎和尿毒症，有时皮肤可散发尿臭味。

膀胱压痛见于急性膀胱炎、尿潴留或膀胱结石等。膀胱炎时，膀胱多空虚，但可感到膀胱壁增厚。膀胱结石时，在膀胱过度充满的情况下触诊，可触摸到坚硬如石的硬块物或沉积于膀胱底部的砂石状尿石。

在膀胱的检查中，更好的方法是膀胱镜检查，借此可以直接观察到膀胱黏膜的状态及膀胱内部的病变，也可根据观察尿管口的情况，判定血尿或脓尿的来源。此外，小动物也可用X线造影术进行检查。

4. 尿道检查

母畜尿道较短，开口于阴道前庭的下壁，可将手指伸入阴道，在其下壁直接触摸到尿道外口，亦可用开膣器对尿道口进行视诊，探诊尿道。

公畜尿道，对其位于骨盆腔内的部分，连同贮精囊和前列腺进行直肠内触诊。对位于坐骨弯曲以下的部分，进行外部触诊。尿道的常见异常变化是尿道结石，多见于公牛、公羊和公猪。此外，还有尿道炎、尿道损伤、尿道狭窄、尿道阻塞 。

(1)检查方法　对尿道可通过外部触诊、直肠内触诊和导管探诊进行检查。公牛、公马位于骨盆腔部分的尿道，可通过直肠内触诊，位于骨盆腔及会阴以下的部分，可行外部触诊。公牛及公猪的尿道有“S”状弯曲，导尿管探查较为困难。公马可行导尿管探查。

(2)病理变化　急性尿道炎，病畜呈现尿频和尿痛，尿道外口肿胀，常有黏液或脓性分泌物排出；公畜尿道结石，表现为尿淋漓或无尿，触诊结石部位膨大坚硬并有疼痛反应，导管探查会遇到梗阻。

(三)外生殖器的检查

1. 公畜外生殖器检查

(1)检查方法　观察动物的阴囊、阴筒、阴茎有无变化，并配合触诊进行检查。

(2)睾丸及阴囊检查　检查时注意阴囊及睾丸的大小、形状、硬度、有无肿胀、发热和疼痛反应。阴囊一侧性显著膨大，触诊时无热，柔软而呈现波动，似有肠管存在，有时经腹股沟管可以还纳，提示为阴囊疝。阴囊肿大，睾丸实质肿胀，触诊时发热，有压痛，睾丸在阴囊中的移动性很小，见于睾丸炎或睾丸周围炎。

(3)阴茎和包皮检查　阴茎脱垂，常见于支配阴茎肌肉的神经麻痹或中枢神经机能障碍、阴茎损伤。包皮的肿胀，见于龟头局部肿胀及肿瘤。阴茎肿胀，触诊留指压痕，多为皮下浮肿的表现。

2. 母畜外生殖器检查

(1)检查方法　观察分泌物及外阴部有无变化；必要时可用开膣器进行阴道深部检查，观察黏膜颜色、有无疹疱、溃疡等病变，同时注意子宫口状态。

(2)阴门检查　检查时如发现阴门红肿，为发情期或有阴道炎。如阴门流出腐败坏死组织块或脓性分泌物时，常为产后排恶露、产后子宫的感染、胎衣不下的腐败、阴道炎、子宫炎。阴门周围肿胀，见于肿瘤。

(3)阴道检查　当发现阴门红肿或有异常分泌物流出时，应借助开膣器，详细观察阴道黏膜的颜色、湿度、损伤、炎症、肿物、溃疡及阴道分泌物的变化，同时注意子宫颈的状态。健康母畜阴道黏膜呈粉红色，光滑而湿润。病理状态下，阴道黏膜潮红、肿胀、糜烂或溃疡，分泌物增多，流出浆液黏性或黏稠脓性、污秽腥臭液体，见于阴道炎。阴道黏膜的黄染同眼结膜黄染的意义。子宫颈口潮红、肿胀，为子宫颈炎。子宫颈口松弛，有多量分泌物不断流出，则提示子宫炎。阴道分泌物增多，流出黏液或脓性液体，阴道黏膜潮红、肿胀、溃疡，见于阴道炎、子宫炎。猪、牛的阴户肿胀，见于镰刀菌、赤霉菌中毒病。阴道或子宫脱出时，在阴门外有脱垂的阴道或子宫；母牛胎衣不下时，阴门外吊着部分胎衣。

(四)乳房的检查

乳房的检查对乳腺疾病的诊断具有很重要的意义。检查乳房主要用视诊、触诊以及乳汁的感官检查。

视诊应该注意乳房大小、形状、颜色以及有无外伤、水疱、结节、脓疱等。如果牛、羊的乳房上出现水疱、结节和脓疱多位痘疹、口蹄疫。

触诊可确定乳房皮肤的薄厚、温度、软硬度及乳房淋巴结的状态，有无肿胀及其硬结部位的大小和疼痛程度。当发生乳房炎时，炎症部位肿胀、发硬，皮肤呈紫红色，有热痛反应，有时乳房淋巴结也肿大，挤奶不畅。炎症可发生于整个乳区或某一乳区。如发生乳房结核时，乳房淋巴结显著肿大，形成硬结，触诊常无热痛。

乳汁的感官检查，除隐性乳房炎外，临床型乳房炎乳汁性状都有变化。检查时可将各乳区的乳汁分别挤入手心或盛于器皿内进行观察，注意乳汁颜色、黏稠度和性状。如果乳汁黏稠且内含絮状物或纤维蛋白性凝块，或脓汁、带血，可为乳房炎的重要指征。必要时进行乳汁的化学成分分析和显微镜检查。

(五)泌尿和生殖器官、系统疾病的主要综合征

排尿活动异常与泌尿功能障碍，尿液数量及性质的改变，泌尿器官检查有相应的整体状态变化，组成泌尿器官疾病的综合症候群。

1. 尿道和膀胱疾病的综合征

屡屡呈排尿姿势、活动，仅有少量尿液滴流，排尿时伴痛苦、不安现象，是尿路刺激的症候群，可见于尿道炎、膀胱炎以及尿结石等。

有尿路刺激症候群，尿液混浊或混有脓、血，触诊膀胱呈敏感反应，提示膀胱炎。必要时可做尿液的实验室检验，某些动物(中、小)可应用膀胱镜诊断。

排尿失禁或淋漓，触诊膀胱膨大，尿液潴留，压之而尿液被动地流出，应当考虑膀胱麻痹。

屡呈排尿姿势与动作，排尿困难或尿闭，伴轻度腹痛不安，应注意尿结石、尿道阻塞或膀胱括约肌痉挛。

长期不见排尿且病畜腹围增大，要注意于膀胱破裂。

红色尿液，在排除因药物而引起者外，则为血尿或血红蛋白尿的标志。

2. 肾脏疾病的综合征

尿少、色深或混有脓、血，同时触诊肾区敏感，兼有皮下浮肿，动脉血压升高，主动脉口第二心音加重，提示急性肾炎。

有肾区局部症状，多尿，尿沉渣中主见少量上皮细胞与透明圆柱，宜注意肾病。

有肾脏功能高度肿胀的病史和表现，病畜精神由沉郁转为昏迷，食欲废绝兼有呕吐或腹泻，时呈阵发性痉挛，常怀疑是尿毒血症的表现。

尿液的实验室检验(血尿、蛋白尿、尿沉渣中的红、白细胞、特别是尿管型等)，可做确诊根据。肾功能试验，可做诊断考虑。

3. 生殖器官疾病的综合征

公畜睾丸肿胀、硬结，伴有热、痛反应，全身体温升高、精神沉郁、食欲减退，运步时后肢强拘，是睾丸炎的特征。

母畜阴道分泌物增多，或混有脓、血并有恶臭，如同时阴道黏膜潮红、肿胀或有溃疡，是阴道炎的特征。

在阴道流出脓性分泌物的同时，子宫颈口弛缓甚至开张，直肠检查感知子宫体增大并有波动感，全身反应明显(如发热、沉郁、减食等)，提示化脓性子宫炎或子宫蓄脓症。

乳房呈红、肿、热、痛的局部反应，泌乳减少，乳汁易凝固，呈絮状或混有脓、血，是乳腺炎的特征。急性重症病例，可见明显的全身反应。慢性病例，伴有乳房淋巴结慢性肿胀，应注意于乳腺结核。

五、神经系统检查

神经系统在机体生命活动中，起着主导作用，它调节机体与外界环境的平衡，保护机体内部各器官相互联系与协调，使机体成为统一的整体。因此，神经系统疾病，必然会出现一系列神经症状。其他系统、器官疾病也都要侵害神经系统，出现这样或那样的神经机能障碍。临床上神经系统疾病的症状虽然较复杂，但不论中枢神经或外周神经机能障碍，其表现不外乎意识障碍、感觉障碍与反射障碍等。根据这些障碍情况，可推断其发病部位及病性。

神经系统检查方法与其他系统不同，主要是用呼唤、针刺、触摸被毛、搬动肢体、光照眼球及强迫运动等检查病畜有无异常。其他视诊、触诊及叩诊检查是次要的，但在一定脑病经过中，也有诊断意义。必要时可选择地进行脑脊液穿刺诊断、实验室检查、X光、眼底镜、脑电波等辅助诊断。

(一)中枢神经系统机能的检查

中枢神经系统机能检查，是指家畜精神状态的检查(意识状态)。是指动物对于刺激是否具有反应，以及如何反应。家畜的意识障碍，提示中枢神经系统机能发生改变，主要表现为精神兴奋或抑制。

其检查的方法有问诊，观察和检查动物的面部表情、眼、耳、尾、四肢及皮肌的动作，身体姿势，运动时的反应。

1. 精神兴奋

精神兴奋是中枢神经机能亢进的结果。动物临床表现不安、易惊、轻微刺激可产生强烈反应，甚至挣扎脱缰，前冲、后撞，暴眼凝视，乃至攻击人、畜，有时癫狂、抽搐、摔倒而骚动不安。兴奋发作，常伴有心率增快、节律不齐，呼吸粗粝、快速等症状。依其兴奋程度分为恐怖、异常敏感、不安、躁狂和狂乱。多提示脑膜充血、炎症，颅内压升高，代谢障碍，以及各种中毒病。可见于脑神经疾患(如脑膜充血、炎症及颅内压升高)、代谢障碍(如酮病、维生素缺乏)，以及微生物毒素、化学药品或有毒植物等中毒、日射病和热射病、传染病如传染性脑脊髓炎、狂犬病、流脑、犬瘟热等。

2. 精神抑制

精神抑制是中枢神经系统机能抑制过程占优势的表现。根据程度不同可分为：

(1)精神沉郁　为中枢神经系统轻度抑制现象。呈现嗜睡状态，病畜对周围事物注意力降低，离群呆立，低头耷耳，眼睛半闭，但对外界刺激尚能迅速发生反应。可见于各种热性病、缺氧等多种疾病过程中。

(2)昏睡　为中枢神经系统中度抑制的现象。病畜处于不自然的熟睡状态，对外界刺激反应迟钝，只在强烈的刺激(如针刺)才能使之觉醒，但很快又陷入沉睡状态。见于脑膜脑炎、脑室积水及中毒病后期等。

(3)昏迷　为中枢神经系统高度抑制的现象。患畜意识完全丧失，对外界刺激全无反应，角膜反射、瞳孔反射消失，卧地不起，全身肌肉松弛，呼吸、心跳节律不齐。见于各种热射病、脑水肿、脑损伤、贫血、出血、脑炎、流脑、细菌或病毒感染及中毒如酒精、吗啡等，营养代谢疾病如酮病、低血糖、生产瘫痪等。

(4)昏厥　不同于昏迷。是突然发生的、短暂的意识丧失状态。是因心输出量减少或血压突然下降引起急性脑贫血所致。常提示心衰，心脏传导阻滞，贫血，低血糖，大脑出血，脑震荡，脑血栓，电击或日射病等。

(二)头颅和脊柱的检查

由于脑和脊髓位于颅腔及脊柱管内，不可能进行直接检查，故只得利用头颅和脊柱检查以推断脑、脊髓可能发生的变化。临床上多用视诊、触诊、叩诊检查头颅和脊柱。

1. 头颅检查

局部隆突：可见于局部外伤，脑肿瘤，脑包虫以及副鼻窦蓄脓。

异常增大：多见于先天性脑室积水、骨软症和佝偻病。

骨骼变形：多因骨质疏松、软化、肥厚所致。常提示某些骨质代谢疾病，如骨软症、佝偻病、纤维性骨营养不良等。

局部增温：除局部外伤、炎症所致外，常提示热射病，脑充血，脑膜和脑的炎症，如猪乙脑，马传染性脑脊髓炎，牛结核性脑膜炎，恶性卡他热等。

头颅部压疼：见于外伤、炎症、肿瘤及多头蚴病。

头盖部变软：提示多为多头蚴病或颅壁肿瘤，但也见于副鼻窦炎或积脓。

头颅叩诊浊音或半浊音：见于脑肿瘤、多头蚴病和骨软症等。

2. 脊柱检查

脊柱变形是临床上较为重要的症状。脊柱变形主要有脊柱上弯、下弯和侧弯，是因为支配脊柱的上、下或左、右肌肉不协调引起，或骨质代谢障碍疾病或骨质剧烈疼痛性疾病所致。

脊柱下弯：主要见于骨软症，是由于骨质疏松变软的结果。

脊柱侧弯：常见于脊髓炎、脊髓脱臼。

颈部脊柱下弯侧弯：甚至造成身体翻转的，见于鸡维生素 B_1 缺乏症和新城疫。

颈部脊柱向后弯曲(角弓反张)：见于脊髓疾病和某些中毒。

脊柱局部肿胀、疼痛：常为外伤结果，如骨折。

脊柱僵硬：为椎间隙骨质增生或硬化所致。见于破伤风、番木鳖碱中毒，腰肌风湿症，肾炎，肾虫病等。

(三)感觉障碍的检查

动物的感觉机能是由感觉神经所完成,它包括三个神经元。兽医临床上,将感觉机能分为浅感觉、深感觉和特殊感觉三类。

1. 浅感觉

指皮肤和黏膜感觉。包括触觉、痛觉、温觉和电的感觉等。但兽医临床上温觉、电感觉等有一定局限性,故少用。由于家畜没有语言,其感觉如何只能根据运动形式加以推断。检验时要尽可能先使动物安静,最好由经常饲养、管理或调教的人员在旁,并采用温柔的动作进行检查。感觉障碍,由于病变部位不同,有末梢性、脊髓性和脑性之分。从临床表现则分为下列三种:

感觉过敏:轻微刺激或抚触即可引起强烈反应。除起因于局部炎症外,一般由于感觉神经或其传导径路被损伤所致。多提示脊髓膜炎,脊髓背根损伤,视丘损伤,或末梢神经发炎、受压,局部组织的炎症等。但脊髓实质、脑干或大脑皮层患病时均不引起感觉过敏。另外,见于牛的神经型酮血症、牛低磷血症的代谢障碍。

感觉性减退及缺乏:感觉能力降低或感觉程度减弱称感觉减退。由于感觉神经末梢、传导径路或感觉中枢障碍所致。局部性感觉迟钝或消失,是支配该区域内的末梢感觉神经受侵害。两侧体躯对称性。

感觉迟钝或消失:见于脊髓的横断性损伤(如挫伤、脊柱骨折、压迫和炎症)。一侧性体躯感觉消失,多见于延脑和大脑皮层传导径路受损伤,引起对侧肢体感觉消失,见于多发性神经炎和某些传染病。

感觉异常:动物有发痒、蚁走感和烧灼感,不断啃咬、搔抓、摩擦,使部分皮肤严重损伤,见于狂犬病、伪狂犬病、羊的痒病、神经性皮炎、荨麻疹等。

2. 深感觉

深感觉是指位于皮下深处的肌肉、关节、骨、腱和韧带等,将关于肢体的位置、状态和运动等情况的冲动传到大脑,产生深部感觉,即所谓本体感觉。借以调节身体在空间的位置、方向等。因此,临床上根据动物肢体在空间的位置改变情况,可以检查其本体感觉有无障碍或疼痛反应等。深感觉障碍多同时伴有意识障碍,提示大脑或脊髓被侵害,例如慢性脑室积水,脑炎,脊髓损伤,严重肝脏疾病和中毒等。

3. 感觉器官的检查

感觉器官包括视觉、听觉、嗅觉、味觉等器官。某些神经系统疾病,可使感觉器官与中枢神经系统之间的正常联系破坏,导致相应感觉机能障碍。通过感觉器官检查,有助于发现神经系统的病理过程。但应与非神经系统病变引起的感觉器官异常相区别。

视觉器官:检查时,应注意眼睑肿胀、角膜完整性(如角膜浑浊、创伤)、眼球突出或凹陷等变化。动物视力减弱甚至完全消失即所谓的目盲,除因为某些眼病所致外,也可因视神经异常所引起。见于山道年、野萱草根等中毒,动物视觉增强,表现为羞明,除发生于结膜炎、角膜炎等眼科疾病外,还见于颅内压升高、脑膜炎、日射病、热射病、牛恶性卡他热、牛瘟等。视觉异常的动物,有时出现“捕蝇样动作”,如狂犬病、脑炎、眼炎初期等。

听觉器官:内耳损害所引起的听觉障碍,在内科疾病诊断上,具有一定意义。听觉增强,是若有一点轻微声音,病畜立即将耳转向声音来源一方,或两耳前后来回移动,同时惊恐不安,乃至肌肉痉挛,见于脑和脑膜疾病。反刍兽酮病有时可见。听觉迟钝或完全缺失,除因耳病所致外，也见于延脑或大脑皮层颞叶受损伤时。某些品种特别是白毛的犬和猫有时为遗传性，是由其螺旋器发育缺陷所致，有人认为是一氧化碳中毒的后遗症。

嗅觉器官：犬、猫、牛、马、猪、羊的嗅觉高度发达，而禽类的则不发达。用动物熟悉的饲料、饲养护理人员的随身物品气味，或有芳香气味的物质，让动物闻嗅，但应防止被看见，以观察其反应。健康动物则寻食，出现咀嚼动作，唾液分泌增加。对犬，则检查其对一定气味的辨识方向。尤其是警犬和猎犬常因嗅觉障碍失去其经济价值。当嗅神经、嗅球、嗅传导径和大脑皮层受害时，则嗅觉减弱或消失。但应排除鼻黏膜疾病引起的嗅觉障碍。

（四）运动机能的检查

动物的协调运动，是在大脑皮层的控制下，由运动中枢的传导径及外周神经元等部分共同完成。运动中枢和传导径由椎体系统、椎体外系统、小脑系统三部分组成。临床上家畜出现各种形式的运动障碍除运动器官受损伤外，常因一定部位的脑组织受损伤而运动中枢和传导径的功能障碍所引起。病理情况下表现为：

1. 强迫运动

是指不受意识支配和外界环境影响，而出现的强制发生的有规律的运动。任其自由运动，观察其运动情况。常见的强迫运动有以下几种。

回转运动：病畜按同一方向作圆圈运动，圆圈的直径不变者称圆圈运动或马场运动，以一肢为中心，其余三肢围绕此肢而在原地转圈者称时针运动。当一侧的向心兴奋传导中断，以至对侧运动反应占优势时，便引起这种运动。如牛、羊患多头蚴病、脑脓肿、脑肿瘤等占位性病变时，常以圆圈运动或时针运动为特征。另一个原因是病畜头颈或躯体向一侧弯曲，以至无意识地随着头、颈部的弯曲方向而转动。如一侧前庭神经、迷路、小脑受损，一侧颈肌瘫痪或收缩过强，一侧额叶区受损，或纹状体、丘脑体、丘脑后部、苍白球或红核受损等。

盲目运动：患畜作无目的地徘徊，又称强制彷徨。表现患畜不注意周围事物，对外界刺激缺乏反应。或不断前进，或头顶障碍物不动。此乃因脑部炎症、脑室水肿、大脑皮层额叶或小脑等局部病变或机能障碍所致。如狂犬病、伪狂犬等。

暴进暴退：患畜将头高举或下沉，以常步或速步踉跄地向前狂进，甚至落入沟塘内而不躲避，称为暴进，见于纹状体或视丘损伤或视神经中枢被侵害而视野缩小时。患畜头颈后仰，颈肌痉挛而连续后退，后退时常颠颤，甚至倒地，则称为暴退，暴进或暴退常见于大脑皮层运动区、纹状体、丘脑等受损害，暴退见于小脑损伤、颈肌痉挛。

滚转运动：病畜向一侧冲挤、倾倒、强制卧于一侧，或循身体长轴一侧打滚时，称为滚转运动。见于延脑、小脑脚、前庭神经、内耳迷路受损的疾病，小动物易发。在大动物，应与腹痛引起的滚转或共济失调引起的一侧性倾倒相区别，由于大脑皮层运动中枢、中脑、脑桥、小脑、前庭核、迷路等部位受损害，特别是一侧性损害时所致，常见于脑炎、脑脓肿、脑肿瘤、急性脑室积水，以及牛和羊脑包虫病。

2. 共济失调

动物各个肌肉收缩力正常，但在运动时肌群动作相互不协调，则导致动物体位和各种运动异常。病畜站立时，呈现体位平衡失调，如站立不稳、四肢叉开、依墙靠壁似醉酒状；病畜运动时，步态失调、后躯摇摆、行走如醉、高抬肢体似涉水状。见于小脑和前庭神经疾患、马传染性脑脊髓炎、中毒病、某些寄生虫病（如脑脊髓丝虫病）等。按病变性质分类：

静止性失调：乃动物在站立状态下出现共济失调，而不能保持体位平衡。临床表现头部摇晃，体躯左右摇摆或偏向一侧，四肢肌肉软弱、战栗、关节屈曲，向前、后、左、右摇摆。常四肢分开而广踏。运步时，步态踉跄不稳，易倒向一侧。常提示小脑、小脑脚、前庭神经或迷路受损害。

运动性失调：为运动时出现的共济失调，动作缺乏节奏性、准确性和协调性。表现为运步时整个身躯摇晃，步态笨拙，举肢很高，用力踏地如“涉水样”步态，提示深部感觉障碍。见于大脑皮层、小脑、前庭或脊髓的传导径受损伤时，由于深部感觉障碍，外部随意运动地信息向中枢传导受阻引起。按病变部位分类：

脊髓性失调：其特征是运动时躯体左右摇摆，但头不歪斜，静止不失调，是脊髓背侧根损伤地结果。

前庭性失调：其特征是病畜头向患侧歪斜，步样不稳，常伴有眼球震颤，遮眼时失调严重，不仅静止时失调，而且运动时也失调。主要见于迷路、前庭神经或前庭核受损伤引起。常见于家禽维生素 B 族缺乏症，慢性鸡新城疫等。

小脑性失调：多发生于大家畜，不仅静止性失调，而且运动也失调。其特征是运动时头向患侧歪斜，体躯摇晃，只有当整个身躯依靠墙壁上，失调才消失。这种失调，不伴有眼球震颤，不因遮眼而加重，这在脑病过程中，当小脑受到损害时引起。当一侧性小脑损伤时，患侧前、后肢失调明显。

大脑性失调：其特征是病畜虽能直线行进，但体躯向健侧偏斜，甚至转弯时跌倒。见于大脑皮层的额叶或颞叶受损伤时。

3. 痉挛

是指横纹肌不随意的急剧收缩。按肌肉收缩形式不同有阵发性痉挛、强制性痉挛和癫痫。

阵发性痉挛：是个别肌肉或肌组织发生短而快的不随意收缩，呈现间歇性。根据病因可分为中枢性痉挛，见于脑炎，脑内的肿瘤、脑结核、中暑；发烧性痉挛，见于持续性发高烧的疾病过程；局部贫血性痉挛，见于肿瘤等压迫血管或突然受到寒冷刺激，是血管收缩造成局部贫血引起的痉挛；中毒性痉挛，见于有机磷中毒、士的宁中毒；疲劳性痉挛，见于动物过度使役的过程中；矿物质缺乏性痉挛，见于钙、磷等矿物质缺乏的疾病；剧烈疼痛性痉挛，见于马的胃破裂。单个肌纤维束阵发性收缩，而不波及全身的痉挛，称为纤维性痉挛（战栗）；波及全身的强烈阵发性痉挛，称为惊厥（搐搦）。

强直性痉挛：肌肉长时间均等地持续性收缩。见于脑炎、脑脊髓炎、破伤风、有机磷农药及士的宁中毒等。

癫痫：大脑皮层性的全身性阵发性痉挛，伴有意识丧失、大小便失禁，称为癫痫。见于脑炎、脑肿瘤、尿毒症、仔猪维生素 A 缺乏症、仔猪副伤寒、仔猪水肿病等。

4. 麻痹（瘫痪）

指动物的随意运动减弱或消失。

根据病变部位不同可分为：

中枢性麻痹：临床特征为腱反射增加，皮肤反射减弱和肌肉紧张性增强，肌肉萎缩不明显。常见于狂犬病、马的流行性脑炎、某些中毒病等。

末梢性麻痹：临床特征为肌肉显著萎缩，其紧张性减弱，软弱而松弛，皮肤和腱反射减弱。常见有面神经麻痹、坐骨神经麻痹、桡神经麻痹等。

根据发生部位不同可分为：

单瘫：某一肌肉、肌群或一肢体肌肉运动机能丧失，见于支配这些部位肌肉的神经麻痹。

偏瘫：一侧躯体的肌肉运动机能丧失，见于支配这些部位肌肉的神经麻痹。

对称截瘫：躯体两侧对称部位瘫痪，见于脊髓炎、脊髓肿瘤、脊髓挫伤与脊髓震荡。

(五)反射机能的检查

机体对内、外环境的刺激所引起的一切反应，都是神经系统的反射活动。反射活动依赖于完整的反射弧和高级神经中枢的调节而实现。因此在反射弧径路上任何部分的损害，可使反射发生障碍。对反射的检查有助于神经系统疾病的定位诊断。

1. 皮肤反射

鬐甲反射：轻触鬐甲部被毛，正常时肩部及鬐甲皮肤收缩、抖动。反射中枢在第 7 颈髓及第 1～2 胸髓段。

腹壁反射和提睾反射：用针轻刺腹部皮肤，正常时相应部位的腹肌收缩、抖动，即为腹壁反射。刺激大腿内侧皮肤时，睾丸上提，即为提睾反射。反射中枢均在胸、腰髓段。

肛门反射：刺激肛门周围皮肤时，正常时肛门括约肌迅速收缩。反射中枢在第 4～5 荐髓段。

会阴反射：轻刺激会阴部或尾根下方皮肤时，引起向会阴部缩尾的动作。反射中枢在腰荐髓段。

蹄冠反射：用针轻触蹄冠，动物立即提肢或回缩。

2. 黏膜反射

喷嚏反射：刺激鼻黏膜则引起喷嚏。

咳嗽反射：刺激喉、气管和支气管黏膜时，引起咳嗽反射。反射中枢在延脑。

角膜反射：用手指、纸片或羽毛轻触角膜时，动物立即闭眼。反射中枢在脑桥。

3. 深部反射

膝反射：动物横卧，使上侧后肢肌肉保持松弛状态，当击叩髌骨韧带时，由于股四头肌牵缩，而下腿伸展。反射中枢在第 4～5 腰髓段。

跟腱反射：动物横卧，叩击跟腱，则引起附关节伸展与球关节屈曲。反射中枢在荐髓段。

反射减弱或消失：是反射弧的传导路径受损所致。无论反射弧的感觉神经纤维、反射中枢、运动神经纤维的任何一部分受损伤时，或反射弧虽无器质性损害，而其兴奋性降低时，均可导致反射减弱，甚至反射消失。提示有传入神经、传出神经、脊髓背根、脊髓腹根，或脑、脊髓灰白质受损伤。此外，在动物处于意识丧失、麻醉或昏迷状态下，由于高级神经中枢兴奋性降低，也会引起反射减弱或消失。常提示脊髓背根（感觉根）、腹根（运动根）或脑、脊髓灰质的病变，见于脑积水、多头蚴病等。极度衰弱的病畜反射亦减弱，昏迷时反射消失，这是由于高级中枢兴奋性降低的结果。

反射亢进：是反射弧或中枢兴奋性增高或刺激过强所致。见于脊髓背根、腹根或外周神经的炎症、受压和脊髓炎等。大脑对低级反射弧的抑制作用减弱甚至消失时，也引起反射亢进。在破伤风、士的宁中毒、有机磷中毒、狂犬病时，常见全身反射亢进。当脊髓损伤时，由于失去大脑对损伤以下脊髓节段的控制，使脊髓反射活动加强，则出现腱反射增强。

(六)植物性神经机能的检查

植物神经机能障碍的症状表现为以下三种情况:

(1)交感神经紧张性亢进　交感神经异常兴奋,可表现心搏动亢进,外周血管收缩,血压升高,口腔干燥,肠蠕动减弱,瞳孔散大,出汗增加(马、牛)和高血糖等症状。

(2)副交感神经紧张性亢进　可呈现与前者相拮抗的症状。即心动徐缓,外周血管紧张性降低,血压下降,腺体分泌机能亢进,口内过湿,胃肠蠕动增强,瞳孔缩小,低血糖等。

(3)交感、副交感神经紧张性均亢进　交感神经和副交感神经两者同时紧张性亢进时,动物出现恐怖感,精神抑制,眩晕,心搏动亢进,呼吸加快或呼吸困难,排粪与排尿障碍;子宫痉挛,发情减退等现象。当植物神经系统疾病时,发生运动和感觉障碍,主要的机能变化为呼吸、心跳的节律,血管运动神经的调节,吞咽,呕吐,消化液,肠蠕动,排泄和视力调节异常等。

(七)神经系统疾病的主要综合征

兴奋、狂躁或沉郁,昏睡、昏迷等精神状态的异常;盲目运动或共济失调的行为表现,痉挛与麻痹等运动机能障碍,是组成神经系统疾病综合症候群的基础。

1. 脑及脑膜疾病的综合征

兴奋、狂躁,沉郁、昏迷以及两者的交替出现,伴有盲目运动或共济失调现象,多为脑病的综合症候群。

脑的循环紊乱,可表现为脑贫血、脑充血或脑出血。病畜突然发生站立不稳、走路摇摆、共济失调,并进而倒地、昏迷,伴有痉挛现象,可提示急性脑贫血。

以急性脑充血而致的兴奋、昏迷与共济失调。

急性心力衰竭而致的心动急速等组成的综合症候群兼有大量出汗、黏膜发绀、静脉充盈及高热等症状,应注意日射病、热射病的可能。

以慢性经过为主的表现为盲目运动的反复出现或在长期的病程经过中有反复出现的癫痫样发作的病理,提示脑的占位性病变。

2. 脊髓疾病的综合征

脊髓疾病一般以运动机能障碍及感觉、反射机能的失常为主要临床特征。

腰背敏感、脊柱僵硬,步态强拘,以至后肢的轻瘫,应考虑脊髓膜炎;如有腰荐部的挫伤、震荡等致病原因可查,应提示脊髓挫伤,此时,后肢轻瘫甚至可呈截瘫,同时多伴有后躯的感觉、反射机能障碍以及排尿、排粪功能的紊乱。

3. 外周神经疾病的综合征

三叉神经、面神经的麻痹,以耳、上眼睑、鼻翼、口唇的单侧弛缓、下垂及头面部歪斜为特征。

舌咽神经麻痹,主要表现为咀嚼、吞咽机能紊乱。

四肢的外周神经麻痹,则表现为肢体运动机能障碍的特有症状一跛行。

【项目小结】

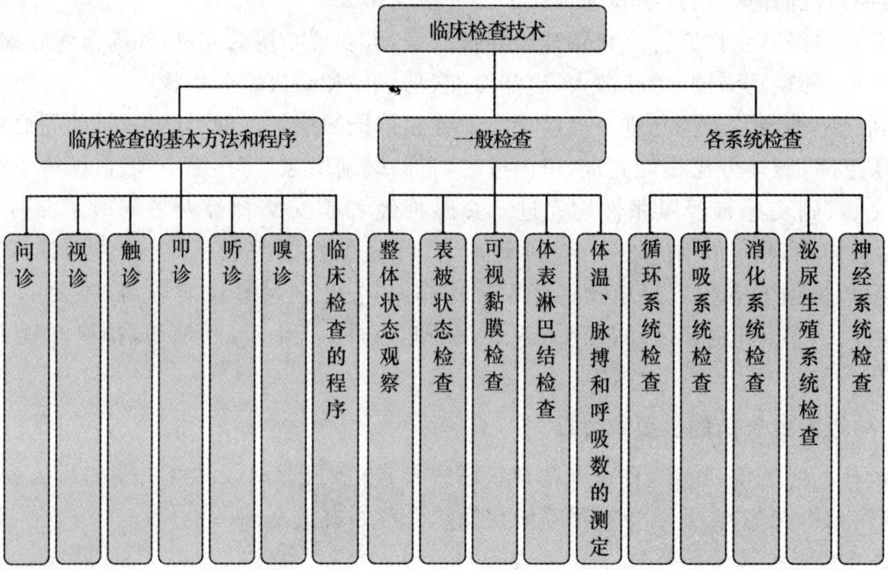

【复习与思考】

1. 临床检查的方法有哪几种？

2. 问诊主要包括哪几方面内容？

3. 听诊时有哪些注意事项？

4. 一般临床检查主要包括哪些方面的内容？

5. 眼结膜颜色的病理变化有哪些？

6. 如何对浅表淋巴结进行检查？其病理变化有哪几种？

【知识链接】

听诊器简介

一、听诊器的历史

世界上第一个听诊器的发明距今已有一百多年的历史。

19世纪的某一天，急驶而来的马车在法国巴黎一所豪华府第门前停下，车上走下了著名医生雷内克，他是被请来给这里的贵族小姐诊病的。面容憔悴的小姐，坐在长靠椅上，紧皱着双眉，手捂胸口，看起来病得不轻。等小姐捂着胸口诉说病情后，雷内克医生怀疑她染上了心脏病。

若要使诊断正确，最好是听听心音，早在古希腊的《希波克拉底文集》中，就已记载了医生用耳贴近病人胸廓诊察心肺声音的诊断方法。雷奈克也从中获知这一听诊方法，平时常常用来诊察病人。但是，当时的医生都是隔着一条毛巾用耳朵直接贴在病人身体的适当部位来诊断疾病，而这位病人是年轻的贵族小姐，这种方法明显不合适。雷内克医生在客厅一边踱步，一边想着能不能用新的方法。看到医生冥思苦想的样子，屋内的人也不敢随便走动和说话。走着走着，雷内克医生的脑海里突然浮现出前几天他遇到的一件事情——在巴黎的一条街道旁，堆放着一堆修理房子用的木材。几个孩子在木料堆上玩儿，其中有个孩子用一颗大钉敲击一根木料的一端，他叫其他的孩子用耳朵贴在木料的另一端来听声音，他敲一敲，问一问“听到什么声音了?”“听到了有趣的声音?”孩子们笑着回答。正在他们玩得兴高采烈的时候，雷内克医生路过这里，他被孩子们的玩耍吸引住了，就停下脚步，仔细地看着孩子们玩儿。他站在那里看了很久，忽然兴致勃勃地走了过去问:“孩子们，让我也来听听这声音行吗?”孩子们愉快地答应了。他把耳朵贴着木料的一端，认真地听孩子们用铁钉敲击木料的声音。“听到了吗? 先生。”“听到了，听到了!”

雷内克医生灵机一动，马上叫人找来一张厚纸，将纸紧紧地卷成一个圆筒，一头按在小姐心脏的部位，另一头贴在自己的耳朵上。果然，小姐心脏跳动的声音连其中轻微的杂音都被雷内克医生听得一清二楚。他高兴极了，告诉小姐的病情已经确诊，并且一会儿可以开好药方。

雷内克医生回家后，马上找人专门制作一根空心木管，长 30 cm，口径 0.5 cm，为了便于携带，从中剖分为两段，有螺纹可以旋转连接，这就是第一个听诊器，它与现在产科用来听胎儿心音的单耳式木制听诊器很相似。因为这种听诊器样子像笛子，所以被称为“医生的笛子”。雷奈克由此发明了木质听诊用具，是一种中空的直管。雷奈克将之命名为听诊器。后来，雷内克医生又做了许多实验，最后确定，用喇叭形的象牙管接上橡皮管做成单耳听诊器，效果更好。单耳听诊器诞生的年代是 1814 年。由于听诊器的发明，使得雷内克能诊断出许多不同的胸腔疾病，他也被后人尊为“胸腔医学之父”。雷内克医生死于 1826 年，年仅 45 岁。

1840 年，英国医师乔治·菲力普·卡门改良了雷内克设计的单耳听诊器。卡门认为，双耳能更正确地诊断。他发明的听诊器是将两个耳栓用两条可弯曲的橡皮管连接到可与身体接触的听筒上，听诊器是一个中空镜状的圆锥。卡门的听诊器，有助于医师听诊静脉、动脉、心、肺、肠内部的声音，甚至可以听到母体内胎儿的心音。

1937 年，凯尔再次改良卡门的听诊器，增加了第二个可与身体接触的听筒，可产生立体音响的效果，称为复式听诊器，它能更准确地找出病人的病灶所在。可惜凯尔的改良品未被广泛采用。近来又有电子听诊器问世，它能放大声音，并能使一组医师同时听到被诊断者体内的声音，还能记录心脏杂音，与正常的心音比较接近。虽然新型听诊器不断问世，但是医师们普遍爱用的仍然是由雷内克设计，经卡门改良的旧型听诊器。

二、听诊器的种类

目前听诊器类型有单用听诊器、双用听诊器、三用听诊器、立式听诊器、多用听诊器以及最新出现的电子听诊器。颜色也有多种颜色可选。一般由听头的不同组合分成多种类型。扁形听诊头常用于听诊高音调杂音；大小双功能扁形听头用于探测低频心音、扩张音、第三音以及第一、第二心音，已经能听到小儿的心音。钟形听诊头常用于听诊低音调高杂音，可以听到腹中的胎儿心跳。表式听诊头，常用于听诊手腕的脉搏声响。

三、听诊器的选择

过去，听诊器在听诊效果方面的确没有太大区别，现在，听诊器种类繁多，不同等级的听诊器在听正常音响时差别还不太明显，但听杂音时就有天壤之别。一般说来，听诊器的品质越高，对杂音的辨析能力越强，使用的时间也越长。一个临床医师应该至少常备一副品质较优良的听诊器。

笼统来讲，听诊器越大越重，拾音效果越好；相反的，越小越轻，携带越方便，眼花缭乱的新型听诊器的设计就是为了解决这个矛盾。

听诊头与身体的接触面越大，拾取的音效越好。但是，人体表面有弧度，若胸件过大，听头不能完全与人体接触，音响不仅不能很好地拾取，还会从空隙泄露出去，因此，听诊头的大小应基于临床需要。目前，听诊器胸件的直径几乎都统一在45～50 mm，特殊的如儿科胸件的直径一般为30 mm，新生儿为18 mm。

材质在音效上发挥着重要的作用，声音通过空气或物质传播，最终转化为热能消失。声波的传送，在重金属中几乎没有衰减，在较轻的金属或塑料中容易出现衰减，因而，高等级的听诊器须使用不锈钢甚至钛等重金属。

传音管路也很重要。管路的内径越大、长度越短、管壁越厚，听诊器的效果越好，国际标准长度为27英寸。现代听诊器的传音管路的材质一般为PVC，音效好，美观，但抗拉伸性差，经常弯曲、拉伸后容易折断。听诊器在使用后应该将它平展悬挂于颈项两侧。

四、杯式（钟形）听诊头与膜式听头的区别

杯式（钟形）听头可拾音范围为所有可闻音频率；而膜式听头有一层膜，将频率小于200 Hz的低频声音滤除掉，使之对高频音响更敏感。使用时，须用力将它贴于人体上。膜式听头可以做得比杯式听头大，因而膜式听头的音量比杯式听头强。

在心脏听诊时，膜式听头可以良好听取高频声响，杯式听头适合听取低频声响或杂音。现代听诊器均为双面听诊器，听诊头上既有膜式也有杯式，二者转换仅需旋转180°即可，专家建议临床大夫应使用双面听诊器。另有一种专利技术，称为浮动膜技术，膜式听诊头在特殊的方式下可变为杯式听头以听取低频杂音。

正常和非正常的肺部声音均属于高频声响，肺部听诊仅用膜式听头即可。

五、听诊器的耳塞

耳塞能否与耳朵良好适配非常重要，若耳塞不合适，音响会漏出，同时外界杂音也能进入混淆听诊效果。专业听诊器一般选配密封性及舒适性均极佳的密闭式耳塞。

六、听诊器的耳簧

新式听诊器耳簧均用韧性好的钢材造就，可调到合适的松紧度，佩戴较舒适，调整耳塞的朝向也很方便。由于耳道与侧面并非完全90°垂直，而是稍向后倾斜，因此佩戴时耳塞朝向应稍向前倾斜。高品质听诊器的耳塞朝向可以按解剖学方向预先固定，称为解剖学正确位耳件。以上技术结合具有高保真效果的密闭式耳塞，可以让使用者享受到使用优质听诊器带来的前所未有的澄静的听诊效果与舒适感受。

七、听诊器使用注意事项

如果听诊器一直放置在口袋或没有定期保养，那衣物的棉絮、纤维或灰尘可能会阻塞听诊器耳管。定期维修保养和清洁能避免以上情况的发生。

听诊器的高品质传音效果与听诊器和病人体表，听诊器到听者耳道间的密合度有关。听头零件松动、Y管松动、Y管受损都会影响密合度。密合度越好，越能准确地将患者体内的声音传入听者耳中。所以要经常检查听诊器状态。

项目三　实验室检查技术

△【项目描述】

● 实验室检查是指采取病畜的血液、尿液、粪便或其他体液、分泌物及病理产物(如胃液、脑脊液、胸腹腔积液等),在实验室特定的设备与条件下,测定其物理性状,分析其化学成分或借助于显微镜观察其形态的方法。实验室检查可以补充临床检查之不足,是兽医临床诊断学的重要组成部分。

本项目主要对兽医临床上常用的实验室检查技术进行详细介绍。

△【技能目标】

● 通过对本项目的学习,会使用实验室检查相关仪器设备,能够进行一般实验室检查操作。

技能一　血液检查技术

一、血液的采集与处理

采血的用具均应事先消毒灭菌、干燥处理。采血部位应剪毛按常规消毒。少量血液的采取,一般可在耳尖处采取。多量血液的采取,马、牛直接从颈静脉采取;猪从耳静脉采取,也可在前腔静脉处采取;禽类在鸡冠或翅内静脉处采取,必要时可进行心脏穿刺采取。血液采取后放入含抗凝剂的瓶中振摇均匀备用。

(一)采血方法的选择

采血方法的选择,决定于实验的目的、所需血量以及动物种类。凡用血量较少的检验如红、白细胞计数、血红蛋白的测定,血液涂片以及酶活性微量分析法等,可刺破组织取毛细血管的血。当需血量较多时可作静脉采血。如研究毒物对肺功能的影响、血液酸碱平衡、水盐代谢紊乱,需要比较动、静脉血氧分压、二氧化碳分压和血液 pH 以及 K^+、Na^+、Cl^- 浓度,则必须采取动脉血液。

(二)采血方法

1. 猪的采血方法

耳缘静脉采血:猪站立保定,助手用力在耳根捏压静脉的近心端,手指轻弹后,用酒精棉球反复涂擦耳静脉(图 3-1)使血管怒张。沿血管刺入,见有血液回流,缓慢抽取所需量血液或接入真空采血

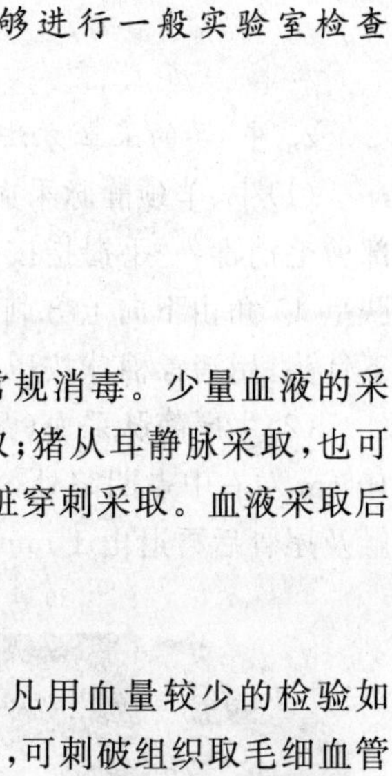

图 3-1　猪耳静脉

管，采血完毕后，用棉球按压止血。

前腔静脉采血(图 3-2)：猪站立保定，让猪头仰起，露出右腋窝，从右侧向心脏方向刺入，回抽见有回血时，即把针芯向外拉使血液流入采血针。猪仰卧保定，把前肢向后方拉直。其穿刺部位在胸骨端与耳基部连线上胸骨端旁开 2 cm 的凹陷处，一般用装有 20 号针头的注射器，向后内方与地面呈 60°角刺入 2～3 cm，当进入约 2 cm 时可一边刺入一边回抽针管内芯，可见血进入针管内，采血完毕，用棉球按压止血，局部消毒。

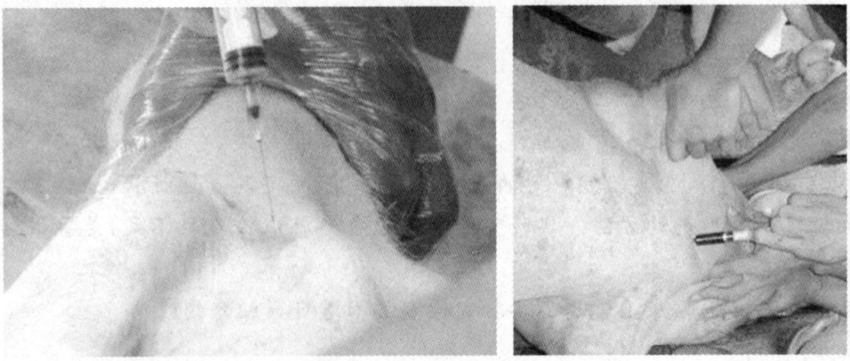

图 3-2 前腔静脉采血

2. 牛、羊的采血方法

(1)牛、羊颈静脉采血(图 3-3) 将动物保定，稍抬头颈，于颈静脉沟上 1/3 与中 1/3 交界部剪毛消毒，一手拇指按压采血部位下方颈静脉沟血管，促使颈静脉怒张，另一手执针头，与皮肤呈 45°角由下向上方刺入，血液顺器壁流入容器内，防止气泡产生。待血量达到要求后，拔下针头，用消毒棉球按压针眼，轻按止血。

(2)牛尾静脉采血(图 3-4) 固定动物，使牛尾往上翘，手离尾根部约 30 cm。在离尾根 10 cm 左右中点凹陷处，先用酒精棉球消毒，然后将采血针针头垂直刺入(约 1 cm 深)。针头触及尾骨后再退出 1 mm 进行抽血。采血结束，消毒并按压止血。

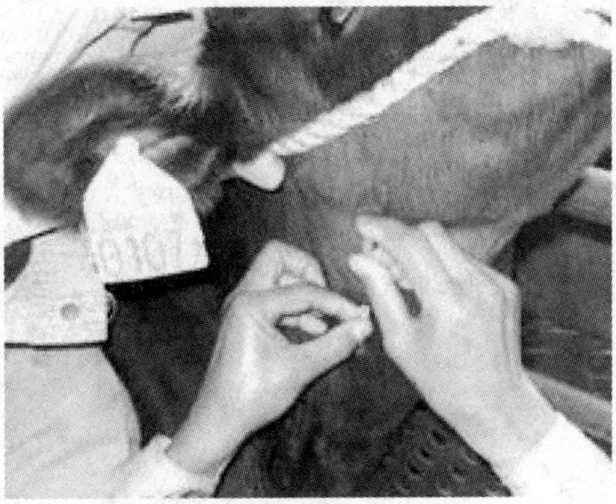

图 3-3 牛颈静脉采血

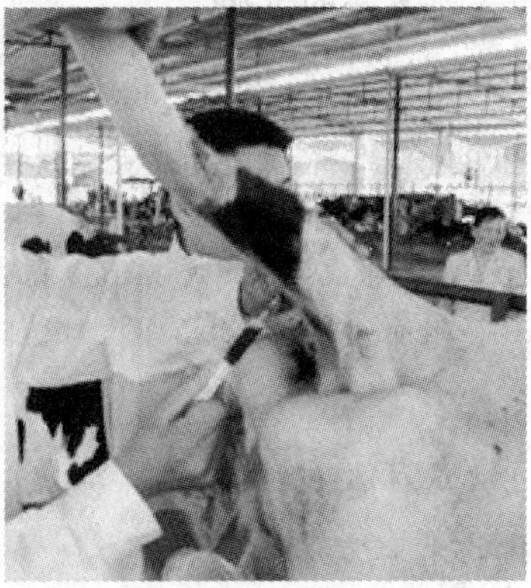

图 3-4 牛尾静脉采血

3. 犬、猫采血法

(1)后肢外侧小隐静脉和前肢内侧头静脉采血(图 3-5) 此法最常用,且方便。后肢外侧小隐静脉在后肢胫部下 1/3 的外侧浅表的皮下,由前侧方向后行走。抽血前,将犬固定在犬架上或使犬侧卧,将胶皮带绑在犬股部,由助手将犬固定好。将抽血部位的毛剪去,碘酒-酒精消毒皮肤。使下肢静脉充盈,右手用连有针头的注射器迅速穿刺入静脉,左手将针固定,以适当速度抽血(以无气泡为宜)。采集前肢内侧头静脉血时,操作方法基本与上述相同。一般采血量为 10～20 mL。

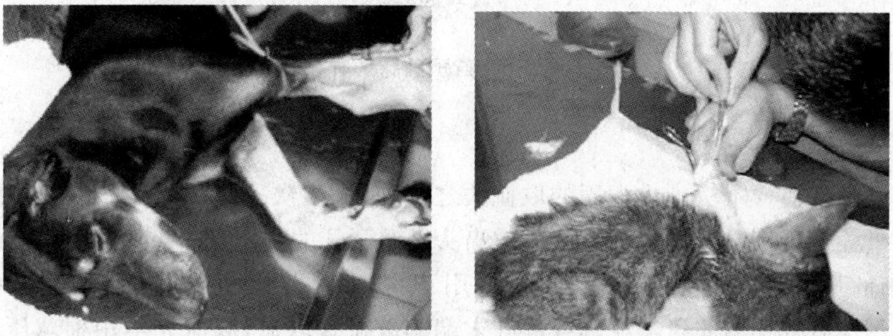

图 3-5 犬、猫前肢内侧头静脉采血

(2)股动脉采血 本法为采取犬动脉血最常用的方法,操作也较简便。稍加以训练的犬,在清醒状态下将犬仰卧位固定于犬解剖台上。伸展后肢向外伸直,暴露腹股沟三角区动脉搏动的部位,剪去被毛,用碘酒消毒。左手中指、食指探摸股动脉跳动部位,右手持注射器,针头由动脉跳动处直接刺入血管,若刺入动脉一般可见鲜红血液流入注射器,若未见动脉血流出,还需微微转动一下针头或上下移动一下针头。有时往往刺入静脉,必须重抽之。待抽血完毕,迅速拔出针头,用干药棉压迫止血 2～3 min。

(3)心脏采血 本法最好在麻醉下进行,将犬仰卧固定在手术台上,前肢向背侧方向固定,暴露胸部,将左侧第 3～5 肋间的被毛剪去,用碘酒-酒精消毒皮肤。采血者用左手触摸左侧 3～5 肋间处,选择心跳最明显处穿刺。一般选择胸骨左缘外 1 cm 第 4 肋间处。取连有针头的注射器,由上述部位进针,并向动物背侧方向垂直刺入心脏。采血者可随针接触心跳的感觉,随时调整刺入方向和深度,摆动的角度尽量小,避免损伤心肌,或造成胸腔大出血。当针头正确刺入心脏时,血即可进入注射器,可抽取多量血液。

(4)耳缘静脉采血 本法宜取少量血液作血常规或微量酶活性检查等。有训练的犬不必绑嘴,剪去耳尖部短毛,即可见耳缘静脉,手法基本与兔相同。

(5)颈静脉 犬不需麻醉,经训练的犬不需固定,未经训练的犬应予固定、绑嘴。取侧卧位,剪去颈部被毛,用碘酒、酒精消毒皮肤。将犬颈部拉直,头尽量后仰。用左手拇指压住颈静脉入胸部位。使颈静脉怒张,右手取连有针头的注射器。针头沿血管平行方向,向远心端刺入血管。由于颈静脉在皮下易滑动,针刺时刺入要准确。取血后注意压迫止血。采用此法一次可取较多量的血。猫的采血法(图 3-6)基本与犬相同。常采用前肢皮下头静脉、后肢的股静脉、耳缘静脉取血。需大量血液时可从颈静脉取血。方法见前述。

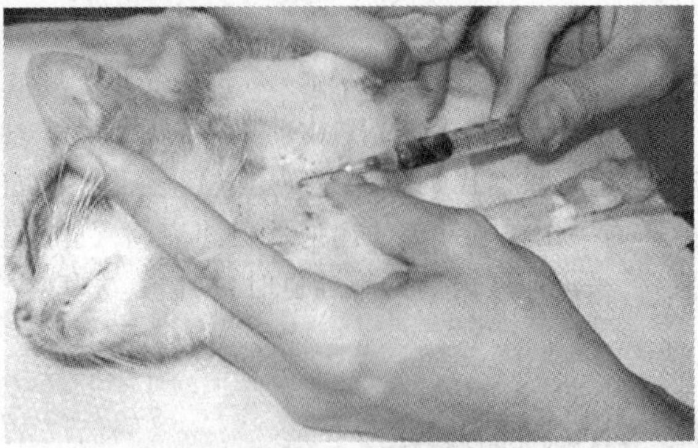

图 3-6　猫颈静脉采血

4. 兔采血法

(1)耳静脉采血　本法为最常用的取血法之一,常作多次反复取血用。因此,保护耳缘静脉,防止发生栓塞特别重要。将兔放入仅露出头部及两耳的固定盒中,或由助手以手扶住。选耳静脉清晰的耳朵,将耳静脉部位的毛拔去,用 75%酒精局部消毒,用手指轻轻摩擦兔耳,使静脉怒张,用连有针头的注射器在耳缘静脉末端刺破血管取血,取血完毕用棉球压迫止血,此种采血法一次最多可采血 5 mL。

(2)耳中央动脉采血　将兔置于兔固定盒内,在兔耳的中央有一条较粗、颜色较鲜红的中央动脉,用左手固定兔耳,右手取注射器,在中央动脉的末端,沿着动脉平行向心方向刺入动脉,即可见动脉血进入针筒,取血完毕后注意止血。此法一次抽血可达 15 mL。但抽血时应注意,由于兔耳中央动脉容易发生痉挛性收缩,因此抽血前,必须先让兔耳充分充血,当动脉扩张,未发生痉挛性收缩之前立即进行抽血,如果等待时间过长,动脉经常会发生较长时间的痉挛性收缩。取血用的针头一般用 6 号针头,不要太细。针刺部位从中央动脉末端开始。不要在近耳根部取血,因耳根部软组织较多,血管位置略深,易刺透血管造成皮下出血。

(3)心脏取血　家兔仰卧固定,在第三肋间胸骨左缘 3 mm 处注射针垂直刺入心脏,血液即进入针管。

注意事项:动作宜迅速,以缩短在心脏内的留针时间和防止血液凝固;如针头已进入心脏但抽不出血时,应将针头稍微后退一点;在胸腔内针头不应左右摆动以防止伤及心、肺。一次可取血 20～25 mL。

(4)后肢胫部小隐静脉取血　将兔仰卧固定于兔固定板上,或由一人将兔固定好。拔去胫部被毛,在胫部上端股部扎以橡皮管则在胫部外侧浅表皮下,可清楚见到小隐静脉。用左手两指固定好静脉,右手取带有 5½ 号针头的注射器内皮下静脉平行方向刺入血管,抽一下针栓,如血进入注射器,表示针头已刺入血管,即可取血。一次可取 2～5 mL。取完后必须用棉球压迫取血部位止血,时间要略长些,因此处不易止血。如止血不妥,可造成皮下血肿,影响连续多次取血。

(5)股静脉、颈静脉取血　取血前,先作股静脉和颈静脉暴露分离手术。

股静脉取血:注射器平行于血管,从股静脉下端向近心方向刺入,徐徐抽动针栓即可取血。抽血完毕后要注意止血。股静脉较易止血,用于纱布轻压取血部位即可。若连续多次取血,取血部位宜尽量选择远心端末端。

颈外静脉取血:注射器由近心端(距颈静脉分支 2～3 cm 处)向头侧端顺血管平行方向刺入,使注射针至颈静脉分叉处,即可取血。此处血管较粗,很容易取血,取血量也较多,一次可取 10 mL 以上。取血完毕,拔出针头,用干纱布轻轻压迫取血部位。兔急性实验的静脉取血,用此法较方便。

5. 禽的采血方法

翅静脉采血:在翅下静脉处消毒,手持采血针,从无血管处向翅静脉丛刺入,见有血液回流,即把针芯向外拉使血液流入采血针(图 3-7)。

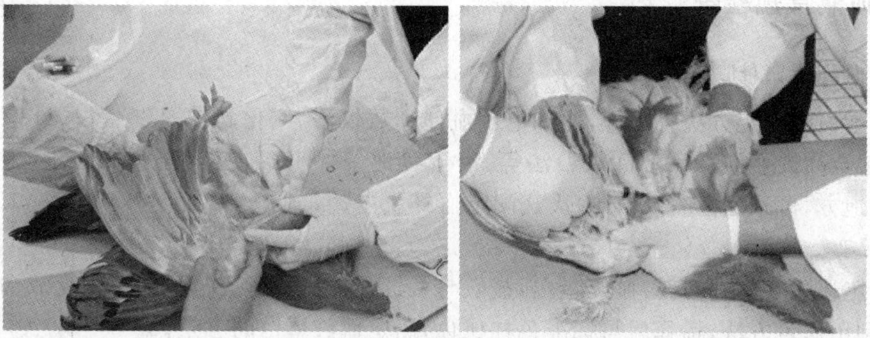

图 3-7 鸡翅静脉采血

也可保定禽只,使翅膀展开,露出腋窝部,拔掉羽毛,用消毒棉消毒。拇指压近心端,待血管怒张后,用装有细针头的注射器,由翼根向翅方向平行刺入静脉,放松对近心端的按压,缓慢抽取血液。采血完毕用棉球按压止血。

(三)采血时注意事项

(1)采血场所要有充足的光线;室温以夏季保持在 25～28℃,冬季 15～20℃为宜;
(2)采血用具及采血部位需要进行消毒;
(3)采血用的注射器和试管必须保持清洁干燥;
(4)若需抗凝,在注射器或试管内预先加入抗凝剂。

(四)抗凝血的制备

1. 抗凝剂

采取的血液应立即进行检验。但是我们是常在室外将动物的血液采好后,方能送到实验室检验,这样血液采取后必须要加入一定量的抗凝剂以防止血液凝固。

2. 抗凝瓶的制备

将抗凝剂按要求配成不同浓度及抗凝作用需要的量,置于小试管或青霉素瓶内,在 45～60℃干燥箱中烘干备用。

(五)血样的处理

1. 保存

不能立即送检的血样,首先应把血涂片予以固定。其余血液放入冰箱冷藏。需要血清的,应将凝固血液放入室温或 37℃恒温箱内,待血块收缩后,分出血清,并将血清冷藏。需要血浆的,将抗凝的全血及时电动离心,分出血浆冷藏。

2. 血检项目与血液保存的最长时限

白细胞计数 2～3 h,红细胞计数 24 h,血红蛋白测定 2～3 h,红细胞沉降率 2～3 h,血小板计数约 1 h,网状红细胞计数 2～3 h,血细胞压积容量测定 24 h。

3. 送检

根据血检要求,分别送检抗凝全血、血清或血浆。如果要做白细胞分类计数或检查血孢子虫,应附送固定好的血液涂片。血样均需装在冰瓶内,下垫泡沫塑料或棉花,切勿剧烈振摇,以免溶血,影响血细胞计数。

二、血液常规检查

(一)血红蛋白(Hb)的测定

血红蛋白的测定方法有几种,比如电子血球计数仪法、氰化高铁血红蛋白(HiCN)分光光度计法、碱羟高铁血红素(AHD-575)法等,由于各地条件不同,在没有电子血球计数仪、分光光度计的地方,可采用沙利(SaHli)氏法测定血红蛋白。

1. 原理

红细胞遇酸溶解,游离出血红蛋白,盐酸与血红蛋白结合形成盐酸铁质而变成褐色的酸性血红素,利用比色方法,稀释后与标准色柱比色,测定血红蛋白的含量。

2. 试剂与设备

(1)0.1 mol/L(或 1%～2%)盐酸溶液;

(2)沙利氏血红蛋白计(图 3-8)。

图 3-8 沙利氏血红蛋白计

3. 方法

将 0.1 mol/L 盐酸注入血红蛋白试管内的刻度 10 处,耳尖取血,用 Hb 吸管吸血至 20 mm^3 的刻度处,将血吹入盛有 0.1 mol/L 盐酸的测定管内并反复洗涤吸管数次,摇匀,静置 5～10 min,使其充分酸化,然后缓缓滴加蒸馏水稀释至标准比色板颜色相同时为止,读取液体凹面的刻度数,即读取血红蛋白的百分数或克数。

4. 正常值

通常以 g/L 或 g%来表示。

马、骡:11.0(9～13.0);牛:10.0(9～11);水牛:8.3(8～9.0);羊:9.8(7.8～11.6) 猪:10.5(9.5～12.0)。

5. 临床意义

血红蛋白降低,见于贫血及营养不良,血孢子虫病;血红蛋白增高,见于重剧腹泻、大出汗。

本法测得的禽的血红蛋白比实际的偏高,因红细胞经盐酸破坏后,红细胞的核仍悬浮在比色液中。但临床上以此为标准,并不影响对疾病的诊断。

正常血红蛋白量,公鸡平均为 11.76 g%;母鸡为 9.11 g%;鸭为 15.6 g%;鹅为 14.9 g%。

在各种贫血时,血红蛋白量出现不同程度的减少。如鸡绦虫病时,血红蛋白量比正常值减少 3/4～5/6。

(二)红细胞计数(RBC)

1. 原理

计算每立方毫米血液内所含红细胞数目,称为红细胞计数。其计数方法有显微镜计数法、光电比浊法、电子计数仪计数法等。目前临床多采用显微镜计数法,即以适当的稀释液将血样作 200 倍稀释,在特制的计数板上进行红细胞计数的方法。虽然经稀释液作用后仍保留白细胞,但对红细胞计数影响不大,因为一般情况下红细胞与白细胞之比为 10 000∶1。

2. 试剂与设备

(1)RBC 稀释液 0.85%~0.90%氯化钠溶液。

(2)复方氯化钠稀释液[升汞食盐溶液、海姆(Hayem)氏液] 氯化钠 1.0 g,氯化汞0.5 g,结晶硫酸钠 5 g,蒸馏水 200 mL,石炭酸品红溶液数滴,混合溶解即成。

(3)血盖片 为血红细胞计数板专用盖玻片,呈长方形,厚度为 0.4 mm。

(4)改良纽巴(Neubauer)氏计数板 为特制的厚玻璃板,上面划有计数室两个,每个计数室分为 9 个大方格,大方格每边长约 1 mm,每个大方格的面积为 1 mm^2,加血盖片的深度 1/10 mm。计数室四角的大方格,每格又等分为 16 个中方格,用于白细胞计数,中央大方格用双线划分为 16 个中方格,每个中方格又等分 16 个小方格,用于红细胞计数(图 3-9、图 3-10)。

图 3-9 血细胞计数板构造

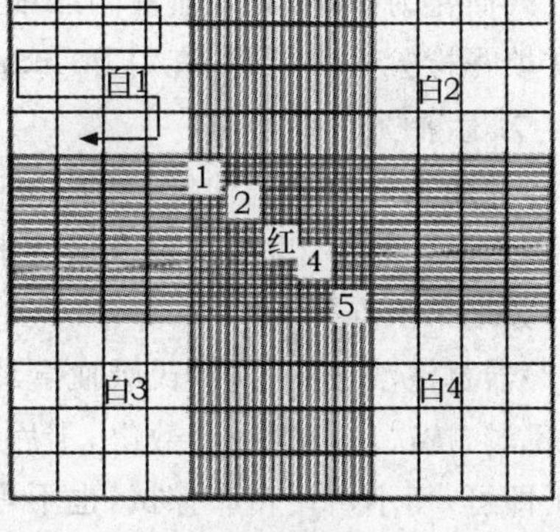

图 3-10 计数室规格

(5)血红蛋白吸管 2 mL 吸管,小试管,试管架,显微镜,计数器,小玻棒。

3. 方法(试管法)

第一步:用吸管准确吸红细胞稀释液 2 mL 于试管中,用 Hb 吸管吸取血样 10 μL(也可用稀释液 4 mL,吸血至 20 μL 刻度处),擦净吸管周围的血液后插入试管底部,轻轻压出血液于稀释液中,再用上清液洗涤吸管数次,充分混合后备用。

第二步:将稀释后的血样用小玻棒(或毛细吸管)取一滴,置于计数板与盖玻片交界的边缘,让其自然浸入,使稀释血样扩散入计数室内,静置 2~3 min,镜检(图 3-11)。

计数:计数时用低倍镜,计数中央大方格中四角中方格及中央中方格,共 80 个小方格的红细胞数。为避免重复和遗漏,计数时应按一定顺序进行,压在双线上的红细胞计算在内。计数时应按数左不数右,数上不数下的原则,切不可重复计数(图 3-12)。(全黑者计入,空圈者不计入)

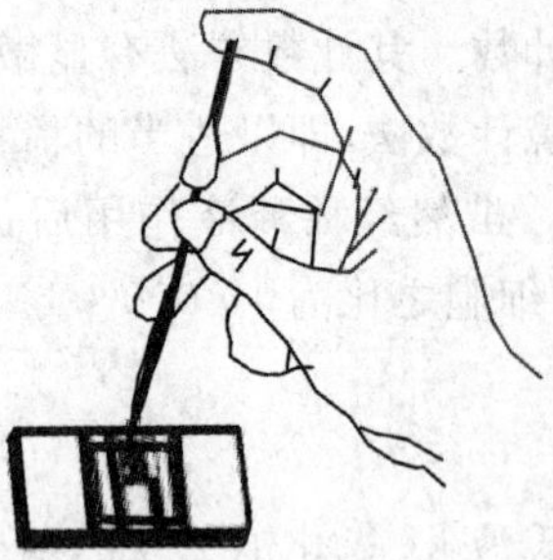

图 3-11 计数室充液法

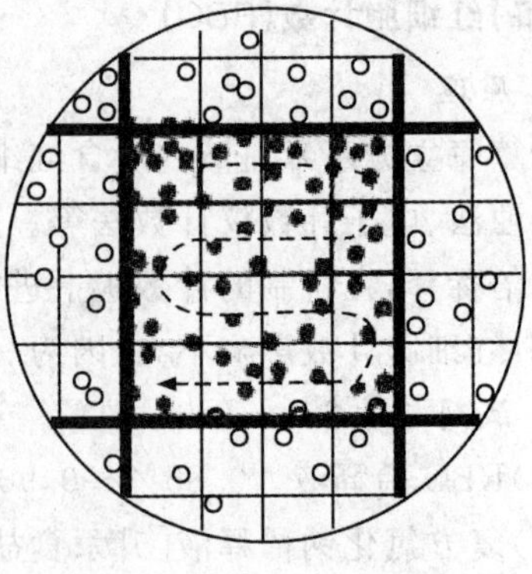

图 3-12 红细胞及计数顺序

4. 计算

按下列公式进行：每立方米血液内红细胞总数＝$X/80\times400\times200\times10$，式中：$X$ 为 5 个中方格 80 个小方格内的红细胞数；400 为小方格总数；200 为稀释倍数（实际稀释 201 倍，由于仅影响 0.5%，误差恒定，为计算方便，仍按 200 倍计）；10 为计数板与盖玻片的实际高度为 1/10 mm 乘以 10 以后即为 1 mm。

公式简化为：每立方米血液内红细胞总数＝$X\times10\ 000$

在填写检验报告单时，宜用万/mm^3或万/μL 来表示。或用个$\times10^{12}$/L 来表示。

5. 注意事项

(1)红细胞计数是一项细致的工作，稍有粗心大意，就会引起计数不准。关键是防凝、防溶、取样正确。此外，显微镜台未保持水平，使计数室内的液体流向一侧，这些操作上的错误均可使计数结果不准确。

(2)器材清洗方法：沙利氏吸血管或试管，每次用完后，先用清水吸吹数次，然后用蒸馏水、酒精、乙醚，按次序分别吸吹数次，干后备下次使用。血细胞计数板用蒸馏水冲洗后，用绒布轻轻擦干即可，切不可用粗布擦拭，也不可用酒精、乙醚等溶液冲洗。

(3)如用红细胞专用稀释管来稀释，可吸血至刻度 0.5 处，再吸稀释液至刻度 101 处（此即为 200 倍稀释），操作中注意事项同上。

(4)大批检验时，如有条件，可用电子血细胞计数器进行计数，见电子血细胞计数器使用方法。光电比浊法计数尽量不用，因误差较大。

6. 正常值

健康家畜除山羊的红细胞数较多外，其他家畜的红细胞数 600 万～800 万/mm^3。健康家禽红细胞数，公鸡 323 万/ mm^3；母鸡 272 万/ mm^3；鸭 306 万/ mm^3；鹅 271 万/ mm^3。

7. 临床意义

红细胞增多，绝大多数为相对性增多，也称为假性红细胞增多症，指血浆容量减少，血液浓缩所致，见于各种脱水情况，比如下痢、呕吐、多尿、大出汗、急性胃肠炎、肠便秘、肠变位、牛的瓣胃或真胃阻塞、胸膜炎的渗出期、腹膜炎、日射病、热射病、某些传染病及发热性疾病等。绝对性红细胞增多是红细胞增生所致，原发性红细胞增多症与促红细胞生成素产生过多有关，比较少见，见于某些肾病，肝细胞癌等；继发性红细胞增多，是由于各种原因的缺氧，代偿性的使红细胞绝对数增多。红细胞数和血红蛋白量减少，见于各种贫血，比如血液原虫病、溶血性疾病、牛血红蛋白尿症、造血原料不足、造血功能障碍、红细胞破坏过多或慢性失血等；禽的马立克氏病、淋巴性白血病、鸡白痢等。

（三）红细胞形态观察

通过红细胞数及血红蛋白含量减少可确定有无贫血以及贫血的程度。而进一步观察红细胞大小、形状、染色性、结构等方面的变化能大致做出贫血的形态学诊断，并由此推断病因，相应采取妥善的治疗。通常，在白细胞分类计数时，一并观察红细胞的形态。为便于观察，血片应厚薄适宜，要求其中红细胞排列均匀，无堆叠现象，并染色良好。

健康家畜的红细胞呈双凹盘状、圆形、无核，家禽的红细胞则呈椭圆形，有核。瑞氏染色后呈橘红色，中央稍淡。在病理情况下，红细胞形态改变表现在以下几个方面：

1. 红细胞大小改变

红细胞直径相差悬殊（大小相差1倍以上），称为红细胞大小不均症，见于贫血（尤其是营养不良性贫血）而骨髓造血机能增强时。大红细胞增多，中央淡染区消失，见于缺乏钴、叶酸、维生素 B_{12} 等成熟因子。小红细胞增多，且中央淡染区扩大，见于缺铁性贫血。

2. 红细胞形状改变

异性红细胞症，即红细胞呈梨形、镰形、星形、半月形等不规则的形态，见于重度贫血而骨髓造血机能异常时。红细胞直径缩小，厚度增加，成为球形，且染色较深，称球形红细胞，见于免疫溶血性贫血。红细胞扁而薄，其边缘部分或中心部位有血红蛋白着色，二者之间有一乏色素地带，形似射击之靶，称靶形红细胞，多见于各种低色素性贫血。

3. 红细胞染色性改变

低色素性或淡染性红细胞，表现为中央淡染区扩大，是由于血红蛋白量明显减少，多与小红细胞同时出现，见于缺铁性贫血。高色素性或浓染性红细胞，指中央淡染区消失，整个红细胞浓染，是由于其胞体大，直径增厚所致，多与大红细胞同时出现，见于缺乏叶酸、维生素 B_{12} 等物质时。嗜多色性或多染性红细胞，是由于红细胞未完全成熟而染成灰蓝色，说明骨髓造血机能活跃，见于各种再生性贫血。

4. 红细胞中的异常结构

嗜碱性红细胞是含有蓝黑色、大小不一颗粒的红细胞，由于红细胞在成熟过程中受毒物的影响所致，见于重金属盐类中毒（尤其是铅中毒）。何—乔氏小体，在红细胞内的紫红色点状小体，可能是核萎缩形成的残余物，见于重度贫血或脾切除后。卡伯环，在红细胞内染成紫红色，呈细线圈状或“8”字形，可能是核膜的残余，见于铅中毒或溶血性贫血。

海思兹小体，必须用新配制的美蓝液进行活体染色才易发现。即血片自然干燥后，直接用0.5%美蓝生理盐水染色，盖上盖玻片，立即检查。在显微镜下，成熟红细胞染色模糊，而此种小体则为蓝黑色小点，在一个红细胞内存在一个或多个，通常位于边缘，也有从边缘向外凸出的，有折光性。此种小体是变性珠蛋白的沉淀物，见于硒缺乏病，牛、羊的甘蓝中毒和洋葱中毒、慢性铜中毒及马的硫化二苯胺中毒等。

（四）白细胞计数（WBC）

1. 原理

用冰醋酸破坏红细胞，用血细胞计数板计数每立方米内的白细胞总数。此项检验需与白细胞分类计数相配合，才能正确分析与判断疾病。

2. 试剂与器材

(1)试剂　1%冰醋酸或1%盐酸溶液。

(2)器材　Hb吸管、0.5 mL或1 mL吸管、小试管、计数板、小玻棒、盖玻片、显微镜。

3. 方法

用吸管吸稀释液0.4 mL于小试管中，再用Hb吸管吸血样20 mm^3 处，擦去吸管周围附着的血液后插入小试管底部，轻轻压出血液后用上清液洗涤吸管数次，充分混匀，备用。计数方法与红细胞计数方法相同，计数在计数室四角大方格中的白细胞数。

4. 计数

按下列公式计算：每立方米血液内白细胞总数$(E)=X/4\times20\times10$，式中：$X/4$为1个大方格(面积为1 mm^2)内白细胞数目；X为四角大方格内的白细胞总数；20为稀释倍数(若吸血到10 mm^3 处，稀释倍数为40)；10为计数板与盖玻片间的高度1/10 mm，乘10则为1 mm。

上式可简化为：$E=X\times50$

5. 正常值

健康家畜红、白细胞数的正常值见表3-1。

表3-1　健康家畜红、白细胞数

动物种类	红细胞数/(万个/mm^3)	白细胞数/(个/mm^3)
马、骡、牛	650(600～700)	8 000(7 000～9 000)
猪	600(500～700)	13 000(11 000～16 000)
绵羊	900(800～1 100)	8 500(8 000～9 500)
山羊	1 300(1 000～1 600)	10 000(7 000～13 000)
鸡	350(250～500)	20 000(18 000～30 000)

(引自《兽医临床诊断学》，耿永鑫主编，中国农业出版社，1990)

6. 临床意义

白细胞增多，见于多种情况，如某些球菌(链球菌、葡萄球菌、肺炎双球菌、脑膜炎双球菌)及某些杆菌(大肠杆菌、绿脓杆菌、炭疽杆菌)的感染、真菌的感染、炎症性疾病(大叶性肺炎、小叶性肺炎、胸膜炎、肾炎、创伤性心包炎、子宫炎、乳房炎等)、中毒性疾病、传染病初期及发热性疾病等；白细胞显著增多，红细胞显著减少，见于白血病；白细胞减少，见于病毒性疾病(如流感、猪瘟、马传染性贫血病、猫泛白细胞减少症、犬瘟热)、长期使用某些药物或一时用量过大(如磺胺类药物、氨基比林)、各种疾病濒死期有时一天之内降到2 000～3 000个/mm^3、某些血孢子虫病、血液原虫病、休克、营养衰竭症、骨髓再生功能不全等。

注意：血红蛋白吸管，红、白细胞吸管的清洗，应该先用蒸馏水冲洗干净，用酒精冲洗脱脂，再用乙醚冲洗干燥备用。如遇被凝血块堵塞时，即可以用马尾毛疏通，再按上述方法冲洗后备用。

(五)白细胞分类计数

1. 原理

细胞的染色反应,决定细胞的化学结构对染色的亲和力,根据着色不同,计数血液中各种白细胞的百分率,并推算出各种白细胞的绝对值。

2. 试剂与设备

(1)试剂　染色液。

(2)设备　玻片(经处理后无油污的洁净玻片)、染色缸、染色架、二甲苯、香柏油、擦镜纸(或绸布)、显微镜、挂图。

3. 血片的制作

左手持载玻片两端,右手持推片,取被检血一滴(直接涂片时第一滴血不要)滴于载片一端,推片一端与血接触呈 45°,并使其血液自由沿推片边缘扩散,待均匀后,以同等速度轻轻向另一端推动,使血均匀地涂抹在载片上(图 3-13、图 3-14)。让其自然干燥,待染(良好的血片以薄而均匀为宜)。

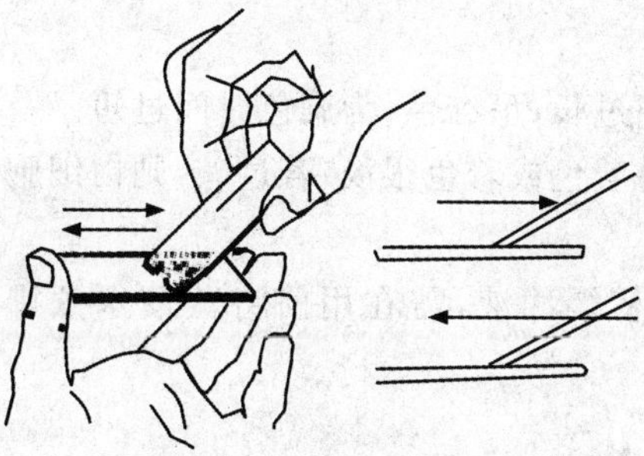

图 3-13　涂制血片的方法

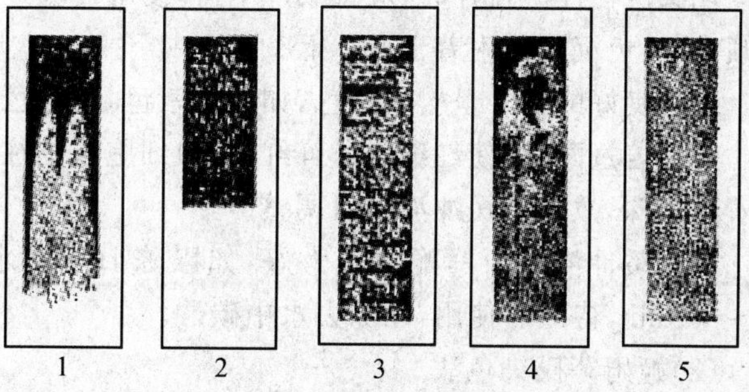

图 3-14　制作良好与不良的血片

1. 玻片上油脂　2. 血膜太短　3. 血膜不均　4. 前端太厚　5. 良好血片

注意:载玻片必须清洁干燥,最好用硫酸重铬酸钾溶液浸泡洗净后,烘干备用。冬季或寒冷情况下,宜将玻片烘热到 40℃左右,干燥速度快,血细胞形态变形小,如不能立即检验,可用甲醇数滴加以固定。

4. 血片的染色方法

(1)瑞氏染色法

染液的配制:瑞氏染色粉 0.3 g,甘油 3 mL,甲醇 97 mL。将瑞氏染色粉置于干燥清洁的研钵中磨碎,加甘油混匀,再加甲醇(用甲醇多次冲洗研钵),装在有色瓶内,室温下放置 1 周(每日振摇 1 次)过滤后即可使用。

缓冲液的配制:

方法一:磷酸二氢钾 5.7 g,磷酸氢二钠 3.8 g,蒸馏水加至 1 000 mL,混合溶解即成。

方法二:1%磷酸二氢钾 30.0 mL;1%磷酸氢二钠 20.0 mL;蒸馏水加至 1 000 mL。

所有染料对氢离子浓度均较敏感,染色时由于酸碱度的改变,蛋白质与染料所形成的化合物可重新离解,故染色时染液的 pH 能够影响染色的结果。

瑞氏染色的适当 pH 为 6.4～6.8。当染液偏于碱性时，可与缓冲液中酸基起中和作用；染液偏酸性时，可与缓冲液中碱基起中和作用；维持染色时的一定酸碱度，才能使染色结果满意。

染色步骤：取干燥血液涂片，在血膜两端用蜡笔画线，以节省染液并防止外溢。置血片于染色缸的染色架上（一般可用玻璃棒或铁丝自制）。

滴加染液（量的多少由血膜大小而定），染色液的量以刚覆盖血膜为宜（也可将血液涂片的血膜向下，滴加染液时由玻片边缘浸入，以覆盖血膜。此法可避免颗粒状物沉于血膜上，而影响计数）。

待染 5～8 min 后，再加 1～1.5 倍缓冲液，并轻轻摇动，或以口吹气，使染液和缓冲液混匀。

继续染色 3～5 min，用蒸馏水或常水冲洗后，将血片立于置片架上，在空气中任其自然干燥，或用清洁吸水纸将水分吸干，以备镜检。

染色时应注意：滴加染液的量勿过多或过少，过多则玻片上不能容纳而流失，造成浪费；过少时甲醇蒸发后易留下沉淀物。滴加缓冲液后，应使之与染液混匀，否则血片可发生染色浓淡不均现象。在冲洗血片时，应将载片平持，使水自玻片边缘溢出，沉渣从液面浮去，切勿先将染液倾去，以免沉淀物附着于血片上。

染色良好的血片呈樱桃红色，如呈深紫色，为染色时间过长；呈红色，为染色时间过短。

染液若过酸，可使红细胞呈鲜红色，白细胞核往往不易着色或着色很淡；若过碱，则白细胞核着色过深，故需用缓冲液加以调整。

所用缓冲液以新鲜配制者为好，如以陈旧蒸馏水代替缓冲液，需在用前将蒸馏水煮沸 15～30 min，待冷后使用，以除去水中碳酸。

(2)姬姆萨氏染色法

染液的配制：姬姆萨氏染色粉 0.5 g；纯甘油（中性）33 mL；纯甲醇（中性）33 mL。

先将姬姆萨氏染色粉加入干净研钵中，加入少量甘油，充分研磨，然后加入其余甘油，水浴加温（56～68℃）1～2 h，经常用玻璃棒搅拌，使染色粉溶解；再加入甲醇，混匀，保存于棕色瓶中。1 周后，用滤纸滤过即成原液。临用时，以清洁、干燥吸管吸取原液 1 mL，加于蒸馏水 10 mL 中；或吸取原液 1～2 滴，加于蒸馏水 1 mL 中（原液中需绝对避免混入水分），配制成应用液使用。

染色步骤：将血片用甲醇数滴固定 3～5 min 后，滴加姬姆萨氏应用液，至盖满整个血膜（约 2 mL），根据室温高低和血片厚度，染色 10～30 min。用蒸馏水冲洗、干燥、镜检。

染色良好的血片呈玫瑰红色。如显灰色及青灰色，表示染色液过碱；呈鲜红色，则表示染色液过酸或染色时间过短。本法所染血片，清晰鲜艳，各种白细胞易于辨别并适用作血液原虫的检查。

(3)瑞-姬氏复合染色法　姬氏染色对细胞核及血原虫效果较好，对胞浆及颗粒的染色则不如瑞氏染色法。采用复合染色，如掌握得法，可兼取二者的长处。用瑞氏染液染色 1～2 min，再用姬氏应用液复染 8～10 min 即可。也可买市售瑞氏-姬姆萨染色液，按说明书操作。

(4)快速染色法

染液的配制：

A 液：磷酸二氢钾 6.64 g，磷酸氢二钠 2.56 g，伊红 Y 4 g（或伊红 B 2.5 g），蒸馏水

1 000 mL，石炭酸 40 mL，煮沸，待冷备用。

B 液：亚甲基蓝 4 g，蒸馏水 1 000 mL，高锰酸钾 2.4 g，煮沸，待冷备用。

染色步骤：把干燥血片浸入 A 液 30 s，水洗玻片，再浸入 B 液 30 s，水洗玻片待干，镜检。

本法除了能快速用于急症检查外，对玻片的质量要求也不高。而且随着染色液多次使用，可适当延长染色时间或更换新液。

5. 白细胞分类计数

先用低倍镜全面观察血片上细胞分布情况及染色质量，然后选择染色良好，细胞分布均匀的部分，用油镜进行分类。由于比重大的细胞（粒细胞，单核细胞等）多分布在血片的边缘和尾部，比重小的细胞（如小淋巴细胞等）则多分布在血片的头部和中间。为减少这种细胞分布的固有误差并避免重复计数，血片必须按一定方向曲折移动而分类计数，可采用四角区法计数（图 3-15），在血片的四角各取一点，在此区域内各计数 25 个，共计 4 个〔也可用两区、三区法（图 3-15）计数〕区域白细胞，并且分类计数的白细胞总数至少要达 100 个（如果计数 200～300 个白细胞，当然其百分率更为准确）。

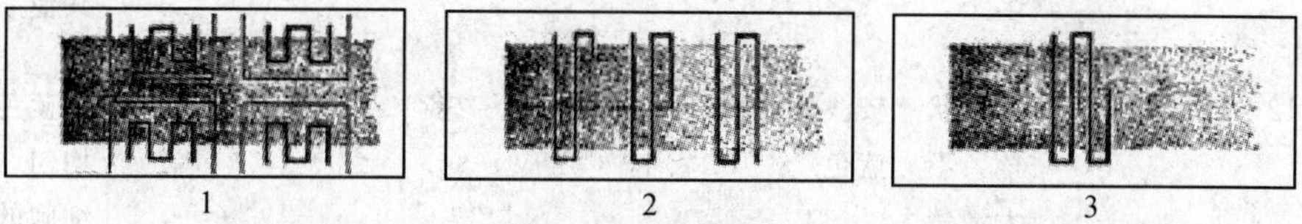

图 3-15　白细胞分类计数顺序

1. 四区计数法　2. 三区计数法　3. 中央曲折计数法

记录时，可用白细胞分类计数器，或设计一个表格，用画“正”字的方法加以记录。某种白细胞绝对值：白细胞总数/mm^3 某种白细胞的百分率。

各类白细胞的特征，镜下区别见表 3-2。

6. 正常值

各种动物白细胞分类正常值（%），详见表 3-3。

7. 临床意义

白细胞总数的变化，能反映机体防御机能的一般状态，因而具有一般的诊断意义，而白细胞分类计数则能进一步反映机体防御机能的特殊状态，在诊断上具有深刻的意义。所以在分析临床意义时，必须把二者结合起来，全面考虑。某种白细胞的绝对值及其百分比均增加，称为某种白细胞的绝对性增多，如果其绝对值正常，而百分比增加是由于另一类白细胞的百分比减少所致，则称为某种白细胞的相对性增多。在分析病情时必须注意这一点。

(1)嗜中性白细胞增多　见于某些急性传染病（如炭疽、出败、猪丹毒）；某些化脓性疾病（化脓性胸膜炎、创伤性心包炎），某些急性炎症（胃肠炎、乳房炎）；某些慢性传染病（结核），大手术后，外伤；酸中毒的前期，肾上腺素中毒、烫伤等。

(2)嗜中性白细胞减少　见于病毒性疾病及各种疾病的垂危期，也可见于造血器官机能的抑制与衰竭。

(3)嗜酸性白细胞增多　见于寄生虫病（如旋毛虫病、猪囊虫病、肝片吸虫病、球虫病等），某些过敏性疾病（如血清病、荨麻疹、饲草过敏等），皮肤病（如湿疹、疥癣），某些传染病（如猪丹毒）等。

表 3-2 各种白细胞的形态特征

白细胞种类	直径/mm	细胞核						颜色	透明	带颗粒
		位置	形状	颜色	核染色质	细胞核膜	多少			
嗜中性幼年核		偏心性	椭圆	红紫色	细致	不清楚	中等	蓝粉红色	无	红或蓝，细致或粗糙
嗜中性杆状核	7～15	中心或偏心性	马蹄或腊肠形	浅紫蓝色	细致	存在	多	粉红色	无	嗜中、嗜酸或嗜碱
嗜中性分叶性		中心或偏心性	3～5叶者居多	深紫蓝色	粗糙	存在	多	浅粉红色	无	粉红色或紫红
嗜酸性白细胞	10～15	中心或偏心性	2～13叶者居多	较浅紫蓝色	粗糙	存在	多	蓝粉红色	无	深红，分布均匀，马的最大，其他家畜次之
嗜碱性白细胞	12～15	中心性	叶状核，不太清楚	较浅紫蓝色	粗糙	存在	多	浅粉红色	无	显蓝色，分布不均匀，大多数在细胞的边缘
淋巴细胞	7～19	偏心性	圆形或微凹入	深紫蓝色	大块或中等块或致密	存在	少	天蓝深蓝或淡红色	细胞浆深染时存在	无或有少数嗜亚尼林蓝色颗粒
大单核细胞	12～14	中心或偏心性	豆形、山字形椭圆形	浅蓝紫色	细致网状边缘不齐	存在	很多	灰蓝色，云蓝色	无	很多，非常细小、淡紫色

(引自《兽医临床诊疗学》，唐兆新主编，中国农业出版社，2002)

表 3-3 各种动物白细胞分类正常平均值 %

动物种类	嗜碱性白细胞	嗜酸性白细胞	嗜中性白细胞			淋巴细胞	单核细胞
			幼年型	杆核型	分叶型		
马	0.5	4.5	0.5	4.0	54.0	34.0	2.5
牛	0.5	4.0	0.5	3.0	33.0	57.0	2.0
骆驼	0.5	8.0	1.0	6.5	47.0	55.0	3.5
羊	0.5	2.5	3.0	33.5	55.5	3.5	
猪	0.5	2.5	1.0	5.5	32.0	55.0	3.5

(引自《兽医临床诊断学实习指导》，贺永建，李前勇主编，西南师范大学出版社，2005)

(4)嗜酸性白细胞减少　见于毒血症、尿毒症、严重创伤、中毒、饥饿及过敏等。

(5)淋巴细胞增多　见于某些慢性传染病(如结核、布氏杆菌),急性传染病的恢复期,某些病毒性疾病(如猪瘟、流行感冒)及血孢子虫病。

(6)淋巴细胞减少　当嗜中性白细胞增多,淋巴细胞减少,为预后良好的象征。

(7)大单核细胞增多　见于某些原虫性疾病(如锥虫、焦虫),某些慢性细菌性疾病(如结核、布氏杆菌),某些病毒性疾病(如马传染性贫血)。

(8)大单核细胞减少　见于急性传染病的初期及各种疾病的垂危期。

(9)嗜碱性白细胞增多与减少　此种情况比较少见,对其临床意义不甚了解。

(10)白细胞出现下列情况时,表示预后不良　白细胞总数与嗜中性白细胞的百分比显著升高者;白细胞总数未能随着病情的发展而适时增加者;嗜中性晚幼细胞及杆核细胞显著增多者;嗜酸性白细胞完全消失者。

(11)白细胞出现下列情况者,表示病情好转　白细胞总数与嗜中性白细胞的百分比随着病情的好转而逐渐下降者;嗜中性晚幼细胞与杆核细胞渐次减少而分叶核细胞渐次相应恢复者;大单核白细胞暂时增多者;嗜酸性白细胞重新出现者;淋巴细胞的百分比逐渐恢复者。

有时由于孤立地根据白细胞百分率的变化去分析结果,会产生错觉,所以常应计算其绝对值,即将白细胞总数乘以相应的百分比。

在分析嗜中性白细胞增、减变化时,不仅要结合白细胞总数的增、减变化,并应特别注意嗜中性白细胞的成熟情况。

嗜中性白细胞的成熟情况,以核象的变化为标志。若末梢血液中未成熟的嗜中性白细胞增多,即出现嗜中性髓细胞、幼稚型和杆状核嗜中性白细胞的比例也升高,则称为核左移。若血液内分叶核嗜中性白细胞大量增多,而且核的分叶数目也增多(大部分为4～5叶或更多分叶),则称为核右移。

严重的核左移,反映病情危重。如白细胞总数增多的同时,出现核左移,表示骨髓造血机能加强,机体处于积极防御阶段;而白细胞总数减少时见有核左移,则标志骨髓造血机能减退,机体的抗病力降低。至于核右移,乃骨髓造血功能衰退的标志,多由机体高度衰竭而引起,常提示预后宜慎重。

(六)血小板计数(GPC)

血小板计数有间接计数法与直接计数法两种,此仅介绍直接计数法。

1. 原理

将血液稀释后在计数室内计数,按红细胞计数的方法,数5个中方格的血小板总数乘以10 000,即换算出被检血的血小板绝对值。

2. 试剂与设备

试剂为1%草酸铵溶液,设备与红细胞计数相同。

3. 操作方法

用吸管吸取1 %草酸铵液2 mL于试管中,再用Hb吸管吸取血至10 mm^3 刻度处,吹入试管中,轻轻摇匀。用小玻棒取一滴充入计数室内,静置15 min,按红细胞计数的方法,数中央大方格中的5个中方格的血小板数,总数乘以10 000即为每立方米血液中的血小板数。血小板在镜中呈椭圆形或不规则形的折光小体。

4. 正常值

健康动物的血小板值(万个/mm^3)为:马 20～50;牛 26～70;羊 27～51;猪 13～45;犬 20～90;猫 30～70;绵羊 17～98;山羊 31～102;鸡 2～4。

5. 临床意义

血小板增多,见于流行感冒、传染性胸膜炎、肺炎。血小板减少,见于马传染性贫血、血斑病、焦虫病、药物中毒、急性白血病、败血性疾病、再生障碍性贫血、X 线照射后。

(七)血液分析仪及临床应用

血液分析仪是目前临床血液检验常用的检测仪器。其特点是检测速度快、精确度高、操作简便。目前,各类血液分析仪主要能完成细胞计数和细胞分类两大功能。血液分析仪检测原理主要是电阻抗法。

三、血液生化检查

(一)血清钠测定(醋酸铀镁试剂法)

1. 原理

血清钠离子与醋酸铀镁试剂作用,生成醋酸铀镁钠沉淀,以亚铁氰化钾与试剂中剩余的乙酸铀作用,生成棕红色亚铁氰化铀。血清中的钠含量越高,则剩余的醋酸铀愈少,显色愈淡,反之则显色愈深。由剩余的醋酸钠量,可以间接的计算出血清钠的含量。

2. 器材

分光光度计、离心机、刻度吸管等。

3. 试剂

(1)醋酸铀镁试剂:醋酸铀 4 g,醋酸镁 15 g,冰醋酸 15 mL,蒸馏水 75 mL,煮沸 2 min,冷却后加蒸馏水至 100 mL;将上液移入 500 mL 容量瓶中,无水乙醇加至 500 mL。将以上药品混匀后置于冰箱过夜,过滤后将滤液装在棕色瓶中,冷藏备用。

(2)1%冰醋酸溶液。

(3)10%亚铁氰化钾溶液。

(4)钠贮存标准液(1 mol/L):氯化钠(AR)在 110 ℃ 的干燥箱中烘 4 h,放在干燥器中冷却,精确称取 5.84 g,置于 100 mL 的定量瓶中,加蒸馏水至刻度处。

(5)钠应用标准液(0.15 mol/L):准确吸取钠贮存标准液 15 mL,置于 100 mL 定量瓶中,加蒸馏水至刻度处。

(6)钠应用标准液(0.25 mol/L):准确吸取钠贮存标准液 25 mL,置于 100 mL 定量瓶中,加蒸馏水至刻度处。

4. 操作方法

按表 3-4 操作,计算:

$$250-\frac{\text{测定管光密度}}{\text{标准管光密度}}\times 100=\text{钠含量(mmol/L)}$$

表 3-4 血清钠的测定

mL

步 骤	标准管	测定管	空白管
血清	—	0.1	—
钠应用淡标准液(0.15 mol/L)	0.1	—	—
钠应用淡标准液(0.25 mol/L)	—	—	0.1
醋酸铀镁试剂	5.0	5.0	5.0
充分混匀,放冰箱内 10 min,2 500 转离心 10 min			
取上清液分别注入另外 3 只试管	0.2	0.2	0.2
1%冰醋酸溶液	8.0	8.0	8.0
10%亚铁氯化钾溶液	0.4	0.4	0.4
混匀,5～30 min 内,以空白管调零用 520 nm 滤光板或绿色滤光板比色,读取各管光密度			

(引自《兽医临床诊疗技术》,朱金凤、王怀友主编．河南科学技术出版社,2007)

5. 注意事项

(1)醋酸铀镁试剂一旦发生混浊,应重新配制。

(2)醋酸铀镁试剂为醇溶液,其体积易受温度影响,每次应作标准管,不宜制作标准曲线。

(3)细胞内含钠极少,轻微溶血,对结果影响不大。

6. 正常值

各种动物血清钠的正常值为 0.13～0.17 mol/L。

7. 临床意义

正常时,钠盐自肠道吸收进入血流,然后自尿排出。体内的钠主要以氯化钠的形式存在于血清中。在红细胞内钠含量极少。钠离子的主要功能为调节细胞外液及细胞内液的正常分布,维持体液的渗透压及酸碱平衡。

血钠增高主要见于肾上腺皮质机能亢进以及补入过多的钠盐所致。

血钠减少见于严重的胃肠炎、液胀性胃扩张、热射病与热射病、大出汗等情况。此外,慢性肾小球肾炎并发尿毒症、代谢性酸中毒等,也可引起大量的钠、钾及氯化钠由尿丢失。

临床上非常重视血清钾、钠浓度的测定,且多数情况下是同时测定的。测定的常用方法还有火焰发射光谱法(FES)、离子选择电极电位分析测定法(IES)及原子吸收分光光度法。原子吸收分光光度法测定灵敏、准确,但设备昂贵,需要特殊的元素灯,因此不能广泛使用。目前在人医临床应用最多的是离子选择性电极法。

(二)血清钾测定(四苯硼钠比浊法)

1. 原理

血清中钾离子与四苯硼钠作用,形成不溶于水的四苯硼钾,它的浊度与钾离子浓度成正比,根据浊度可测得血清钾的含量。

2. 器材

与血清钠测定同。

3. 试剂

(1)缓冲液

0.2 mol/L 磷酸氢二钠溶液(溶液 A):称取磷酸氢二钠($Na_2HPO_{12}\cdot H_2O$)7.16 g,溶于

100 mL 蒸馏水。

0.1 mol/L 枸橼酸溶液(溶液 B):称取枸橼酸 2.1 g,溶于 100 mL 蒸馏水。

应用时,取溶液 A 19.45 mL,加溶液 B 0.55 mL 混合而成。

(2)1% 四苯硼钠溶液　称取四苯硼钠 1.0 g,溶于 20 mL 缓冲液中,加重蒸馏水至 100 mL。

(3)0.2 mmol/L 钾贮存标准液(1 mL 含有 2 mg 钾)　精确称取干燥硫酸钾(C.P)0.446 g,置于 100 mL 容量瓶中,用重蒸馏水溶解并稀释至刻度。

(4)钾应用标准液(1 mL 含有 0.02 mg 钾)　取钾贮存标准液 1.0 mL,置于 100 mL 容量瓶中,以重蒸馏水加至刻度。

4. 操作方法

取血清 0.2 mL 加入重蒸馏水 1.4 mL,10% 钨酸钠溶液 0.2 mL 及 0.3 mol/L 硫酸溶液 0.2 mL,混匀。离心沉淀,取上清液,按表 3-5 操作。

计算:

$$\frac{\text{测定管光密度}}{\text{标准管光密度}}\times 0.02\times\frac{100}{0.1}=\frac{\text{测定管光密度}}{\text{标准管光密度}}\times 20=\text{血清钾含量(mg/dL)}$$

表 3-5　血清钾的测定　mL

步骤	标准管	滴定管	空白管
无蛋白上清液	—	—	1.0
钾钠标准应用液	1.0	—	—
1%四苯硼钠溶液	4.0	4.0	4.0
重蒸馏水	—	1.0	—

(引自《兽医临床诊断学实习指导》,贺永建,李前勇主编,西南师范大学出版社,2005)

混匀,5 min 后用 520 nm 滤光板进行光电比色,以空白管测零,分别读取各管读数。

血清钾含量(mg/dL)×0.025 58 = 血清钾含量(mmol/L)

5. 注意事项

红细胞内的钾离子比血清的含量高约 20 倍,因此,血清中不能有溶血,否则会导致很大的误差。采血后趁血液未凝之前,离心将红细胞除掉,再让血浆凝固,分离血清。

四苯硼钠的质量直接影响检查结果,应选择外观洁白,溶解度高,溶解后溶液清晰的四苯硼钠。而溶液最好经常更新。

6. 正常值

各种动物血清钾正常值(mmol/L)如下:

马　4.61(3.30~6.4)　　骡　4.61(3.87~5.35)

牛　4.60(3.89 ~ 5.79)　　乳牛 5.39(4.10 ~ 6.94)

水牛 4.83(3.40~6.33)　　绵羊 3.89 ~ 5.39

猪　5.88(4.39~6.69)　　犬　4.60(4.36 ~ 5.64)

猫　3.07(2.81~4.09)　　兔　4.09(2.81~5.12)。

7. 临床意义

动物体内绝大部分钾存在于细胞内，为维持细胞活动的重要阳离子。细胞外液中一定浓度的钾盐含量也是维持肌肉神经的正常功能所必需。钾盐胃肠吸收，约90%由尿液排出体外。某些疾病可因钾摄入过少或排除过多，或排出障碍使钾盐潴留，或在体内分布失常而形成血钾增高或减低。

血清钾增高见于肾上腺机能不全、肠阻塞、尿毒症及注射肾上腺素之后。

血清钾减低见于酸中毒、昏迷、呕吐、腹泻、大手术后或因钾盐不足等。

(三)血清氯化物测定(硝酸汞法)

1. 原理

以标准硝酸汞溶液滴定血清中氯化物，用二苯卡巴腙(Diphenyl-carbazone)(又名二苯胺脲、二苯偶氮碳酰肼)作指示剂，硝酸汞与氯化物作用生成溶解而不解离的氯化汞。当滴定到达终点时，过量硝酸汞中的汞离子与二苯卡巴腙作用，生成紫红色的络合物。根据硝酸汞的消耗量，可以求出被检样品中氯化物的含量。

2. 器材

试管、微量滴定管、吸管等。

3. 试剂

(1)氯化钠1 mol/L溶液　取氯化钠(AR)10 g，于110℃干燥箱中烘3～4 h，移至干燥器中冷却。精确称取5.845 g，置于100 mL量瓶内，加蒸馏水至刻度处，最好保存冰箱内，以免生霉。

(2)氯化钠应用标准液(0.01 mol/L)　精确吸取1 mol/L氯化钠溶液1 mL，置于100 mL量瓶中，加蒸馏水至刻度处，混匀。

(3)0.1%二苯卡巴腙乙醇溶液　称取二苯卡巴腙0.1 g，溶于95%乙醇100 mL中，装在棕色玻璃瓶，放冰箱冷藏，1个月更新一次。

(4)0.05 mol/L硝酸溶液　取硝酸溶液5 mL，置于100 mL量瓶中，加蒸馏水至刻度处，混匀。

(5)硝酸汞溶液　称取硝酸汞(AR)1.7 g，溶于约200 mL蒸馏水中，加浓硝酸2.6 mL置于1 000 mL量瓶内，再加蒸馏水至刻度处，混匀，此溶液稳定。

4. 操作方法

取小试管1只，准确加入血清0.1 mL，加重蒸馏水1.0 mL，混匀，再加0.1%二苯卡巴腙溶液1滴，此时混合液呈“肉红色”，加0.05 mol/L硝酸1～2滴，颜色随即消退。用装有硝酸汞溶液的微量滴定管进行滴定，待液体呈现紫色时即为终点，记录用量。

另取小试管1只，准确加入氯化钠应用标准液1.0 mL，如标本一样滴定，待液体呈现与测定管相同的或近似的紫红色即为终点，记录用量。

计算：

$$\frac{\text{滴定测定管消耗的硝酸汞溶液(mL)}}{\text{滴定氯化钠标准消耗的硝酸汞溶液(mL)}}\times 0.01\times\frac{1\,000}{0.1}=\text{每升血清内含氯化钠的量(mmol/L)}$$

5. 注意事项

因红细胞内亦含有氯化物，故所测血清不能溶血，一旦血清溶血，可用钨酸法制成血滤液，取 1.0 mL 进行滴定。

硝酸汞与溴化物亦有同样反应，刚用过溴化物治疗的病畜，此时不宜作血清氯化物的测定。

6. 正常值

各种动物血清氯化物正常值(mmol/L)如下：

马	111.80(103.44～118.89)	骡	106.08(101.64～110.49)
驴	105.03～126.9	黄牛	101.87(83.36～120.39)
绵羊	94.92～102.91	猪	102.91(99.91～104.9)
犬	105.9(98.91～109.91)	猫	119.9(116.9～122.89)
鸡	29.29(18.19 ～ 40.39)		

7. 临床意义

氯化物主要功能为维持血液与组织间渗透压的平衡，以及维持细胞外液的容量。氯化物进入畜体主要靠饮食摄入，有尿排出。

氯化物增加，见于氯化物排出减少，如急性或慢性肾小球肾炎、尿结石、心力衰竭等；氯化物摄入过多主要见于静脉输入高渗盐水或生理盐水过多而肾排泄功能不良时。

氯化物减少，见于剧烈腹泻，呕吐，多尿症等。

除上述方法外，还有很多方法。比如电量分析法，用氯化物测定仪，此法操作简便，适合于常规检验用；硫氰酸汞比色法，既可手工操作，又可作自动化分析，准确度和精密度良好，是临床使用的常规方法；库仑滴定法，准确度高，被推荐为氯测定的参考方法；离子选择电极法，准确度和精密度良好；同位素稀释质谱法，为氯测定的决定性方法；酶法，准确简便，但国内尚未推广应用。

(四)血清钙测定(高锰酸钾滴定法)

血清钙测定的方法有乙二胺四乙酸二钠滴定法、火焰分光光度计法、高锰酸钾滴定法和离子选择电极法等。这里介绍高锰酸钾滴定法。

1. 原理

血清加草酸铵使钙沉淀为草酸钙，以氨液洗去多余之草酸铵，再加硫酸使草酸游离，用标准高锰酸钾溶液滴定，计算钙的含量。

2. 器材

电动离心机、离心管、吸管、微量滴定管等。

3. 试剂

(1)4％草酸铵溶液：草酸铵 4 g，溶于 100 mL 蒸馏水中。

(2)2％氢氧化铵溶液：取浓氨液 2 mL，加蒸馏水 100 mL 。

(3)0.5 mol/L 硫酸溶液。

(4)0.01 mol/L 草酸钠溶液：精确称取草酸钠 6.7 g(须先置于 110℃ 烘箱内干燥 5 h，冷却后取出再行称量)，溶于蒸馏水，移入 1 000 mL 容量瓶，加纯硫酸 5.0 mL，再以蒸馏水稀释至刻度而成 0.1 mol/L 草酸钠溶液。准确吸取此液 10.0 mL 加入 1 000 mL 容量瓶，以蒸馏水稀释至刻度。此液应临用前配制。

(5)0.01 mol/L 高锰酸钾溶液(1 mL＝0.2 mg 钙)　称取高锰酸钾 3.161 g 置于 1 000 mL 容量瓶，加少量蒸馏水使之溶解，再加蒸馏水至刻度，此液为 0.1 mol/L 高锰酸钾液。取此液 10 mL，以蒸馏水稀释至 100 mL，即为 0.01 mol/L 高锰酸钾液。置棕色瓶内备用。此溶液的浓度可因搁置而改变，故应用浓度为 0.01 mol/L 草酸钠溶液滴定校正。

校正方法：取 0.01 mol/ L 草酸钠溶液 2 mL 及 0.5 mol/L 硫酸溶液 2 mL，置于一试管内(校正管)，另取 0.5 mol/L 硫酸溶液 2 mL 及蒸馏水 2 mL，置于另一试管内，同置于沸水内 1 min，使管内液体温度到 75℃，以微量滴定管盛 0.01 mol/L 高锰酸钾液和 0.01 mol/ L 草酸钠溶液分别进行滴定，至管内溶液呈粉红色而持续 15 s，不褪色为止，空白管所需之 0.01 mol/ L 高锰酸钾溶液通常约为 0.02 mL。高锰酸钾浓度的校正系数可由下式求得：

$$0.01\ \text{mol/L 高锰酸钾浓度校正系数}=\frac{2}{\text{滴定校正管所需要量}-\text{滴定空白管所需要量}}$$

4. 操作方法

取血清 1 mL 置于离心管，加蒸馏水 3 mL，4％草酸铵溶液 1.0 mL，混匀，静置 30 min，以 3 000 r/min 的速度离心沉淀 10 min。倾去上清液，将离心管倒置于纸上吸去管内残液。

2％氢氧化铵溶液 4 mL 于离心管内，以玻棒充分搅匀后，再离心沉淀 5～10 min，倾去上清液。用同样方法再洗涤一次，倒置离心管于滤纸上 5 min。

加 0.5 mol/L 硫酸溶液 2 mL，使管内沉淀物完全溶解。置于沸水中，使管内温度维持在 75℃ 左右。

以 1 mL 刻度吸管(最好用微量滴定管)，吸取 0.01 mol/L 高锰酸钾溶液进行滴定，直至呈微红色为止，记录滴去的 0.01 mol/L 高锰酸钾溶液毫升数。

5. 计算

$$\text{测定管滴定用去毫升数}\times\text{校正系数}\times 0.2\times\frac{100}{1}\times 0.499=\text{钙(mmol/L)}$$

血清钙的报告单位有两种，其换算关系如下：

钙(mmol/L)＝mg％×0.499

钙(mg％)＝mmol/L×2.004

为精确起见，前述计算公式可改变：

$$\frac{\text{滴定量}}{\text{所需毫升数}}-\frac{\text{滴定空白管}}{\text{所需毫升数}}\times\text{校正系数}\times 0.2\times\frac{100}{1}=\text{钙(mg\%)}$$

6. 注意事项

测定所用一切玻璃器皿、试管等，用前应以清洁液浸泡并以重蒸馏水冲洗干净，烘干备用。

血清必须尽早与血红细胞分离，以免钙的弥散，导致测定结果偏低。

在洗涤沉淀物中，必须将过量的草酸铵溶液全部洗掉，否则，导致测定结果偏高。

用高锰酸钾滴定草酸钙时，温度不能低于 10℃，否则，测定结果偏低。

7. 正常值

各种动物血清钙的正常值(mmol/L)如下：

马	3.02(2.77～3.26)	骡	3.38(2.83～3.33)
牛	2.9	乳牛	2.89(2.42 ～ 3.03)
绵羊	3.03±0.17	猪(6 月龄)	2.41 ± 0.25
犬	2.53±0.51	猫	1.55 ± 0.24

血清钙升高，见于甲状旁腺机能亢进，内服和注射维生素 D 过多、多发性骨髓瘤、胃肠炎和由于脱水而发生酸中毒时。

血清钙降低，见于甲状旁腺机能减退、维生素 D 缺乏、骨软病与佝偻病、产后低钙血症及慢性肾炎与尿毒症等。

(五)血清无机磷测定(磷钼酸法)

血清中无机磷含量与钙有一定关系，通常钙、磷浓度(mg%)乘积等于 40，二者的乘积小于 35，即可发生佝偻病或骨软病等营养性骨病。血清无机磷测定的方法有氧化亚锡法，对苯二酚法、磷钼酸法和抗坏血酸法等，这里介绍磷钼酸法。

1. 原理

以三氯醋酸沉淀血清中蛋白质，血清无机磷仍保留在酸性滤液中，加钼酸试剂于滤液，则与滤液中的结合成磷钼酸，再以氯化亚锡把它还原成蓝色的化合物钼蓝。与同样处理的标准液比色，求得无机磷的含量。

2. 器材

电动离心机，光电比色计，吸管，试管等。

3. 试剂

(1)10%三氯醋酸溶液。

(2)磷酸盐贮存标准液(1 mL=0.1 mg 磷)：精确称取无水纯磷酸二氢钾 0.438 9 g，溶于 1 000 mL 蒸馏水，加氯仿数滴以防止发霉。

(3)磷酸盐应用标准液(1 mL=0.01 mg 磷)：取贮存标准液 10.0 mL，加蒸馏水至 100.0 mL。

(4)钼硫酸试剂：取 7.5%钼酸铵溶液及 5 mol/L 硫酸溶液各 50 mL，备用。

(5)氯化亚锡贮存液：取贮存液 1.0 mL，加蒸馏水至 200.0 mL，贮于棕色瓶，置冰箱保存。

(6)氯化亚锡应用液：取贮存液 1.0 mL，加蒸馏水至 200.0 mL。现用现配。

4. 操作方法

采血后尽快分离血清，取血清 1.0 mL，加入 10%三氯醋酸 4.0 mL，混匀。静置 1～2 min，过滤。每 2 mL 滤液中含血清 0.4 mL，按表 3-6 操作。

表 3-6 血清无机磷的测定 mL

步骤	标准管	滴定管	空白管
无蛋白血滤液	—	2.0	—
磷酸盐应用标准液	2.0	—	—
蒸馏水	5.0	5.0	7.0
钼硫酸试剂	2.0	2.0	2.0
混匀后立即加入氯化亚锡应用液	10	1.0	1.0

(引自《兽医临床诊疗学》，唐兆新主编，中国农业出版社，2002)

混匀，静置 1 min，用 640～700 mm 滤光片，以空白管校正光密度至 0 点，分别测定各管之光密度。

计算：

$$\frac{\text{测定管光密度}}{\text{标准管光密度}}\times 0.02\times\frac{100}{0.4}\times\frac{\text{测定管光密度}}{\text{标准管光密度}}\times 5=\text{磷(mmol/L)}$$

5. 注意事项

(1)采血后及时分离血清,并严防溶血,否则,其中的有机磷水解为无机磷,会使测定结果偏高。

(2)本项测定都用血清,如急需结果,可用血浆,但抗凝剂草酸钾每毫升血液量不能多于2 mg,以免影响最后显色结果。

(3)氯化亚锡为还原剂。其应用液应用于临床时,由贮存液稀释配制。

6. 正常值

各种动物血清无机磷正常值(mmol/L)如下:

马	1.47(0.92～1.95)	骡	1.03(0.88～1.50)
驴	1.79±0.64	黄牛	2.25±1.09
乳牛(母)	1.92(1.08 ± 3.39)	乳牛(公)	2.10(1.37±2.91)
水牛	1.74±0.41	牦牛	2.05(1.55～2.58)
绵羊	1.22±0.25	山羊(母)	2.26(0.9)～3.55
猪	2.42(1.29～3.55)	仔猪(哺乳)	2.55(1.68～3.44)
犬	1.0(0.71～1.29)	猫	2.07±0.38

血中无机磷含量升高,见于肾脏炎症,尤其是晚期尿毒症阶段。甲状旁腺功能过低症,维生素D过多中毒期,低蛋白白血症,幼年动物,骨折愈合期,全血长期贮存造成酯化的磷酸盐被分解,磷被释放出来。高磷低钙的饲料。

无机磷降低,见于营养缺乏及吸收不良,甲状旁腺机能亢进、维生素过多症、骨软化症、佝偻病、糖尿病酸中毒阶段等。

(六)血清镁测定(钛黄比色法)

血清镁测定常用钛黄比色法和原子吸收分光光度计法等,现介绍钛黄比色法。

1. 原理

血清中的镁在氢氧化钠介质中形成氢氧化镁胶体粒子,它与钛黄的结合物呈现橘红色,显色强度与血清的浓度成正比。加入聚乙烯颜色处于稳定状态。

2. 试剂

(1)镁标准贮存液(40 mmol/L):称取硫酸镁($MgSO_4\cdot 7H_2O$)4.93 g,加蒸馏水约200 mL,溶解后置于1 000 mL量瓶内,再加蒸馏水至刻度处。

(2)镁标准应用液(40 mmol/L):准确吸取镁标准贮存液1.0 mL,置于100 mL量瓶内,用蒸馏水加至刻度处。此液临用时配制。

(3)0.1%聚乙烯溶液:称取聚乙烯醇1.0 g,先溶于50℃左右的蒸馏水约500 mL,待冷却至室温,置于1 000 mL量瓶内,加蒸馏水至刻度处。

(4)0.5%钛黄溶液:吸取0.5%钛黄溶液0.4 mL,用蒸馏水稀释至1 000 mL,贮存于棕色瓶内。

(5)0.02%钛黄溶液:吸取0.5%钛黄溶液0.4 mL,用蒸馏水稀释至1 000 mL,此液要临用时配制。

(6)7.5%氢氧化钠溶液。

3. 操作方法(表 3-7)

表 3-7 血清镁的测定 mL

步骤	低标准管	高标准管	测定管	空白管
镁标准应用液	1.0	2.0	—	—
血清	—	—	0.2	—
重蒸馏水	2.0	1.0	2	3.0
充分混匀				
0.1%聚乙烯溶液	0.5	0.5	0.5	0.5
充分混匀				
0.2%钛黄溶液	0.5	0.5	0.5	
充分混匀				
7.5%氢氧化钠溶液	0.5	0.5	0.5	0.5
充分混匀,以空白管调零,5～30 min 内用 540 nm 滤光板比色,读取各管光密度。				

(引自《兽医临床诊疗技术》,朱金凤,王怀友主编,河南科学技术出版社,2007)

计算:

低标准管:

$$\frac{\text{测定管光密度}}{\text{标准管光密度}}\times 0.4\times\frac{1.0}{0.2}=\text{镁(mmol/L)}$$

高标准管:

$$\frac{\text{测定管光密度}}{\text{标准管光密度}}\times 0.4\times\frac{2.0}{0.2}=\text{镁(mmol/L)}$$

4. 注意事项

(1)血清应防止溶血,因红细胞含量约为血清含量的 3 倍。

(2)采血应在饲喂前。

(3)注射钙制剂后,血清镁含量往往比实际情况偏低。

(4)钛黄与氢氧化镁显色后,应避免照射。

5. 正常值

健康动物血清正常值(mg%)如下:

马　4.37(2.82～5.92)　　骡　4.37(2.89～5.85)

牛　3.85(3.00～5.33)　　绵羊 4.37(3.16～6.50)

山羊 2.82±0.85　　猪　3.16(2.58～3.60)

犬　3.80(2.80～4.66)　　猫　4.40

血清镁升高,见于肾功能衰竭、甲状腺、甲状旁腺机能减退及多发性骨髓瘤。

血清镁降低,见于:①镁由消化道丢失,长期禁食,慢性腹泻吸收不良;②镁由尿路丢失,慢性肾炎多尿期，长期使用利尿剂治疗；③甲状腺，甲状旁腺机能亢进；④糖尿病酸中毒期，醛固醇增多症，长期使用皮质激素治疗时。

(七)血浆二氧化碳结合力的测定

血浆二氧化碳结合力测定方法有量积法和酚红法。

1. 原理

自草酸抗凝血中分离血浆于分液漏斗中，用人工方法使血浆饱和二氧化碳。将饱和后的血浆置量积测定器内，加乳酸酸化，使碳酸氢钠构成碳酸，并减低压力至真空而重新释出二氧化碳。将所得的体积换算成 0℃和 760 mmHg(1 mmHg=133.322 Pa)的标准状态下的体积，计算每 100 mL 血浆结合二氧化碳的体积。

2. 器材

(1)血浆饱和二氧化碳装置(图 3-16)

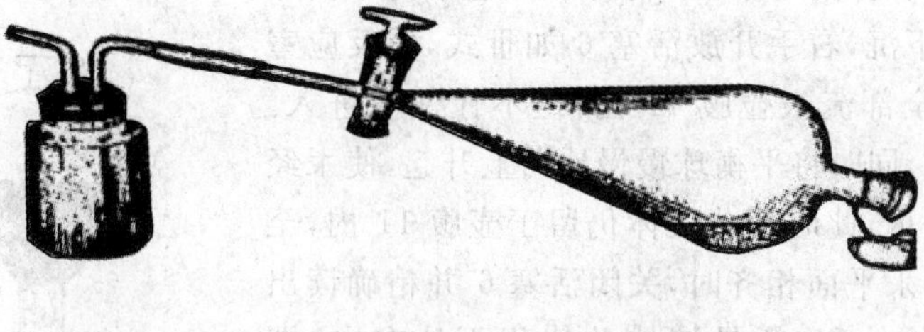

图 3-16 血浆饱和二氧化碳装置

(2)范氏量积式气体分析器(图 3-17)

3. 试剂

10%乳酸，辛醇或戊醇。

4. 操作方法

(1)采血及分离血浆 静脉采血 5 mL 置草酸抗凝剂容器内，轻轻混匀。及时分离血浆并盛于有塞试管，冰箱保存，应于 8 h 内完成检查。

(2)饱和二氧化碳 吸取血浆约 2 mL 置分液漏斗内，用橡皮管连接与装满玻璃珠的玻瓶，操作者将气通过装置玻璃珠的瓶子(阻止水分进入血浆)吹入分液漏斗。吹气时将分液漏斗的活塞转开，取下瓶塞，随时转动漏斗，使血浆尽量和吹气中的二氧化碳结合。共吹气 3 次，在最后一次未停止前，即将分液漏斗的活塞关住，并和盛玻璃珠的瓶子分开。平执分液漏斗转动约 3 min，使血浆和二氧化碳充分接触而饱和。

(3)量积测定器真空度的检查 将盛满汞的平衡球置甲(A)位(图 3-17)，转开活塞 5(如Ⅰ式)和活塞 6(如Ⅲ式)使测气器内原有的空气及水分全部

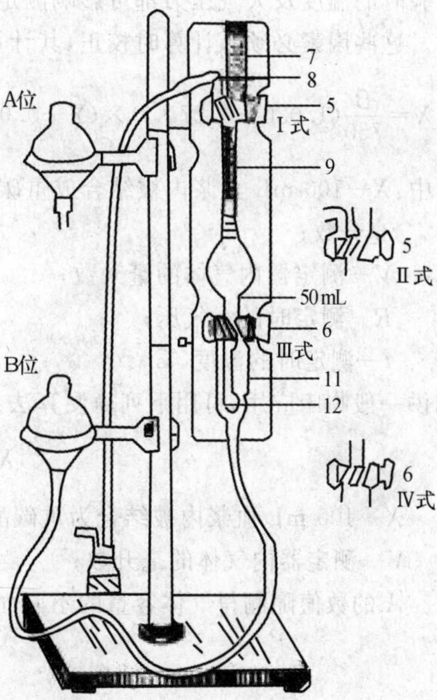

图 3-17 范氏量积式气体分析器

自管 8 排出，再转动活塞 5 使呈Ⅱ式，让少量汞流入 7 内，随即将活塞 5 关闭。此时手持平衡球向下降，测气器内汞亦同时下降，再缓慢地使平衡球上升，当管内的汞上升时和活塞 5 相遇而发出尖锐砰击声，即证明量积器内已绝对真空，可供正式试验用。否则应将管 9 内残余的空气或水分重新自管 8 排出，并检查和除去发生漏气的原因，重新鉴定仪器的真空度。

(4)正式试验　将平衡球置乙(B)位(图 3-17)，在小杯 7 内加蒸馏水 1 mL，加已饱和二氧化碳的血浆 1 mL，滴加辛醇 1～2 滴，慢慢地开启活塞 5 使呈Ⅱ式，让小杯 7 内的液体向管 9 下流，至全部流入后，立即将活塞 5 关住，切记勿使空气混入。

加 15%乳酸 0.5 mL 于小杯 7 内，同上法使向管 9 下流，然后将活塞 5 关住，此时管 9 内共有液体 2.5 mL 。在小杯中滴加汞少许，引入活塞孔中，可防止活塞漏气。将平衡球自乙位继续下沉，此时活塞 6 仍开启如Ⅲ式，管 9 内液体本亦随同反应室 10 内的汞下沉，直至反应室 10 内的汞面至 50 mL 刻度处，立即将活塞 6 关住，并将平衡球再置于乙(B)位。

将量积测定器取下，左手握住活塞 6，右手握住活塞 5，上下震荡 10～15 次，将测定器装回原架。用左手持平衡球自乙(B)位缓慢的下沉，右手开放活塞 6 如Ⅲ式，使反应室 10 内的汞和液体全部流入壶腹 11 内，但不让气泡进入。转动活塞 6 如Ⅳ式，同时将平衡球慢慢地向上升起，使汞经管 12 至反应室 10 内，此时部分液体仍留于壶腹 11 内，至平衡球和管 9 内的汞平面相齐时，关闭活塞 6 并精确读出管 9 内气体所占的体积，微量液体的体积不计在内(图 3-18)。

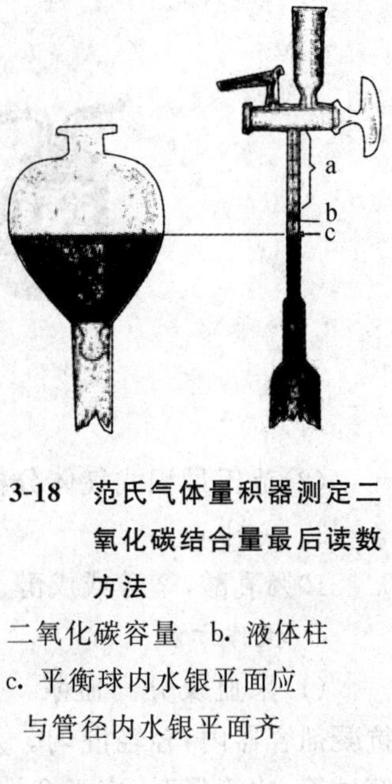

图 3-18　范氏气体量积器测定二氧化碳结合量最后读数方法

a. 二氧化碳容量　b. 液体柱　c. 平衡球内水银平面应与管径内水银平面齐

计算：血浆二氧化碳结合量，除与贮存量直接有关外，实验时的温度及大气压力都可影响测定结果。欲得精确数字。这些因素必须在计算时校正，其计算公式如下：

$$X=\frac{B}{760}(1.080-0.27\times t)\times(Y+0.002)\times(t-0.136)$$

式中：X—100 mL 血浆内被结合成重碳酸盐的二氧化碳的毫升数；

V—测定器内气体的毫升数；

R—测定时的大气压；

t—测定时的温度(℃)。

如供一般临床应用，可用下列简便算法：

$$X=(V\times 100)-A$$

X—100 mL 血浆内被结合为重碳酸盐的二氧化碳的毫升数；

V—测定器内气体的毫升数；

A 的数值随测得气体容量的不同而改变，如表 3-8 所示。

表 3-8 血浆二氧化碳结合力的测定

测的气体容量的毫升数	A 的数值	测的气体容量的毫升数	A 的数值
0.60～0.70	12	0.20～0.25	8
0.40～0.60	11	0.15～0.20	7
0.35～0.40	10	0.10～0.15	6
0.25～0.35	9		

(引自《兽医临床诊断学》第 3 版，东北农学院主编，中国农业出版社，2001)

5. 注意事项

(1)范氏气体分析器的全部活塞不应漏气，为了防止漏气，应经常涂抹凡士林。

(2)分析器用后应以蒸馏水洗净，再加蒸馏水。

(3)血浆不可溶血，如血浆不足 1 mL，可用 0.5 mL，二氧化碳读数应乘 2。

为了方便工作，可省去吹气手续，但结果要加 5%，如测定的结果是 40，则报告结果为：

$40+(40\times\frac{5}{100})=42$。

如将测得之二氧化碳结合力之毫升数除以 2.24，即为每升的毫摩尔数。

6. 正常值

健康家畜血浆二氧化碳含量正常值(mL%)：

马 56.53(46.05～67.01) 黄牛 54.69(50.01～60.96)

奶牛 47.50(45.60～55.70) 猪 47.00(27.00～56.00)

血浆二氧化碳结合力增高，见于肺通气和换气障碍导致的呼吸性酸中毒；呕吐、胃扩张、小肠变位等原因引起的代谢性碱中毒。

血浆二氧化碳结合力降低，常见于代谢性酸中毒，如糖尿病酮症酸中毒、腹泻、肾功能不全等；呼吸性碱中毒，如脑炎、哮喘等原因使呼吸加深加快，肺换气过度。

(八)血糖测定

血糖测定的方法有邻甲苯胺缩合法、氧化酶法和福林-吴氏法。这里介绍血液葡萄糖测定(费吴氏法)。

1. 原理

无蛋白血滤液中的葡萄糖，具有还原性，与碱性高铜混合加热后，将高铜还原成氧化低铜而呈红色沉淀，此沉淀物再被磷钼酸氧化成蓝色物质。与同样处理的标准葡萄糖管比色，而求得血糖含量。

2. 试剂

(1)0.25%苯甲酸溶液 取苯甲酸 2.5 g，溶于煮沸蒸馏水 1 000 mL 中。冷却后，应用时吸取上清液。本品为防腐剂，放在冷暗处，可较久地保存。

(2)葡萄糖贮存标准液(1 mL 含 10 mg 葡萄糖) 取少量化学纯葡萄糖，置硫酸或氯化钙干燥器内过夜后，精确称取已干燥葡萄糖 1 g，置于 100 mL 量瓶中，加 0.25%苯甲酸溶液至刻度，混匀使完全溶解。

(3)葡萄糖应用标准液(1 mL 相当于 0.1 mg 葡萄糖) 取葡萄糖贮存标准液 5 mL，置 500 mL 量瓶中，加 0.25%苯甲酸溶液至刻度处混匀。此液至少可保存半年备用有效。

(4)碱性铜溶液

无水碳酸钠(化学纯)	40 g
酒石酸(化学纯)	7.5 g
结晶硫酸铜(化学纯)	4.5 g
蒸馏水	加至 1 000 mL

配法:先将无水碳酸钠溶于 400 mL 蒸馏水中;酒石酸溶于 300 mL 蒸馏水中,硫酸铜溶于 200 mL 蒸馏水中;均可加热助溶。待各液完全溶解,冷却后,依次倾入 1 000 mL 量瓶中,混匀,补加蒸馏水至刻度。此试剂如呈蓝色,不能应用。

(5)磷钼酸试剂

氢氧化钠	40 g
钼酸(化学纯)	70 g
钨酸钠(化学纯)	10 g
浓磷酸(浓度 85%,比重 1.71)	250 mL
蒸馏水	加至 1 000 mL

配法:将氢氧化钠溶于约 800 mL 蒸馏水中,再加入钼酸和钨酸钠。为除去钼酸内可能存的残氮,煮沸 20～50 min 至容器内无氨气为止,冷却后,倾入 1 000 mL 量瓶中,并以少量蒸馏水冲洗原容器壁,一并倾入量瓶。加入浓磷酸,最后加蒸馏水稀释至刻度。滤过,装于棕色瓶中,避光保存备用。此液应为无色或极淡绿色溶液。如保存不当,而变为黄绿色或蓝色,表示本身已被还原,不能应用。

(6)10%钨酸钠溶液　此液应为中性,如过酸或过碱,可用 0.05 mol/L 硫酸或 0.1 mol/L 氢氧化钠液校正。

(7)1/3 mol/L 硫酸溶液　取 0.05 mol/L 硫酸溶液 2 份加蒸馏水 1 份,混合即得。

3. 操作方法

(1)制备无蛋白血滤液 50 mL。制备时常用钨酸钠法。其步骤是:取小烧杯或大试管一支,先加入蒸馏水 7 mL,再加入新鲜抗凝血 1 mL,充分混匀,使之溶血。然后,加入 10%钨酸钠溶液 1.0 mL,混匀。最后,徐徐加入 1/3 mol/L 硫酸溶液 1 mL,随加随摇,充分混匀。放置 5～10 min 后,用优质滤纸过滤或离心沉淀,即可获得无色清亮无蛋白血滤液备用。

此法所得无蛋白血滤液近中性,不仅适用于葡萄糖的测定,还可用于非蛋白氮、尿素氮、肌酐等的测定。

(2)取血糖测定管 3 支,分别标明测定管、标准管及空白管,按表 3-9 步骤操作。

表 3-9　血糖测定　mL

步骤	测定管	标准管	空白管
无蛋白血滤液	2	—	—
葡萄糖标准应用液	—	2	—
蒸馏水	—	—	2
碱性铜溶液	2	2	2
混合后,于沸水中煮沸 8 min(严守时间),取出后浸于冷水 2～3 min(不可摇动)。			
磷钼酸试剂	2	2	2
混合后,于室温内静置 2 min。			
蒸馏水加至	25	25	25

混匀，待管内二氧化碳逸出后比色。选用 620 nm 滤光板比色，读取各管光密度。

4. 计算

测定管光密度/标准管光密度×0.2×100/0.2＝全血血糖(mg%)，计算结果即每 100 mL 血液内葡萄糖 mg 数%。

5. 注意事项

(1)血糖测定管必须符合标准，否则不能使用。

(2)试剂若已变质应废弃，重新配制。例如，碱性硫酸铜溶液有黄色沉淀，或磷钼酸试剂变为蓝色均表示已变质，应重新配制。

(3)血液标本必须新鲜，不能放置过久，否则血糖易分解，致使血糖测定结果偏低。如不能及时测定，应先制成无蛋白血滤液后，放冰箱内保存。

6. 正常参考值

犬 3.30～6.70 mmol/L

猫 3.89～7.50 mmol/L。

7. 临床意义

(1)升高　血糖升高是由于肝糖分解的加速或组织对葡萄糖利用的降低所致。

病理性血糖升高，多见于糖尿病、胰腺炎、甲状腺功能亢进、肾上腺皮质功能亢进、肾上腺嗜铬细胞瘤、癫痫等。

生理性或暂时性血糖升高，见于饲喂后 2～4 h 内、精神紧张、全身麻醉后、肺炎、肾炎、颅内压增高、颅脑外伤、缺氧窒息。

(2)降低　血糖降低是由于肝糖原分解减低或组织对葡萄糖的利用增加所致。

病理性血糖降低，多见于胰岛细胞腺肿或过多投给胰岛素、胰腺癌、胰岛细胞瘤、严重贫血、肾功能衰竭的慢性肾炎、肾上腺皮质功能减退、甲状腺功能减退、脑垂体功能减退。

生理性血糖降低，多见于长时间剧烈运动之后、过分饥饿及哺乳期等。

(九)全自动生化分析仪(简称 ACA)

全自动生化分析仪(图 3-19 和图 3-20)是根据光电比色原理来测量体液中某种特定化学成分的仪器，可以给临床上对疾病的诊断、治疗和预后及健康状态提供信息依据。由于其测量速度快、准确性高、消耗试剂量小，现已在各级医院、防疫站、计划生育服务站得到广泛使用。可大大提高常规生化检验的效率及收益。

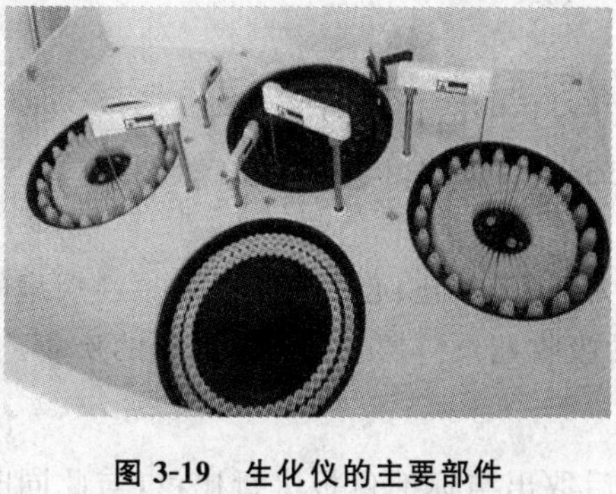

图 3-19　生化仪的主要部件

1.加样针和试剂针　2.试剂盘和样品盘

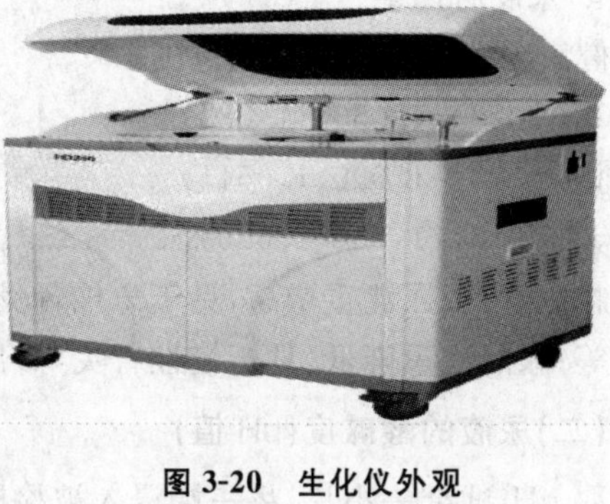

图 3-20　生化仪外观

技能二 尿液检查技术

一、尿液采集与处理

尿样通常在早上采集。尿样在送检的过程中，要用清洁干净的容器盛装。采集到的尿样应该立即检验，如果检验时间超过 30 min 时，在夏天可用冷藏的方法，也可加入防腐剂保存尿液。供微生物检验时，在采集的过程中要注意术部、操作过程和器皿消毒。

采集尿液通常用清洁的容器在家畜自然排尿时接取，必要时用人工导尿法或膀胱穿刺收集尿液标本。但膀胱穿刺采得的尿液一般不得用作血液检验。

二、尿液常规检查

(一)尿的物理性质检查

1. 尿的气味

各种家畜的尿液都有其特殊的气味，在病理状态下，尿气味改变。当膀胱炎、尿道阻塞和尿液长期潴留时，尿呈刺鼻的氨臭味；当膀胱有溃疡、坏死或化脓性炎症时，尿液呈腐败臭味；牛酮血病时，尿呈丙酮臭味。

2. 尿色

健康马尿为黄白色；牛和羊尿为稻草黄色；猪尿如水样；犬尿呈黄色。

内服或注射某些药物时，常引起尿液改变。如内服核黄素、呋喃类药物后，尿呈黄色；用大黄、氨基比林、芦荟、刚果红后，尿色变红。

尿中混有血液时尿可呈淡红、暗红或棕红色等。尿液混浊而不透明，静置后上层清亮，底部则出现沉渣，镜检有红细胞存在，见于急性肾炎，膀胱炎及尿道的出血性炎症和肾结石等；尿内含有血红蛋白时，尿呈酱油色、均匀、透明，镜检看不到红细胞，见于牛的血红蛋白尿病，血孢子虫病，新生幼驹溶血病；尿中含有大量色素时，尿呈红黄色或淡绿色，振荡后可产生黄色或黄绿色泡沫，见于阻塞性黄疸及肝实质性黄疸。

3. 尿的透明度

正常马尿混浊不透明，牛、羊、猪、犬等动物新排出的尿澄清透明。马尿若变透明，因喂精料过多或劳役过度；其他家畜尿若变混浊，常是肾和尿路疾病的象征。

4. 尿液的比重

健康家畜尿液比重变动范围：

马 1.020～1.050(11.035)　　牛 1.025～1.045(1.035)

猪 1.010～1.030(1.0515)　　羊 1.015～1.045(1.030)

犬 1.010～1.030(1.025)

临床意义：尿比重增高，见于急性肾炎、热性病、大下痢、呕吐、心脏衰竭及渗出性疾病的渗出期等；尿的比重降低，见于慢性肾炎，渗出性炎症的吸收期及一切引起尿量降低的疾病。

(二)尿液的酸碱度(pH 值)

取 pH 试纸一小片，将一端浸入被检尿中，浸湿后取出与标准色板进行比色，与此同时相同的颜色，就是该被检尿的 pH 值。

健康家畜尿液的 pH 值：

马 7.2～7.8　　牛 7.7～8.7　　犊牛 7.0～8.3

猪 6.5～7.8　　山羊 8.0～8.5　　羔羊 6.4～6.0

犬 6.0～7.0

生理状态下草食动物的尿液呈碱性反应，肉食动物尿液呈酸性反应，杂食动物可呈两性反应。草食动物尿变为酸性，多见于大出汗，某些发热性疾病，长期食欲不振，长期营养不良（软骨病等），胃肠炎和牛酮血病等；肉食动物尿液变为碱性，见于膀胱炎，尿道阻塞等；杂食动物尿液显著的偏酸或偏碱都是病理性反应。

（三）尿中蛋白质定性试验

检查尿中蛋白质时，被检尿必须为酸性，而且澄清、透明。所以碱性尿应加入适量的 10% 醋酸溶液（马可加水量 1/10）使尿酸化后才能检查。若被检尿混浊时，还须过滤或离心沉淀后，取上清液才能供检验用。

1. 试纸法

取试纸一条浸入被检尿中立即取出，经 10～20 s（一般 15 s），与标准比色板比色，并按使用说明读取蛋白质的含量。

2. 加热煮沸法

取酸化被检尿 5～10 mL 于试管中，然后在酒精灯上加热至沸，如出现白色混浊或絮状沉淀。待冷却后再滴加 10% 硝酸数滴。若混浊不消失，则说明尿中含有蛋白质。若混浊物溶解消失，说明是磷酸盐类，为假阳性反应。

3. 磺柳酸法（磺基水杨酸法）

取酸化尿液 5 mL 于试管中，然后加入 5% 磺基水杨酸数滴（或 20% 磺柳酸与甲醇混合液 2～3 滴），待 3～5 min 后观察。若尿中有蛋白质存在时，即出现混浊或沉淀。当有尿酸盐、酮体、蛋白质存在时，也出现轻度混浊，但加热煮沸后混浊溶解消失，而蛋白质生成的混浊不消失。

4. 临床意义

饲喂大量蛋白饲料、怀孕母畜和吃奶幼畜，有时尿中会出现蛋白质，但一般不超过（+）。

病理性蛋白尿见于肾炎、肾病综合征、膀胱炎、尿道炎、流感、猪瘟、猪丹毒、猪肾虫病。由有机磷，四氯化碳及汞引起中毒病时，也出现蛋白质。

（四）尿中潜血的检查

1. 试纸法

将试纸浸入被检尿中，浸透后取出 1 min 后观察试纸颜色，并与标准色板比色，即得出测定结果。

2. 联苯胺法

第一法：

（1）试剂　冰醋酸、联苯胺粉和 3% 过氧化氢。

（2）操作　取联苯胺少许（约 1 刀尖）置试管内，加冰醋酸约 1～2 mL，振荡溶解（或直接加 1% 联苯胺冰醋酸饱和液 1～2 mL 于试管内），加入 3% 过氧化氢 1～2 mL，充分混合后，煮沸，在室温下冷却。被检尿与试剂的两液接触面出现绿色或蓝色环，则为阳性反应。根据显色的快慢和深浅，可用“＋”或“－”符号表示反应的强弱。

3 min 后仍不显色（－），绿色（＋），蓝绿色（＋＋），蓝色（＋＋＋），黑蓝色（＋＋＋＋）。

注意事项：试验用器材必须清洁，否则容易出现假阳性反应，过氧化氢要新鲜。尿中盐类过多时会妨碍反应的出现，可用下述第二法检验。

第二法：

（1）试剂　50％醋酸、96％酒精、乙醚、联苯胺过氧化钡混合试剂（联苯胺 1 份，过氧化钡 9 份，置研钵内混匀，放入有色瓶中保存备用）。

（2）操作　取被检尿 5～10 mL 置于清洁干燥的试管中，加热煮沸，以破坏可能存在的过氧化酶。待冷却后，加入醋酸 2～3 滴，使尿呈弱酸性，然后加入乙醚约 3 mL，加塞充分振荡，静置片刻，乙醚和尿即分离（如乙醚层呈胶体状不易分离，可加入 95％乙醇数滴以促其分离）。

用滴管吸取乙醚层浸出液，滴于一小片滤纸上（或玻片上，蒸发至干），再加醋酸溶液少许及混合试剂适量（约米粒大）。如显蓝色，即为阳性。其判定标准同第一法。

3. 临床意义

尿中潜血，见于肾及尿路的出血性疾病、肾小球肾炎、肾盂性肾炎、膀胱炎、尿道炎、肾结石等。也见于溶血性疾病（如血孢子虫病、新生仔畜溶血病和马麻痹性肌红蛋白尿病等）。

三、尿沉渣检查

（一）尿沉渣标本的制作和镜检

1. 尿沉渣标本的制作

取新鲜尿液 5～10 mL 注入离心管内，以 1 000～1 500 r/min 的速度离心 5～10 min，倾去或用吸管小心将上清液吸出弃掉，摇匀其沉淀物，取沉渣一小滴置于载玻片上涂匀，加盖玻片即可镜检。

2. 镜检

使视野稍暗，先用低倍镜将涂片全面检视一遍，找出需要详细检查的区域，再换高倍镜检视 5～10 个视野，仔细观察和辨认各种成分。

在报告检查结果时，对细胞成分可按各个高倍视野内最少至最多的数值报告，对管型及其他结晶成分，则按“偶见少量”、“中等”及“多量”等报告之。无病理意义的不报告。

（二）尿液中有机沉渣的检查

1. 细胞成分（图 3-21）

（1）红细胞　新鲜尿液中的红细胞比白细胞稍小，呈圆形，淡黄绿色，为略带折光的无核细胞，在酸性尿中的红细胞常皱缩呈星形（边缘呈锯齿状）。在碱性和低渗尿中的红细胞则膨胀，放置过久的尿中红细胞常被破坏，甚至呈大小不等的空环，称“红细胞残影”。健康尿中无红细胞或偶见几个红细胞，若每个高倍镜视野内红细胞数超过 4～5 个以上，应考虑肾、输尿管、膀胱或尿道的出血性疾病。

（2）白细胞和脓细胞　尿液中的白细胞（主要为嗜中性分叶核白细胞及少量淋巴细胞和单核细胞）比红细胞大，其形态整齐，核清晰可见。脓细胞系指在炎症过程中死亡的中性白细胞，外形多不规整，胞浆内充满颗粒，看不清细胞核，量较多，常聚集成堆，健康尿液中，仅有个别白细胞，无脓细胞，若尿内发现多量白细胞（每个高倍镜视野超过 5～8 个），表示泌尿道有化脓性

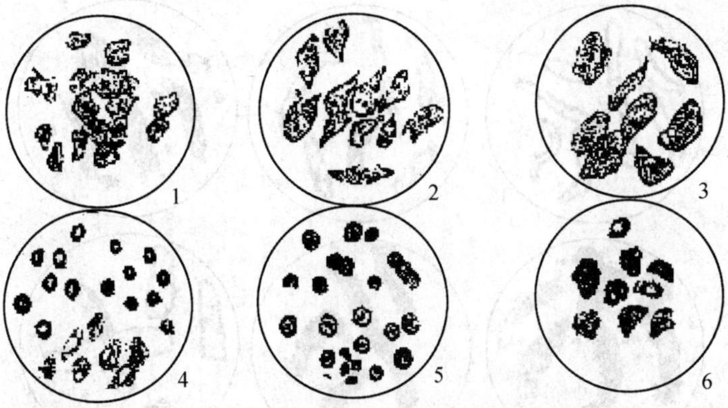

图 3-21 尿液中常见的细胞

1. 肾上皮细胞 2. 尿路上皮细胞 3. 扁平上皮细胞 4. 红细胞
5. 白细胞 6. 发生脂肪变性的肾上皮细胞

炎症(如肾盂肾炎、膀胱炎、尿道炎等)。

(3)肾上皮细胞 呈多角形或不正圆形,比白细胞约大 1/3,散在或数个集聚在一起。细胞中央有一个较大的圆形核,细胞质内有小颗粒(当细胞发生脂肪变性时,可在细胞质中见到有屈光性的脂肪颗粒及小空泡)。正常尿液内少见此类细胞,一旦多量出现,即为肾小管病变。

(4)尿路上皮细胞 呈梨形、棱形或高脚杯状,比脓细胞大 2~4 倍,有一个大的圆形或椭圆形核。若尿中多量尿路上皮细胞出现,见于肾盂肾炎或其他尿路炎症。

(5)扁平上皮细胞(膀胱上皮细胞) 细胞大而扁平,外形不规则,核小而圆,细胞边缘有时折叠,有时几个细胞聚集在一起,此细胞大量出现,说明膀胱有炎症。

2. 管型(尿圆柱)

在病理状态下,蛋白质在肾小管内凝聚或由蛋白质与某些细胞相结合而形成的圆柱形物体,称为尿圆柱或管型。根据构造不同,可分数种,见图 3-22。

(1)透明管型 无色,透明或半透明,构造均匀,较窄而两端钝圆,有时含有少许颗粒,镜检时光线宜暗,当肾有轻度或暂时性肾功能不全时(如高热、轻度肾病、全身麻醉时)尿内可见少量透明管形。

(2)细胞管型 透明管型内含有多量细胞则称细胞管型。在透明或颗粒管型的基质中含有多量红细胞,通常细胞已残缺,显微镜下为淡绿色或黄绿色,见于肾的出血性炎症(如急性肾炎及慢性肾炎发作期);白细胞或脓细胞管型(透明内含有许多白细胞或脓细胞,表示肾脏有化脓性炎症)和上皮细胞管型(管型内含有许多肾上皮细胞,如不能确认时,可滴加稀醋酸溶液,使细胞核明显可辨),尿中出现上皮细胞管型,表示肾小管细胞脱离变性,见于肾炎,发热性疾病等。

(3)颗粒管型 在透明管型内含有粗大或细小的颗粒,根据颗粒大小可分为粗粒管型和细粒管型。见于急、慢性肾炎,尤其是肾小管损伤时更容易出现颗粒管型。

(4)蜡样管型 处于肾小管内很久时间的透明管型所形成。短粗、质较厚、末端不整齐,有时呈折断状或扭转状,色较灰暗,外观如蜡状,见于严重的肾小球性肾炎,慢性肾炎的末期或肾淀粉样变性。

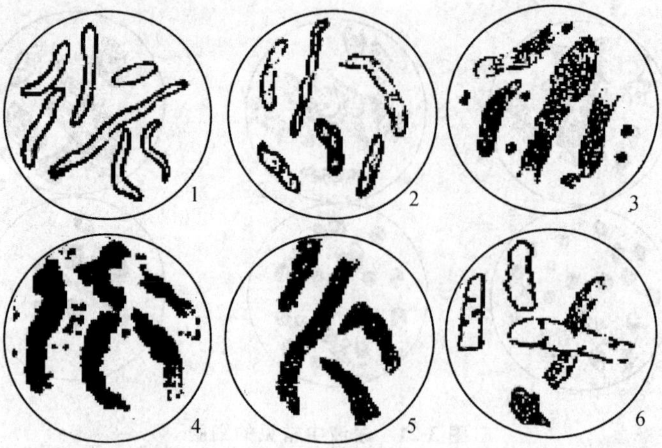

图 3-22 管型

1. 透明管型 2. 颗粒管型 3. 上皮细胞管型 4. 红细胞管型
5. 白细胞管型 6. 脂肪管型和蜡样管型

(5)脂肪管型 以透明管型内含有多量脂肪滴为特征,脂肪滴可被苏丹Ⅲ染成红色,脂肪滴主要是上皮细胞脂肪变性后细胞破碎的产物,临床上多见于类脂肪性肾病及慢性肾炎等,常为病情严重的标志。

(三)尿液中主要的无机沉渣

尿中无机沉渣主要是指盐类结晶和一些非结晶性物质。沉渣受尿液浓度、温度、酸碱反应的影响。因此,临床上诊断意义不大。

1. 碱性尿中的无机沉渣(图 3-23)

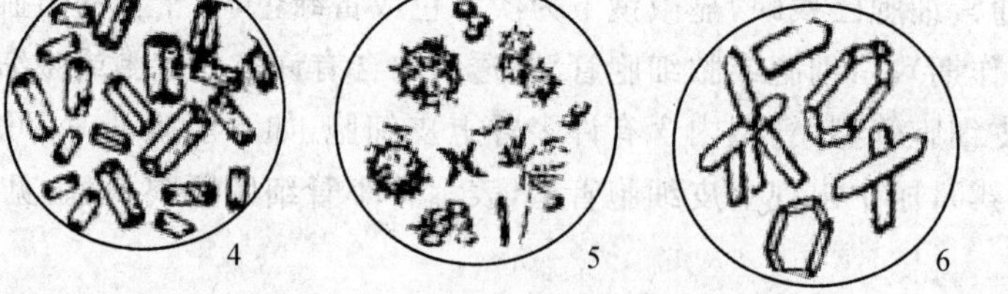

图 3-23 碱性尿中的无机沉渣

1. 碳酸钙结晶 2. 磷酸钙结晶 3. 磷酸胺镁结晶
4. 磷酸盐结晶 5. 尿酸胺结晶 6. 马尿酸结晶

(1)碳酸钙　为草食动物(尤其是马)尿中的正常成分,其结晶多为球形,有放射条纹或黄色,有时呈磨刀石状、哑铃和十字形的无色小结晶。加醋酸后生成二氧化碳气泡而溶解,草食动物尿中缺乏碳酸钙,为尿液变酸的特征。

(2)磷酸钙　多为单个,无色的三棱形结晶,或呈束状、星状等。加醋酸溶解,但不产气。多量出现时,可提示慢性膀胱炎、慢性肾盂炎等。

(3)马尿酸　为棱柱结晶,不溶于盐酸或醋酸,但溶于氨水及酒精是马尿的正常成分。

(4)磷酸胺镁　又称三重磷酸盐。为无色而两端带有斜面的三角棱柱体,或六角、多角棱柱体,偶有呈雪花状或羽毛状者。易溶于醋酸,但不溶于碱和热水中,新鲜尿液中发现磷酸胺镁,说明尿液在膀胱或肾盂中发酵分解产生胺,胺与磷酸镁结合的结果。见于膀胱炎或肾盂肾炎及化脓性肾炎。

(5)尿酸胺　呈黄色或褐色球状,表面布满刺状突起,似曼陀罗果样,有时呈放射状,可在盐酸及磷酸中分解,形成棱柱状结晶。在新鲜尿中出现尿酸铵结晶,表明有化脓性感染,见于膀胱及肾盂肾炎。

2. 酸性尿中的无机沉渣(图 3-24)

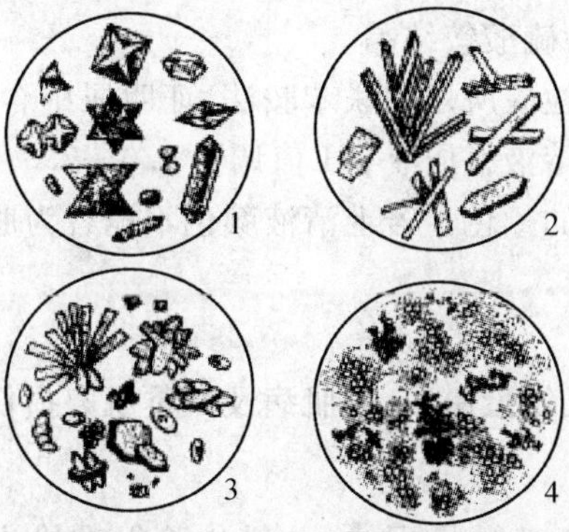

图 3-24　酸性尿中的无机沉渣

1. 草酸钙结晶　2. 硫酸钙结晶　3. 尿酸结晶　4. 尿酸盐结晶

(1)草酸钙　呈无色而屈光力强的四角八面体,有两条明亮的对角线构成西式信封状,结晶大小差别很大,呈哑铃状,球形或各种八面体形态的较少见,溶于盐酸而不溶于醋酸,此沉渣为酸性尿中主要成分。

(2)硫酸钙　为无色细长的棱柱状或针状结晶,常呈放射状或扇形排列,不溶于醋酸及氨水,但溶于苏打水中,临床诊断意义不大。

(3)尿酸结晶　为黄褐色,呈磨刀状、块状、针状等。不溶于水及酸,但溶于苛性钾溶液中,是肉食动物尿中正常成分,草食动物在肾机能不全,发热性疾病,某些传染病及寄生虫病时,可有尿酸形成。

(4)尿酸盐　为尿酸的钾盐或钠盐。呈细小棕色小颗粒,常聚成堆。加热溶解,遇冷后又析出,可溶于苛性钾(或钠)溶液中。加醋酸后形成尿酸结晶,蛋白质分解旺盛时,尿中含量增加。

四、其他化学性质检查

(一)尿中肌红蛋白的检查

1. 方法

第一法：

(1)试剂　硫酸铵结晶，5%匹拉米酮酒精溶液，5 mol/L 氢氧化钠，3%过氧化氢溶液。

(2)操作　先取被检尿 10 mL 置试管中，分次加入硫酸铵结晶 5.6 g(注意分次缓慢加入，制成 80%的硫酸铵溶液，勿使局部浓度过高，以免肌红蛋白沉淀)，可微加温助溶，充分混合后，于冰箱放置 30 min(此时，血红蛋白或部分变性的肌红蛋白，全部被溶解)。取出用滤纸过滤(若滤液混浊，可反复多次过滤，直至滤液无色透明为止。此时血红蛋白留在滤纸上，肌红蛋白则在滤液中)。取滤液 3 mL，加 5 mol/L 氢氧化钠，调整 pH 值至 8.0 左右，煮沸后冷却至室温，在滤液中加入 5%匹拉米酮酒精液 1 mL，冰醋酸 1 mL，再加 3%过氧化氢溶液 1 mL。若溶液变为紫蓝色，则证明尿中有肌红蛋白。(注意滤液必须新鲜，尿液中肌红蛋白已变性，则不易检查出来。)

第二法：

(1)试剂　10%醋酸溶液、硫酸铵结晶。

(2)操作　先按尿中潜血检验所用的联苯胺法，证明尿中含有血色素(包括血红蛋白和肌红蛋白)存在。再用 10%醋酸溶液将尿液 pH 值调至 7.0～7.5。取尿液 5 mL，加硫酸铵 2.8 g 溶解，离心沉淀后观察上清液的颜色。若上清液颜色不褪者为肌红蛋白尿；若上清液褪色而沉淀物变为红色者为血红蛋白尿。

2. 临床意义

肌红蛋白见于马麻痹性肌红蛋白尿、白肌病及严重肌肉损伤等。

(二)尿中酮体检查

健康家畜反刍动物尿中含有微量酮体，一般化验很难检出。尿中含有大量酮体时称为酮尿。

1. 接触环法

(1)试剂　冰醋酸、20%亚铁氰化钠、浓氨水。

(2)操作　取被检尿 2 mL 于试管内，加冰醋酸 3～4 滴，再加入新配制的 20%亚铁氢化钠 0.5 mL(或加入亚铁氰化钠粉剂数小粒，并使其溶解)，混合后沿管壁缓缓加入浓氨水 0.5～1 mL，在两液交界处若出现红色环即为阳性，判定标准如下：

接触后 10 min 以上无紫色环出现为阴性(－)，10 min 以内出现淡紫色环为阳性(＋)，接触后逐渐出现紫色环为强阳性(＋＋)，两液接触时，立即出现紫红色环为强阳性(＋＋＋)。

2. 粉剂法(改良罗氏法)

(1)试剂　亚硝基铁氰化钠 0.5 g、无水碳酸钠 10 g、硫酸铵 10 g，将三种药品研磨混匀(不宜太细)贮存于棕色瓶中备用。

(2)操作　取试剂粉约 0.1 g 于载玻片上或反应盘内，加新鲜尿液 2 滴。显紫红色者为阳性，5 min 后不显者则为阴性反应。(注意滴加尿液不宜过多，以被试剂吸干为度。)

3. 临床意义

尿中出现酮体主要见于乳牛的酮血病和羊的妊娠毒血症。在生产瘫痪、发热病、恶病质、前胃迟缓、真胃扭转或变位时，也可出现酮尿。

(三)尿中糖的检查

1. 试纸法

(1)试纸　由化学试剂商店提供。

(2)操作　取试纸一条浸入新鲜被检尿中，约 5 s 后取出，1 min 后与标准比色板比色，报告结果。注意尿中有维生素 C 或汞利尿剂等，会抑制酶的活性，造成假阴性。(试纸应闭光保存于阴凉、干燥处。)

2. 班氏尿糖定性试验

(1)试剂　硫酸铜 17.3 g；枸橼酸钠 173 g；无水碳酸钠 100 g；加蒸馏水 1 000 mL，混合溶解即成。

(2)操作　取班氏试剂 2 mL 于试管中，加热至沸。再加新鲜被检尿液 2 mL 于试管中，并煮沸 2 min，观察结果。其结果判定标准见表 3-10。

表 3-10　班氏尿糖定性试验判定标准

符号	结果	约计葡萄糖含量/(g/100 mL)
(－)	蓝色不变	无
(＋)	绿色微量	0.5 以下
(＋＋)	绿黄色少量	0.5～1.0
(＋＋＋)	土黄色中等量	1.0～2.0
(＋＋＋＋)	砖红色大量	2.0 以上

(引自《兽医临床诊断学实习指导》，贺永建，李前勇主编，西南师范大学出版社，2005)

3. 注意事项

尿中有多量蛋白质时，应加酸煮沸过滤后再进行试验。若尿中含有大量还原物质(如水杨酸、链霉素、维生素 C、水合氯醛等)也会出现假阳性反应，注意判定。

4. 临床意义

病理性糖尿见于糖尿病、生产瘫痪、某些肾、肝脏疾病及化学药品中毒(如汞、水合氯醛等)。

(四)尿中钙的检查(苏氏尿钙定性法)

1. 方法

(1)试剂　草酸 2.5 g，草酸铵 2.5 g，冰醋酸 5 mL，蒸馏水加至 150 mL，溶解即可。

(2)操作　取两支小试管各加尿液 2 mL，一管加尿钙试剂 2 mL，作为测定管，另一管加入蒸馏水 2 mL，作为对照管，混匀放置 2～3 min，按下列标准判定结果。

2. 结果判定

(－)	无沉淀
(＋)	微量白色沉淀
(＋＋)	微细白色沉淀
(＋＋＋)	出现白色沉淀
(＋＋＋＋)	出现大量乳样混浊

3. 临床意义

健康家畜尿中含钙量为(＋)至(＋＋)。若尿钙定性阳性，表示血钙浓度低于 7.5 mg%，见于牛低血钙症；犬产褥痉挛、甲状腺机能不足、软骨症、佝偻病等，若尿钙定性为(+++)表示血钙高于10.5 mg%；尿钙定性强阳性，血钙可高达20 mg%。尿钙增加见于肾性骨营养不良、甲状腺机能亢进、多发性骨髓瘤等。

(五)尿中胆红素检验

1. 碘环试验

(1)试剂　碘片1 g；碘化钾2 g；蒸馏水加至300 mL，溶解混匀置棕色瓶中备用。

(2)操作　取2 mL被检尿于试管内，沿管壁缓缓加入稀碘溶液(或加入0.25%～1%碘酊)0.5～1 mL，5～10 min后观察两液接触面，如出现绿色环，表示尿中有胆红素。

(3)注意事项　如碘液沉于底部时，可于尿中加入少量氯化钠使其比重增加，达到碘液浮于尿液表层，对实验结果无影响。碘液浓度不宜过高，否则碘色可遮盖胆红素氧化层的绿色环，而使辨认困难。

2. 斑点试验

(1)试剂　10%氯化钡溶液；三氯醋酸氯化高铁溶液(称取三氯醋酸25 g，加蒸馏水少许溶解，再加入氯化高铁0.9 g，溶解后加蒸馏水至1 000 mL即可)。

(2)操作　取被检尿10 mL于试管中，加入10%氯化钡液5 mL，混合，离心后，倾去上清液，再向试管中加1～2滴三氯醋酸氯化高铁液，如沉淀呈现绿色，即证明尿中有胆红素。(注意：三氯醋酸氯化高铁加入太少，可影响显色反应。)

3. 试纸法

(1)试纸　化学试纸门市部提供。

(2)操作　取试纸一条浸入被检尿液内，湿润后立即取出，置于白瓷板上。1 min后(北京试纸为10 s)在自然光或日光灯下，将所呈现的颜色与标准色板比较判定。(注意标本新鲜，有异常色素时可影响结果。试若变黄或橘红色时，可影响测定结果，甚至失败。试纸不可暴露于酸、碱性气体及日光下，不宜用手接触，否则会变质。)

4. 临床意义

正常尿内胆红素定性为阴性，若出现阳性，表示血液内结合胆红素增高及胆汁向十二指肠排出受障碍，见于阻塞性黄疸、实质性黄疸以及磷、氟化物、二硫化碳或四氯化碳中毒等。

(六)尿中尿胆原检查

1. 欧立区氏醛试剂

称取对二甲氨基苯甲醛2 g，溶于80 mL蒸馏水内，然后加入20 mL浓盐酸即成，贮存于棕色瓶中备用。

2. 操作

取新鲜无胆红素尿液5 mL置于试管中，加入欧氏试剂0.5 mL(约10滴)，混匀。直持试管。在自然光线下，自管口向管底观察(在管底部衬以白纸，可使色泽更为明显)以判定结果。

含量正常	稍显淡红色
中度增加	加试剂1 min后显红色
重度增加	加试剂后即刻显桃红色
含量减少	在20 ℃室温下5 min不显红色

3. 注意事项

被检尿必须新鲜，尿液腐败可出现假阳性。试管显色的速度和深度受温度影响很大，一般在 20℃ 左右作试验，若室温过低必须加温。碱性尿加入试剂后，变为黄色混浊，此时可加入稀盐酸，使成酸性。尿内如有酮体存在，可出现阳性。此时可加入戊醇进行鉴别（加戊醇 1～2 mL 振荡，如呈棕色是酮体所致，如呈红色则为尿胆原）。试验用的尿应不含胆红素，如含有胆红素应予先除去。否则加入试剂后产生绿色。（除胆红素的方法是在 4 份新鲜尿液内，加入 10％氯化高铁液或氯化钡液 1 份，离心，沉淀或过滤除去胆红素）。

4. 临床意义

尿中尿胆原增加，见于实质性黄疸、肝炎、肝硬化、肺炎、肺脓肿、子宫炎等。体内红细胞破坏过多时（如溶血性黄疸、幼驹溶血病、子虫病、血斑病及四氯化碳中毒和二硫化碳中毒等）尿胆原也见增多。尿中尿胆原减少，见于阻塞性黄疸、肾病等。

五、尿液分析仪

尿液分析仪是测定尿中某些化学成分的自动化仪器，它是医学实验室尿液自动化检查的重要工具，此种仪器具有操作简单、快速等优点。但是尿液分析仪如果使用不当或许多中间环节、影响因素等都将直接影响自动化分析结果的准确性，不仅会引起实验结果的误差，甚至延误诊断，因此要求操作者对自动化仪器的原理、性能、注意事项及影响因素等方面的知识有充分的了解，正确地使用自动化仪器，这样才能使尿液分析仪得出的结果更可靠、准确。

1. 仪器种类

尿液分析仪常依测试项目将其分为 2 类。第一类主要用于初诊及健康检查使用的 8～11 项筛选组合尿试带。8 项检测项目包括蛋白、葡萄糖、pH、酮体、胆红素、尿胆原、红细胞（潜血）和亚硝酸盐；9 项检测项目除上述 8 项检查外增加了尿白细胞检查；10 项尿液分析仪检测项目在 9 项基础上增加了尿比密检查；11 项检测项目则又增加了维生素 C 检查。第二类主要用于已确诊疾病的疗效观察，如肾疾患可用 pH、蛋白、隐血（红细胞）组合试带；糖尿病用 pH、糖、酮体组合试带；肝病患者用胆红素、尿胆原组合试带。

2. 测量方法

此类仪器一般用微电脑控制，采用球面积分析仪接受双波长反射光的方式测定试剂带上的颜色变化进行半定量测定。试剂带上有数个含各种试剂的试剂垫，各自与尿中相应成分进行独立反应，而显示不同颜色，试剂带中还有另一个“补偿垫”，作为尿液本底颜色，对有色尿及仪器变化所产生的误差进行补偿。

将吸附有尿液的试剂带放在仪器比色槽内，试剂带上已产生化学反应的各种试剂垫被光源照射，其反射光被球面积分析仪接收，球面积分析仪的光电管被反射的双波长光（通过滤片的测定光和一束参考光）照射，各波长的选择由检测项目决定。

仪器自动化计算出反射率，然后与标准曲线比较，自动打印各种成分的相应结果，尿液中某种成分含量高，其相应试剂垫的反射光较暗，否则较强。

技能三 粪便检查技术

一、粪液采集与处理

粪便采集前要明确目的，寄生虫检查时应将全部粪便送检；细菌学、病毒学检验时，应将标本放于消毒的清洁器皿口内，做化学和显微镜检验时，应采集新排出且未接触地面的部分，放入清洁的器皿。必要时可用清洁玻棒挑新鲜粪便或用棉拭伸入直肠内掏取，也可刮取直肠黏膜送检。

采集粪便样品的操作是否正确将直接影响检查结果的准确性，因此，留取样品注意以下事项。

(1)留取粪便样品的盛器要洁净。

(2)粪便样品内不得混有尿液、消毒药及污水。

(3)标本采集后应于1 h内送检，以免导致有形成分的破坏、分解。

二、粪液显微镜检查

将采集的少许粪便，放在结晶的载玻片上，加少量生理盐水，用牙签混合并涂成薄层，无须加盖玻片，用低倍镜检视。遇到水样粪便时，因其含有大量的水分，检查前让其自行沉淀或低速离心片刻，然后用吸管吸取沉渣，制片进行镜检。

粪便中的肉眼可见的异常混合物，如血液、脓汁、脓块、肠道黏膜及伪膜等，应仔细将其挑选出来，移到载玻片上，覆盖盖玻片，随后用低倍镜或高倍镜镜检。

1. 寄生虫及虫卵

寄生虫病的诊断主要依靠实验室检查。动物体内的多种寄生虫(如球虫、线虫、绦虫、吸虫等)的虫卵、卵囊及幼虫，都可随粪便排出体外。因此，粪便检查是内寄生虫诊断的主要手段，并且以虫卵检查为主。虫卵检查常用涂片法、沉淀法和漂浮法。

2. 细菌

健康动物的粪便中细菌较多，检查细菌时应用棉拭子采取。临诊上长期使用广谱抗生素、免疫抑制剂及患慢性消耗性疾病及伪膜性肠炎时，可导致肠道菌群失调。在细菌性肠炎时，通过粪便涂片及细菌培养，可初步确定病原。

3. 红细胞

在动物粪便中发现大量红细胞时，可能为后部肠管出血、胃出血(呕吐物)。有少量散在、形态正常的红细胞，同时有多量白细胞者，说明存在胃炎、胃肠炎或肠炎。

4. 白细胞及脓球

白细胞为圆形、有核、构造清晰的细胞，常分散存在；脓球的构造不清晰，常聚集在一起甚至成堆存在。粪中发现多量白细胞及脓球时，表明肠管有炎症或溃疡。

5. 上皮细胞

上皮细胞有扁平上皮细胞和柱状上皮细胞，前者来自肛门附近，后者来自肠黏膜。当粪便中有少量柱状上皮细胞，同时有白细胞、脓球及黏液时，为肠管的炎症性疾患。

6. 脂肪颗粒及其他食物残渣

植物细胞及植物组织有厚而有光泽的细胞膜及叶绿素。当给动物饲以混合性食物时，可在其粪便中见到植物细胞、淀粉颗粒及脂肪滴等；粪便中的脂肪滴多呈圆形，颜色淡黄，可被苏丹Ⅲ染成红色，粪便中出现过多的脂肪滴为消化障碍、脂肪吸收不全的特征。未被消化的淀粉颗粒滴加稀碘溶液后变为蓝色；消化不完全的淀粉颗粒滴加稀碘溶液后，则呈紫色或淡红色。

7. 伪膜

镜下见有黏液及丝状物，缺乏细胞成分者，实为纤维蛋白渗出后变成的纤维蛋白膜，多见于牛马和猪的黏液膜性肠炎。检查此项目，可与重剧性肠炎时由肠管脱落的肠黏膜相区别。

三、酸碱度测定

1. 方法

(1)广泛 pH 试纸法　取试纸一小条,放在粪便的表面,等到纸条被粪便的水分湿润后,取下纸条与 pH 标准色板进行比较,记下与它相似的 pH 值,然后把粪球或粪块打开,用同样的方法检验粪便内部的酸碱反应。

(2)溴麝香草酚蓝法　取粪球表面和粪球内部的粪块(大小如玉米粒)各一块,分别放在一张洁净的载玻片的两端,玻片下面衬放一块白纸。在每块小粪块上,各加 1～2 滴 0.04%溴麝香草酚蓝溶液,1 min 后观察反应并记录结果。

2. 判断

广泛 pH 试纸法:pH 值 7 为中性反应,pH 值低于 7 为酸性反应,低于 7 越多,表明酸度越大;反之,高于 7 越大,表明碱度越大。

溴麝香草酚蓝法:呈现绿色的为中性反应,呈现黄色的为酸性反应,呈现蓝色的为碱性反应。

3. 临床意义

草食动物的正常粪便,都呈现弱碱性反应,如果粪便变为酸性反应,则表明胃肠内的食物发酵产酸,常见于胃肠卡他;肉食兽的正常粪便呈弱碱性反应,如果粪便变为较强的碱性反应,则表明胃肠内产生了炎性渗出物,多见于胃肠炎。正常动物的呕吐物均为酸性。

四、潜血检查

粪中不能用肉眼看出来的血液称为潜血。潜血检查时,正常无潜血的粪便不呈现颜色反应。整个消化系统不论哪一部分出血,都可以使粪便含有潜血。这项检验对于消化系统的出血性疾病的诊断、治疗及预后都有意义。肉食动物应禁食 3 d,方可进行这项检验。

◙ 技能四　瘤胃内容物检查技术

一、瘤胃内容物采集与处理

采取牛、羊瘤胃内容物,可在其反刍时,当食团从食道逆入口腔时,即刻抓住舌头,另一手伸入口腔,便可采取少量瘤胃内容物。如不见反刍,可将胃导管插入瘤胃内,外端连接吸引器的负压瓶上,开动马达抽取瘤胃液。在用量较少时,可用封闭针头,在左侧肷部穿刺,连接注射器抽取胃液。瘤胃液用双层纱布过滤后,送检。

二、瘤胃内容物的检查

(一)瘤胃内容物一般性状

1. 气味

正常为芳香气味或草料味。瘤胃内容物异常发酸时,发腐败臭味;饲喂浓厚饲料时,发酸臭味。

2. 颜色

正常为浅绿色或绿色。饲喂青贮料过多时,呈黄褐色;瘤胃酸中毒时,呈灰白色。

3. 黏稠度

正常瘤胃液黏稠。酮血病或瘤胃酸中毒时，瘤胃液稀薄呈水样。

(二)pH 值测定

用广泛 pH 试纸或酸度计测定。正常的瘤胃液的 pH 值为 5.5～7.5，给予蛋白质饲料过多时，pH 值升高；饲喂高碳水化合物饲料及前胃弛缓，瘤胃积食等时，pH 值降低，可低至 5.5 以下。

(三)纤毛虫计数

1. 纤毛虫计数板

一般用的是血细胞计数板。但为了对较大的纤毛虫容易计数，可在血细胞计数板的计数室两侧，用黏合剂粘 0.4 mm 的玻片，使计数室的底部至盖玻片之间的高度变成 0.5 mm。

2. 稀释液

0.3%冰醋酸溶液；甲基绿甲醛溶液(取甲基绿 0.3 g，甲醛溶液 100 mL，氧化钠 0.5 g，蒸馏水 1 000 mL，混合溶解即成)。

3. 计数方法

吸取上述任一种稀液 1.9 mL 置于小试管中，加过滤的瘤胃液 0.1 mL(为 20 倍稀释)，轻轻混匀，用毛细管吸取此液，按血细胞计数时充液方法充入计数室，静置 2～5 min，镜检。计数四角 4 个大方格内纤毛虫的数目，按下列公式计算出每毫升瘤胃液中的纤毛虫数。

$$\frac{\text{四角大方格纤毛虫总数}}{4}\times 20\times 2=\text{个}/\mu\text{L}$$

$$\frac{\text{四角大方格纤毛虫总数}}{4}\times 20\times 2\times 1\,000=\text{个}/\text{mL}$$

4. 正常值

健康牛，羊每毫升瘤胃液中含有纤毛虫 50～100 个。当前胃弛缓，瘤胃积食和瘤胃酸中毒时，由于瘤胃液的 pH 值降低，纤毛虫数显著减少，甚至完全消失。有报道认为，在黄牛前胃弛缓和瘤胃积食时，大型纤毛虫显著减少，小型纤毛虫则显著增加。

◎ 技能五　肝脏功能检查技术

肝功能检测是通过各种生化试验方法检测与肝脏功能代谢有关的各项指标、以反映肝脏功能基本状况。由于肝脏功能多样，所以肝功能检查方法很多，检查时应根据病情需要有目的地选择适当的项目。此外，由于肝功能检查的方法大都是非特异性的(其他非肝脏病也可引起某些方面的异常反应)，而且肝脏的再生能力和代偿机能较强，轻度或局限性病变时，肝功能检查可能不见明显改变。因此，对检查结果，必须与病史、临床症状结合起来，综合分析，才能确诊。

一、蛋白质含量测定

蛋白质含量测定法，是生物化学研究中最常用、最基本的分析方法之一。目前常用的有四种古老的经典方法，即定氮法、双缩脲法(Biuret 法)、Folin-酚试剂法(Lowry 法)和紫外吸收法。另外还有一种近十年才普遍使用起来的新的测定法，即考马斯亮蓝法(Bradford 法)。其中 Bradford 法和 Lowry 法灵敏度最高，比紫外吸收法灵敏 10～20 倍，比 Biuret 法灵敏 100 倍以上。定氮法虽然比较复杂，但较准确，往往以定氮法测定的蛋白质作为其他方法的标准蛋白质。

(一)双缩脲法

1. 实验原理

双缩脲是两个分子脲经 180℃左右加热，放出一个分子氨后得到的产物。在强碱性溶液中，双缩脲与 $CuSO_4$ 形成紫色络合物，称为双缩脲反应。凡具有两个酰胺基或两个直接连接的肽键，或能过一个中间碳原子相连的肽键，这类化合物都有双缩脲反应。

紫色络合物颜色的深浅与蛋白质浓度成正比，而与蛋白质分子量及氨基酸成分无关，故可用来测定蛋白质含量。测定范围为 1～10 mg 蛋白质。干扰这一测定的物质主要有：硫酸铵、Tris 缓冲液和某些氨基酸等。

2. 试剂

(1)标准蛋白质溶液　用标准的结晶牛血清清蛋白(BSA)或标准酪蛋白，配制成 10 mg/mL 的标准蛋白溶液，可用 BSA 浓度 1 mg/mL 的 A280 为 0.66 来校正其纯度。如有需要，标准蛋白质还可预先用微量凯氏定氮法测定蛋白氮含量，计算出其纯度，再根据其纯度，称量配制成标准蛋白质溶液。牛血清清蛋白用 H_2O 或 0.9%NaCl 配制，酪蛋白用 0.05 mol/L NaOH 配制。

(2)双缩脲试剂　称 1.50 g 硫酸铜($CuSO_4 \cdot 5H_2O$)和 6.0 g 酒石酸钾钠($KNaC_4H_4O_6 \cdot 4H_2O$)，用 500 mL 水溶解，在搅拌下加入 300 mL 10% NaOH 溶液，用水稀释到 1 L，贮存于塑料瓶中(或内壁涂以石蜡的瓶中)。此试剂可长期保存。若贮存瓶中有黑色沉淀出现，则需要重新配制。

3. 器材

可见光分光光度计、比色杯、大试管 15 支、旋涡混合器等。

4. 操作方法

(1)标准曲线的测定　取 12 支试管分两组，分别加入 0,0.2,0.4,0.6,0.8,1.0 mL 的标准蛋白质溶液，用水补足到 1 mL，然后加入 4 mL 双缩脲试剂。充分摇匀后，在室温(20～25℃)下放置 30 min，于 540 nm 处进行比色测定。用未加蛋白质溶液的第一支试管作为空白对照液。取两组测定的平均值，以蛋白质的含量为横坐标，光吸收值为纵坐标绘制标准曲线。

(2)样品的测定　取 2～3 个试管，用上述同样的方法，测定未知样品的蛋白质浓度。注意样品浓度不要超过 10 mg/mL。

此法的优点是较快速，不同的蛋白质产生颜色的深浅相近，以及干扰物质少。主要的缺点是灵敏度差。因此双缩脲法常用于需要快速，但并不需要十分精确的蛋白质测定。

(二)考马斯亮蓝法

考马斯亮蓝法也称考马斯蓝染色法(Coomassie blue staining)，又称 Bradford 法，由于其突出的优点，正得到越来越广泛的应用。

1. 原理

考马斯亮蓝 G-250(Coomassie brilliant blue G-250)测定蛋白质含量属于染料结合法的一种。在游离状态下呈红色，最大光吸收在 488nm；当它与蛋白质结合后变为青色，蛋白质-色素结合物在 595nm 波长下有最大光吸收。其光吸收值与蛋白质含量成正比，因此可用于蛋白质的定量测定。蛋白质与考马斯亮蓝 G-250 结合在 2 min 左右的时间内达到平衡，完成反应十分迅速；其结合物在室温下 1 h 内保持稳定。该法是 1976 年 Bradford 建立，试剂配制简单，操作简便快捷，反应非常灵敏，灵敏度比 Lowry 法还高 4 倍，可测定微克级蛋白质含量，测定蛋白质浓度范围为 0～1 000 μg/mL，是一种常用的微量蛋白质快速测定方法。

考马斯亮蓝有 G-250 和 R-250 两种。其中考马斯亮蓝 G-250 由于与蛋白质的结合反应十分迅速，常用来作为蛋白质含量的测定。考马斯亮蓝 R-250 与蛋白质反应虽然比较缓慢，但是可以被洗脱下去，所以可以用来对电泳条带染色。

2. 操作方法

该方法用于大多数蛋白质的定量是比较精确的，但不适用于小分子碱性多肽的定量，如核糖核酸酶或溶菌酶。去污剂的浓度超过 0.2%影响测定结果，如 TritonX-100、SDS、NP-40 等。

(1)Bradford 浓染液的配制：将 100 mg 考马斯亮蓝 G-250 溶于 50 mL 95%乙醇，加入 100 mL 浓磷酸，然后，用蒸馏水补充至 200 mL，此染液放 4℃至少 6 个月保持稳定。

(2)标准曲线蛋白质样本的准备：尽量使用与待测样本性质相近的蛋白质作为标准品，例如测定抗体，可用纯化的抗体作为标准。如果待测样本是未知的，也可用抗体作为标准蛋白。通常在 20 μg/100 μL～150 μg/100 μL 绘制标准曲线。

(3)将待测样本溶于缓冲溶液中，该缓冲溶液应与制作标准曲线的缓冲溶液相同（最好用 PBS）。

(4)按 1∶5 用蒸馏水稀释浓染料结合溶液，如出现沉淀，过滤除去。

(5)每个样本加 5 mL 稀释的染料结合溶液，作用 5～30 min。染液与蛋白质结合后，将由红色变为蓝色，在 595nm 波长下测定其吸光度。注意，显色反应不得超过 30 min。

(6)根据标准曲线计算待测样本的浓度。

需要注意的是，考马斯亮蓝和皮肤中蛋白质通过范德华力结合，反应快速，并且稳定，无法用普通试剂洗掉。待一两周，皮屑细胞自然衰老脱落即可无碍。

二、胆红素测定

(一)血中胆红素测定

1. 原理

血中的总胆红素可分为结合胆红素（直接胆红素）和游离胆红素（间接胆红素）两种。结合胆红素是指经过用肝脏处理而与葡萄糖醛酸结合的胆红素葡萄糖醛酸脂，可溶于水，能立即受重氮试剂作用产生红色的偶氮胆红素，此反应称为凡登白氏直接反应。而游离胆红素未经肝脏处理而难溶于水，当与重氮试剂接触时不立即发生偶氮反应，必须加入乙醇或甲醇等有机溶剂后才能使之溶解而显红色，此反应称为凡登白氏间接反应。

2. 试剂

(1)重氮试剂

甲液：对氨基苯磺酸 1.0 g，浓盐酸 15.0 mL，蒸馏水加至 1 000 mL。

乙液：亚硝酸钠 0.5 g，蒸馏水加至 100 mL。

分别保存于棕色瓶中，在 2 个月内有效。临用前取甲液 5 mL，加乙液 0.15 mL，混合即成重氮试剂。3 h 内有效。

(2)55%乙醇液。

(3)胆红素标准液：精确称取无水硫酸钴（A. R.）4.32 g，或结晶硫酸钴 7.4 g，于 100 mL 容量瓶内，加少量蒸馏水溶解，加浓硫酸 1 mL，补加蒸馏水至刻度，贮于棕色瓶中，密塞，可长期存用。此液 1 mL 相当于胆红素 0.01 mg。

3. 方法

(1)血中胆红素定性测定——凡登白氏反应　取新鲜无溶血的血清 1.0 mL 置小试管内，沿管壁加入重氟试剂 10 mL，使试剂重积于血清之上，并开始记录时间，观察反应。

如两液交界处出现紫红色环，为直接反应阳性；10 min 后仍不显红色，为直接反应阴性。阳性结果还可以分为 3 种，即迅速反应（30s 内两液交界处呈紫红色环），双相反应（30s 至 1 min 内呈红色环渐变紫红色）和迟缓反应（1 min 后开始显红色环）。

如直接反应为阴性，可将试管内血清与试剂摇匀后，加入 55%乙醇液 5 mL，混匀观察，呈现红色，为间接反应阳性，未见显色，则为间接反应阴性。

(2)血中胆红素定量测定——光电比色法　取三支试管，按下表步骤操作；混合后静置 15 min，用 520nm 或绿色滤光板光电比色，以空白管调零点，读取各管光密度数，查标准曲线，即得各管中胆红素含量。间接胆红素含量可按下式计算：

$$间接胆红素(mg/100\ mL)=总胆红素(mg/100\ mL)-直接胆红素(mg/100\ mL)$$

标准曲线的绘制。取小试管 8 支，按表 3-11 稀释。

表 3-11　标准管稀释表

	1	2	3	4	5	6	7	8
胆红素标准液/mL	0.1	0.2	0.4	0.6	0.8	1.0	2.0	3.0
蒸馏水/mL	4.9	4.8	4.6	4.4	4.2	4.0	3.0	2.0
相当于血清胆红素/(mg/100 mL)	0.4	0.8	1.6	2.4	3.2	4.0	8.0	12.0

(引自《兽医临床诊断学实习指导》，贺永建，李前勇主编，西南师范大学出版社，2005)

各管混合后，以蒸馏水校正光密度到零点，读取各管读数。以光密度为纵坐标，以 mg/100 mL 为横坐标，绘制标准曲线。

$$各管相当于胆红素的\ mg/100\ mL\ 数=各管实际含胆红素数(mg)\times\frac{100}{测定时血清用量(mL)}$$

4. 注意事项

测定管中溶解游离胆红素的乙醇实际浓度为 50%，由于蛋白质在小于 50%的乙醇内不凝固，可以直接比色，但在 60%的乙醇内出现混浊。胆红素价格昂贵，故采用硫酸钴标准液代替，一般均要求先进行标化。血中总胆红素含量过高，超出标准曲线范围时，可将血清先以生理盐水稀释，再进行测定，将结果乘以稀释倍数。

5. 临床意义

血中总胆红素定量测定是诊断黄疸的重要依据之一，尤其对于可视黏膜未出现黄染的隐性黄疸（总胆红素常在 0.8～1.61 mg/100 mL）意义更大。总胆红素增高，见于引起胆红素代谢障碍的疾病，如实质性肝炎、十二指肠阻塞、胆管结石、血原虫病等。

血中胆红素定性测定对于鉴别黄疸的类型有重要意义。就凡登白氏反应而言，健康动物直接反应为阴性，间接反应为弱阳性或阴性。肝内或肝外胆管阻塞性黄疸时血中结合胆红素增多，直接反应阳性（多为迅速反应）；溶血性黄疸时血中游离胆红素增多，直接反应为阴性而间接反应呈强阳性；肝细胞性黄疸则出于结合胆红素及游离胆红素均有不同程度增多，直接反应阳性（根据胆红素量的多少可显迅速、双相或迟缓反应），间接反应亦呈阳性。

（二）血清黄疸指数测定

利用与血清胆红素颜色相似的重铬酸钾溶液，配成不同浓度的标准与病畜血清比色，即可测出其黄疸的程度，通常以 1∶10 000 重铬酸钾溶液的颜色为单位。

1. 试剂

(1)0.1%重铬酸钾溶液：精确称取重铬酸钾 100 mg，置于 100 mL 容量瓶中，加蒸馏水约 90 mL 及浓硫酸 0.05 mL，再加蒸馏水至刻度，混合即成。

(2)0.85%氯化钠溶液。

(3)标准管的配制：取内径相同，容量约为 6 mL 的小试管 10 支，按表 3-12 稀释配制成标准管。

表 3-12 血清黄疸指数测定标准管配方表

0.1%重铬酸钾溶液/mL	0.5	1.0	1.5	2	2.5	3	3.5	4	4.5	5
蒸馏水/mg	4.5	4.0	3.5	3	2.5	2	1.5	1	0.5	0
相当于黄疸指数单位	1	2	3	4	5	6	7	8	9	10

（引自《兽医临床诊断学实习指导》，贺永建，李前勇主编，西南师范大学出版社，2005）

各管混合后，用固体石蜡密封管口，标明单位数，保存于暗处，备用。

2. 方法

取新鲜未溶血的血清 0.2 mL，加入与标准管口径相同的小试管内，加入 0.85%氧化钠溶液 0.8 mL（血清成 5 倍稀释），混合后直接与标准管目测比色。与测定管颜色一致的标准管单位数乘以 5，即为血清黄疸指数。如出现高度黄疸时，则可将血清以 0.85%氯化钠溶液稀释更多的倍数，再与标准管比色，结果乘以稀释倍数。

3. 注意事项

测定管的内径、颜色、厚度应与标准管一致。血清不能溶血和混浊。如发生轻度溶血或混浊时，可取血清 1 份，加丙酮 1～3 份，混合后静置 5 min，离心沉淀，取上清液与标准管比色，但要校正稀释倍数。

4. 临床意义

黄疸指数增高，见于胆管阻塞、急性和慢性肝炎及各种溶血性疾病。黄疸指数越高，表示血内胆红素含量越多。但本法不能区别黄疸的类型，因此要与血中胆红素测定结合起来，互相补充。此外，本法易受饲料中叶黄素和胡萝卜素的影响，因此在分析结果时应排除这些因素的干扰。黄疸指数减低，见于再生障碍性贫血等。

三、胆汁酸及血清酶测定

（一）血清谷丙转氨酶活力测定

1. 原理

血清中谷丙转氨酶作用于丙氨酸及 α-酮戊二酸组成的基质，产生丙酮酸。产生的丙酮酸与 2,4-二硝基苯肼作用，形成丙酮酸二硝基苯肼，它在碱性溶液呈现棕红色，与丙酮酸标准液比色,求其含量。

2. 试剂

(1)谷丙转氨酶基质液 精确称取 α-酮戊二酸 29.2 mg、丙氨酸 1.78 g,放于 100 mL 量瓶内,先加 pH 值为 7.45 的磷酸盐缓冲液约 30 mL,再加 1 mol/L 的氢氧化钠 0.5 mL,完全溶解后,再以 pH 值为 7.45 的磷酸盐缓冲液加至 100 mL 刻度处,加氯仿数滴防腐,存放冰箱内备用。此基质液的 pH 值为 7.4,可用 1 周。

(2)2,4-二硝基苯肼溶液 称取 2,4-二硝基苯肼 19.8 mg,加入 1 mol/L 盐酸 100 mL,混合均匀,待完全溶解后,过滤,贮于棕色瓶保存。

(3)0.4 mol/L 氢氧化钠溶液 称取氢氧化钠 16 g,加水溶解至 1 000 mL,用草酸溶液标定后应用。

(4)磷酸盐缓冲液(pH 值为 7.4) 取磷酸二氢钾 1.36 g,加 0.1 mol/L 氢氧化钠溶液 79 mL,加蒸馏水稀释至 200 mL。

(5) 丙酮酸标准液 精确称取丙酮酸钠 22 mg,置于 100 mL 量瓶内,加缓冲液至刻度处。

3. 操作方法

见表 3-13 和表 3-14。

表 3-13 血清谷丙转氨酶活力测定中标准曲线的绘制

	1	2	3	4	5	6
丙酮酸标准液/mL	0	0.05	0.1	0.15	0.2	0.25
谷丙醇或谷草酶基质液/mL	0.5	0.45	0.4	0.35	0.3	0.25
磷酸盐缓冲液/mL	0.1	0.1	0.1	0.1	0.1	0.1
37℃ 10 min						
2,4-二硝基苯肼溶液/mL	0.5	0.5	0.5	0.5	0.5	0.5
37℃ 10 min						
0.4 mol/L 氢氧化钠溶液/mL	5	5	5	5	5	5
相当于谷丙酶或谷草酶单位/100 mL	空白	100	200	300	400	500

(引自《兽医临床诊疗技术》,朱金凤,王怀友主编,河南科学技术出版社,2007)

表 3-14 血清谷丙转氨酶活力测定的操作方法

	空白	测定
血清/mL	0.1	0.1
谷草酶基质液/mL	—	0.5
混匀 37℃,水浴 60 min		
谷草酶基质液/mL	0.5	—
2,4-二硝基苯肼溶液/mL	0.5	0.5
混匀,37℃,水浴 20 min		
0.4 mol/L 氢氧化钠溶液/mL	5.0	5.0

(引自《兽医临床诊疗技术》,朱金凤,王怀友主编,河南科学技术出版社,2007)

混匀，放置 5 min，用波长 520 nm 滤光板比色，以空白管调零点，读取光密度。

4. 计算

以空白管调“0”点，可直接查标准曲线。

以蒸馏水调“0”点时，须从测定光密度中减去空白光密度，再查标准曲线。

5. 临床意义

谷丙转氨酶存在于肝、心、脑、骨骼肌、肾及胰腺等组织细胞内。谷丙转氨酶显著增高见于各种肝炎急性期及药物中毒性肝细胞坏死；中等高度见于肝硬化、慢性肝炎及心肌梗死；轻度增高见于阻塞性黄疸及胆管炎等。

(二)血清谷草转氨酶活力测定

1. 原理

血清谷草转氨酶作用于出天门冬氨酸及 α-酮戊二酸组成的基质，产生草酰乙酸。草酰乙酸脱羧后形成丙酮酸。丙酮酸与 2,4-二硝基苯肼作用形成丙酮二硝基腙，它在碱性溶液中呈现棕红色。与同样处理的丙酮酸标准液进行比色，求其含量。

2. 试剂

(1)谷草酶基质(pH 值为 7.4)　精确称取 *DL*-天冬氨酸 2.66 g 及 α-酮戊二酸 29.2 mg，放于烧杯内，加 1 mol/L 氢氧化钠溶液 20.5 mL，溶解后，置入 100 mL 量瓶内，加 pH 值为 7.4 缓冲液至刻度处。

(2)其他试剂　与谷丙转氨酶测定相同。

3. 方法

除基质液不同外，其他均与谷丙转氨酶相同。

4. 临床意义

谷草转氨酶显著增高见于各种急性肝炎、手术之后及药物中毒性肝细胞坏死；中等程度增高见于肝硬化、慢性肝炎、心肌炎等；轻度增高见于心肌炎、胸膜炎、肾炎及肺炎等。

技能六　肾脏功能检查技术

一、血清尿素浓度的检测

(一)血清尿素的测定

尿素是哺乳动物蛋白质分解代谢的终产物。在肝脏通过鸟氨酸循环合成，主要由肾脏排泄。由于尿素的分子量小又易于溶解，扩散力极大，故脑脊液、浆膜腔积液、唾液、汗液中的尿素浓度基本一致。血尿素浓度主要受肾功能和蛋白质摄入量和分解代谢情况的影响。目前临床实验室测定尿素最常用的方法有二乙酰一肟法、半酶法和全酶法。下面主要介绍二乙酰一肟法。

1. 原理

二乙酰在强酸条件下与尿素缩合成红色的 4,5-二甲基-2-氧咪唑化合物，颜色深浅与尿素含量成正比。因二乙酰不稳定，故由试剂中二乙酰一肟与强酸作用产生二乙酰。

2. 试剂

(1)酸性试剂　在三角烧瓶中加去离子水约 100 mL，然后加入浓硫酸 44 mL、85%磷酸 66 mL。冷至室温，加入氨基硫脲 50 mg 及硫酸镉($CdSO_4 \cdot 8H_2O$)2 g，溶解后用去离子水稀释至1L。置棕色瓶中,4℃可保存6个月。

(2)179.9 mmol/L 二乙酰一肟溶液　称二乙酰一肟 20 g 溶于去离子水中并定容至1 L。置棕色瓶中,4℃可保存6个月。

(3)尿素标准贮存液(100 mmol/L)　精确称取于60～65℃干燥恒重的尿素(*M*w 为60.06)0.6 g,溶解于无氨去离子水,并定容至100 mL,加0.1 g 叠氮钠防腐,4℃可保存6个月。

(4)尿素标准应用液(5 mmol/L)　取5 mL 上述贮存液用无氨去离子水稀释至100 mL。

3. 操作步骤

按表3-15操作。

表3-15　二乙酰一肟法操作步骤

加入物/mL	空白管	标准管	测定管
血清	—	—	0.02
尿素标准应用液	—	0.02	—
去离子水	0.02	—	—
二乙酰一肟溶液	0.5	0.5	0.5
酸性试剂	5.0	5.0	5.0

混匀,置沸水浴加热12 min,取出置冷水中冷却5 min,以空白管调零,在540nm处读取各管吸光度。

按下式计算:

$$尿素(mmol/L)=\frac{A_{测定}}{A_{标准}}\times 5$$

4. 注意事项

(1)试剂中加入氨基硫脲和镉离子,可增进显色强度和色泽稳定性,但仍有轻度褪色现象,(每小时小于5%)。煮沸显色经冷却后,应及时比色。

(2)尿液中尿素也可用此法测定,但因浓度高,需先用去离子水作50倍以上稀释。

(二)影响因素

尿素是机体在肝中形成的含氮代谢产物,是氨基酸代谢的终产物。尿素在肝中形成以后,就在血浆中被运送到肾脏,接着被排泄入尿。因此,血浆中的尿素浓度可受许多不同的因素影响。

1. 食物因素

(1)食物中的蛋白质过多　脱氨基的增加,引起血浆中尿素浓度升高,但其浓度不会升得十分高,在多数动物中仅为7～10 mmol/L。

(2)食物中蛋白质质量低劣　在没有必需氨基酸时,非必需氨基酸会被脱氨基,从而引起血浆尿素浓度的轻度升高。

(3)碳水化合物缺乏　当食物中没有足够的能量时,体内贮存的蛋白质(起初是肝内贮存的蛋白质)将会被脱氨基之后作为能量被利用。在饥饿,特别是存在脱水的病例中,血浆尿素浓度可以高达 15 mmol/L，甚至是 20 mmol/L。

(4)食物中蛋白质水平低　可以引起血浆尿素浓度减少至 1～3 mmol/L。

2. 尿素循环失败(高氨血症)

尿素循环的目的是把有毒的氨离子转化为利于排泄的无毒尿素分子。尿素循环失败会引起氨在体内蓄积，同时血浆尿素浓度降低，为 0.5～2.5 mmol/L。过量的氨会引起各种中枢神经系统症状。但要注意的是用尿素来诊断这类疾病是不可靠的。一些动物的尿素的正常水平就是很低的。由于肾脏的问题，一些真正患高氨血症病畜的尿素浓度可能正常或稍升高。因此，当发现血浆尿素浓度降低及一些病例中怀疑有高氨血症时，无论尿素是否降低，正确的方法都是测定氨本身的浓度。

3. 引起血浆尿素浓度升高的原因

(1)肾灌注不良　这可以由严重的脱水或心机能不全引起。肾本身没有问题，根据灌注不良的严重程度不同，血浆尿素浓度升高至 15～35 mmol/L。当疾病改善时，血浆尿素浓度下降，这也是监测慢性心衰治疗效果的一种有效方法。但要注意的是当灌注不良十分严重或肾缺氧时间太长时，会出现原发性的肾衰，在这些病例中，血浆尿素浓度将持续升高到 35 mmol/L。

(2)肾衰　诊断肾衰是测定血浆尿素浓度最常见的原因，特别是小动物。血浆尿素浓度可以随疾病严重程度的不同，从正常范围的上限到高达 100 mmol/L。在一些急性或像肾盂肾炎那样的可逆病例中，即使尿素严重升高，也值得进行试验性治疗。在慢性病例中，预后取决于疾病的严重程度。当尿素浓度只有轻度升高时(于 20 mmol/L)，治疗的效果可能是很好的。当血浆尿素水平高于 60 mmol/L 时，治愈希望很小(除非进行肾移植手术)，建议安乐死。

(3)尿道阻塞　由于尿道阻塞会对肾产生压力，且血浆尿素浓度可能上升到 60 mmol/L 或更高，故会引起急性肾衰。这在临诊上不难做出诊断(膀胱扩张、疼痛、只有少量或没有尿液排出)，如果阻塞被排除；该现象通常是可逆的。

(4)膀胱破裂　膀胱破裂可使血浆尿素浓度很快升高到 100 mmol/L 以上。如果及时用外科方法修复膀胱的话，这种情况是可逆的，但麻醉尿毒症的患病动物是十分危险的。在手术前用腹膜透析处理可以明显提高成功率。

4. 引起血浆尿素浓度降低的原因

(1)尿素合成减少，如肝肿瘤、肝硬化、门静脉吻合、低蛋白日粮等。

(2)黄曲霉素中毒。

(3)输液治疗以后。

二、肌酐、氨和尿酸的检测

(一)肌酐

正常动物血浆肌酐浓度低于 150 μmol/L。肌酐像尿素一样，也是由肾排泄的一种氮的代谢产物，但它不是氨基酸的代谢产物，而是肌氨酸的代谢产物。肌氨酸是存在于肌肉中的一种物质，它与高能量的代谢有关，其作用是稳定高能磷酸键，使之不会被很快消耗。肌氨酸以一定的速率持续缓慢地分解代谢，它不受肌肉活动或肌肉损伤变化的影响。血浆肌酐浓度的变化只与肌酐的排泄有关，也就是说，它更准确地反映了肾的功能。因此，像尿素一样，血浆肌酐也用于检测肾脏的疾病，但它与尿素有所不同，要得到肾功能的最大信息时，一般同时检测尿素和肌酐。

血浆肌酐浓度不受食物和任何可以影响肝和尿素循环因素的影响。在疾病初期，它比尿素升高得更快，而好转时，也降得更快。因此，同时测定它们可以得到一些疾病的过程和进展的信息。当出现肾前性的原因（心衰或脱水）时，它比尿素的变化更小；而当存在原发性的肾衰时，它升高得更多。换句话说，它作为肾功能的诊断指标比尿素更敏感，也是更好的预后指标。但是，由于肌酐在血浆样品中会变质，必须在当天进行分析。因此，从陈旧样品中测得的结果可能不准确。有些物质容易干扰肌酐的检测，如胆红素可明显地降低肌酐的浓度，头孢菌素可明显地增加肌酐的浓度。所以，存在这些物质干扰时，就应检测尿素。由于尿素受许多不同因素影响，故血浆尿素的测定也可以为患病动物提供比肌酐更多的信息。

对血浆肌酐结果的解释是相当直接的：降低没有临诊意义；增加到 250 μmol/L 左右时，可能是肾前性的原因引起的（脱水或心衰）；超过该值时，肾是有问题的（除非存在膀胱破裂或尿道阻塞）；当血浆肌酐的浓度超过 500 μmol/L 时，情况就十分严重了；浓度超过 1 000 μmol/L 的情况，见于肾衰后期、膀胱破裂和尿道阻塞。

（二）氨

大多数动物正常血浆氨浓度都低于 60 μmol/L。全血和血浆中的氨浓度都是非常不稳定的，因为采血结束后，尿素就开始分解为氨，这不足以影响尿素测定的准确性，但可以影响氨测定的准确性，因为只有一小部分尿素被分解，却足以引起氨浓度明显的升高，使一个本来正常的血样出现高氨血症的假象（分解 0.1 μmol/L 的尿素可以产生 200 μmol/L 的氨）。为了避免这种情况的发生，血样必须用 EDTA 抗凝（而不是肝素），并迅速放入冰块中，然后进行离心。在采血后 30 min 内必须分离血浆。血浆必须冷冻保存，并在 3 d 内进行检测。不能长时间运输冷冻的样品，应尽可能在可以进行检测的地方现场采样。

氨为氨基酸/含氮物质代谢为尿素前一个阶段的物质。尿素循环衰竭会引起氨在血浆中的蓄积，并出现血浆尿素浓度的降低。有严重尿毒症患病动物的氨浓度也会升高，这是由于尿素循环的不平衡引起的，没有诊断意义。有 3 个原因可以引起血氨升高。

1. 先天性的尿素循环代谢缺陷

幼年动物的先天性疾病（或至少是从出生一直存在的疾病）。临床症状是神经系统功能紊乱，有攻击行为，有时与采食有关，同时发生昏迷、智力低下。唯一的生化异常是氨血症和尿素水平下降，并存在乳清酸（它是尿素循环中断时，旁支的异常代谢形式），且没有肝脏其他代谢功能受影响的迹象。门脉血管造影正常。

2. 先天性门静脉短路（静脉导管未闭合）

在这种疾病中，缺陷通常是十分严重的，如果不治疗，很少患该病的动物可以活过两年。临诊症状也与先天性缺陷相似，但除了氨血症/尿素异常外，还有其他的肝功能异常如低白蛋白血症、低凝血素血症、低胆固醇血症、血浆转氨酶和碱性磷酸酶活性升高等。一般不出现黄疸，但磺溴酸钠（BSP）清除率延长。可以通过证明门静脉和腔静脉连接异常来确诊，而异常的诊断需通过血管造影或剖腹后在肝静脉中注入对比介质进行。

3. 肝衰后期

当肝衰达到其最后的阶段时，所有的肝功能都倾向于衰竭，包括尿素循环。在获得性门脉短路的疾病中更是如此，而且有明显的肝功能异常的证据——低白蛋白血症和低血凝素血症十分严重，通常可见黄疸。由于已没有肝组织释放酶，肝脏酶的水平可能不会升高，故 BSP 清除率异常延迟。由于缺乏肝移植技术，故预后不良。在肝病后期是否可见由高氨血症引起的中枢神经系统的症状，很大程度上取决于肝脏病变的程度和尿素循环受影响的程度。

(三)尿酸

尿酸是氮代谢的副产物，主要产自肝脏。尿酸通常被转运到肾脏与白蛋白结合。在多数哺乳动物，这种化合物通过肾小球，且大多数被肾小管细胞重吸收，继而转变为尿囊素，由尿排出。对大麦町犬，尿酸吸收入肝细胞的机制存在缺陷，从而导致尿囊素转化水平下降。因此，该品种尿中的排泄物是尿酸，而不是尿囊素。

尿酸是禽类氮代谢的主要终产物，尿中排泄的尿酸占总尿氮排泄量的 60%～80%，尿酸由肾小管分泌。血浆或血清尿酸的水平是评价鸟类肾功能的指标。在禽类，粪便中的尿酸盐会污染趾甲，由趾甲采集血样会造成尿酸水平假性升高。在食肉鸟类，进食后尿酸的浓度会升高。患有肾病时，肾功能丧失超过 70%，尿酸浓度才会升高。

三、尿蛋白/肌酐比率、肾小球功能检测

(一)尿蛋白/肌酐比率

肾脏蛋白尿的定量测定对于诊断肾脏病意义重大。尿中缺乏炎性细胞时，蛋白尿表明存在肾小球疾病。为精确地评价蛋白尿，应检测 24 h 的尿蛋白值。这是一项烦琐的任务，也容易出错。用数学方法比较尿样中蛋白和肌酐水平，则更为精确和易于理解。尿蛋白/肌酐(P/C)比率，是建立在小管内尿蛋白和肌酐浓度增加水平一致的基础上的。

这种方法已有效地应用于犬。通常在 10～14 时，采集 5～10 mL 尿液，最好进行膀胱穿刺采集尿样。尿样应在 4℃或 20℃保存。将尿样离心后，取上清液。每个样品的蛋白质和肌酐浓度，可用各种分光光度计测定。对于健康犬，尿 P/C<1；尿 P/C 在 1～5，提示肾前性(高球蛋白血症、血红蛋白血症、肌红蛋白血症)或功能性(运动、发热、高血压)因素所致；尿 P/C>5 提示存在肾脏病。

(二)肾小球功能检测

患有氮质血症或未出现氮质血症而患有肾病症状的动物，可以进行一些附加的试验评估肾脏功能。这些清除率的研究需要定时定量采集尿样，同时采集血浆样品。清除率研究的两种主要形式是：有效肾血浆流量(ERPF)和肾小球清除率(GFR)。ERPF 采用的试验物质经肾小球滤过和肾脏排泄，典型代表是对氨基马尿酸。GFR 采用的试验物质仅经肾小球滤过，典型代表是肌酐、菊粉或尿素。给予试验物质后，采集尿样和血浆样品。ERPF 或 GFR 的计算公式如下：

$$某种物质的 GFR 或 ERPF[mL/(kg \cdot min)] = Ux \times V / Px$$

式中：Ux—尿样中该物质的含量，mg/mL；

V—在限定时间内采集的尿液量，mg/(kg·min)；

Px—该物质的血浆浓度。

1. 肌酐清除率试验

(1)内源性肌酐清除率　由于肌酐仅分泌入肾小球滤过液，且可忽略肾小管分泌量，所以它是检测肾小球滤过作用的天然示踪剂。肌酐的短期血液浓度稳定，可适用于研究菊粉和对

氨基马尿酸稳定灌注的清除率公式。这个试验相对简单，需要测定血液肌酐水平、准确地采集同时期的尿样，该试验最重要的是精确度。试验前后必须冲洗膀胱，采集冲洗后的尿样以用于肌酐的分析。清除率等于尿液肌酐排出量(尿液肌酐浓度×尿量)/血浆肌酐浓度。这个办法不太精确，但临诊上适用。

(2)外源性肌酐清除率　在小动物，外源性肌酐清除率是一个测定 GFR 的准确方法。血浆肌酐清除度升高，使得血浆中非肌酐显色物质带来的误差可忽略不计。该试验的关键是要避免动物脱水，进行任何评估肾小球滤过作用的试验前都必须保证动物自由饮水。

2. 单次注射菊粉清除率

菊粉全部由肾小球滤过，不被肾小管分泌、重吸收或代谢。因此，使用恒定的输注率与定量尿样进行的菊粉清除率试验，被认为是评估 GFR 的最佳方法。单次注射菊粉清除率试验是一个可选用的简单方法。禁食 12 h 后(试验期间自由饮水)，按 100 mg/kg 或 3 g/m^2(按体表面积进行试验可得出更准确的结果)的剂量静脉注射菊粉；分别在 20、40、80 和 120 min 时，采集血清样品。正常犬的 GFR 是每平方米体表面积 83.5～144.3 mL/min。

3. 对氨苯磺酸钠

在犬，对氨苯磺酸钠仅经肾小球滤过清除；它从血浆中的清除是肾小球滤过的一个指标。该试验可检测单侧肾切除和肾功能下降氮质血症出现前犬的肾功情况。在患有肾小球肾炎的马，对氨苯磺酸钠的半衰期可升至 5 倍。本试验也可用于猫，但其排泄机制尚不清楚。目前该试验不再广泛应用。

技能七　心肌损伤检查技术

心脏是维持生命活动最重要的器官，一旦发生病变将对新陈代谢乃至生命产生重大影响。心脏疾病主要包括先天性心脏组织结构缺陷病、冠心病、心律失常、心脏传导障碍、心力衰竭、心肌炎与心肌病、风湿性心脏病、心包疾病等，其中以冠心病最常见、为害最大。实验诊断对冠心病、心肌梗死、心力衰竭、心内膜炎和心包疾病的临床价值最为重要。例如，通过检测血清中心肌细胞所释放的特异性蛋白标志物和某些酶，可以早期诊断心肌损伤和估计心肌梗死的范围、判断预后和评价治疗效果。

一、心肌损伤的蛋白标志物检测

在心肌细胞中有大量的肌原纤维，后者又由许多蛋白微丝组成，包括粗丝和细丝。粗丝由肌球蛋白(myosin)分子组成，细丝由肌动蛋白(actin)、原肌球蛋白(tomyosin)和肌钙蛋白(troponin，Tn)三种分子组成。Tn 可存在于心肌和骨骼肌细胞中，但心肌和骨骼肌中的 Tn 在氨基酸组成上有部分差异，利用单克隆抗体可以识别其特异的抗原决定簇。心肌肌钙蛋白(cardiac troponin，cTn)是由三种不同基因控制的亚单位组成的蛋白复合物：包括心肌肌钙蛋白 C(cTnC)、心肌肌钙蛋白 I(cTnI)、和心肌肌钙蛋白 T(cTnT)，通过影响钙代谢对心肌收缩起重要作用。此外，心肌中还含有心脏脂肪酸结合蛋白(heart fatty acid banding protein，HFABP)和肌红蛋白(myoglobin，Mb)等，在心肌受损后，这些蛋白分子即从心肌细胞释放入血液中，故将这些蛋白质称为心肌损伤的蛋白标志物，检测血浆中这些蛋白标志物浓度变化便可了解心肌受损的程度。由于不同标志物生物学特性和在急性心肌梗死(acute myocardial infarction，AMI)后增高时间、峰值时间和恢复时间的差异，使其在诊断心肌损伤中的临床意义有所不同。目前人医临床常用的检测项目为 cTnI、cTnT 和 Mb。

(一)肌红蛋白测定

肌红蛋白(Mb)是一种含有亚铁的血红素低分子量氧结合蛋白,有贮存氧和运输氧的功能,广泛分布于心肌和骨骼肌中。正常血中含量低,很少与白蛋白结合,主要在肾脏代谢并排出,部分由单核-巨噬细胞系统代谢,体内分解过程类似于血红蛋白。当心肌和骨骼肌损伤时,血中 Mb 含量明显升高。

1. 标本采集

血清、EDTA 或肝素抗凝血浆,标本应避免溶血。随机尿液。

2. 检测方法

免疫浊度快速定量试验或免疫散射比浊分析可在数分钟完成。尿液测定时应同时测定肌酐,以每克肌酐为单位报告结果,可避免尿浓缩或稀释的影响。

市面上有售犬的肌红蛋白(MYO)酶联免疫吸附测定试剂盒和犬肌红蛋白(MYO/MB)ELISA 试剂盒可进行检测。按照说明书使用。

3. 免疫浊度法参考范围

犬血清或血浆 10～80 μg/L,尿液 <17 μg/g Cr(肌酐)。

4. 临床意义

(1)急性心肌梗死:胸疼后 2～4 h 内血清 Mb 开始上升(>100 μg/L),5～12 h 达高峰,平均高达 600～1 000 μg/L,升高幅度为 5～20 倍,18～30 h 恢复正常,因此 Mb 可作为早期诊断 AMI 的指标。如果急性胸痛 6～10 h 后,血清 Mb 浓度处于参考范围内,可以除外心肌梗死的可能性。若在胸痛后 12 h 或更长时间则不必再测定 Mb,因为此时血清 Mb 已恢复到参考范围。但心肌再梗死发生时,血清 Mb 升高明显早于其他心肌蛋白标志物。AMI 后,尿液 Mb 通常不增高或增高不明显。

(2)急性心肌梗死溶栓治疗:溶栓治疗后,血清 Mb 迅速增加,提示再灌注成功。

(3)骨骼肌损伤:肌营养不良、多发性肌炎、皮肌炎、横纹肌溶解等,Mb 也增高,甚至明显上升,此外,恶性高热、多发性外伤、高强度运动、烧伤、冻伤等,血清或尿液中 Mb 可增高。

(4)对伴肌红蛋白尿的急性肾功能衰竭或血清 Mb 增高的慢性肾功能衰竭有诊断意义,多发性外伤或横纹肌溶解时,若存在 Mb 清除率减低,提示即将发生急性肾功能衰竭。

(5)严重的充血性心功能不全、心肌炎时 Mb 也可升高。

5. 注意事项

(1)AMI 时,Mb 升高快、幅度高,但因分子量小,下降也快,如不及时检查,易发生漏诊,故采血时间很重要。

(2)不同测定方法的参考范围有差异,应制定本实验室的参考范围。

(3)诊断 AMI 时,应排除各种肌病引起的 Mb 升高和心肾功能不全造成的影响。

(二)血清心肌肌钙蛋白 I 测定

血清心肌肌钙蛋白 I(TnI)是肌钙蛋白-原肌球蛋白调节复合物中的抑制亚单位,它抑制肌动蛋白的 ATP 酶活性使与肌球蛋白偶联,使心肌和骨骼肌松弛,有防止肌肉收缩的作用。在快收缩和慢收缩骨骼肌纤维和心肌纤维中存在着不同的 TnI 异构体,两种骨骼肌和一种心肌的异构体中的氨基酸序列显示约有 50%不同源。而且,cTnI 在 N-端有 31 个额外的氨基酸残基,这在骨骼肌的异构体中不存在,使得 cTnI 具有 100%心肌特异性,抗 cTnI 的抗体与抗另两个骨骼肌的异构体的单克隆抗体在免疫学不存在交叉反应。

1. 标本采集

血清，肝素或 EDTA 抗凝血浆。

2. 检测方法

微粒子酶免疫法较为常用，其原理是将抗 cTnI 抗体包被在微球上与待测血清反应后，再加入碱性磷酸酶标记的抗 cTnI 抗体，经孵育后，加入碱性磷酸酶的底物 4-甲基伞型酮磷酸盐(4-MUP)，4-MUP 被分解成 4-甲基伞型酮，通过测定 4-甲基伞型酮的荧光强度可得出 cTnI 的含量。

3. 参考范围

犬血清或血浆＜0.04 μg/L。

4. 临床意义

(1)急性心肌梗死　cTnI 对于 AMI 的诊断是敏感而特异的标志物，但不是 AMI 诊断的早期指标。AMI 发病后 3～8 h，血清 cTnI 开始升高(常＞0.5 μg/L)，达峰值时间为 12～24 h，升高幅度为 20～50 倍，恢复至参考范围时间为 5～10 d。由于在胸痛发作后 cTnI 长时间增高，它可以取代 LD 同工酶，用于检测晚期 AMI 病畜。

(2)监测心肌梗死溶栓治疗效果　开始溶栓治疗后，如再灌注成功，90 min cTnI 达最大值。

(3)心肌炎　cTnI 在病毒性心肌炎有较高的阳性率，40%～50%，重症可达 100%，且 cTnI升高与心肌损伤的严重程度呈正相关。

(4)心肌损伤与骨骼肌损伤的鉴别诊断　前者血清 cTnI 增高，后者不增高。

(三)心肌肌钙蛋白 T 测定

心肌肌钙蛋白 T(cTnT)是原肌球蛋白结合亚单位，将肌钙蛋白 C 和肌钙蛋白 I 连接到肌动蛋白和原肌球蛋白上，共同完成对心肌或骨骼肌收缩的调节。当心肌损伤时，血清水平升高，用于 AMI 的诊断及治疗监测。

1. 标本采集

血清，肝素或 EDTA 抗凝血浆。

2. 检测方法

全血快速免疫金标记法，可直接测定全血标本中的 cTnT，适合于床旁检测，但只能定性，不能定量。灵敏度多为 0.1 μg/L。

3. 参考范围

犬血清或血浆＜0.04 μg/L。

4. 临床意义

(1)急性心肌梗死：发病后 3～8 h，血清 cTnT 开始升高(常＞0.1 μg/L)，达峰值时间为 10～24 h，升高幅度为 30～200 倍，恢复至正常时间为 7～14 d。阳性结果结合临床可诊断心肌梗死；阴性结果(不增高)应在 2 h 后复查，若在胸痛后 8 h 复查仍为阴性，心肌损伤基本可以除外。

(2)微小心肌损伤：不稳定型心绞痛患畜血清 cTnT 升高，提示有小范围心肌梗死的可能。由于 cTnT 在心肌损伤时升高的幅度大，对心脏外科手术后、心脏创伤、有创性心脏干预治疗和心绞痛所致小范围心肌梗死的诊断更可靠。反复测定 cTnT 均正常，可以除外 AMI 或微小心肌损伤，但不适于对冠心病程度的评价。

(3)监测溶栓治疗效果：溶栓治疗后 90 min cTnT 明显升高，提示再灌注成功，增加幅度可＞0.2 μg/L/h 或＞6.8 倍以上。

(4)在肾功能衰竭或其他可致心肌损伤的疾病时，血清 cTnT 也常升高。若在外伤或手术后，血清 cTnT 升高或持续 3～4 d，提示心肌坏死。

二、心肌酶测定

心肌细胞中含有一些酶类，主要包括肌酸激酶(creatine kinase, CK)及其同工酶(isoenzyme)CK-MB、乳酸脱氢酶(lactate dehydrogenase, LD)及其同工酶 LD1、天门冬氨酸转移酶(AST)和糖原磷酸化酶同工酶 BB(glycogen phosphorylase isoenzyme BB, GPBB)。这些酶在心肌细胞损伤后释放入血液中，其酶活性或质量的增高可以反映心肌受损的时相及程度，故被称为心肌酶(myocardial enzyme)。在 20 世纪 70～90 年代初曾广泛用于 AMI 的诊断，称为心肌酶谱分析。不同心肌酶的生物学特性和在 AMI 后增高时间、峰值时间和恢复时间的差异，使其在诊断心肌损伤中的临床意义有显著不同。虽然心肌蛋白标志物具有高灵敏度和高特异性，并且临床上已将 cTn 列为诊断心肌梗死的首选试验，但心肌酶，尤其是 CK-MB 仍有较重要的价值。此外，心肌酶测定对其他一些疾病的诊断、鉴别诊断等也有一定的临床意义。

(一)血液肌酸激酶总活性测定

肌酸激酶(creatine kinase, CK)或肌酸磷酸激酶(creatine phosphatase kinase, CPK)，主要存在于骨骼肌、心肌和脑组织的胞质和线粒体中。肌酸激酶(CK)催化肌酸和三磷酸腺苷(ATP)生成磷酸肌酸和二磷酸腺苷(ADP)之间的可逆反应，为肌肉收缩和运输系统提供能量来源。正常血清中 CK 含量甚低，当上述组织受损时，CK 进入血液中，使其 CK 活性明显升高。CK 以一个二聚体的形式存在，已发现有两个亚型——M 型和 B 型。这样就可能有三种同工酶的形成——MM、MB 和 BB。

CK-MM 是骨骼肌的形式。在一般的肌损伤，如肌溶解时会明显升高。总 CK 活性可以从正常的约 100U/L(马稍高些)到严重病例中的 500 000U/L。手术、肌肉运动或肌内注射都会使血浆 CK-MM 活性有轻度到中度的升高。CK-MB 是心肌的形式。在人中，它特异用于诊断心肌梗死，但该病在动物中很少见，且慢性的心肌症型的疾病很少引起可见的酶变化，这是因为该酶的半衰期很短。CK-BB 是脑的形式。它在诊断脑病中十分有用，如脑皮质坏死和由硫胺素缺乏引起的幼年反刍动物急性中枢神经系统疾病。

一般来说，总 CK 的测定反映了 MM 同工酶，因为它的含量是最多的。MB 和 BB 的增加只能通过同工酶的测定来获得，否则会被 MM 所掩盖。健康动物血清 CK 活性因年龄大小而有变化，青年动物通常高于成年动物。要注意的是，CK 是一个很小的酶，其半衰期短，只要持续的损伤停止后，即使在横纹肌溶解过程中，酶的升高也会在 24～48 h 内回到正常。总 CK 也是很容易变化的，特别是在室温或更高的温度时，故采集的样品必须当天化验，也可以在 −20℃下保存，但邮寄的样品是不可靠的，除非酶活性升得很高。

1. 标本采集

(1)血清或血浆(EDTA 或肝素抗凝)标本。

(2)标本应及时送检。若需保存，应离心去掉红细胞，短期内(＜24 h)保存在 2～8℃，＞24 h

应保存在－20℃以下。混浊标本应 3 000 r/min、离心 15 min。标本应避免溶血。

2. 检测方法

(1)酶偶联测定法 磷酸肌酸和二磷酸腺苷(ADP)在肌酸激酶(CK)的催化下,生成肌酸和三磷酸腺苷(ATP),在葡萄糖和己糖激酶(HK)的存在下,生成的葡萄糖-6-磷酸,在葡萄糖-6-磷酸脱氢酶作用下,生成 NADPH,NADPH 在 340 nm 波长有吸收峰,NADPH 形成的速率与血清中肌酸激酶的活性成正比,测定 340 nm 波长下吸光度增加的速率即可测出血清中 CK 的活性。

(2)肌酸显色法 磷酸肌酸和二磷酸腺苷(ADP)在 CK 的催化下,生成肌酸和三磷酸腺苷(ATP),肌酸与双乙酰及 α-萘酚结合生成红色化合物,在一定范围内红色深浅与肌酸量成正比,进而可求出血清中 CK 活性。此法目前已较少应用。

3. 参考范围

酶偶联法(37℃):犬 8～60 U/L,猫 50～100 U/L。

4. 临床意义

酶活性增高,常见于心肌梗塞、皮肌炎、营养不良、肌肉损伤、甲状腺机能减弱。

(二)血液肌酸激酶同工酶 MB 质量测定

测定血清 CK-MB 质量(CK-MB mass),即 CK-MB 蛋白浓度可以提高对心肌损伤诊断的灵敏度和特异性。血液中大部分为 CK-MM,也含有少量 CK-MB(不超过总活性的 5%),CK-BB 含量极微。

1. 标本采集

血清,EDTA 或肝素抗凝血浆。标本应及时送检。若需保存,应离心去除红细胞,短期内(＜24 h)保存在 2～8℃,＞24 h 应保存在－20℃以下。应避免溶血。

2. 检测方法

(1)微粒子酶免疫分析 将包被抗 CK-MB 抗体的特殊微球与待测血清反应后,再加入碱性磷酸酶标记的抗 CK-MB 抗体,经孵育后加入碱性磷酸酶的底物 4-甲基伞型酮磷酸盐(4-MUP),后者被分解成 4-甲基伞型酮,通过检测 4-甲基伞型酮的荧光强度可得出 CK-MB 质量(蛋白浓度)。

(2)快速全血定性试验 用含有 CK-MB 单克隆抗体的试剂条,直接检测抗凝血中的 CK-MB 含量。用血量少(约 150 μL),操作简便、快速,适合于临床检测。

3. 参考范围

犬血清或血浆 CK-MB mass 0～49.4 μg /L,＞5 μg/L 有意义(微粒子酶免疫分析)。

4. 临床意义

(1)心肌梗死 在胸痛发作 6 h 后,测定比 CK-MB 活性更敏感;与肌红蛋白的灵敏度接近,但比肌红蛋白有更高的临床特异性。对于血清 CK-MB mass 升高的病例,应连续观察其动态变化更有诊断意义。

(2)AMI 后溶栓治疗 当梗塞的血管成功再灌注后,90 min 内血清 CK-MBmass 增加＞24 μg/L/h 或4 倍以上。

(3)心绞痛 对于不稳定心绞痛患畜,血清 CK-MBmass 比 CK 活性测定诊断微小心肌梗死有更高的灵敏度。

(4)肌病和肌萎缩 如肌营养不良、多发性肌炎、挤压综合征等,血清 CK-MB mass 水平也可增高。

(三)血清乳酸脱氢酶活性测定

乳酸脱氢酶(LDH 或 LD)促进乳酸和丙酮酸盐间的可逆变化,是糖原酵解和糖异生的主要酶之一,也是体内最大的蛋白分子之一。它是一个四聚体,每个分子中有 4 个亚单位,且亚单位有两种形式,即 H 和 L 两种。这样存在 5 种同工酶(HHHH、HHHL、HHLL、HLLL 和 LLLL),用 LDH1 -5 表示,其电泳活性逐渐降低。LDH1 与心肌、肾和红细胞有关,LDH5 则与肝有关。其他同工酶与骨骼肌和肺有关。

由于其分布广泛,总 LDH 活性的增加在兽医临诊上是很难解释的,如果要知道它增加的原因,同工酶电泳分离是十分重要的。但由于 LDH 分子大且半衰期长,它的升高可在损伤后持续一段时间,所以有时对回顾诊断十分有用。

在大多数动物中,正常的血浆总 LDH 活性为 200～300 IU/L,在一些病例中,可升高到几千单位每升(IU/L)。

1. 标本采集

血清,EDTA 或肝素抗凝血浆。标本应及时送检,应尽快离心分离红细胞,避免溶血。

2. 检测方法

(1)速率法　*L*-乳酸和 NAD^+ 在 LD 催化下,生成丙酮酸和 NADH,NADH 在 340nm 波长有最大吸收峰,连续监测在 340nm 波长下 NADH 吸光度上升的速率,即可测出 LD 的活性。

(2)比色法　LD 催化乳酸生成丙酮酸,丙酮酸与 2,4-二硝基苯肼反应,生成丙酮酸二硝基苯腙,在碱性溶液中呈棕红色,根据颜色深浅可求出酶活性。

3. 临床意义

(1)心肌梗死　血清 LD 活性增高缺乏组织和器官特异性,但由于 LD 半衰期长,心肌梗死后恢复时间长(7～14 d),对于入院较晚、亚急性发病的患畜的诊断和病情监测及回顾性诊断等仍具有一定意义。若 LD 增高后恢复迟缓,或在病程中再次升高者,提示梗死范围扩大,预后不良。

(2)肝脏疾病　急性肝炎或慢性肝炎活动期,LD 常显著或中度增高,其灵敏度略低于 ALT,肝癌时 LD 活性明显增高,尤其转移性肝癌时 LD 活性增高更明显,可达 1 000 U/L 或更高。

(3)其他疾病　各种疾病的急性期、白血病、恶性淋巴瘤、恶性肿瘤、溶血性贫血贫血、恶性贫血、肌营养不良、横纹肌损伤、胰腺炎、肺梗塞、肾脏疾病、脑血管病、心力衰竭、心包炎等,均可见 LD 活性增高。因此,LD 这种非特异性变化可用于上述疾病的筛查,凡是不明原因的血清 LD 活性增高,应进一步寻找病因。

◉ 技能八　常见毒物检验技术

一、样品的采集和处理

(一)样品的采集

一般应采取含量较高的样品作毒检。常采取毒样有剩余饲料、呕吐物或用胃导管抽取的胃内容物、粪便、尿液、血液;如果家畜已经死亡,可直接采取胃内容物、小肠内容物、心、肝、脾、肾、膀胱、淋巴等均可作为检样。常见中毒病毒物采取的样品见表 3-16。

表 3-16 常见毒物中毒的样品采取

毒物	剩余饲料	呕吐物及胃内容物	肠内容物	粪便	尿液	血液	肝	肾	脑
氯化物	＋＋	＋＋	＋				＋	＋	
磷化合物	＋＋	＋＋	＋	＋					
铅、砷	＋＋	＋＋	＋＋	＋＋	＋		＋		＋
有机磷农药	＋＋	＋＋	＋			＋			
有机氯农药	＋＋	＋＋	＋＋		＋				
有机汞	＋＋	＋＋	＋＋		＋		＋＋	＋	
生物碱		＋＋		＋		＋		＋	
亚硝酸盐	＋＋	＋＋	＋		＋	＋			
毒鼠类药	＋＋	＋＋	＋＋			＋			

说明:“＋＋”表示含量高的检样,“＋”表示可供检样。

(引自《兽医临床诊断学》,耿永鑫主编,中国农业出版社,1990)

(二)样品的处理

1. 包装

样品采集后,我们应根据检样的不同,分别进行包装。包装材料最好选用大口瓶或塑料袋,有利于密封。不能用铜、铁、铅等金属器皿进行包装。包装好后,应注明编号和附标签及送检单,中毒动物的简要病历;送检单还应标明送检地址、畜主姓名、动物品种、畜别、检样种类、采集时间、送检目的和要求。所附病历应详细记载该地区主要饲料来源和社会情况,家畜发病时,病理变化和临床症状,治疗经过。如中毒病畜死亡后应记录病死亡时间、解剖时间、解剖病理变化。附上这些详细的情况是为化验工作提供参考。检样的量及包装方法见表 3-17。

表 3-17 检样量和包装法

检样	采取量	包装法	附注
剩余饲料	500～1 000 g	塑料袋	
胃及胃内容物	250～500 g	广口瓶或塑料袋	密封
肠及肠内容物	250 g	广口瓶或塑料袋	密封
实质器官每个脏器	100～250 g	广口瓶或塑料袋	密封
血液	50～100 mL	玻璃瓶或大试管	密封
尿液	200～500 mL	玻璃瓶	密封

(引自《兽医临床诊断学》,耿永鑫主编,中国农业出版社,1990)

2. 保存和处理

样品采取好后,必须及时送检,不能及时送检的样品,应该做好防腐、防止毒物分解的工作,以免影响检验结果。

我们在进行毒物检验之前，对有些毒物我们必须经过处理后才能检验。样品的处理有蒸馏法、盐酸浸渍法、蒸馏水浸渍法、乙醇浸渍法、苯、氯仿、丙酮浸渍法等。但是在进行检验时应根据检验方法，毒物种类的要求而定。有些方法和毒物种类也可以直接采取被检液进行检验。

二、毒物的检验

(一)检验方法

毒物的实验检验方法很多，一般有定性、定量、薄层层分析法、镜检、酸碱度的测定等。中毒性疾病具有发病快、数量多、死亡率高的特点。那么中毒性疾病的实验室检验，要求方法简便、敏感、专一性强的方法进行检测。所以实验室对中毒性疾病的检测常有定性、定量和薄层分析法三种。

1. 定性

是用化学试剂对可疑物进行分离鉴定，证明可疑物中有某种毒物存在而呈现阳性反应，这种方法叫作定性检测。定性检测在毒物检验中是最常见的一种方法，具有操作方便、准确性高、速度快、适用于为发病家畜的及时抢救提供参考。

2. 定量

用化学试剂对可疑物进行分离检验时，要求检出可疑物中含某些毒物的浓度，计算出这种毒物的百分比数，这种方法叫作定量检验。定量检验在检验中一般用于需要含量或科研时采用。这种方法需要仪器、试剂、方法操作也比较复杂，也不利中毒性疾病急救，所以我们进行一般毒物检验时，都不常采用这种方法。

3. 薄层分析法

毒样检验时因层析是在薄层上进行的，故名为薄层分析法。薄层分析法是 20 世纪 50 年代发展起来的一种新型微量而快速的分析法。它具有用多种显色剂检验各种毒物的优点，在临床上现已广泛应用这种检验方法。

(二)检验结果报告

检验结束后，要进行检验结果的报告。在填写检验报告单或写检验结果报告书时，文字要简单明确，要准确无误地反映出检验的结果。字迹不能含糊不清，在必要的时候还要注明用什么方法进行检验的，以什么方法判定的结果。定性检测的结果填写报告单时，用“检出”、“未检出”或有“阳性”、“阴性”等字样来表示。定量结果的报告，应将测定毒物的含量、单位用数字明确表示，这样就可以避免一些不必要的差错。

下面附检验报告单式样(表 3-18)仅供参考。

三、常见毒物的定性检验

(一)亚硝酸盐中毒

1. 被检样

剩余饲料、呕吐物、胃内容物或血液。直接取滤液或将检样用蒸馏水浸渍 10～30 min，用定性滤纸过滤，取滤液作被检样。

2. 方法

亚硝酸盐中毒的检验方法用格列斯、冰醋酸联苯胺法和亚硝酸盐试剂法。

表 3-18 检验报告单式样

送检单位								畜主	
品种		畜别		体重		检样采取时间		检品种类	
临床症状									
送检时间			检验要求			检验目的		收到检品时间	
检验结果									
检验费									(大写)
报告日期						检验者			

(1)格列斯法(灵敏度为 1∶5 000 000)

原理:亚硝酸盐在酸性条件下与氨基苯磺酸作用生成重氮化合物,再与甲萘胺混合偶联生成红色素,呈现鲜红色反应。

试剂制备:甲萘胺 1 g,对氨基苯磺酸 10 g,酒石酸 89 g,将上述试剂置于乳钵中,磨细混匀,保存于棕色瓶中备用。

操作:取备液 1~2 mL 于试管中,加入格列斯粉 0.1~0.2 g,震摇混匀,观察颜色变化,如含亚硝酸盐,立即呈红色反应。亚硝酸盐检测结果判定标准如下。

溶液颜色反应	含量(mL/L)
刚刚有点显玫瑰色	小于 0.01
淡玫瑰色	0.01 ~ 0.1
玫瑰色	0.1 ~ 0.2
新鲜玫瑰色	0.2 ~ 0.5
深红色	0.5 以上

(2)联苯胺冰醋酸法(灵敏度 1∶4 000 000)

原理:亚硝酸盐在酸性溶液中,将联苯胺重氮化成一种醌式化合物,而呈棕红色反应,为阳性反应。

试剂制备:联苯胺 1 g,冰醋酸 10 mL,加蒸馏水稀释成 100 mL 即成。

操作:取检样 10 滴或 2 mL 于试管中,加 1~2 滴试剂,如有亚硝酸盐存在时,则呈棕红色为阳性反应。

(3)试剂法

原理:同格列斯法。

试剂制备:取酒石酸 8.9 g,对氨基苯磺酸 10 g,甲萘胺 0.1 g,置乳钵中研成细末,混匀后即为格利斯固体试剂,应密封保存于棕色玻瓶中备用。

操作:取检液 2 mL 于试管中,加格利斯固体试剂 15～25 mL,振荡,如有亚硝酸盐存在,即呈紫红色。但试剂须密封避光保存,若变为红色者,即为失效,不能使用。

(二)敌百虫或敌敌畏中毒

1. 被检样

取剩余饲料、呕吐物、死亡动物的胃内容物、血液和肝脏。

2. 方法(间苯二酚法)

原理:敌百虫或敌敌畏在碱性环境中水解呈醛类物质与间苯二酚反应生成粉红色化合物。根据颜色反应判定结果。

试剂:1%间苯二酚乙醇液(用时现配),5%氢氧化钠。

操作:取被检液 1～2 mL 于试管中,加入 1%间苯二酚乙醇液 1～2 滴和 5%氢氧化钠 1～2 滴,振摇混匀,在酒精灯加热至沸,出现红色为阳性反应。

(三)食盐中毒

1. 被检物

呕吐物、胃肠内容物、肝、血液等。

2. 方法(硝酸汞滴定法)

原理:氯化钠中的氯离子与硝酸汞中的汞离子结合,生成氯化汞沉淀。

试剂:硝酸汞,溴酚蓝,0.2%刚果红。

操作:取被检物 25 g 放于烧杯内,加蒸馏水 200 mL,经 4～5 h 浸渍,并经常振摇,然后再加蒸馏水至 250 mL,过滤,取滤液 25 mL 于试管中,滴加指示剂后,以 0.1 mol/L 硝酸汞液滴定,至开始出现沉淀,液体呈轻微透明为止。0.1 mol/L 硝酸汞液每毫升相当于 0.005 85 g 食盐,为计算其含量的百分率,须将硝酸汞消耗的毫升数乘以 0.235,即得被检动物食盐含量的百分率。

(四)磷化锌中毒

1. 被检样

剩余饲料、呕吐物、胃内容物。

2. 方法(亚铁氰化钾法)

原理:在微酸性溶液中,锌与亚铁氰化钾生成亚铁氰化锌白色沉淀。此沉淀不溶于稀酸而溶于碱中,若加过量试剂时,则生成更难溶的白色亚铁氰化钾沉淀。

试剂:5%亚铁氰化钾溶液;10%氢氧化钾溶液。

操作:取被检溶液 2 mL 于试管中,加 5%亚铁氰化钾 5～8 滴,如有锌存在,产生白色沉淀,再加 10%氢氧化钠时沉淀溶解,为阳性反应。

(五)有机磷中毒

1. 被检样

将可疑有机磷中毒的剩余饲料、胃肠内容物(活体采取胃肠内容物时如采不出来,可用普通水洗胃,但不能用碱性液体洗胃,以防有机磷水解)、血液、尿液及内脏等。被检病料需要迅速检验,如不能立即检验时,可按每千克 100～150 mL 酒精或苯加入被检病料后,置于冰箱内保存,以防有机磷挥发。血液、尿液及内脏中的有机磷能迅速异化,常难以检出,故一般不作血液、尿液和内脏的保存。

2. 方法

主要有酶化学纸片法和 BTB 全血试纸片法。

(1)酶化学纸片法

①原理 胆碱酯酶能分解乙酰胆碱为胆碱和乙酸,因而 pH 变低。当有机磷中毒时,抑制了乙酰胆碱酯酶的活性,水解乙酰胆碱产生胆碱和乙酸的能力降低,所以 pH 升高。根据 pH 的变化,以溴麝香草酚蓝(BTB)为指示剂,以推断有机磷的中毒情况。

②试剂

乙酰胆碱试纸片:称取氯化乙酰胆碱 1 g,溴麝香草酚蓝 0.084 g,溶于 95%乙醇中使成 28.6 mL。取新华滤纸,剪成 5 cm×11 cm 纸条,在上述溶液中浸透后取出晾干,然后剪成 2 cm×2 cm 的试纸块密封于茶色瓶中,置于干燥器内(或瓶中放一小包原色硅胶)避光保存备用。

马血清:如为市售干燥马血清,临用时打开安瓿,按量用水稀释备用。

溴水:取 1 mL 饱和溴水加水 4 mL 稀释。

操作:用滴管取提取检液 1 滴(约 0.05 mL)于白瓷板上,另加马血清 1 滴(约 0.05 mL)混合,即加盖乙酰胆碱试纸片,10～20 min 后观察试纸片颜色。若呈绿色或蓝色,为有机磷中毒;若为黄色,则为阴性。同时应做空白对照试验。需要注意的是本法以 pH 判定结果,应避免酸碱的干扰,故所用白瓷板要在临用前洗净吹干。

(2)BTB 全血试纸片法

原理:有机磷能抑制血中胆碱酯酶分解乙酰胆碱的活性,故胆碱酯酶与乙酰胆碱作用所产生的乙酸亦相应降低,其降低程度,可由 BTB 试纸的颜色变化表示,并能粗略判定有机磷中毒的严重程度。

试纸片制备:称取溴麝香草酚蓝 0.14 g,用无水乙醇 20 mL 溶解,加溴化乙酰胆碱 0.23 g(或氯化乙酰胆碱 0.185 g),以 0.4 mol/L(约 1.6%)氢氧化钠溶液调至黄绿色(约 pH6.8)。然后将定性滤纸浸入溶液中,待浸透以后取出挂在室温中自然阴干(为橘黄色),进而剪成2 cm×2 cm 的试纸块,密封于茶色瓶中,置于干燥器内(或瓶中放一小包原色硅胶)避光保存备用。

操作:取制备好的试纸片两块,分别放在清洁干燥的载玻片两端,用毛细滴管加病畜被检末梢血一滴于一端试纸片中央,另一端试纸片加健畜末梢血一滴并行标记。待血滴扩散成小圆斑点后,即速加盖另一清洁干燥玻片,用橡皮筋扎紧,在 37℃恒温箱中(或体温)保持 15～20 min 后,观察血清中心部的色调变化(表 3-19)。

表 3-19 BTB 全血试纸片法的结果判定

	红色	紫色	深紫	蓝黑(黑灰)
胆碱酯酶活性	80%～100%	60%	40%	20%
程度	正常	轻度抑制	中度抑制	重度抑制

(引自《兽医临床诊断学实习指导》,贺永建,李前勇主编,西南师范大学出版社,2005)

注意事项：血液应滴于试纸片中央，血清不可过大或过小，以斑点直径为 0.6～0.8 cm 为宜。每头可疑病畜，应做两个标记，以免误差。血斑要看反面，看时不要直接对着光线，应与光成一斜角。玻片及滴管要清洁干燥，防止酸碱干扰。每次测定前，先用健康血检查试纸片，如试纸片加健康血不变蓝，经 30 min 后又不变红，表明试纸片失效。

技能九 乳汁检验技术

一、原料奶的质量不安全因素

1. 微生物的污染或超标

原料奶营养丰富，适合于细菌、酵母、霉菌以及病毒生存和快速繁殖，微生物污染或超标，会严重影响原料奶质量。一般原料奶中存在的微生物包括腐败微生菌和致病性菌，如大肠杆菌、霉菌、金黄色葡萄球菌、溶血性链球菌等，可能与奶牛饲养卫生环境较差、挤奶操作不规范有关。

2. 兽药残留

受到技术水平低、专业技术人员缺乏等因素影响，兽药以及各种违禁药物滥用，尤以农户散养以及一些小规模牧场多见。目前抗生素残留是乳品质量安全与检测的重点，其中青霉素、四环素类药物为常见，残留在原料奶中的抗生素即使经过加工也不能完全降解掉，若为消费者食用，可能会产生抗药性的风险。

3. 体细胞和亚硝酸盐过高

在原料奶检测中，体细胞和亚硝酸盐是必检项目。体细胞数量是反应牧场隐性乳房炎的一个依据，也是衡量乳房是否健康的标志，直接关系到奶牛的生产性能、牛奶质量。牛奶中硝酸盐和亚硝酸盐水平可反应饲料和饮用水体的硝酸盐及亚硝酸盐水平。

4. 人为添加或掺假

目前，奶业行业中除有生鲜牛乳的收购和卫生标准外，还存在乳品收购奖励机制，如根据牛奶蛋白、脂肪含量适当提高生鲜牛奶收购价格，时常会出现当生鲜牛奶不符合收购标准和卫生标准时进行的人为掺假，以满足生鲜牛乳收购标准和卫生标准。

为了对乳品质量进行规范，2011 年国家牛奶质量标准规定每毫升鲜品中细菌总数 200 万个、蛋白质每百克 2.80 g 为合格。

二、乳汁的检验

(一)常规检测方法

1. 乳汁尿素检测(格里斯试剂法)

(1)原理　尿素与亚硝酸盐在酸性溶液中发生反应生成二氧化碳气体逸出。而亚硝酸盐可与格里斯试剂发生偶氮反应生成紫红色染料。牛奶鲜品掺尿素就会影响该反应的发生。

(2)试验试剂

①格里斯试剂　称取 89 g 酒石酸，10 g 对氨基苯磺酸和 1 g 甲萘胺。在研钵中研细混匀后装入棕色瓶备用。

②浓硫酸　常规。

③0.05%亚硝酸钠溶液　称取 50 mg 亚硝酸钠溶解于 100 mL 蒸馏水中，置棕色瓶保存

备用。

(3)操作方法 取被检奶样 3 mL 放入大试管中,加入 0.05%亚硝酸钠溶液 0.5 mL,加入浓硫酸 1 mL,将胶塞盖紧摇匀,待泡沫消失后向试管中加入约 0.1 g 格里斯试剂,充分摇匀。待 25 min 后观察结果。

(4)结果判定 按奶样颜色变化判定(表 3-20)。需要说明的是,本法灵敏度为 0.01%。因此被检奶样最少不能低于 2.5 mL。本实验最好与正常牛奶作对照试验,其结果会更为准确。

表 3-20 结果判定

奶样颜色	掺假实验	判定结论
紫红色	不含尿素	合格乳
不变色	含尿素	异常乳

2. 杯滤乳汁检查法

该方法是在现场通过观察牛奶中有无沉淀物或奶凝块变化进行诊断的简单方法。滤杯可用深色金属(或塑料)细筛孔网纱安置于杯的上部而成。挤下每个乳区的头把奶,滤过此杯,如果网纱上发现有奶凝块、薄片或纤维等沉淀物质,即表明有乳腺炎,据此最好再作进一步检验。

3. 乳汁 pH 值检验

(1)操作方法 取新挤出的乳汁少量,先用广泛 pH 试纸测定其概值,再选用精密 pH 试纸测定其较准确的 pH 值。更准确的方法是应用 pH 计测定。

(2)结果判定 正常的乳汁 pH 在 6.2～6.6,患乳房炎时,由于乳腺的毛细血管通透性,乳汁中的钠、镁、钙离子,尤其是重碳酸盐增加,乳汁 pH 偏于碱性。酮血症、酸中毒时,由于体液中的酸性物质影响,乳汁偏向酸性,pH 可降至 6.0 以下。

4. 乳汁氯化物含量的检测

(1)方法 参加血清中氯化物含量的检测。

(2)结果 正常的乳汁氯化物含量很少,为 22～40 mmol/L。但当病菌刺激乳腺组织引起发炎时则含量大增,一般超过 40 mmol/L,通常示为异常。

5. 乳汁中细胞间接测定法

健康牛乳汁中的细胞数极少。当乳腺组织有炎症时,乳汁中可出现多量白细胞。所以检查乳汁中的细胞数,是目前公认的诊断乳房炎的好方法。检查方法分直接计数法和间接计数法,前者需涂片、染色、脱脂、镜检等步骤,费时较多,在检查多量标本时不太适用。目前世界各国多采用间接计数法,间接计数法也有多种,其中以加利福尼亚试验(CMT)使用最为广泛,其测定结果与直接计数法基本一致,被认为是一种敏感而快速检查乳腺炎的方法。

(1)原理 阴离子表面活性剂烷基苯磺酸盐或烷基硫酸酯可与奶中细胞蛋白质结合产生沉淀或凝胶。乳汁中的细胞数愈多,形成的胶状物质愈多。

(2)器材与试剂 CMT 试剂中主要成分是十二烷基苯磺酸钠碱性物质和指示剂。我国目前有兰州乳房炎试剂(LMT)、杭州乳房炎试剂(HMT)、北京乳房炎试剂(BMT)和上海乳房炎试剂(SMT)出售,并备有反应盘。

(3)操作方法 在反应盘内加入被检乳 1～2 mL 和等量诊断试剂,轻轻以圆圈运动摇匀(约 5 s)后按表 3-21 判定。

表 3-21 乳房炎试验判定标准

反应状态	反应结果	相当白细胞数/(万/mL)
液体无任何沉淀或胶状	－	0～2
出现微细沉淀,但不久即消失	±	15～50
部分呈凝胶状,形成沉淀物	＋	40～150
全部呈凝胶状,回转时向中心集中,停止后凹凸不平被覆于平皿底	＋＋	80～500
全部呈凝胶状,回转时向中心集中,停止后仍保持凝胶状,黏稠固着于皿底	＋＋＋	500 以上
深黄色	碱性乳	
黄色	酸性乳	

(二)牛奶检测仪检测

牛奶检测仪能够提供最简单最直接的检测和分析,省时省力,可以进行 11 项标准检测(表 3-22)。检测仪接口可连接电脑和打印机,快速检测,操作简单,自动清洗,90 s/样(可选 50 s/样)。

表 3-22 检测范围、精度

项目	范围	精度(±)
密度	1 015～1 160kg/m^3	0.3 kg/m^3
蛋白质	2%～28%	0.15%
乳糖	0.01%～24%	0.2%
掺水	0～70%	3%
牛奶温度	1～40℃	1℃
冰点	－0.400～0.700℃	0.001℃
灰分	0.4%～1.5%	0.05%
pH	0～14	

【项目小结】

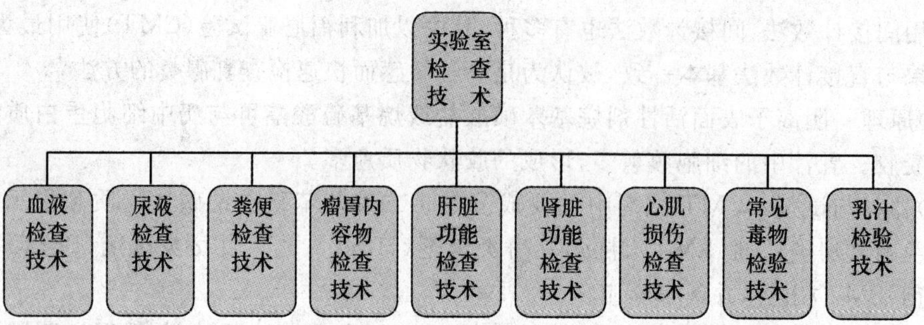

【复习与思考】

1. 采血时的注意事项有哪些？

2. 尿液中的有机沉渣有哪些？

3. 粪便检查的临床意义有哪些？

4. 原料奶的质量不安全因素有哪些？

【知识链接】

常用抗凝剂的用法、剂量及优缺点

表 3-23 常用抗凝剂的用法、剂量及优缺点

抗凝剂	抗凝作用	用法	每10 mL血液需要量	优点	缺点
柠檬酸钠	与钙离子形成非离子的可溶性化合物而阻止凝固。	3.8%溶液	1 mL	用于红细胞沉降率的测定及输血用抗凝。	不宜用于血液生化指标测定。
EDTA（乙二胺四乙酸）二钠	夺取血中钙离子而阻止血凝。	粉末或10%溶液	0.1～0.2 mL	对血细胞、血沉无影响。	不宜用于钙、钠的测定。
草酸盐合剂	与钙离子结合，形成不溶解的草酸钙而阻止血凝。	草酸胺1.2 g；草酸钾或草酸钠0.8 g，蒸馏水100 mL，混合溶解即成。	1 mL	价格低抗凝效果好。	草酸铵使红细胞膨胀，草酸钾、草酸钠使红细胞缩小；有毒不能用作输血的抗凝剂。
肝素	阻止凝血酶原，转化为凝血酶，而阻止血液凝固。	1%溶液	0.1～0.2 mL	对血液有机及无机成分分析干扰小。	抗凝时间短；价格贵。

项目四　仪器检查技术

△【项目描述】

● 仪器检查是指超声波检查、X线检查、心电图检查、内窥镜检查等，本项目主要对以上各检查技术进行详细介绍。

△【技能目标】

● 通过对本项目的学习，会使用相关仪器设备，能够进行一般仪器检查操作。

技能一　超声波检查技术

一、超声检查的基本知识

超声是指超过人耳听觉范围(频率 20～20 000 Hz)的高频声波。超声波属于声波范畴，它具有声的共同物理性质，但其频率高，波长短。超声成像是利用超声的物理特性和机体组织器官声学参数的差异进行成像。产生超声波的方法有多种，现代超声波的产生主要是利用某些晶体(如石英、酒石酸钾钠、锆钛酸铅等)的特殊物理性质—压电效应产生超声波。诊断最常用的超声频率是在 2～10 MHz。

(一)超声的物理学特性

1. 超声波的声束

由于超声波的波长较短，接近红外线的波长，因此和光线一样，具有较强的方向性，形成超声束。在超声技术中，超声波由探头发出并进入动物体后，在距离探头较近的一段区域内，形成一条宽度近似探头直径的超声束，此区称为近场。在近场的远侧超声束逐渐增宽，此区称为远场。

2. 超声波的反射、透射、折射、散射和绕射

当超声波在传播过程中遇到两种不同介质时，在介质分界面将产生反射。超声波在界面反射后，剩余能量的超声波将进入第二介质，称为透射。如果两种介质中的声速相同，透射声束的方向将与入射声束的方向相同。但如果两种介质中的声速不同，透射声束将发生方向的转折，称为折射。剩余能量将以某一中心向空间各个方向传播，称散射。散射后返回探头的回声信号强度明显减弱。超声遇到小于其波长一半的物体时，会绕过障碍物的边缘继续向前传播，称为绕射或衍射。

3. 超声波的吸收和衰减

超声波在体内传播的过程中，强度将随着所传深度的增加而进行性减弱，称衰减。超声波

在体内衰减是由于超声波的反射、散射和超声波吸收而引起的。

4. 多普勒效应

Hristian Doppler 发现,声源与反射物体之间出现相对运动时,反射物体所接收的频率与声源发出的频率不一致。当声源与反射物相向运动时,声音的频率增高,反之降低,此种频率发生改变(频移)的现象称为多普勒效应。频移的大小取决于声源与反射物体相对运动速度,速度越大,频移越大。相向运动时,频移为正,声音增强;反向运动时,频移为负,声音减弱。

5. 方向性

超声波与一般的声波不同,由于频率极高,波长又短,远远小于探头的直径,在传播时集中于一个方向,类似于平面波,声场分布呈狭窄的圆柱状,声场宽度与探头的压电晶片大小接近,因而有明显的方向性。

(二)超声的分辨性能

1. 超声的显现能力

指超声能检测出物体大小的能力。超声频率越高,波长越短,其显现力越高。

2. 超声的分辨力

指超声能够区分两个物体间的最小距离。分横向分辨力和纵向分辨力,单位均为毫米(mm)。横向分辨力指超声能分辨与声束相垂直的界面上的两物体(或病灶)间的最小距离;纵向分辨力指超声能够分辨位于超声线上两物体(或病灶)间的最小距离。

3. 超声的穿透力

超声频率越高,其显现力和分辨力越强,显示的组织结构和病灶结构就越清晰;但频率越高,其衰减也越显著,透入的深度就越小。即频率越高,穿透力越低;频率越低,穿透力越高。

(三)超声波的声像图

超声诊断仪的探头又称换能器。它先将电能转换成声能而发生超声波。超声束进入动物体后遇到两种不同介质时,在分界面产生反射,称为回声,剩余的能量继续深入,当再遇到不同介质的界面时又发生反射,依此类推。超声波诊断仪又将动物体某部位各层组织的回声通过探头回收到仪器内,并将声能再转换成电能而显示在荧光屏上就成为声像图。所以声像图也就能间接反应动物体某部位各层组织的结构。

1. 回声性质

(1)无回声 超声经过的区域没有反射,为无回声的暗区。可能是液性暗区、衰减暗区、实质暗区。

(2)低回声 肝实质器官急性炎症、出现渗出时,其声阻抗比正常组织小,透声增高,因而可出现低回声区。

(3)强回声 实质器官内组织致密,声阻抗差别较大,反射界面增多,使局部回声增强,呈密集的光点或光团。又可细分为较强回声、强回声和极强回声。

2. 回声形态描述

光点或光斑指细而圆的点状回声;光团指回声光点以团状块出现;光条或光带指回声呈条带状,光环中间为较暗或暗区,如胎儿的头部回声。光晕指光团周围形成暗区,如癌症结节周边的回声。网状回声指多个环状回声聚集在一起构成筛网状,如脑包虫、犬子宫蓄脓、腹腔脓肿等的回声。云雾状回声多见于声学造影。声影指由于声能在声学界面衰竭、反射、折射等而丧失,声能不能达到的区域(暗区),即强回声下方的无回声区域。有些肝脏或肿块底边无回声,称底边缺如;如侧边无回声称为侧边失落。声尾指强回声下方类似于彗星尾样回声,如囊肿后方的声尾。在特强声学界面上,超声波在肺泡壁上反复反射,声能很快衰减,称为多次重复回声(3 次以上)或多次回声。靶环征指以强回声为中心形成圆环状低回声带,如肝脏病灶组织的回声。

3. 超声图像特点

超声图像是以不同的灰度来反映回升的强弱的,无回声为暗区,强回声为亮区。借此进行组织器官的超声解剖学研究、病变形态学诊断、活动脏器的功能的检测和介入超声的研究。

超声图像是层面图像。改变探头位置可得任意方位的声像图,并可观察活动器官的运动情况。

(四)超声诊断的类型

超声检查的类型较多,目前最常用的是按显示回声的方式进行分类。主要有 A、B、M、D 和 C 型 5 种。目前临床使用最为广泛的是 B 超。

二、B 超诊断法

B 超诊断法是将回声信号以光点明暗,即灰阶的形式显示出来。光点的强弱可反映出回声界面反射和衰减超声的强弱。这些光点、光线和光面构成了被探测部位二维断层图像或切面图像,这种图像称为声像图。动物体各脏器组织结构密度存在明显差异,B 超技术就是通过不同密度组织对超声的吸收与反射的差异存在,而在荧光屏上显示出各脏器的切面图像。图像为超声波断层像,在黑色背景下,显示黑白相间的图像,白区为光点或光团,表示相邻组织界面有密度差别;黑区为无反射暗区,表示组织密度均匀。随着 B 超机的普遍降价,许多动物诊所有条件购买 B 超机给动物进行 B 超检查。B 超机的种类很多,有国产的,也有进口的,有便携式的,也有台式的,价格不等,从几千元到十几万元都有,但大多是将人用的改为动物用。国内也有很多厂家生产 B 超机,质量也都不错。B 超诊断现在已经广泛应用于动物的妊娠诊断、脾脏等的检查,如犬在妊娠后第 24 天即可检出胎儿。

◙ 技能二 X 线检查技术

一、X 线基础知识

X 线是一种波长很短的电磁波。波长范围为 0.000 6~50 nm。目前 X 线诊断常用的 X 线波长范围为 0.008~0.031 nm(相当于 40~150 kV 时)。在电磁辐射谱中,居 γ 射线与紫外线之间,比可见光的波长要短得多,肉眼看不见。

X 线具有以下特性:

1. 穿透性

X 线波长很短,具有很强的穿透力,能穿透一般可见光不能穿透的各种不同密度的物质,并在穿透过程中受到一定程度的吸收即衰减。

2. 荧光效应

X 线能激发荧光物质(如硫化锌镉及钨酸钙等),使产生肉眼可见的荧光。即 X 线作用于荧光物质,使波长短的 X 线转换成波长长的荧光,这种转换叫作荧光效应。这个特性是进行透视检查的基础。

3. 摄影效应

涂有溴化银的胶片，经X线照射后，可以感光，产生潜影，经显、定影处理，感光的溴化银中的银离子(Ag^+)被还原成金属银(Ag)，并沉淀于胶片的胶膜内。此金属银的微粒，在胶片上呈黑色。而未感光的溴化银，在定影及冲洗过程中，从X线胶片上被洗掉，因而显出胶片片基的透明本色。依金属银沉淀的多少，便产生了黑和白的影像。所以，摄影效应是X线成像的基础。

4. 电离效应

X线通过任何物质都可产生电离效应。空气的电离程度与空气所吸收X线的量成正比，因而通过测量空气电离的程度可计算出X线的量。X线进入人体，也产生电离作用，使人体产生生物学方面的改变，即生物效应。它是放射防护学和放射治疗学的基础。

二、X线成像的基本原理

X线之所以能使动物体在荧屏上或胶片上形成影像，一方面是基于X线的特性，即其穿透性、荧光效应和摄影效应；另一方面是基于动物体组织有密度和厚度的差别。由于存在这种差别，当X线透过动物体各种不同组织结构时，它被吸收的程度不同，所以到达荧屏或胶片上的X线量即有差异。这样，在荧屏或X线上就形成黑白对比不同的影像。

动物体组织结构，是由不同元素所组成，依各种组织单位体积内各元素量总和的大小而有不同的密度。动物体组织结构的密度可归纳为三类：属于高密度的有骨组织和钙化灶等；中等密度的有软骨、肌肉、神经、实质器官、结缔组织以及体内液体等；低密度的有脂肪组织以及存在于呼吸道、胃肠道、鼻窦和乳突内的气体等。

三、X线成像设备

X线机包括X线管及支架、变压器、操作台以及检查床等基本部件。20世纪60年代以来，影像增强和电视系统技术的应用，使它们逐渐成为新型X线机的主要部件之一。为了保证X线摄影质量，新型X线机在摄影技术参数的选择、摄影位置的校正方面，都更加计算机化、数字化、自动化。

四、X线检查技术

X线图像是由从黑到白不同灰度的影像所组成。这些不同灰度的影像反映了动物体组织结构的解剖及病理状态。这就是赖以进行X线检查的自然对比。对于缺乏自然对比的组织或器官，可人为地引入一定量的在密度上高于或低于它的物质，便产生人工对比。因此，自然对比和人工对比是X线检查的基础。

1. 荧光透视

简称透视。为常用X线检查方法。由于荧光亮度较低，因此透视一般须在暗室内进行。透视前须对视力行暗适应。采用影像增强电视系统，影像亮度明显增强，效果更好。透视的主要优点是可转动患畜体位，改变方向进行观察；了解器官的动态变化，如心、大血管搏动、膈运动及胃肠蠕动等；透视的设备简单，操作方便，费用较低，可立即得出结论等。主要缺点是荧屏亮度较低，影像对比度及清晰度较差，难于观察密度与厚度差别较少的器官以及密度与厚度较大的部位。例如头颅、腹部、脊柱、骨盆等部位均不适宜透视。另外，缺乏客观记录也是一个重要缺点。

2. X线摄影

所得照片常称平片。这是应用最广泛的检查方法。优点是成像清晰，对比度及清晰度均较好；不难使密度、厚度较大或密度、厚度差异较小部位的病变显影；可作为客观记录，便于复查时对照和会诊。缺点是每一照片仅是一个方位和一瞬间的X线影像，为建立立体概念，常需作互相垂直的两个方位摄影，例如正位及侧位；对功能方面的观察，不及透视方便和直接；费用比透视稍高。

这两种方法各具优缺点，互相配合，取长补短，可提高诊断的正确性。

五、X线诊断的临床应用

X线诊断用于临床已有百年历史。尽管其他一些先进的影像检查技术，例如CT和MRI等对一部分疾病的诊断，显示出了很大的优越性，但它们并不能取代X线检查。一些部位的检查，例如胃肠道、骨关节及心血管，仍主要使用X线检查。X线还具有成像清晰、经济、简便等特点，因此，在国内外，X诊断仍然是影像诊断中使用最广泛和最基本的方法。

六、X线检查中的防护

X线穿透人体将产生一定的生物效应。若接触的X线量过多，超过容许曝射量，就可能产生放射反应，甚至产生一定程度的放射损害。但是，如X线曝射量在容许范围内，一般则少有影响。因此，不应对X线检查产生疑虑或恐惧，而应强调和重视防护，如控制X线检查中的曝射量并采取有效的防护措施，安全合理的使用X线检查，尽可能避免不必要的X线曝射，以保护人、畜的健康。

放射线工作者方面：应遵照国家有关放射护卫生标准的规定制定必要的防护措施，正确进行X线检查的操作，认真执行保健条例，定期监测射线工作者所接受的剂量。透视时要戴铅橡皮围裙和铅手套，并利用距离防护原则，加强自我防护。

◉ 技能三　心电图检查技术

一、心电图检查的基础知识

心电图指的是心脏在每个心动周期中，由起搏点、心房、心室相继兴奋，伴随着心电图生物电的变化，通过心电描记器从体表引出多种形式的电位变化的图形（简称ECG）。心电图是心脏兴奋的发生、传播及恢复过程的客观指标。

1. 心电图形成的原理

心电图指的是心脏在每个心动周期中，由起搏点、心房、心室相继兴奋，伴随着心电图生物电的变化，通过心电描记器从体表引出多种形式的电位变化的图形（简称ECG）。每一次心脏搏动场包括收缩和舒张，称为一个心动周期，相应的心电活动包括除极和复极，成为一个心电周期。心电图的描记方法也称为心动电流描记法。研究正常及病理情况下的心电图的变化及临床应用的学科，成为心电图学，心电图是一种无创伤获得心脏电生理资料的方法，是心肌去极化和复极化过程中产生的生物电变化在动物体表的反映，是判断心脏生理特性和功能的一项重要指标，也是兽医临床上诊断心血管疾病的重要手段。心电图是心脏兴奋的发生、传播及恢复过程的客观指标，多种原因（麻醉、疾病、电解质紊乱等）可导致动物心脏功能异常引起心脏生物电活动发生变化，故通过心电图监测心脏活动具有重要意义。心电图是从体表上记录下来的每一心动周期的生物电变化。伴随心脏的搏动，心电图上出现一组特征波群（P、QRS、T及U）。通过对心电图各波、段和间期进行分析，可以为临床提供有关心脏病的重要参考资料。

2. 心电图各波段的组成和命名

所有心肌细胞均有其电活动性，窦房结电活动节率最高，也是心脏节律的“控制者”，称为“起搏点”。窦房结节率受自主神经的影响，如交感神经（兴奋时节率加快）和副交感神经（兴奋时节率减慢）。

心脏激动起自窦房结，使心房肌细胞发生去极化，随后去极化波传至房室结时传导速度减慢，形成一段延时。激动通过房室结至希氏束，在室间隔后分为左右两个束支（进入左右心室），左束支又可分支为前束支和后束支，最后传导至浦肯野纤维。

正常心电图由心房激动波和心室激动波组成。心房激动波以P波表示，心室激动波由心室肌去极化产生的QRS波群和复极化产生的T波组成。

二、心电图机的使用技术

（一）心电图机的类型

临床上应用的心电图机，类型和种类甚多。以电源可分为直流电式和交流电式；以电流计可分为炫线式和动圈式；以放大装置可分为光学放大式、电子管放大式和晶体管放大式；以及记录装置和照相感光式；直接观察式和直接描记式；直描式又分为热笔式、刀刮式、墨水式及墨水喷射式。

（二）心电图机的基本结构

心电图机的种类和形式虽然很多，但从结构而言，主要包括下列几个部分。

1. 导联选择器

导联选择器一般是一只旋转式的多层单刀多掷波段开关和阻容电路组成。它能将同时连接在动物体上的电极导线分别组合各种所需导联，并送至放大器的输入端，使我们可以任意选择和记录导联的心电图。

2. 1 mV 标准信号发生器

是心电图机内部产生的已知强度的微弱信号电流的描记。心电图的同时记录在心电图上，用以与心电图波形的振幅比较，以测量心脏电流的强度。

3. 电子管或晶体管放大器

主要功用是把极微弱的心脏电流信号放大几千倍来推动描记器工作。由于心脏产生的电源是极其微弱的，电压仅2 mV左右，电流仅1 μA左右。这样微弱的电流信号要经过5 000～10 000倍的放大才能记录下来。

4. 记录器装置

记录器是将电流转换成机械运动的装置。心脏的电流经过心电图机导联选择和放大后，输送到记录器而转换成机械运动，随后再描记在特制的记录纸上。

5. 传动走纸装置

一般心电图机记录纸的滑动是依靠一个微型电动机和一套传动齿轮来推动，走纸速度一般为 25 mm/s 和 50 mm/s 两种。

6. 电源供给

心电图机电源供给放大器和电动机各种电压。电子管式心电图机一般均采用 110 V 或 220 V 交流电;晶体管心电图机一般采用电池或蓄电池直流供电;有的可为交、直流两用。

(三)心电图机的使用方法

心电图机的正确操作和使用是很重要的,若使用不当,不但描记出的心电图达不到满意的要求,而且还会损坏仪器,甚至危及人畜的安全。其操作程序为:

(1)操作者必须首先熟悉仪器的性能,并充分掌握操作程序,了解每一个开关的作用和用途。检查电源是否与心电图的电源相符,否则不能通电和盲目启动开关。

(2)连接电源线、导联线和地线。

(3)打开电源开关和描笔开关,使仪器预热。仪器预热时间一般为 30 min。

(4)按要求将动物作适当保定,在安放电极板的部位剪毛或涂擦电极液,然后安放好电极。

(5)调节电压振幅和走纸速度以及导联,在动物安静时按导联顺序进行走纸、描记。

(6)操作完毕后将所有开关复原,切断电源。

(7)在描记的心电图纸上标明畜主、地址、畜别、描记时间、各导联段。

(四)常见的心电图导联

将两个电极放在动物体表面的任何两点,并分别将心电图的正极端与负极端相连,便可描记出两点间电位差(即电压),这种放置电极板的方法及与心电图机的连接方式称为导联。

1. 标准导联(双极肢导联)

(1)标准第一导联(Ⅰ or L1) 左前肢接心电图机的导线的正极,右前肢接负极,所得电位是前肢之差。当左前肢电位较右前肢电位高时,描出向上波,反之则是向下波。

(2)标准第二导联(Ⅱ or L2) 左后肢接正极,右前肢接负极,当左后肢电位较右前肢电位高时,描出的波形向上,反之则向下。

(3)标准第三导联(Ⅲ or L3) 左后肢接正极,右前肢接负极。当左后肢电位高于左前肢电位时,描出的波向上,反之则向下。

2. 加压单极肢导联

由于单极肢导联的探测电极距心脏较远,因此 VR、VL 和 VF 各导联心电图波形的振幅较小,不便于观察。为了使波幅增大,当描记某一肢体单极导联时,将该肢体与中心电端相连接的高电阻断开,这样可使心电图波幅增加 50%,而波形保持原样不变,这种导联方式称为加压单极肢导联,分别以 aVR 、aVL 、aVF 表示。

心电图机的无干电极与中心电端连接,探查电极放在右前肢,则得左前肢单极肢导联 aVR,波呈向下波。同样,探查电极放在左前肢或左后肢,则分别得左前肢单极肢导联 aVL 与左后肢单极肢导联 aVF,它们的波呈向上波。

3. 胸导联

利用上述单极导联的连接方式,将探查电极放在胸壁,无干电极与中心电端连接,即为胸导联。探查电极安放的部位通常有 6 个,即为 V1、V2、V3、V4、V5、V6。但是最常用的只有 3 个即为 V1、V3、V6 均为向上波。

4. 导联方法

兽医临床描记家畜心电图时,通常用肢导联和胸导联。标准双极肢导联的四个电极分别放在动物两前肢及两后肢的管部(小腿部),并用红、黄、绿、黑四种颜色的导联线来连接。联接在右前肢(R)及左前肢(L)的,称为第Ⅰ导联;联接右前肢(K)及左后肢(LP)的称为第Ⅱ导联;联接左前肢(L)及左后肢(LP)的,称第Ⅲ 导联。其中以第Ⅱ导联所描记的波幅最大。胸导联则是将一个电极放在胸的不同部位(V1、V2、V3、V4、V5、V6),与远隔心脏的四肢上的电极配合导联,进行心电描记。

三、心电图检查的临床应用

1. 评估心脏解剖学变化

心电图可检测心脏增大的情况,其图形变化可提示特定心腔的增大。在评估心脏增大情况时,应结合X线检查进行综合判断。临床使用时二者可互为补充,且X线肺部影像变化对于确诊心脏病具有十分重要的作用。

2. 诊断心律失常

心律失常时有发生,通常在医师对动物进行体格检查时听诊心脏或触诊股动脉发现。心律失常的评估首先须判断心律失常的类型,而心电图是确定心律失常类型的唯一手段,治疗必须根据心电图检查结果进行。

3. 监测治疗效果

心电图可用于监测药物的疗效。动物使用洋地黄类药物时,应监测心率、P—R间期或检查是否出现心律失常。每次在心电图检查后确定用药剂量可尽可能地避免地高辛中毒。心电图可用于监测抗心律失常药(如奎尼丁)的作用和中毒情况,若心律失常得到良好的控制则说明药物作用理想,若出现房室阻滞、QRS波群时限、Q—T间期或P—R间期延长,或心率发生显著改变则提示发生药物中毒。

血清钾、钙浓度的变化可使心电图各波段发生相应的变化,如在高钾血症时,血清钾浓度与心电图改变在多数情况下呈一定规律性变化:血钾>6.5 mmol/L时心肌伸缩力降低,传导速率显著降低,可出现QRS波群增宽,随后发生心动过缓;血钾浓度在6.5~8.0 mmol/L时P波振幅降低、P波时限、QRS时限、P—R间期及Q—T间期延长;血钾浓度>8.0 mmol/L时P波消失,出现缓慢的窦室性心律(心率<40 次/min),即发生窦室传导;血钾浓度>10~11 mmol/L时心脏停搏,导致死亡。心电图用于监测代谢性疾病治疗中电解质浓度的改变,避免过于频繁的采集血样。

另外,心电图也有助于确定诊断或心包穿刺治疗时入针位置,若入针过深触碰到心肌时可引起心律失常。

4. 辅助预后

兽医通过心电图可大致估测心脏增大的程度。总体而言,心脏增大程度越大,疾病越严重,预后则越差。另外,发生不同类型的心律失常,预后也不尽相同。

5. 评估疾病进程

随着疾病发展,应定期监测患病动物心电图变化,以更好地评估疾病进程。故每份心电图应标注检测时间并存入病例资料,用于前后对比。

6. 辅助对存在虚弱、晕厥、嗜睡、虚脱或抽搐等症状的患畜进行鉴别诊断

心电图可辅助对某些存在虚弱、晕厥、嗜睡、发热、虚脱或抽搐等症状的动物进行鉴别诊断,很多疾病如代谢性疾病、心脏病、神经系统疾病、系统疾病导致的毒血症均可引起这些症

状。代谢性疾病如肾上腺皮质机能减退、糖尿病、严重肾病、抽搐等常可引起电解质紊乱，这些疾病的临床症状较为类似，均可出现虚脱、抽搐或两者同时出现，有时还伴有心动过缓。心电图对血清钾、钙离子浓度较为敏感，检测也较抽血采样快速。

心律失常可导致晕厥、突然虚脱、抽搐或同时出现，引起血压突然下降，可产生上述症状的心律失常有房室阻滞、室性或室上性心动过速、心室纤颤及偶见的窦房停顿。心电图可鉴别心律失常的类型，其中有些类型的心律失常可通过药物纠正。

中枢神经系统损伤可引起动物抽搐，其他的神经学异常也可导致虚弱、嗜睡、意识障碍或虚脱。特发性癫痫通常是通过排除其他异常后确诊。任何出现抽搐、虚脱、虚弱症状的动物均应进行心电图检查。

7. *麻醉与手术监护*

心电图可用于动物麻醉和手术中的监护。对于一些重症病例，心电图监护显得尤为重要。麻醉深度常通过检测动物的心率来评估。若心率开始下降至基值以下，或低于 70 次/min 时，需对动物进行检查，必要时降低麻醉深度。若动物并未进入深度麻醉，但心率过缓，此时应给予阿托品并进行人工呼吸。若仍不能提高心率，则应考虑使用异丙肾上腺素。心电图也可监测动物供氧是否充分。心肌对缺氧非常敏感。监护医师需认真监测 T 波和 S—T 段，以掌握通气给氧情况，便于在发生严重的心律失常之前改善机体状况。

8. *常规体检*

心电图是常规临床体检项目之一。动物每年体检项目应包括全面的体格检查、常规实验室检查和心电图检测，尤其是 5 岁以上具有心脏病史的动物。动物在实施麻醉前应进行术前心电图检查，这对老龄动物尤为重要。外伤病史的动物也应接受心电图检查以监测是否发生心律失常。另外当急诊病例或接受手术的动物在恢复过程中状况不理想，应进行心电图检测。

技能四 内窥镜检查技术

一、内窥镜的基础知识

内窥镜为经体表插入器械，窥视有关脏器的变化。在兽医临床上主要使用的是纤维内窥镜（以下简称内镜），利用其在呼吸道、消化道、骨盆腔器官、关节等方面进行诊断和治疗，均取得了满意的效果。

早年内镜技术主要应用于大动物疾病的检查和治疗方面，近年来，随着动物医疗水平的提高，内镜在小动物诊疗方面的应用逐渐增多，目前国内外应用于犬猫疾病方面的内镜主要有腹腔镜、胸腔镜、胃镜、肠镜、结肠镜及关节镜等。而在犬猫疾病中应用最多为腹腔镜和消化道内镜。腹腔镜技术在兽医中用于非侵袭性的评估器官，包括肝脏、肝外胆道系统、胰腺、肾脏、脾脏、肠道和生殖泌尿道。从这些器官进行活检损伤极其微小，在小动物上已被广泛应用。犬的关节内镜是近 10 年中意义重大的技术和科学进步。

1. *内镜的构造*

由于应用检查的目的及应用于器官的类型不同，各种内镜的形状和结构也不尽相同。但内镜一般均由粗细、长短、形状不一的金属或塑料制成的导管制成。其前端附有照明装置，管内有折射用的反光镜或光导纤维及电线，通过电线将尖端的照明装置与外面的电源相连接。有的还附有采取标本的刮削或切除系统。

附属器械根据目的及功能不同而不同。消化道纤维内镜的附属器械主要有活检钳、细胞刷、穿刺针、喷洒管和异物钳等几种。

2. 内镜的种类和用途

内镜分硬质和软质。按其发展及成像构造，内镜分硬管式内镜、光学纤维（软管式）内镜、电子内镜和胶囊式内镜4代。按其功能，内镜分消化道内镜、呼吸系统内镜、腹腔内镜、胆道内镜、泌尿系统内镜、生殖系统内镜、血管内镜、关节内镜等。

借助内镜，可进行最有效的早期肿瘤监视，深入研究肿瘤和相关疾病，促进阐明肿瘤病因、发病机理，拓宽对良、恶性肿瘤施行的闭合性或半闭合性腔内手术，对疾病进行治疗。

二、内镜检查

（一）消化道内镜检查

1. 消化道内镜检查种类

消化道内镜检查种类包括一般内镜检查（如活组织检查、黏膜剥离活检、细胞学检查）、内镜色素染色技术（色素内镜）、放大内镜技术、超声内镜技术、小肠镜检查技术、十二指肠镜逆行胰胆管造影技术、胶囊内镜、超细径无痛性电子胃镜。

2. 适应症与禁忌症

（1）适应症　前消化道内镜的主要适应症：有吞咽困难，呕吐，腹胀，食欲下降等消化道症状；前消化道出血；X线钡餐不能确诊或不能解释的前消化道疾病；需要跟踪观察的病变；需做内镜治疗的病例，如取异物、出血、息肉摘除、食管狭窄的扩张治疗等。

后消化道内镜的主要适应症：有腹泻、便血、便秘、腹痛、息肉、腹部包块、大便形态反复改变等症状，但病因不明病例；钡灌肠或结肠异常的病例，如狭窄、溃疡、息肉、癌肿、憩室等；肠道炎性疾病的诊断与跟踪观察；结肠癌肿的术前诊断、术后跟踪；需作出血及结肠息肉摘除等治疗的病例。

（2）禁忌症　前消化道内镜的禁忌症：严重心肺疾病，休克或昏迷，神志不清，前消化道穿孔急性期，严重的咽喉部疾息，急性传染性肝炎或胃肠道传染病等。

后消化道内镜的禁忌症肛门和直肠严重狭窄，急性重度结肠炎性病变，急性弥漫性腹腔炎，腹腔脏器穿孔，妊娠，严重心肺功能不全，神经样发作及昏迷病例。

3. 术前准备

了解病情，阅读钡灌肠X线片，向畜主说明检查注意事项。检查当日禁食，清洁动物肠道。术前15～30 min肌注阿托品，适当麻醉。电子胃镜术前，患畜禁食水12 h以上，取下动物身上项圈、颈铃等金属物品。做好清洁卫生和消毒工作。

4. 消化道常见疾病的内镜诊断

（1）胃癌　目前广泛应用的胃癌内镜分期是根据癌肿浸润胃壁结构层次的深浅进行的。

早期胃癌（表浅性胃癌）：不论癌的大小、有无淋巴结转移癌限于黏膜内及黏膜下层者。

中期胃癌：癌肿浸润固有肌层但未穿透固有肌层者。

晚期胃癌：癌肿浸润到浆膜层或浆膜外者。

（2）消化道出血　内镜直视下，可出血局部喷洒5%Monsell液（碱式硫酸铁溶液）止血。也可高频电灼血管止血或激光治疗止血。

（3）大肠癌和直肠癌　纤维结肠镜检查是对大肠内病变诊断最有效、最安全、最可靠的检查方法，绝大部分早期大肠癌可由内镜检查发现。

(4)食管癌　普通内镜检查对诊断消化道中晚期癌变较容易，而对于早期癌变及微小癌变则容易漏诊，而色素内镜可使病灶与周围组织分界清楚，能够清晰显示病变的形状、边缘和范围。

(二)纤维支气管镜检查

1. 适应症与禁忌症

(1)适应症

诊断适应症：不明原因的痰血或咯血、肺不张、干咳或局限性喘鸣音、声音嘶哑、喉返神经麻痹；反复发作的肺炎；胸部影像学表现为孤立性结节或块状阴影；痰中查到的癌细胞，胸部影像学阴性；诊断不清的肺部弥漫性病变；怀疑气管食道瘘者；选择性支气管造影；肺癌的分期；气管切开或气管插管留置导管后怀疑气管狭窄；气道内肉芽组织增生、气管支气管软骨软化；气管塌陷等。

治疗适应症：取除气管、支气管内异物；建立人工气道；治疗支气管内肿瘤、良性狭窄；气管塌陷时放置气道内支架；去除气管、支气管内黏稠分泌物等。

(2)禁忌症　麻醉药物过敏；通气功能障碍引起 CO_2 潴留，而无通气支持措施；气体交换功能障碍，吸氧或经呼吸机给氧后动脉血氧分压仍低于安全范围；心功能不全，严重高血压升高；主动脉瘤；凝血机制障碍；近期哮喘发作或不稳定哮喘未控制者；大咯血停止时间短于 2 周；全身状态极差；受检病例无麻醉药控制的病例。

2. 术前准备

(1)病情调查　详细询问过敏史、支气管哮喘史及基础疾病史，备好近期胸部 X 线片、心电图、动脉血气分析等资料。必要时，在心电监护、吸氧状态下进行。

(2)药品、器械的准备　备好急救药品、氧气、开口器和舌钳。检查活检钳、纤支镜镜面及电视图像、心电监护仪、吸痰装置等，必要时备好人工复苏器。

(3)患畜准备　术前禁食、禁饮水 4 h；术前 30 min 肌内注射阿托品适量以减少支气管分泌物，防止迷走神经反射和减弱咳嗽反射；适度麻醉。

3. 临诊应用

在诊断上，可用于评价气管、支气管黏膜和采取活组织标本。正常气管、支气管黏膜呈白粉红色，带有光泽。随着年龄的增长，黏膜下层逐渐萎缩，黏膜颜色可由白粉红色向苍白方向转变，软骨和隆突也因此变得更加轮廓鲜明。

在治疗上，可用于去除气管、支气管内异物。治疗分泌物潴留。去除气道狭窄的病理基础。

4. 并发症

直接不良反应如喉、气管、支气管痉挛，呼吸暂停，甚至心跳骤停等严重并发症。其他并发症如发热和感染，气道阻塞，出血。

【项目小结】

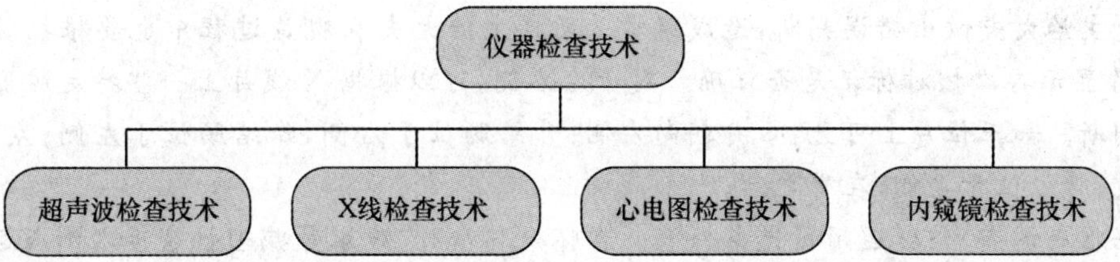

【复习与思考】

1. X 线具有哪些特性？

2. 心电图检查的临床应用有哪些？

【知识链接】

X 线检查在小动物临床应用中的注意事项

X 线摄影检查技术是利用 X 线的穿透作用，机体各组织结构对 X 线不同程度的吸收作用，以及胶片对透过机体的剩余 X 线的感光作用而最终使机体的层次结构以黑白、明暗层次记录在胶片上，为临床诊断提供依据。X 线摄影作为一种检查方法有其适用的范围，因此在决定使用这种检查方法之前，必须有所诊断预期，这就使得摄片之前先进行检查很是重要。通过一般检查确定是否需要进行 X 先摄影检查，并尽可能小地限定需要进行 X 线检查的部位。对于结构差别比较大的部位，可以考虑分段进行摄片。如胸部和腹部、盆腔和阴茎段尿道、上肢和下肢。只有这样才能提供清晰、具有诊断意义的 X 线片。必须强调：X 线摄影只是一种检查方法而不是一种治疗手段，对于呼吸窘迫等随时都有可能死亡的病例，在没有安全保障的情况下进行 X 线检查，是一种极为不明智的选择。

在确定检查部位之后应该考虑摄影体位，使需要检查的组织器官能清晰摄影并尽可能减少形态失真。如拍摄胸片，采用腹背位摄影时，心脏放大失真的同时却能很好地暴露肺野。而采用背腹位摄影时，能反映心脏的自然形态。在一个方位不能确诊时，应该附加拍摄与原方位成 90°体位的 X 线片。根据诊断目的，应该合理选择动物的姿势。如怀疑肘突不闭合时选择屈曲侧位；怀疑枢椎齿状突骨折时选择斜位；颈椎和腰椎段脊髓造影检查选择向背侧屈曲的侧位片，更有利于做出诊断。但在实际中也应灵活运用，特别是在标准姿势有可能造成进一步损伤的情况下。如怀疑骨盆损伤，我们在拍摄正位片时，就不必努力向后牵拉后肢，而可以考虑自然屈曲状态。

是否选用滤线栅取决于摄片部位的厚度。在胸腔厚度超过 15 cm，在腹腔厚度超过 11 cm 时，为了减少散射线，可以考虑使用滤线栅。如怀疑有较大面积的肺实变或胸水时，应将胸厚标准降低为 11 cm。滤线栅在吸收散射线的同时也吸收原射线，因此在使用滤线栅时，应该根据栅比相应增加曝光条件。对于骚动不安的动物，可考虑使用滤线栅，把片盒放在摄影床下可以防止动物在骚动不安时把片盒推出曝光区域。

X 线检查的辅助材料包括绷带、沙袋、海绵等，应根据实际情况加以应用。绷带可以捆绑犬嘴以防被犬咬伤，以可以用来固定四肢，便于四肢末端的检查。沙袋主要用于固定，特别是在麻醉状态，可以避免相关人员受到不必要的辐射。海绵不显影的特性可以用来支撑犬体，特别是在脊柱摄片检查时。海绵柔软的特性也可用于消瘦犬髋关节检查时脊柱的衬垫。

在X线检查中必须注意标记物的摆放，正确标明动物病例号、检查日期和左右肢或左右侧。以免主治大夫做出错误判断，造成误诊。同样主治大夫在观片过程中也要根据临床检查或X线片显示再次核对标记是否正确。对于左右侧，可以根据X线片上一些特定脏器的位置来加以判断。如正位片上可见：心尖朝向左侧；升结肠位于右侧，降结肠位于左侧；左肾靠后，右肾靠前；脾脏位于左侧，在胃之后。

根据临床调查，合理运用曝光条件表。在怀疑肺水肿、腹水等病理性密度增加或运用阳性造影剂的病例，应该适当增加曝光条件。反之，当怀疑肺气肿、气胸等病理性密度降低或运用阴性造影剂的病例，应该适当降低曝光条件。呼吸频率比较快的动物或由于受到机器限制，不能采用短曝光时间的情况，可以用手捂住嘴巴或用绷带等小物体刺激鼻孔，以抑制呼吸。

在观读X线片时必须先行对X线片的质量做出判断，剔除由于曝光不足或曝光过度产生的虚假影像。在观读X线片时必须注意整体与局部的关系，既要统观全局，又要重视局部。对于一幅具体的X线影像，要拓宽思路，分析可能产生的原因，提出一种或几种初步诊断印象。主治大夫再结合其他检查结果，对初步诊断印象进行筛选，做出正确的诊断。

项目五　建立诊断

△【项目描述】

● 诊断疾病的过程，就是认识疾病的过程。正确地认识疾病是有效地治疗疾病的前提。实现正确的诊断，除了必备的兽医知识、临床经验外，还应该具备正确的临床诊断思维。临床诊断思维与其他学科中常有的思维方法既有共性，又有自己的特点，研究这些特点，对于提高临床诊断水平是很有帮助的。随着畜牧业的迅速发展。临床兽医在诊治每一个病例时应当谨慎严肃，时刻警惕着自己的判断或措施是否尽职、是否有疏漏或缺失，其心情就像古人所说的如临深渊、如履薄冰。

本项目针对如何建立诊断、建立诊断需要注意的问题、症状的鉴别诊断等进行介绍。

△【技能目标】

● 能根据已学过的专业知识，并熟练运用临床诊断原则，对搜集的临床资料进行分析、评价、整理资料，提出对疾病的初步诊断并进一步确立及修正诊断。

一、症状、诊断及预后的概念

(一)症状

一般在临床中把疾病过程所引起的机体或机体的某些器官系统机能紊乱现象，称为症候；而所表现出的机体形态、结构变化，通常称为症状。

1. 全身症状与局部症状

全身症状，一般系指机体对病原因素的刺激所表现的全身性反应，如多种发热性疾病经常呈现的体温升高、脉搏和呼吸增数，食欲减退和精神沉郁等。

局部症状，是指某一器官发生疾病时，局限于病灶区的一些症状，如肺炎时胸部叩诊的浊音区，炎症部位的红、肿、热、痛等。从动物机体的完整性来看，局部症状也可引起全身性的反应，不能孤立地看待和理解。例如，便秘，本来是肠管的阻塞，但经常可引起心跳加快，呼吸增数，尿量减少，姿势异常，以及水盐代谢紊乱和血液成分的改变。

2. 主要症状和次要症状

主要症状，是指某一疾病时表现的许多症状中的对诊断该病具有决定意义的症状。如心内膜炎时，可表现为心搏动增强，脉搏加快，呼吸困难，静脉瘀血，皮下浮肿和心内性杂音等症状。其中，只有心内性杂音可作为心内膜炎诊断的主要根据，故称其为主要症状。其他一些症状相对来说则属于次要症状。

3. 典型症状与示病症状

典型症状：能反映疾病临床特征的症状，如胸膜炎。

示病症状或特有症状，是指某种疾病所独有的症状。见到这种症状，一般即可联想到这种特定的疾病，从而直接提示某种疾病的诊断。如纤维素性胸膜炎的胸膜摩擦音，渗出性心包炎的心包击水音，破伤风的典型木马样姿势，纤维素性肺炎的铁锈色鼻液等。

示病症状也常因疾病的时期、程度的不同或受个体因素及其他条件的影响而发生变化，应加以注意。

4. 早期症状

早期症状是指某些疾病的初期阶段，是在主要症状尚未出现以前所表现出的临床症状。早期症状常为该病的先期征兆，可据此提出早期诊断，为及时地采取防治措施提供有利的启示。

5. 固定症状与偶然症状

固定症状：在整个疾病过程中必然出现的症状。

偶然症状：在特殊情况下，才能出现的症状，如贫血。

6. 前驱症状与后遗症状

前驱症状：某些疾病的初期阶段，在主要症状尚未出现以前，最早出现的症状，如异嗜。

后遗症状：当原发病已基本恢复，而遗留下的不正常现象，如关节炎治愈后遗留下的关节畸形。

7. 综合症候群

在许多疾病中，某些症状相互联系同时或相继出现，把这些症状称为综合症状或综合症候群。如体温升高，精神沉郁，呼吸、心跳及脉搏加快，食欲减少等症状互相联合出现，称为发热综合症候群。各种综合症候群在提示某一器官、系统疾病或明确疾病的性质均具有重要的临床诊断价值。

临床上很多疾病没有示病症状，而某些局部症状又不是某一疾病的特有表现。为此，收集症状后，应加以归纳，组成综合症候群，对提示诊断或鉴别诊断，均具有很大的临床诊断价值。

(二)诊断

诊断就是对动物所患疾病的本质作出判断。临床诊断的过程就是诊查、认识、判断和鉴别疾病的过程。诊断疾病是兽医最重要也是最基本的临床实践活动之一。诊断疾病的过程是一个逻辑思维过程，也是认识疾病、认识疾病客观规律的过程。只有正确的诊断，才可能有正确和恰当的治疗。能否正确及时地诊断疾病，是反映兽医水平、能力和素质的一个标志。一般在临床诊断疾病时常采用如下几种诊断方法对疾病予以诊断。

1. 症状学诊断

症状学诊断又称为临床诊断，是将临床发现的疾病表现经过客观的分析而做出的临床诊断，对兽医临床医学工作者特别重要。这就需要具有丰富的临床经验和熟练的临床诊断技术技能。如犬、猫的破伤风疾病，全身表现出肌肉强直性痉挛；佝偻病表现为关节和骨骼的异常或变形等，仅仅根据特有的临床症状表现即可做出诊断。

2. 病原学诊断

病原学诊断就是研究确定引起发病的病原体(病原)的诊断。因此，需要证明有病原微生物的存在或应用血清学反应、变态反应、血液学检查做出诊断。如动物的炭疽传染病的诊断，可检查出炭疽杆菌及芽孢；对寄生虫病能检出虫体或虫卵；对血液原虫病或弓形体病能检出血液原虫等进行诊断。

3. 机能性诊断

机能性诊断又称特殊诊断，是对动物机体各器官的机能进行检查。因此，需要以症状学诊断为基础而进行。如根据心电图及心音图的检查诊断心脏的机能；根据脑电波图的检查确定中枢神经系统的机能；根据血液及尿液的物理化学检验了解机体的代谢机能等。

4. 治疗性诊断

当难以明确诊断的情况下，按预想的疾病进行试验治疗，根据试验治疗的结果获得确切的诊断称为治疗性诊断(又称诊断性治疗)。一般用于临床症状类似某种疾病的症状而又难以确诊时，从治愈结果而得到确切的诊断。

5. 病理学诊断

病理学诊断是利用活体或死亡的患病动物的各种器官组织作为病料，进行肉眼或组织学检查，从而确定疾病性质的方法。

6. 病因诊断

病因诊断对疾病的发展、转归、治疗和预防具有指导意义，是根据引起疾病的原因做出的诊断。此种诊断已广泛应用于传染病、寄生虫病、中毒病和营养代谢病的诊断。

7. 鉴别诊断

鉴别诊断又称类症鉴别诊断，是对某一疾病诊断时，以收集到的临床资料为基础，推断属于是哪一种疾病，同时应当考虑与本病类似症状的其他疾病，与后者进行反复的比较、分析、鉴别所作出的诊断。

(三)预后

预后就是对疾病的发展趋势及疾病的结局做出的预测与估计。临床上一般将预后分为四种：

1. 预后良好

有充分的根据可以治愈，是指动物不仅能恢复健康，而且还不影响使役和生产性能。

2. 预后谨慎

有治愈的可能性，但应给以特别的注意。

3. 预后可疑

判断预后的根据不足或病情严重，但经认真的努力或可争取病情好转时。

4. 预后不良

病情严重，可能出现死亡或不能彻底治愈。

二、建立诊断的原则与步骤

(一)建立诊断的原则

1. 及时性原则

即要求兽医对疾病要能够及时诊断和早期诊断。早期诊断是早期治疗、及时治疗的基础。

2. 准确性原则

临床诊断的准确性是临床治疗有效性的可靠保证。

3. 层次性原则

在鉴别不同的疾病时，必须抓住疾病发展过程中的主要矛盾、关键层次。

4. 整体原则

所谓整体原则，就是在临床诊断过程中，坚持从普遍联系的观点出发，把动物体看成是一个有机的整体。在临床诊断思维过程中，应该把诊断治疗的对象看作是一个有机联系或者处于联系中的整体。并从整体的观点出发，着重了解机体与环境、局部与整体、结构与功能以及精神与机体的相互联系、相互作用、相互制约的关系，综合地准确地观察疾病发生发展的规律。只有这样，才能得出正确地诊断。

5. 具体原则

具体原则，就是在诊断过程中，要在一般理论指导下，着眼于机体和疾病的特点，对于个体的差异性和发病情况做具体分析，针对其特点进行诊断，拟订相应的治疗方案，采取相应的治疗措施。

6. 动态原则

动态原则，就是要求用发展、变化的观点看待疾病，不能用静止的、僵化的形而上学的观点对待疾病。一方面，动物体作为一个有联系的整体，时刻都处在运动变化之中，生命活动中各方面相互联系的特性，只有在运动中才能显示出来。疾病是动物体生命活动中的一个方面，也有一个发生发展和变化的过程，不能用静止的眼光去看待。另一方面，临床诊断也要不断验证，随着病程的发展和治疗、疗效的变化，也许要改变诊断，也许要增加诊断，有的甚至要重新认识，重新诊断。

7. 安全原则

在诊断时，必须从抢救和保障患病动物生命安全，有利于动物康复出发，对畜主负责，尽可能地选择最优诊断方式。

(二)建立诊断的步骤

临床诊断是兽医把所获得的各种临床资料经过分析、评价、整理后，对动物所患疾病提出的一种逻辑思维的判断。在疾病诊疗程序中，建立正确的诊断，通常是按照资料收集，综合、分析、做出初步诊断以及在实践中验证诊断几个步骤来进行的。

1. 调查病史、检查病畜、收集症状资料

正确的诊断来源于周密的调查研究。首先要得到完整的病史材料，应全面、认真地调查现病史、既往生活史和外界环境因素等，在调查过程中要特别注意防止主观片面性，以免造成诊断上的失误。

除调查病史外，对建立诊断更为重要的是对病畜进行细致检查，全面收集症状，为了圆满地收集症状，临床工作者要正确而熟练掌握各种检查方法，必须采用一定的姿势和方法，才能取得完善而准确的结果，并能保证人、畜安全。同时，对动物机体正常情况的了解和认识，是识别病理现象的基础。临床工作者要深入实际，注意熟悉各种动物正常的结构和机能状态，才能易于发现和识别各种复杂的症状。还有，临床工作者要不断培养自己锐敏而切实的观察和判断能力，才能保证所收集的材料准确而符合客观实际。

2. 分析、综合症状材料，做出初步诊断

对病史、体格检查、实验室检验以及其他辅助临床检查所获得的各种临床资料进行分析、评价和整理，是非常重要又常常容易被忽视的一个环节。疾病表现是复杂多样的，同时对患病动物的诊断也受动物所处的环境因素、动物的驯养情况以及主人的文化素质、心理状态、知识层次等社会因素的影响，动物主人所述的病史常常是琐碎、凌乱、不确切、主次不分、顺序颠倒、甚至有些虚假、隐瞒或遗漏等现象。因此，临床兽医必须对病史资料进行分析、评价和整理，使病史具有真实性、系统性和完整性，只有这样的病史才能为正确的临床诊断提供可靠的依据。

对实验室检验和其他辅助临床检查结果，必须与病史资料和体格检查结果结合起来进行分析、评价和整理，切不可单靠某项检查结果诊断疾病。由于临床检查的时机和技术因素等影响，临床出现一、两次阴性结果，往往不足以排除疾病的存在。因此，在分析、评价结果时必须考虑几个问题：①假阴性和假阳性问题；②数据误差的大小；③有无影响检查结果的因素存在；④检查结果与其他临床资料是否相符、如何解释等。

通过调查和检查所得到的资料，往往比较零乱和缺乏系统性，就必须将获得的资料进行归纳、整理，去粗取精，去伪存真，抓住主要矛盾，加以综合、分析和推论，排除那些证据不足的疾病，集中到一个或两个最符合客观实际情况的疾病，做出初步诊断。

临床初步诊断带有不确定的成分，这是由于在认识疾病的过程中，只发现了某些自己认为特异的疾病征象，由于受到病情发展的不充分性、病情变化的复杂性和兽医自身的认识水平的局限性等影响，这些疾病征象在临床诊断疾病中的作用常常受到限制，这是导致临床思维方法片面、主观的重要原因。因此，初步临床诊断只能为疾病进行必要的治疗提供依据，为确立和修正临床诊断奠定基础。

3. 通过防治实践，验证及补充诊断

临床上认识疾病不是一次就能完成的。初步临床诊断是否正确，也需要在临床实践中验证。因此，提出初步临床诊断之后应给予必要的治疗，应当进一步客观细致的病情观察，对某些临床检查项目的复查以及选择一些必要的特殊临床检查等，都将为验证诊断、确立诊断和修正诊断提供可靠的依据。

三、建立诊断的方法

(一)推理诊断法

临床诊断中的推理是兽医在获取临床资料或诊断信息之后，到形成诊断结论的中间思维过程。它不仅是一种思维形式，也是一种认识各种疾病的方法和表达临床诊断依据的手段，可帮助兽医明确地认识疾病与诊断疾病的依据之间的关系，从而正确认识疾病，提高临床诊断的思维能力。

1. 演绎推理

演绎推理是从带有共性或普遍性的原理出发，来推论对个别临床表现的认识并导出新的结论的过程。临床诊断的结论是否正确，取决于所获临床资料的真实性。应当指出的是演绎推理所推导出的临床初步诊断结论，常常是不全面的，有其局限性。

2. 归纳推理

归纳推理是从个别和特殊的临床表现中导出一般性或普遍性的临床诊断结论的一种推理方法。临床兽医对所搜集的每个临床诊断依据都是个别的，根据这些个别的临床诊断依据而归纳推理、提出的临床初步诊断。归纳推理就是由个别上升到一般，由特殊性上升到普遍性的临床诊断过程，最后得出临床诊断结果。

3. 类比推理

类比推理是临床兽医诊断、认识疾病的重要方法之一。类比推理是根据两个或两个以上疾病在临床上表现的某些相同或相似症状或不同症状进行类比推理而做出的临床诊断。对两个或两个以上疾病的临床表现不同之处，要经过比较、鉴别、推论，最后确定出其中一个疾病。临床上常用鉴别诊断来认识疾病的方法就是类比推理。

(二)论证诊断法

论证，就是用论据来证明一种客观事物的真实性。论证诊断法，就是将某一疾病实际所具有的症状、资料，与所设想拟诊的疾病应该具备的症状、条件，加以比较、核对、证实。如果双方的全部症状、条件符合，同时病畜所表现的症状、变化均能用拟诊的疾病予以解释时，那么这一诊断即可成立。

必须指出，论证诊断首先要从所占有的实际材料出发，以丰富而确切的症状、资料作为基础。不能只被几个表面现象迷惑，就假设一个病名，而忽略或排斥那些与设想不相符合的症状，凭空解释病畜现有的全部现象。其次，不能按照书本去机械对照，或只凭经验去生搬硬套，应该对具体情况进行具体分析。由于要考虑病情的复杂性和材料的真实可靠性，对可疑材料要认真复查、审核，不能轻易进行解释，草率地做出结论。当一个设想被否定之后，不要固执己见，应根据新的线索和启示，提出新的可能，开始新的论证，在实践中不断开辟认识真理的道路。

对获得的临床资料中有价值的临床诊断信息，经过较短时间的分析，产生一种较为可能的临床诊断印象，根据这一印象再进一步去分析、评价和搜集临床资料，可获取更多的有助于证实临床诊断的依据。对动物典型的、特异的临床表现逐一与某一疾病的临床诊断标准进行对照，这也是形成临床诊断的一种方法。有一定经验的临床工作者，习惯使用论证诊断法。尤其当症状暴露得比较充分，或出现综合与示病症状，使矛盾变得比较突出明显时，运用论证诊断法是适宜的。

(三)鉴别诊断法

当动物病历较复杂或不典型、缺少足够的临床资料或处于发病早期阶段而不能做出明确的诊断时，可根据某几个主要症状设定提出一组可能的、相类似的而且有待于区别的疾病。通过综合分析、比较、排除诊断等，排除可能性较小的疾病的可能，逐步把诊断范围缩小到一个或几个疾病，这种诊断法称为症状鉴别诊断或类症鉴别或排除诊断法。症状鉴别诊断的基本思路主要有分析症状产生原因，进行症状病因分类；找出症状的临床差别，形成鉴别诊断树；抓住诊断要点，确定疾病诊断。

在罗列待鉴别的疾病时，应全面考虑，尽量将所有可能的相关疾病都提出来，一般先想到常见病、多发病和传染病，然后再想到少见病或稀有病，以防止遗漏。对于怎样否定那些可能性较小的疾病，主要根据所提出的疾病能不能解释病畜所表现的全部症状，在病畜身上是否存在或出现过所提出疾病的固定症状或示病症状，如果提出的待诊疾病与病畜呈现的症状有矛盾，或在病畜身上缺乏待诊疾病应有的特殊症状，就可以否定提出的待诊疾病。经过这样几次否定或淘汰，就可以筛选出一个或两个可能性较大的疾病，用原发病、并发病或伴发病的顺序依次排列。怎样肯定那些可能性较大的疾病呢？即根据在病畜身上发现了应具有的特殊症状；已查明引起该病是具体病因；发病符合该病的一般规律。如果尚未缺乏十足的确诊根据，可提出暂定诊断；再通过病程中的继续观察、补助检查的发现及疗效的验证等深入的工作，做出最后结论。

(四)经验再现法

临床兽医在临床实践过程中积累的知识和技能称为临床经验。临床经验在临床诊断疾病的各个环节中都起着重要作用。在临床诊断疾病的过程中，经验再现的例子很多，但应注意“同病异征”和“同征异病”的现象。经验再现只有与临床诊断疾病的思维方法结合起来，才能更好地避免临床诊断失误。

四、临床诊断思维的特点

临床诊断思维，是兽医工作者运用已有的医学理论和经验对于疾病的认识过程。临床诊断思维与其他学科中常有的思维方法既有共性，又有自己的特点，研究这些特点，对于提高临床诊断水平是很有帮助的。

1. 对象的复杂性

临床医学的认识对象是各种动物。动物品种繁多，每种动物本身就是复杂的有机整体，而动物疾病同样也是极其复杂的。加上个体间的差异，使得病情变化，临床表现千差万别，这种认识对象的复杂性，必然要作用于认识的主体。因此，临床医生对疾病的认识，也是极其复杂而又曲折的过程。

2. 时间的紧迫性

临床思维的一个重要的特点，就是时间观念很强，时间就是生命并非口号，而是实际情况的真实写照。在多数情况下，时间是非常紧迫的，尤其是在烈性传染病暴发、中毒病突发和重危急诊，必须在很短的时间内做出诊断，及时治疗，否则，将危及生命，造成重大经济损失。对于急诊病例来说，由于时间刻不容缓，不允许医生慢条斯理地询问病史，从容不迫地查体，按部就班地进行全面的实验室检查。而是要求医生简短地询问病史，大致查体，有针对性地做一二项即刻能得到结果的实验室检查，得出八九不离十的诊断，甚至是只根据患病动物的生命体征就进行合理的抢救措施。

要达到以上要求，除了要求要有广博的专业知识和丰富的临床经验外，还要求有迅速把握疾病整体特征的能力和抓住疾病的关键体征的能力。

3. 资料的不完备性

临床资料调查的内容极其广泛，项目繁多，在调查时又往往会遇到各样的限制和困难。有人甚至把临床思维说成是“用不充分的资料做出充分的决定的过程”这种说法虽然未必恰当，但一定程度上反映了临床工作的特点。虽然疾病是一个有特点的自然历程，但临床上不可能等待这一历程的充分表现，因为，等到这一历程完全表现时，患者或许已濒临死亡，正是由于临床诊断的时间上的紧迫性，因而决定了临床诊断常常需要在不充分的资料上做出。

因此，如何用不充分的临床资料，做出正确的诊断，也是临床医生应学习的能力之一。

五、常用的诊断思维方法

1. 顺向思维法

是对一般比较典型的常见疾病的诊断方法，是以病例的典型病史、体征及实验室检查为依据，直接做出诊断。如出现饮食失常，腹痛、腹泻、呕吐等症状时，可以直接诊断为急性胃肠炎(直接诊断法)。

2. 逆向思维法

是根据病例的病史及体征的某些特点，可能为某范围内的某些疾病，然后根据进一步检查或辅助检查，否定其中的大部分，筛选某种或几种疾病。此种思维方法是对较疑难的病例常用的方法。

3. 肯定之否定法

有时为了确定诊断，需要用"肯定之否定"的思维方式，排除某些疑诊。即对某些疑似诊断，假以肯定，以此来解释全部病史和体征，发现其矛盾，从而否定该诊断，即临床上经常所说的，不能以其解释全部的临床表现，故诊断不成立。

4. 否定之否定法

在诊断初步成立以后，为了进一步证实其准确性，可用此方法。假定该诊断不成立，其病史体征另以其他疾病解释，均不成立，证明原来的诊断成立。

5. 差异法

是在临床思维中，随时注意不同类、种、型疾病的差异，不同病例的特点，抓住其特殊性。它是其他各种思维方法的基础，贯穿于整个思维过程。

总之，以上种种思维方法在使用过程中往往是综合的、交替使用。在复杂的疾病诊断中，多数首先根据病史体征要点划定疑诊范围，以逆向思维方法逐一排除其他，提出几个疑诊以肯定之否定的方法，排除近似疾病，最后以否定之否定方法进一步确定诊断。

六、建立正确诊断的条件

对疾病做出正确的诊断是对动物疾病实施合理有效治疗的基础。要使诊断正确，必须具备以下条件。

1. 充分收集第一手材料

要建立正确的诊断，首先要充分收集关于病畜的第一手材料。为此，要对发病原因、病畜所呈现的症状，以及血、尿、粪的变化，通过病史调查、临床检查、实验室检查、病理剖检等多种方法进行全面了解。

2. 保证材料客观真实

在检查病畜搜集症状时，不能先入为主，或带着疾病去搜集症状。搜集症状要如实反应病畜的情况，避免牵强附会，不能认为有什么样的病史一定会出现什么样的症状。因为疾病的过程是千变万化的，而且疾病是不断发展的，同种疾病并不一定出现相同的症状，同一症状也不一定是同一种疾病。因此，要广开思路，系统地、有计划地、细致地进行认真检查，收集客观、真实、有效的材料，以达到建立正确的诊断。

3. 用发展的观点看待疾病

任何疾病都是不断发展变化的，每一次检查都只能看到疾病全过程中的某个阶段的表现，而不是疾病的全部表现。因此，必须在发展变化中看待疾病，只有综合多个阶段的表现，才有可能获得比较完整的资料和疾病的全貌。用发展的观点看待疾病就是要正确评估疾病每个阶段所出现的的意义，按照各个现象之间的联系，根据主要和次要、共性和个性的关系，阐明疾病的本质。

七、建立正确诊断需注意的问题

在疾病的临床诊断过程中，要建立正确的诊断必须要注意以下几个问题。

1. 首先考虑常见病与多发病

在选择第一诊断时首先要选择常见病、多发病。疾病的发病率可受多种因素的影响，不同的年景、不同地区的动物所患的疾病也不同。当几种临床诊断的可能性同时存在的情况下，要首先考虑常见病的诊断。

2. 要密切联系客观实际

在临床诊断疾病时，应考虑和首选正在当地流行和发生的动物传染病与地方病。

3. 尽可能以一种疾病去解释多种临床表现

在临床诊断疾病时，若患病动物的临床表现确实不能用一种疾病予以解释时，可再考虑有其他疾病的可能性。

4. 应考虑器质性疾病的存在

在器质性疾病与功能性疾病鉴别诊断有困难时，首先考虑器质性疾病的诊断，以免延误治疗。有时器质性疾病可存在一些功能性疾病的症状，甚至与功能性疾病并存，此时亦应重点考虑器质性疾病的诊断。

5. 应考虑可治性疾病的诊断

当诊断有两种可能时，一种是可以治疗而且疗效好，而另一种是目前尚无有效治疗且预后甚差。此时，在诊断上应首先考虑前者。

6. 实事求是地看待临床资料

临床兽医必须实事求是地对待临床资料的客观现象，不能仅仅根据自己的知识范围和局限的临床经验任意取舍，亦不应把临床现象牵强附会地纳入自己理解的框架之中，以满足不切实际的所谓临床诊断的要求。

7. 要抓住关键问题

临床诊断中要以患病动物为整体，要抓准重点、关键的临床表现。这对急诊重症病例的诊断特别重要。只有这样才能使患病动物得到及时恰当的临床诊断和治疗。

八、产生误诊的原因

误诊就是错误的临床诊断。错误的临床诊断是造成治疗失败的主要原因。它不仅造成个别动物的死亡或影响其经济价值，还可能造成疫病的蔓延，使畜群遭受危害。导致错误诊断的原因有多种多样，主要有以下几个方面：

1. 由于临床资料不全面产生误诊

由于临床病史资料不完整、不客观、不具体、不确切，未能反映疾病的进程和动态以及个体的特征，以致兽医工作者不能真正掌握第一手资料而发生误诊。也可能由于资料失实，分析取舍不当，导致误诊、漏诊的发生。

2. 由于观察不细致或检查误差较大产生误诊

临床观察和检查中遗漏关键症状，不加分析地依赖临床检验结果或对检查结果解释错误，都可能得出错误的结论，也是误诊的重要因素。

3. 由于主观臆断产生误诊

先入为主，主观臆断，妨碍了对客观而全面地搜集、分析和评价临床资料。某些个案的经验或错误的印象占据了思维的主导地位，致使判断偏离了疾病的本质。

4. 由于医学知识不足,缺乏临床经验产生误诊

对一些病因复杂、临床罕见疾病的知识匮乏,经验不足,在未能及时有效地学习各种知识,是构成误诊的另一种常见原因。

5. 由于条件不完备产生误诊

由于时间紧迫、器械设备不齐全、动物骚动不安、场地光线昏暗等条件的限制,兽医工作者难以做到周密、细致的检查,导致诊断失误。

6. 由于疾病复杂产生误诊

由于疾病是混合感染比较复杂,或者疾病表现不典型而症状不明显,或者疾病发生迅猛没有表现任何临床疾病而突然死亡等原因,要建立正确的诊断是比较困难的。特别是对一些新病、老病新的表现形式,由于初次接触,容易造成诊断失败。

7. 由于技术水平低产生误诊

由于缺乏临床诊断经验,技术水平不高,检查方法不正确或不够熟练,检查不够充分,认症辨症能力有限,认症思路不开阔,或不善于利用实验室检查结果分析病情等原因,而导致错误的诊断。

从某种角度来讲,动物是活的有机体,任何一种疾病的临床表现都各不相同。我们应当从实践中积累临床经验、从误诊中得到教益。只要我们遵照临床诊断疾病的基本原则,运用正确的临床思维方法就会减少临床诊断失误的发生。

九、病历记录

病历记录是记载有关牲畜在病程中的临床检查所见以及诊断、治疗等方面的全面记录,是兽医师根据问诊、体格检查、实验室检查和特殊检查获得的资料,经过归纳、分析整理而写成的。病历能反映疾病的发生、发展、转归和诊疗情况,有时病历也是涉及医疗纠纷及饲料、兽药和生物制品质量或人为中毒事件认定的重要依据。认真详细地填写记录,可以训练兽医师深入细致的观察能力与随时记录资料的良好习惯。因此,对临床检查的所有结果,都应详细地记录于病历(病志)中。

(一)填写时一般应遵循的原则

1. 内容全面详细

包括问诊、临床检查及某些辅助(特殊)检查的所见与结果,都应详尽地记入,某些实验室检查的阴性结果也应记入,因为可以作为排除诊断的依据。

语句通俗易懂,语句应通顺,比喻和形象的描绘应简要明了,便于理解。

记载系统、科学。所见的各种症状应以通用的名词和术语按内容有系统、有秩序地记载,具有系统性,便于归纳、整理。

2. 内容肯定和具体

各种症候、表现,应尽可能地具体和肯定,避免用否定或不确切的词句(如果不能确切肯定症状,可在后面加以问号,以便通过进一步的观察和检查再行确定)。

(二)病历记录的一般内容和顺序

(1)病畜登记,关于动物种属、名称、性别、年龄、特征等。

(2)主诉及问诊资料,包括病史经过;饲养管理与环境条件的内容;就诊前的经过及处理方

式等。

(3)临床检查所见，这是病历组成的主要内容，特别是初诊之际更应详尽。

(4)补助或特殊检查的结果，一般以附表的形式记入。如血、尿、粪的实验室检验结果：X线透视或摄影报告；心电图、超声波记录等。

(5)病历日志。逐日记载体温、脉搏、呼吸次数(或以曲线表表示之)；各器官系统的症状、变化；各种辅助、特殊检查的结果；治疗原则、方法、处方、护理及改善饲养、管理方面的措施；会诊的意见及决定。

(6)总结。治疗结束时，以总结的方式，对诊断、治疗的结果加以评定，尚应指出今后在饲养、管理上应注意的事项；如以死亡为转归时，应进行剖检并附病理剖检报告。

最后应整理、归纳诊疗过程中的经验、教训，或附病例讨论。

病历记录格式如表 5-1 所示。

表 5-1 病历记录

畜主			住址	
畜种：	名称：	年龄：	性别：	毛色：
体重：	用途：	特征：		
初诊日期：			转归日期：	
初步诊断：			最后诊断：	
疾病史：				
现症概要： 体温：　脉搏：　呼吸数： 治疗：				

【项目小结】

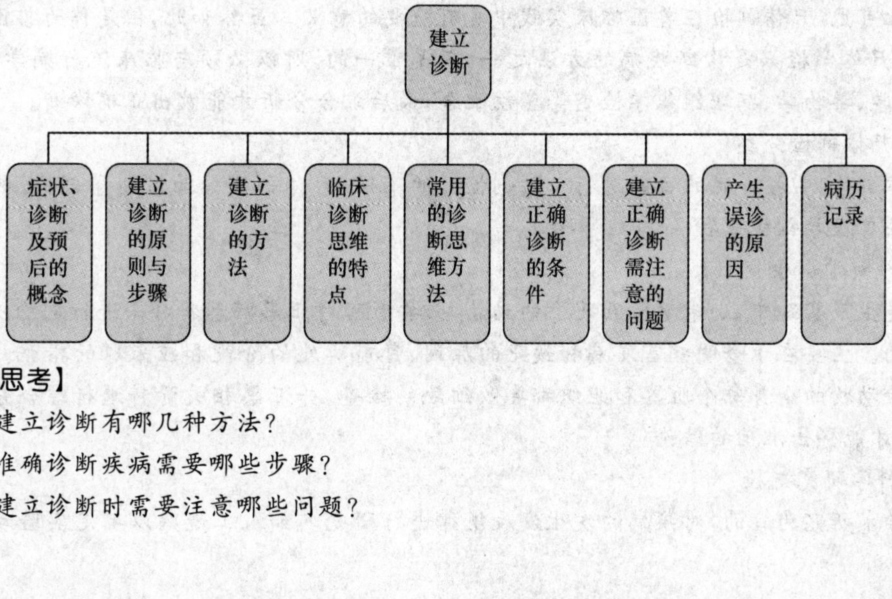

【复习与思考】

1. 建立诊断有哪几种方法？
2. 准确诊断疾病需要哪些步骤？
3. 建立诊断时需要注意哪些问题？

4. 产生误诊的原因有哪些?

【知识链接】

畜禽尸体剖检诊断

畜禽尸体剖检是运用病理学的理论和知识以及其他有关学科的理论、知识、技术用解剖学的方法检查死亡动物尸体的病理形态学变化,来诊断疾病的一种方法。剖检时,必须对病尸的病理变化做到全面观察,客观描述,详细记录,然后运用辩证唯物主义的观点,进行科学分析和推理判断,从中做出符合客观实际的病理解剖诊断。

一、尸体剖检的意义

1. 提高临床诊断和治疗质量

在临床实践中,通过尸体剖检,可以提高临床诊疗工作的质量,检验临床诊断和治疗的准确性,及时总结经验,提高诊疗质量,避免医疗工作的失误。

2. 尸体剖检是最为客观、快速的动物疾病诊断方法之一

对于一些群发性疾病,如传染病、寄生虫病、中毒性疾病和营养缺乏症等,尤其是中、小动物如猪和鸡,通过尸体剖检,观察器官特征病变,可以迅速做出初步诊断,甚至可以确诊,以便对发病动物群体及时采取有效的防治措施,或为进一步的诊断提供重要线索,特别是为疾病的病原学诊断方向提供病理学依据。

3. 确定肉品食用价值,确保人类健康

在肉类加工厂或屠宰场中,通过病理解剖学检查,可以确定肉品食用价值,确保人类健康。此外通过尸体剖检资料的积累,可为各种疾病的研究提供重要的数据。

4. 促进病理学教学和研究

尸体剖检是病理学不可分割的、重要的实际操作技术,是研究疾病的必需手段,也是学生学习病理学理论与实践结合的一条途径。随着养殖业的迅速发展和一些新畜种、新品种的引进,临床上常会出现一些新病,老病则可能发生新变化,给临床诊断造成一定的困难。对临床上出现的新问题,或新的病例进行尸体剖检,可以了解其发病情况,疾病的发生、发展规律以及应采取的防治措施。

由此可见,尸体剖检在兽医临床实践中具有重要的意义。虽然如此,但是作为兽医工作者应知道,尸体剖检只是诊断疾病的方法之一,不是唯一的,所以必须与临床流行病学、微生物学、免疫学、毒物学、病理组织学检查等密切配合,最后综合分析才能做出正确诊断。

二、尸体剖检分类

尸体剖检,常按一定的目的进行。按剖检目的不同,尸体剖检分为诊断学剖检、科学研究剖检和法兽医学剖检三种。

1. 诊断学剖检

多是生产实践中,尚未确诊而死亡的动物,必要时可对正患病动物扑杀进行剖检以达到确诊的目的。主要在于查明病畜发病和致死的原因、目前所处的阶段和应采取的措施。这就要求对待检动物的全身每个脏器和组织都要做细致的检查,并汇总相关资料进行综合分析。只有这样,才能得出准确的结论。

2. 科学研究剖检

以学术研究为目的,对疾病的发生发展规律进行研究。如人工造病以确定实验动物全身

或某个组织器官的病理变化规律。多数情况下，目标集中在某个系统或某个组织，对其他的组织和器官只做一般检查。需要一定数量的动物进行系统剖检。

3. 法兽医学剖检

多是为法律纠纷提供客观依据而进行，以解决与兽医有关的法律问题为目的，是在法律的监控下所进行的剖检。一般要特别慎重地进行全面系统剖检，应由具有较高水平的专业技术人员进行，纠纷双方具有法人资格的代表到场参加，同时要有公安司法人员参加，三者各依其目的要求来考虑剖检方法和步骤，剖检的结论方能有效。

三、病理解剖学诊断

通常是剖检工作结束后，在现场主检者根据剖检所见的各器官病理变化进行综合分析化，用学术术语对病变做出病理解剖学诊断，应按病变的主次及互相关系排列其顺序，即找出剖检所见病变中什么是主要的，什么是次要的，什么是原发的，什么是继发的，然后按照主次，原发，继发将病变加以排列，根据病变的性质做出初步结论，即确定什么是主要疾病，再将由此所引起的一系列病变按先后排列，其次将与主要疾病无关的其他病变排列在后面、这样就得出了眼观病理解剖学诊断。

四、尸体剖检报告

是向上级业务行政主管部门的上报材料，应为正式呈报文件，主检验人和单位主管领导都要签名，并盖单位公章，其主要内容与剖检记录相同，常用格式见表5-2。

表5-2 动物尸体剖检记录

剖检号
畜主姓名：　畜种：　性别：　年龄：　特征：　营养：
临床摘要及 临床诊断
死亡日期
剖检时间
剖检地点
剖检所见
病理解剖学诊断
结论
主检人签字
呈报单位公章 年　月　日　时

模块二
治疗技术

项目六　注射技术

△【项目描述】

● 注射是兽医临床操作的基本功之一。良好的注射操作可以及时地向机体输送药物，尽快产生疗效。在疾病治疗过程中，应根据不同的疾病性质、不同动物、药物不同剂型和不同治疗目的来决定不同的注射技术。常用注射法分为：皮下注射、肌肉注射、腹腔注射、胸腔内注射、静脉注射等。在注射之前，注射工具和注射部位均应消毒，要选择准确的注射部位，操作要规范，必要时对被注射动物进行保定，确保将药物准确注射到机体内。

△【技能目标】

● 通过对本项目的学习，会使用兽用注射器，能对注射器进行拆装和消毒，能使用注射器给动物用药。能采用各种不同注射方法对动物进行注射。

技能一　兽用注射器

一、兽用注射器

注射器是在对动物进行防疫或治疗时用于注射药液使用，适用于皮下、皮内、肌肉、腹腔等多种注射方法。

主要有以下几种：

(1)兽用金属注射器(图 6-1)；

(2)兽用塑钢注射器(图 6-2)；

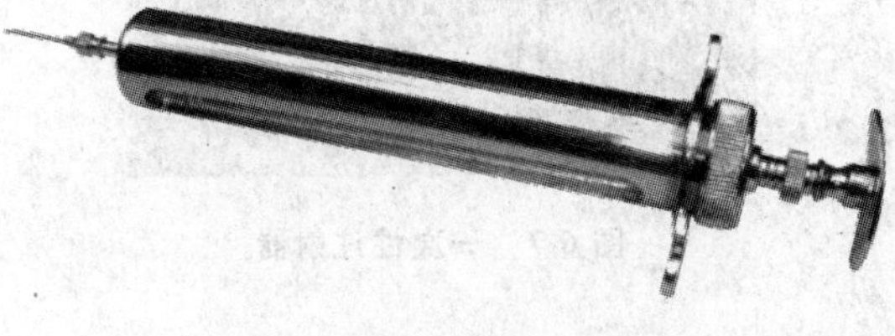

图 6-1　兽用金属注射器

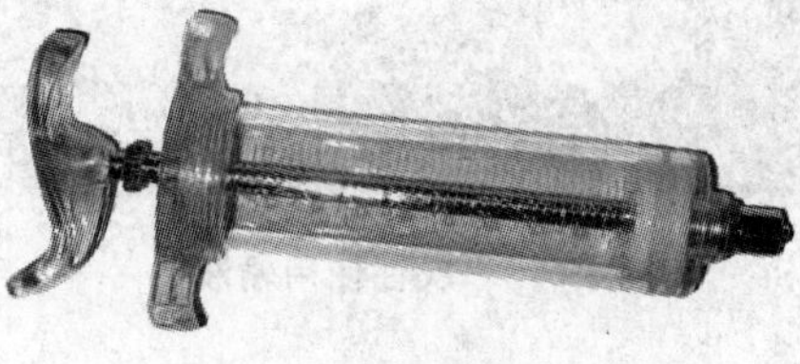

图 6-2　兽用塑钢注射器

(3)兽用连续注射器(图 6-3 和图 6-4)；

(4)兽用无针注射器(图 6-5)；

(5)一次性使用输液器、注射器(图 6-6 和图 6-7)。

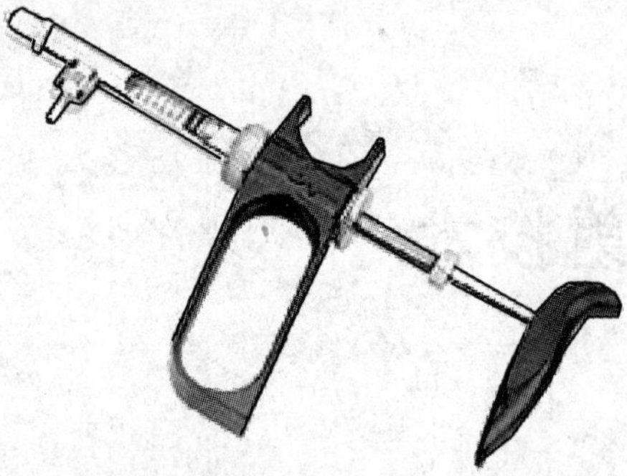

图 6-3 兽用连续注射器(一)

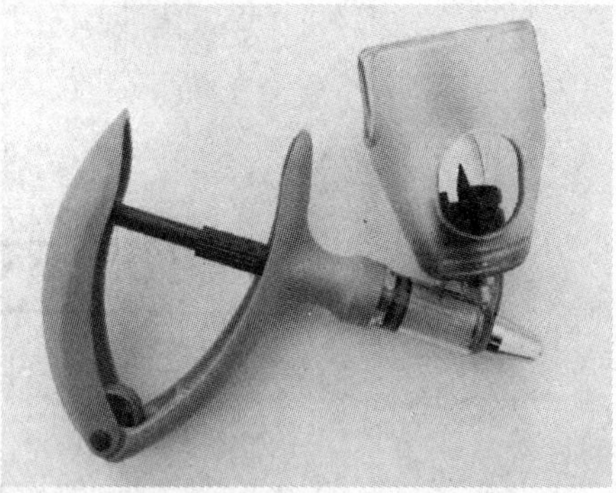

图 6-4 兽用连续注射器(二)

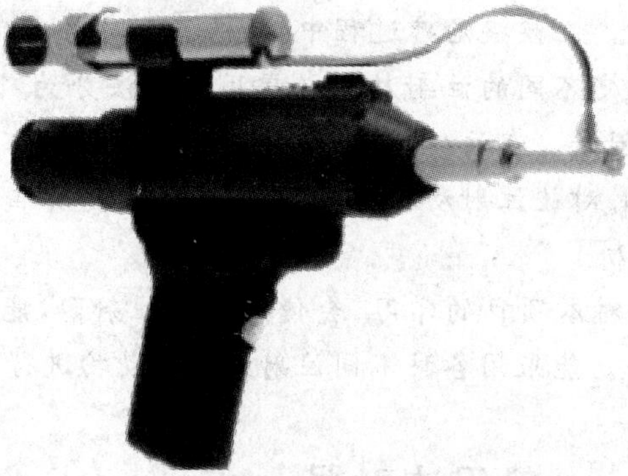

图 6-5 兽用无针注射器

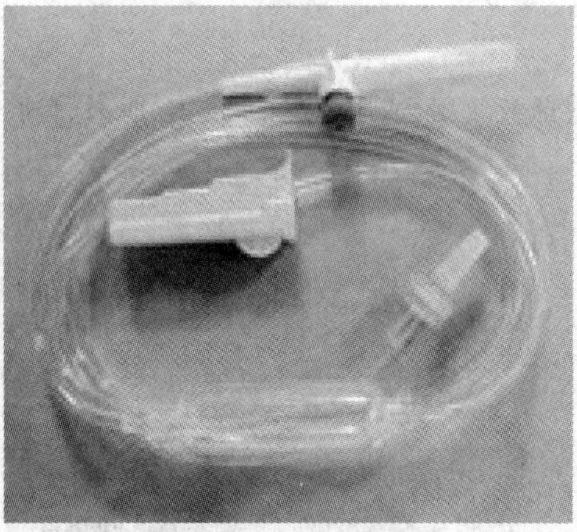

图 6-6 一次性使用输液器

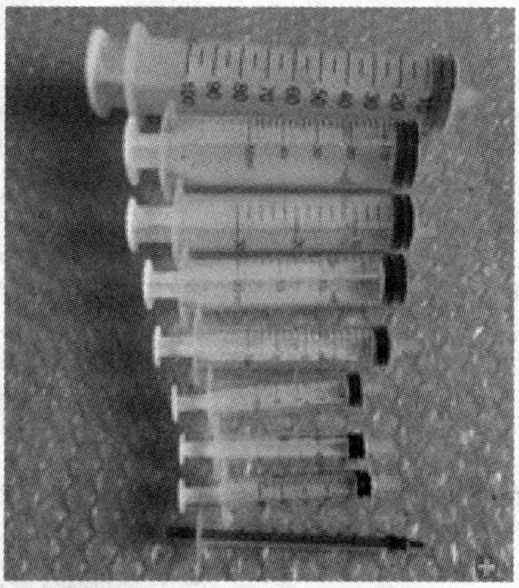

图 6-7 一次性注射器

一次性使用输液器主要用于静脉输液的经过无菌处理的、建立静脉与药液之间通道的常见的一次性的医疗耗材。一般由静脉针、护帽、输液软管、药液过滤器、流速调节器、滴壶、瓶塞穿刺器、进气管空气过滤器连接组成。

一次性注射器的规格有 1 mL、2 mL、2.5 mL、5 mL、10 mL、25 mL、50 mL 等。

二、兽医金属注射针

注射针头采用合金不锈钢，用于注射、放气、采血、输血、封闭。

规格（针头直径的 1/10 mm×针头长 mm）：7×13、9×13、12×13、16×13、12×20、16×20、12×25、16×25、12×38、16×38、20×38、20×50。见图 6-8 和图 6-9。

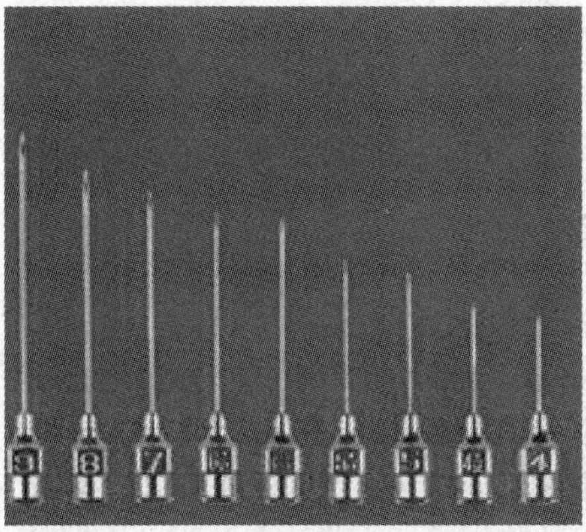

图 6-8 兽医金属注射针（一）

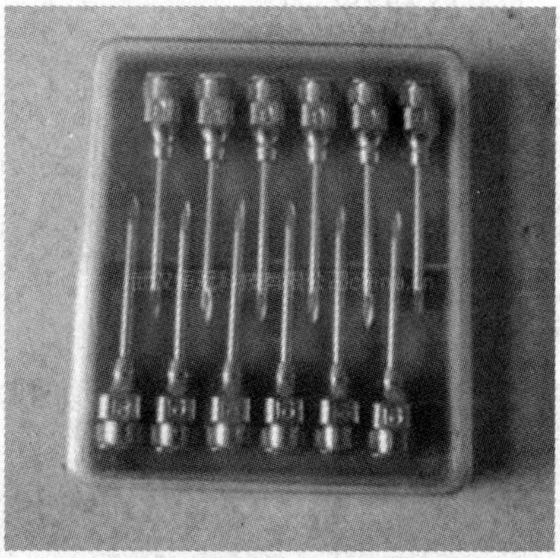

图 6-9 兽医金属注射针（二）

技能二 皮内注射

皮内注射法是将小量药液注入表皮与真皮之间的方法。它适用于预防接种、药物过敏试验及某些变态反应诊断等。

一、注射部位

选择不易受到摩擦及舐咬处的皮肤。牛、马在颈侧中部，猪在耳根部，禽类在肉髯部皮肤，犬在肩胛部或颈侧中部的 1/3 处，大耳朵狗也可选择在耳部。

二、操作方法

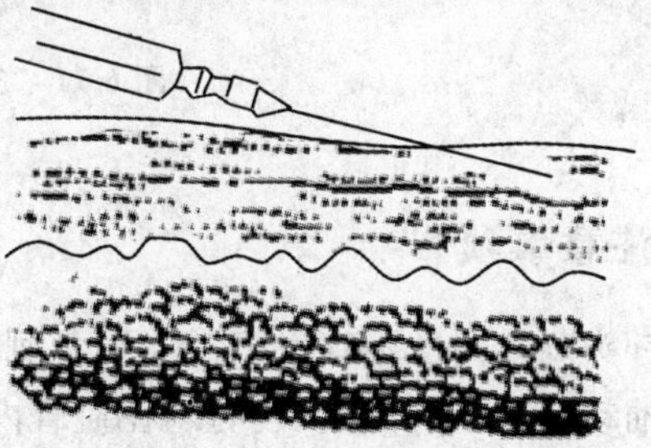

图 6-10 皮内注射进针角度

选用 1 mL 一次性注射器，首先将注射部位局部的被毛脱去，然后用 75%酒精棉签消毒皮肤待干，以左手拇指和食指将皮肤捏成皱襞，右手持注射器，使针头斜面向上，针头与皮肤呈5°～15°角刺入皮内（图 6-10），待针头斜面进入皮内后，放平注射器，缓慢地注入药液，推药时感到阻力很大，每点注射 0.5～1 mL，使局部形成一个小丘疹状隆起，注射完毕，迅速拔出针头，切勿按揉。

三、注意事项

(1)若推药很容易，表明注于皮下，应重新刺针；

(2)皮内注射的皮肤消毒忌用碘酊，进针勿过深，拔针后勿按压，以免影响结果的观察；

(3)皮内注射疼痛剧烈,应注意保定。

技能三 皮下注射

皮下注射是将药液注射于皮下结缔组织内,药液经过毛细血管、淋巴管吸收进入血液循环。因皮下有脂肪层,吸收速度较慢,注射药液后经5~10 min出现效果。它适合于各种刺激性较小的注射液及疫苗、血清的注射。

一、注射部位

皮下注射部位选择皮肤薄、皮下结缔组织丰富、皮肤容易移动且不易被摩擦和啃咬的部位。牛、马在颈侧中部,羊在颈侧或后肢内侧皮下疏松处,猪在后肢股内侧、耳根后皮下,犬在颈侧、背部或股内侧,家禽在翅膀下、颈背中部或稍低处。

二、操作方法

左手拇指与中指捏起皮肤,右手如执笔姿势持注射器,食指固定针栓,针头斜面向上和皮肤呈30°~40°角,迅速将针头刺入皮下(图6-11)。右手继续固定注射器,左手放开皮肤,抽动活塞,不见回血时推动活塞注入药液。注射完毕,拔出注射针头,以75%的酒精棉球压迫针孔,最后以5%碘酊涂布针孔。

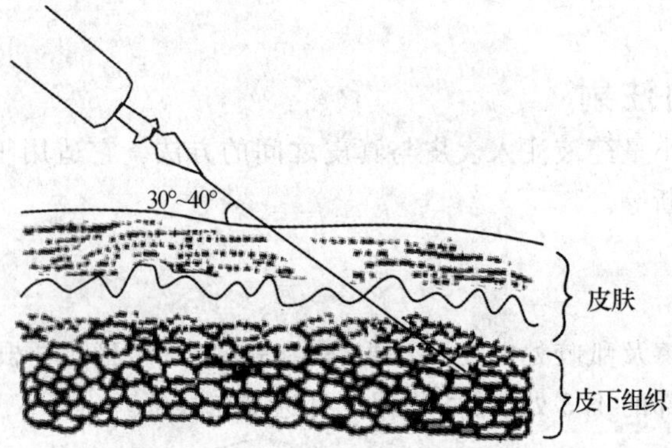

图6-11 皮下注射进针角度

三、注意事项

(1)针头刺入角度不宜大于45°,以免刺入肌层;

(2)抽动活塞如有回血,表明刺在血管内,应稍向后退出,避开血管;

(3)注射药液量大时,可采取分点注射;

(4)一般易溶解、无强刺激性的药品以及菌苗等可作皮下注射,强刺激性药物不能做皮下注射。

技能四 肌肉注射

肌肉注射简称肌注,是将药物直接注射于肌肉中的一种注射方法。肌肉内血管丰富,注射药液后吸收较皮下注射快,仅次于静脉注射;又因感觉神经较皮下少,故疼痛较皮下注射轻,临床上应用较多。一些刺激性较强、较难吸收的药物和许多疫苗均可进行肌肉注射。

一、注射部位

肌肉注射应选择肌肉丰富、大血管少的部位。牛在臀部或颈侧；猪、羊多在肩胛前缘或颈部肌内丰满处或臀部（图 6-12）；犬在颈侧、臀部或背部（图 6-13）；禽类在胸肌或大腿肌、翅膀根部肌肉。

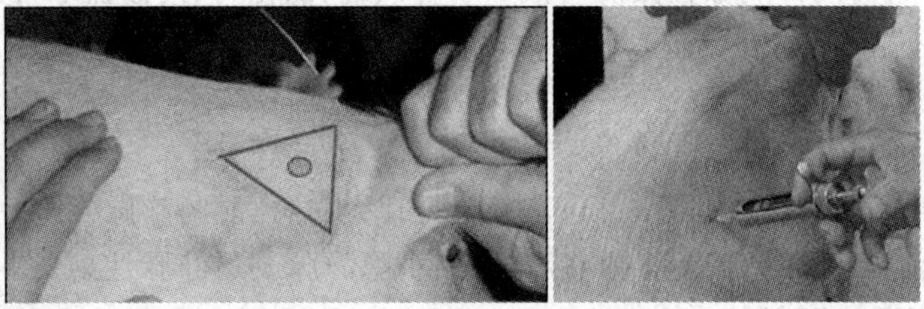

图 6-12　猪肌肉注射部位

图 6-13　犬肌肉注射部位

二、操作方法

对大动物，为防止损坏注射器或折断针头，可先刺入针头，而后连接注射器注射。先以右手拇指与食指捏住针头基部，中指固定针的刺入深度，用腕力迅速将针头垂直（针头与注射部位呈 90°）刺入肌肉内，深 2～4 cm，然后右手持注射器与针头连接，回抽活塞，以抽出针头内的空气及检查有无回血，如证明刺入正确，随即推进活塞，注入药液。

对中、小动物，可进行直接刺针注射，注射完毕，拔出注射针头，以 75%的酒精棉球压迫针孔，最后以 5%碘酊涂布针孔。

三、注意事项

（1）肌内注射时若针头太短，注射液只能达到脂肪层和结缔组织层，不能达到要求的肌肉内，从而影响效果；若针头太长，则担心动物骚动导致断针，一般进针 2.5～3 cm（消瘦者及幼龄动物酌减）。

（2）肌内注射时针头不要全部刺入肌肉内，以免折断后不易取出；注射时左手固定针头，右手固定针筒及推动活塞，并随动物的运动而运动，以免折断。

（3）多种药液同时注射时，要注意配伍禁忌。

（4）需长期作肌内注射时，注射部位应交替更换，避免硬结的发生。

（5）强烈刺激性药液如水合氯醛、氯化钙、高渗盐水等均不能作肌肉内注射；不要在有硬块、疤痕的部位注射，否则会影响药物的吸收。

（6）家禽胸肌注射时，针头与注射部位成 30°角，以胸部的上 1/3 处向背部方向刺入胸肌，不能垂直刺入以防刺破胸腔而损伤内脏器官造成家禽死亡。

（7）禽腿部肌内注射时忌打腿内侧，因禽类腿部的主要血管、神经都在内侧，注入腿肌后长时间疼痛而行走不便，影响采食和生长，并可能出现针眼出血、瘸腿、瘫痪等不良后果。

（8）对体瘦的动物，最好不在臀部注射，以免误伤坐骨神经。

（9）肌内注射，注入的药液会顺着肌肉纤维走向扩散，反复多次注射，肌肉纤维不断受到药液的刺激而发生化学性、损伤性反应，会导致肌肉组织萎缩变性，纤维组织增生。

技能五　静脉注射

静脉注射是将药液直接注入静脉血管内，药液随着血流很快分布到全身，奏效迅速，但排泄也较快，作用时间短。又分为静脉推注、静脉滴注，两者的操作方法基本相同，当有大量药液注射时，以输液器代替注射器进行静脉滴注。主要用于大量输液、输血、补充营养、急救、诊断检查（如为肝、肾、胆囊等 X 线摄片），对局部刺激性大的药液如水合氯醛、氯化钙、高渗盐水等也可采用本法。

一、注射部位

主要选择在浅表的大静脉。牛、羊为颈静脉（图 6-14），猪、兔为耳大静脉、前腔静脉（图 6-15 和图 6-16），犬及猫科动物选择前肢内侧皮下头静脉、后肢外侧小隐静脉或颈静脉注射（图 6-17 至图 6-19），禽在肘部内侧的尺骨皮下静脉。

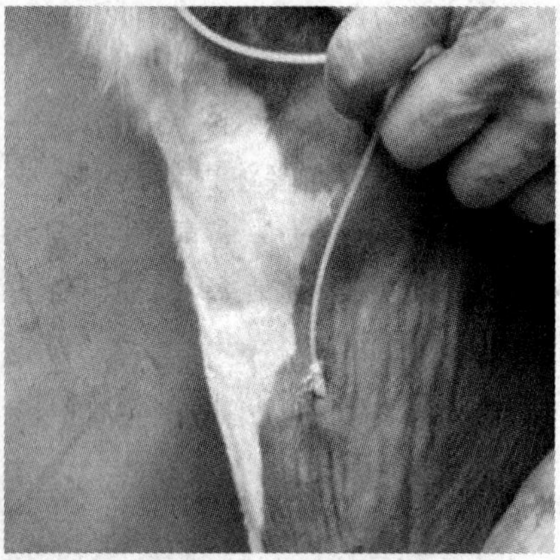

图 6-14　牛颈静脉注射

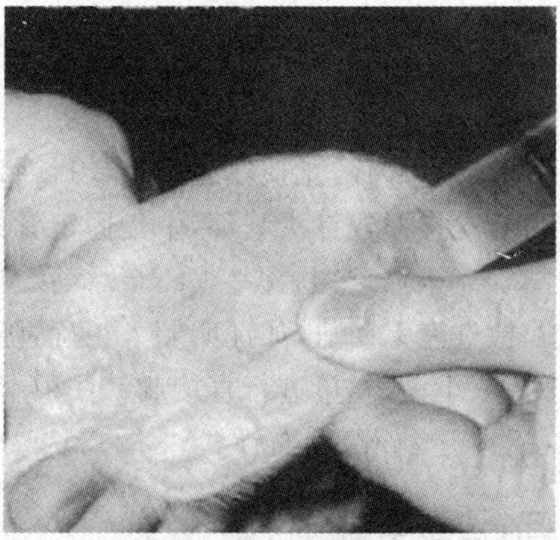

图 6-15　猪耳静脉注射

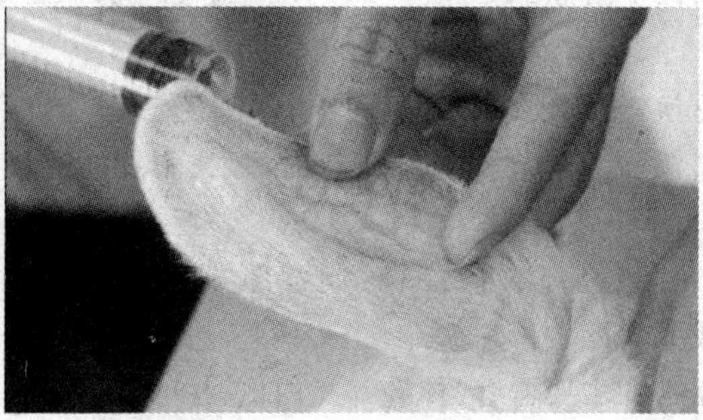

图 6-16　兔耳静脉注射

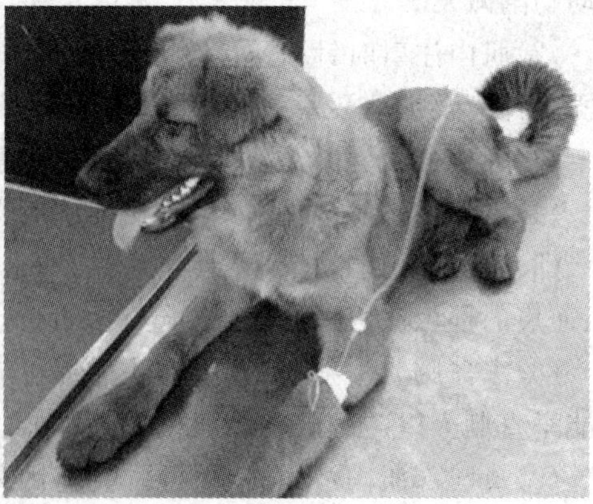

图 6-17　犬前肢内侧皮下静脉注射

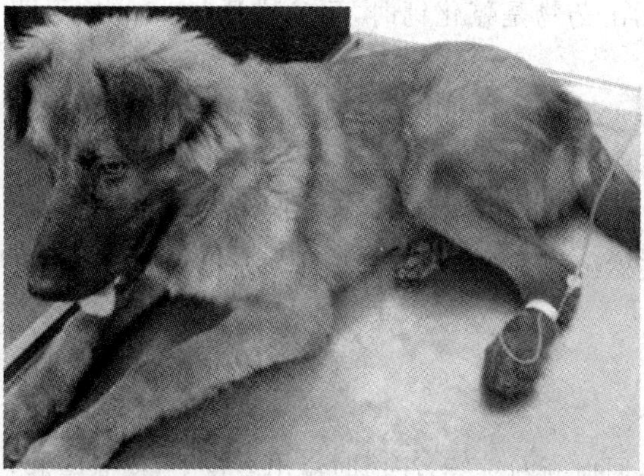

图 6-18 犬后肢外侧小隐静脉注射

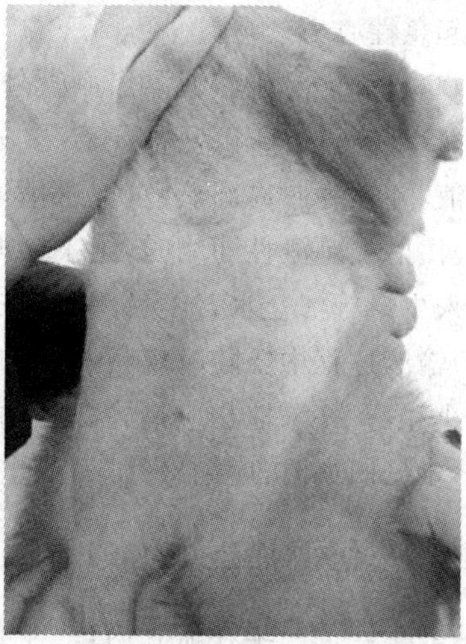

图 6-19 犬颈静脉位置

二、操作方法

(1)选择合适静脉,以手指探明静脉方向及深浅,在穿刺部位的上方(近心端)约 6 cm 处扎紧止血带,使静脉充盈、怒张显露。

(2)用 2%碘酊消毒皮肤,待干后以 75%酒精脱碘。

(3)穿刺时,以左手拇指绷紧静脉下端皮肤,使其固定,右手持注射针头,针头斜面向上,针头和皮肤呈 15°~20°角,由静脉上方或侧方刺入皮下,再沿静脉方向潜行推进 1~2 cm,临床上称为顺针。

牛、马等大动物的静脉注射临床上用颈绳代替手指压迫静脉,用手持针头垂直刺入血管内,见回血后再连接输液器,松开止血带,打开输液器开关,缓慢注入药液,用胶布固定针头。

静脉推注时,直接用注射器缓慢注入药液。

(4)在注射过程中,若局部肿胀疼痛,提示针头滑出静脉,应拔出针头更换部位,重新注射。

(5)注射毕,以 75%酒精棉签按压穿刺点,迅速拔出针头,然后压迫穿刺部位 3~5 min,防止皮下溢血。

三、注意事项

(1)保证严格无菌操作。

(2)注射前要认真核对注射药物的名称、用途、剂量和有效期。同时注射两种以上药物时,应注意有无配伍禁忌。油类制剂不能作血管内注射。

(3)确实保定,选择粗直、弹性好、不易滑动的静脉,看准静脉后再刺入针头,避免多次扎针引起血肿或静脉炎。如需长期静脉给药,应由远心端向近心端进行注射。

(4)注射器具各部件要衔接严密,注射器及针头必须畅通无堵,反复刺针时要注意针头是否畅通,当针头被组织块或血凝块堵塞时应随时更换。

(5)确认针头刺入血管后方能注入药液,注射前要排尽注射器或输液胶管内的空气。

(6)注入大量药液时,注入速度不应太快。注射过程中要注意心脏的负担,防止因注射过快而引起急性心力衰竭。

(7)注射时要防止药液漏出血管外。当有刺激性的药物漏出血管外时,可以向周围组织注入生理盐水或蒸馏水,以便稀释后易被吸收。漏出药物是氯化钙时,可注入适量10%的灭菌硫酸钠液,并在肿胀局部热敷,促进消散吸收。

(8)注射强刺激性药物时,绝不能漏出血管外。注射对组织有强烈刺激的药物时,注射前应先注入少量等渗盐水,证实针头确在血管内,再注入药物,以防药液外漏而发生组织坏死。

(9)输液过程中要随时观察动物的表现,若发现骚动、出汗、气喘、肌肉震颤等异常征象,应及时停止注药,并采取相应措施。若输液速度突然减慢或停止,局部出现肿胀,应立即检查有无回血,未见回血时,应调整针头,或重新刺入。

四、常见静脉注射失败的原因

(1)针头斜面一半在血管内,一半在血管外,回血断断续续,注药时溢出至皮下,皮肤隆起,动物有痛感。

(2)针头刺入较深,斜面一半穿破对侧血管壁,见有回血,但推药不畅,部分药液溢出至深层组织。

(3)针头刺入过深,穿透对侧血管壁,药物注入深部组织,动物有痛感,没有回血,如只推注少量药液,局部不一定隆起。

技能六 动脉注射

动脉内注射法是将药液直接注射于局部的动脉内。主要用于肢蹄、乳房及头颈部的急性或化脓性炎症等的治疗。多使用普鲁卡因青霉素或其他抗生素及磺胺类药物。

一、注射部位

正中动脉(在前臂部上1/3的内侧面,肘关节下方2~3 cm处,桡骨内侧嵴后方)、指总动脉(在掌骨内侧面上1/3和中1/3交界处,于指屈深肌前缘,可摸到其搏动)、跖背外侧动脉(在跖骨外侧上1/3处的大跖骨与小跖骨之间的沟中)、会阴动脉(在乳房后正中提韧带附着部的上方2~3指处,可触知位于会阴部体表的会阴静脉,于会阴静脉侧方,并与其平行)、颈动脉(在颈部上1/3下界,颈静脉上缘与第6颈椎横突中央向下引垂线的交点)。

二、操作方法

充分暴露穿刺部位,常规消毒,范围要广泛,戴手套或用2%碘酊与75%乙醇消毒左手食指和中指,以固定欲穿刺的动脉,右手持注射器,在两指间垂直或与动脉走向呈40°刺入动脉,见有鲜红色回血,右手固定穿刺针的方向及深度,左手以最快的速度注射药液或采血。操作完毕,迅速拔出针头,局部加压止血5~10 min。

三、注意事项

(1)保定要确实,操作要准确,严防意外。

(2)刺入动脉后应立即连接注射器注药,以防流血过多,污染术部,影响操作。

(3)注射时握住活塞,以免因血压力量顶出活塞。

技能七 心脏注射

当病畜心脏功能急剧衰竭、静脉注射急救无效时，可将强心剂直接注入心脏内，抢救病畜。此外，还可用于家兔、鸡、豚鼠等实验动物的心脏直接采血。

一、注射部位

牛在左侧肩关节水平线下，第 4～5 肋间；马在左侧肩关节水平线的稍下方，第 5～6 肋间；猪在左侧肩关节水平线下第 4 肋间；犬在左侧肩关节水平线下 4～5 肋间；兔在左侧肩关节水平线下第 3 肋间。

二、操作方法

以左手稍移动注射部位的皮肤然后压住，右手持连接针头的注射器，垂直刺入心外膜，再进针 3～4 cm 可达心肌。当针头刺入心肌时有心搏动感，注射器摆动，继续刺针可达左心室内，此时感到阻力消失。回抽针筒活塞时见有暗红色血液回流，后徐徐注入药液，很快进入冠状动脉，迅速作用于心肌，恢复心脏机能。注射完毕，拔出针头，术部消毒。

三、注意事项

(1)动物保定要确实，操作要认真。

(2)刺入部位要准确，以防损伤心肌。

(3)注入药液时，可配合人工呼吸。

(4)必须缓慢注入药液，注入过急，可引起心肌的持续性收缩，易诱发急性心搏动停止。

(5)心脏内注射不得反复应用，反复的注射刺激可引起传导系统发生障碍。

(6)未见回血即注射，将药液直接注射于心内膜下或心肌内，有引起心动停搏或心肌持续性收缩的危险。

(7)针刺入心房时，由于心房壁较薄，有随心搏动而出血的危险。

技能八 腹腔注射

腹腔注射是将药物注入胃肠道浆膜以外、腹膜以内的方法。因腹膜吸收能力很强，吸收速度较快(2 h 左右)，故当患病动物心脏衰竭，静脉注射困难时，可通过腹膜腔注射进行补液。本法多用于小动物，特别是猪，当猪只因各种原因难以寻找耳静脉时，可以通过腹腔注射补液。

一、注射部位

脐后的腹腔内。

乳猪、小猪于脐至耻骨前缘连线的中部，离开腹中线 2～5 cm 左(右)旁侧。中大猪不易提起，多站立或倒卧保定，注射部位于两侧肷部，距髂外结节、腰椎横突及最后肋骨等距离的腹壁点。待其停止挣扎，选择注射部位，一般在耻骨前方 3～6 cm 腹白线(正中线)的侧方。见图6-20。

二、操作方法

腹部局部剪毛消毒后，垂直皮肤刺针，深 3～5 cm，然后注入药液。

猪可采用倒提法保定，局部剪毛消毒后，用右手持注射器，针头与皮肤垂直刺入腹腔。然

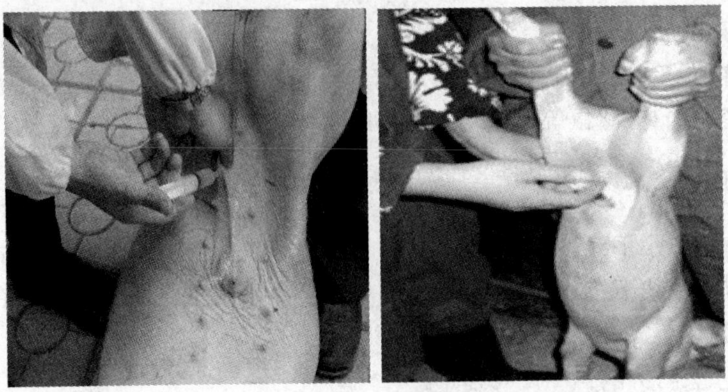

图 6-20 猪的腹腔注射

后左手固定针头，右手推动注射器活塞，注入药液。注射完毕，拔出针头，针孔用碘酊消毒。

三、注意事项

(1)注射时先回抽活塞，无气体和液体后再缓慢注入药液。

(2)腹腔注射剂量不宜太大，一般情况下，输入体重5%的适宜液体是安全可靠的。注入大量药液时，药液温度不宜过凉，要加热至与体温(37℃左右)相近的温度。

(3)对注射部位要进行严格的消毒，防止感染。动物保定要确实，确保药液注入腹膜腔内。

(4)腹腔注射次数不宜过多，一般隔天1次，连续2～3次即应停止使用。

(5)采取腹腔注射时，速度要快，且针头不宜过长，以防刺伤膀胱、肾脏或其他内脏器官。

(6)膀胱积尿者宜先导尿，尿毒症或腹腔积液、腹膜炎等，应谨慎使用。

(7)腹腔注射的药物要求：腹腔注射只宜用等渗药液，如5%葡萄糖溶液、0.9%生理盐水，再适当配伍无刺激的药物，如肌苷、维生素 B_1、维生素C等。高渗盐水、葡萄糖水，如10%氯化钠溶液，10%、50%葡萄糖溶液，均不能作腹腔注。油乳剂、有沉淀的药物、半固体药剂等不易被吸收的药物不宜作腹腔注射。氯化钙、磺胺类药物、某些抗菌药物等有刺激的药物，不能作腹腔注射，容易引发腹腔炎及组织坏死。

技能九 胸腔注射

胸腔注射是将药液直接注射到胸腔的注射方法，主要用于治疗支气管炎、肺炎、胸膜炎、胸腔积液。

一、注射部位

前界为肩胛骨后缘的垂线，后界为肩胛后角水平线与第11肋的交点，肩关节水平线与第9肋的交点，两点连线至肘突内所组成的近扇形区域。或在胸部6～9肋间隙肩关节水平线上方的胸区。

二、操作方法

(1)动物保定确实。

(2)抽取药物，并将注射器及针头里空气排尽。

(3)注射药物。在注射部位将皮肤推移 1 cm 左右,右手持连接针头的注射器,沿肋骨前缘垂直刺入 2～3 cm,边退针边注入药液,然后迅速拔出针头,局部消毒(整个过程不超过 5 s)。

三、注意事项

(1)胸腔注射时要将注射器内的空气排尽,将注射部位将皮肤推移 1 cm 左右,与肋间肌错开一下,以防空气进入胸腔而引起气胸。

(2)胸腔注射速度一定要快,整个过程控制在 5 s 之内,否则由于肺组织的舒张和收缩,易划伤肺组织。

(3)胸腔注射药物的量不可太多,太多影响注射速度,一般一次注射液不超过 18 mL。

(4)牛胸腔注射一般选用 12 号针头,针头小,推药速度慢易伤及肺部组织;针头大,针眼就大,易引起气胸。

● 技能十 瓣胃注射

将药液直接注入瓣胃内,使其内容物软化通畅。主要用于治疗牛的瓣胃阻塞或真胃积食。

一、注射部位

在右侧第 8～10 肋间和肩关节水平线交点处(图 6-21)。

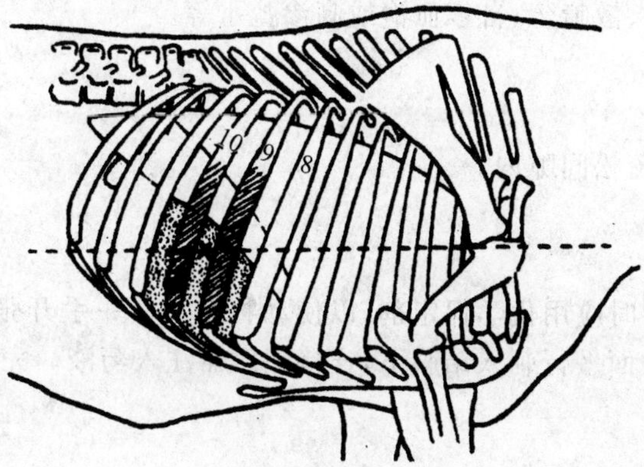

图 6-21 瓣胃内注射位置

二、操作方法

站立保定,局部剪毛消毒后,用 10～15 cm 长的 18 号针头,针头刺向左前下方,对准对侧肘头,刺入 10～12 cm,接上注射器,先注入少量药液,感觉有较大的阻力,回抽活塞时,如有淡黄色且混有细碎草渣的内容物,表明刺入正确,即可注射药液。注射完毕,慢慢拔出针头,局部涂碘酊消毒。

三、注意事项

(1)注射部位要正确,偏上或偏后,可能刺到胆囊。

(2)注射时,针头要确实固定,以防止其左右摆动或过深过浅。

技能十一 关节腔注射

将药液直接注射于关节腔内，用于治疗或诊断关节疾病，也可放出关节腔内积液。

一、注射部位

于相应关节腔体表最明显处进针。

二、操作方法

保定确实后，于关节腔体表最明显突出部刺针，刺入关节腔后阻力消失，流出关节液，放液后注药，完毕拔针消毒，并用酒精棉球压迫针孔片刻。

三、注意事项

(1)严格无菌操作，以免造成继发性感染；

(2)若为关节透创，冲洗关节腔时，应从创口对侧刺针冲洗，不应经原创口冲洗，以免造成感染。

技能十二 结膜下注射

将药物注入结膜与巩膜之间的疏松间隙内，以提高药物在眼内的浓度，增强及延长药物作用时间，或由于注射液的刺激及渗透压的改变，促进血液循环，达到消炎和促进吸收的作用。常用药物有抗生素、激素、散瞳药、自家血清或高渗盐水等。

一、注射部位

结膜与巩膜之间的疏松间隙内。

二、操作方法

确实保定头部，必要时应用化学保定剂，以使动物安静。一手开张眼睑，另一手持针由外眼角球结膜处，与眼球表面平行刺入结膜下，连接注射器注入药液。完毕拔针，轻轻按摩患眼。

三、注意事项

(1)保定要确实，以防伤及眼球。

(2)严格无菌操作，以防造成感染。

(3)进针时要避开血管，注射后如有出血，可用棉签压迫片刻。待出血停止后，作热敷以助吸收。

(4)刺激性强、容易引起局部坏死的药物，不可做结膜下注射。

(5)多次注射者，应常更换部位，以免结膜下结疤、粘连。

技能十三 乳池内注射

用乳导管将药液注入乳池内，主要用于治疗乳牛、乳山羊的乳房炎。若注入空气，可治疗乳牛生产瘫痪。

一、注射部位

乳头管注射或乳房基部分点注射。

二、操作方法

以左手握住并轻轻下拉乳头，右手持消毒过的乳导管，自乳头口徐徐导入，导入后交于左手，并与乳头一同固定，右手连接注射器或输液胶管，徐徐注药，完毕拔出乳导管，以左手拇指与食指捏闭乳头口，防止药液外流，右手按摩乳房，以促使药液充分扩散。见图 6-22。

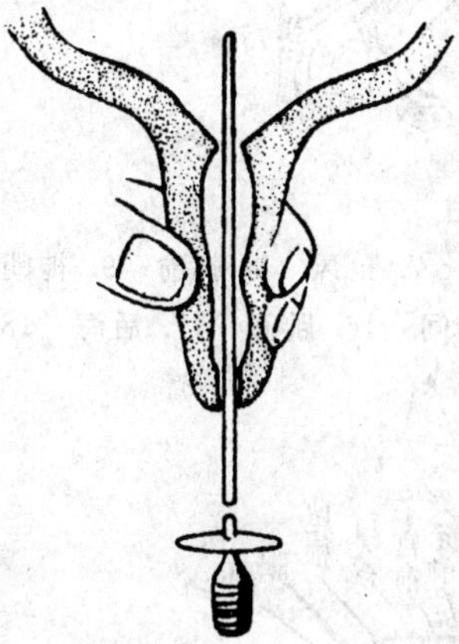

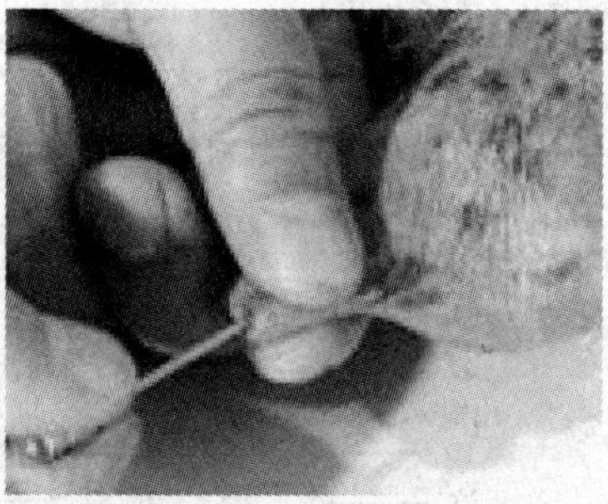

图 6-22 乳池内注射

乳房送风之前，在金属滤过筒内，放置灭菌纱布，滤过空气，防止感染。4 个乳头分别充气，充气量以乳房皮肤紧张，乳房基部边缘清楚变厚、轻敲乳房发出鼓音为度。充气后手指轻轻捻转乳头肌，并结系 1 条纱布，防止空气溢出，1 h 后解除。

若为冲洗乳房注入药液时，将洗涤药剂注入后，随即挤出，反复数次，至挤出液透明为止，最后注入抗生素。

三、注意事项

(1)严格执行无菌操作。

(2)动物保定要确切。

(3)乳头管注射时必须用通乳针或无尖磨圆的针头，以防损伤乳头。

(4)乳房基部分点注射，适用于病变的乳房。

(5)乳房送风或送乳后要用纱布条结扎并按摩 15～20 min。

◎ 技能十四 穴位注射

穴位注射是将药物注入穴位部位，以作用于穴位周围的神经，达到防治疾病作用的一种治疗方法。它可将针刺刺激和药物对穴位的渗透作用相结合，发挥其综合效应，故对某些疾病有特殊的疗效。

一、注射部位

健胃穴、抢风穴、百会穴、大胯穴、小胯穴、后海穴(图 6-23 至图 6-25)。

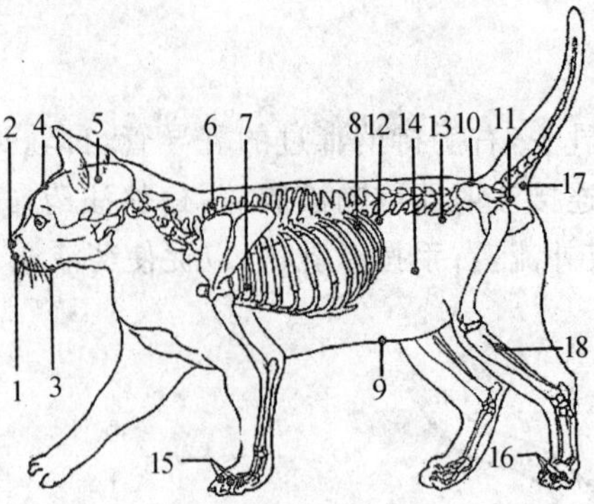

图 6-23　猫穴位图

1. 分水　2. 素髎　3. 廉泉　4. 印堂　5. 伏兔　6. 大椎　7. 抢风　8. 脾俞　9. 神朗　10. 百会　11. 环跳　12. 肾俞　13. 膀胱俞　14. 大肠俞　15. 指间　16. 趾间　17. 后海　18. 后三里

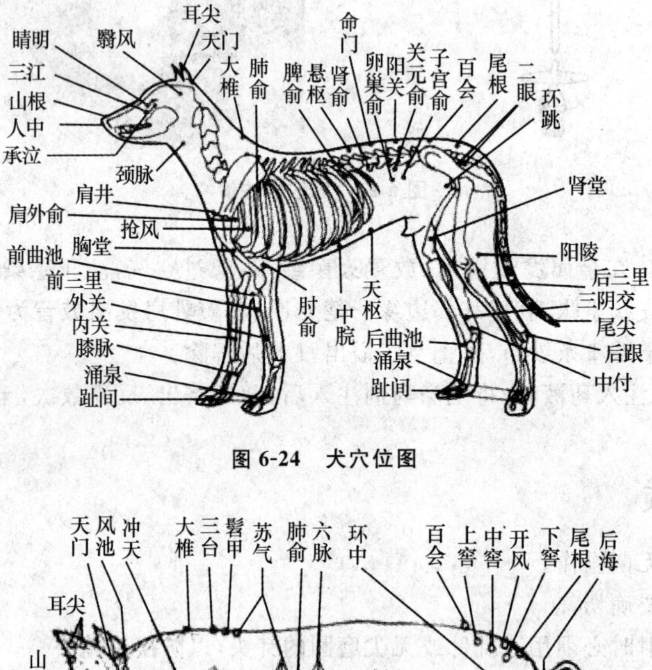

图 6-24　犬穴位图

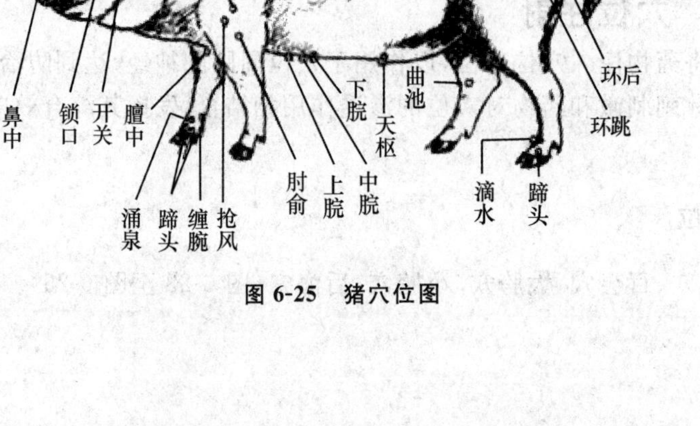

图 6-25　猪穴位图

二、操作方法

对动物进行保定，选择适宜的消毒注射器和针头，抽取适量的药液，在穴位局部消毒后，右手持注射器对准穴位缓慢刺入，然后将针缓慢推进，达一定深度后如无回血，便可将药液注入。

三、注意事项

(1)严格消毒，防止感染。

(2)部位准确，注意避开神经干，以免损伤神经。

(3)控制进针深度。

◙ 技能十五 气管内注射

气管内注射是将药物直接注射到气管内。临床上常用于牛、羊、猪、犬和猫肺部线虫病的驱虫、气管与肺部疾病的治疗。

一、注射部位

牛在咽喉后 5～20 cm，气管腹侧正中线上，两个气管环(环状软骨)之间；猪、羊在咽喉后 3～10 cm，气管腹侧正中线上，两个气管环(环状软骨)之间；犬、猫在咽喉后 3～5 cm，气管腹侧正中线上，两个气管环(环状软骨)之间。

二、操作方法

(1)牛站立保定，头颈稍抬向上；猪、羊、犬、猫仰卧或侧卧保定，整个躯体稍斜向上。

(2)注射部位剪毛、剃毛，常规消毒。

(3)术者左手固定术部皮肤，右手持连接针头的注射器，于两个气管轮之间垂直刺入气管内，如突然感觉阻力消失，或轻轻摆动针头感觉前端空虚或抽拉注射器活塞感到轻松自如，则提示针头已进入气管腔内。一般深度达气管内径的 1/2～2/3，牛、大中猪深 3～4 cm，小猪、羊 1.5～2 cm，犬、猫 1～1.5 cm。针头刺入气管腔后，以一滴一滴的方式缓缓注入药液。注完后拔出针头，涂擦碘酊消毒术部。见图 6-26。

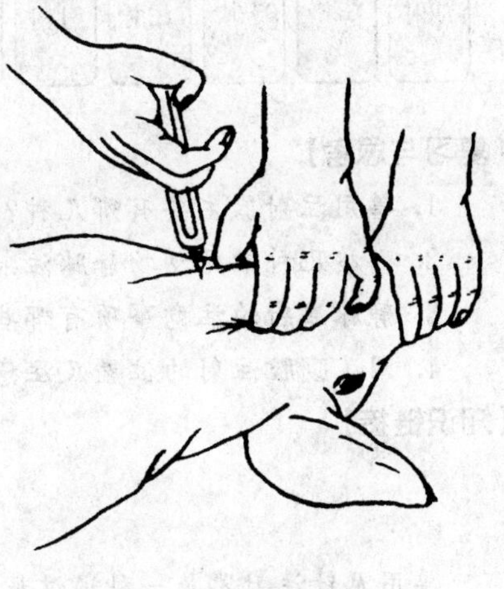
图 6-26 猪气管注射法

三、注意事项

(1)用于气管内注射的药物必须根据病因来正确选取，同时应选择没有刺激性，或者尽量选用刺激性较小的药物。

(2)为减轻对气管内膜的刺激，药液应以等渗盐水配制，并加热至与体温相近的温度。同时，药液总容积不宜过大，注入速度不能过快，牛、大猪不超过 40 mL，小猪、羊不超过 20 mL，犬、猫不超过 10 mL，具体用量视动物体型大小而定，注射用时不少于 5～10 min。

(3)为防止咳嗽，可预先向气管内注入 2% 普鲁卡因或利多卡因，牛 4～6 mL，猪、羊 1～

2 mL，犬、猫 1 mL，但应注意药物的配伍禁忌。

(4)应根据动物种类、体型大小来选用大小、长度合适的注射针头，过粗易造成气管创伤，过细则易造成环状软骨碎片堵塞或在注射过程中咳嗽时剧烈震动，引起针头折断。牛、大猪选用 9～12 号针头为宜，小猪、羊、犬、猫选用 7～9 号针头为宜，最好能在针头上加接一小段注射胶管。

(5)由于中、大猪颈部的皮下脂肪较厚，操作难度较大，不能像牛羊那样隔着皮肤抓住气管直接注射，可采用人用 9～12 号穿刺长针(长度约 12 cm)，边插针边抽拉注射器活塞，若活塞可轻松抽拉，则提示操作正确；

(6)犬、猫的气管内注射要注意做好保定，以防抓、咬操作者；颈下部被毛较厚，事先应剪除干净；气管较小，稍不小心易穿透，故亦宜采用边插针边抽拉注射器活塞的办法来操作，当活塞可轻松抽拉时，提示操作正确。

【项目小结】

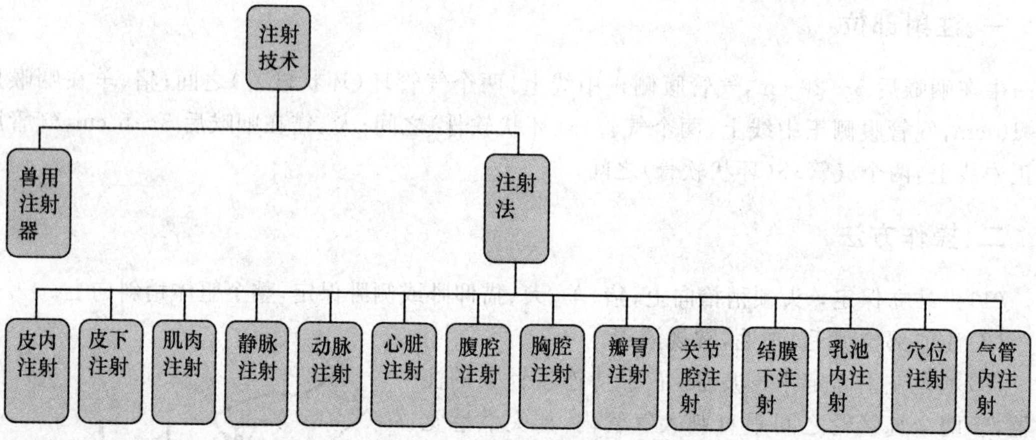

【复习与思考】

1. 兽用注射器主要有哪几种？如何使用？

2. 列举几种常见动物静脉注射的位置。

3. 静脉注射的注意事项有哪些？

4. 阐述腹腔注射的位置及注意事项。

【知识链接】

兽用无针注射器

兽用无针注射器是一种通过压力注射的设备，它的原理是通过高压使液体药品通过一个极细的孔后，产生一个液体柱，穿透皮肤喷射到皮下。

一、无针注射器的工作原理

无针注射器注射不用针头，它采用超级强力特殊弹簧将药液通过安瓿瓶形成极细的液束压入皮肤，注射用持续时间短，无痛，无声，安全，快捷。

二、无针注射器优点

(1)在无针注射的条件下，加强了生物安全性，不会因为针头的重复使用而导致猪只的交叉感染。

(2)减少了注射点损伤,降低了断掉的针头和剩余的断针留在动物体内的概率。

(3)可以省去针头带来的巨额费用,减少有害废料。

(4)操作简单,可减少不必要的时间浪费,提高整体工作效率。

(5)注射不会产生疼痛,使动物不会产生应激反应。

(6)提高吸收效率,传统针头注射(图 6-27)导致大量药物集中在一个点,无法被完全吸收,从而形成药物残留。而无针注射(图 6-28)的药物完全杜绝了药物残留,从而极大地提高了肉制品的安全性。

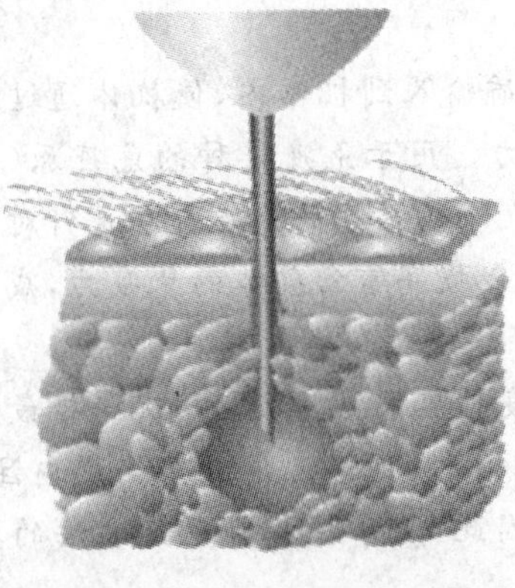

图 6-27 有针注射器注射示意图

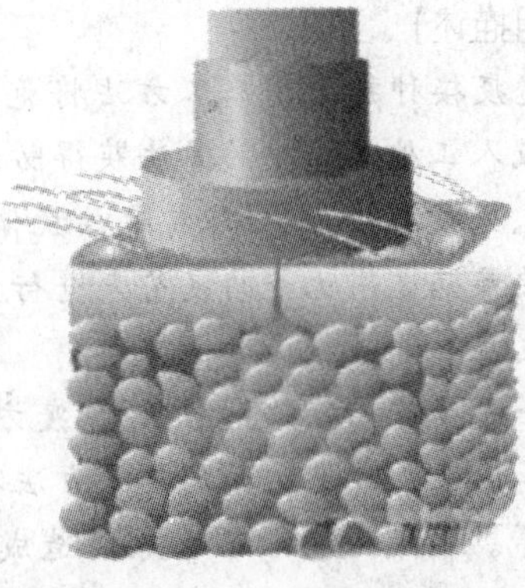

图 6-28 无针注射器注射示意图

(7)提高了工作效率。无针注射器不用停下来去更换针头,可以提高 25%的生产率。

项目七　免疫接种法

△【项目描述】

● 免疫接种就是用人工方法将免疫原或免疫效应物质输入到机体内，使机体通过人工自动免疫或人工被动免疫的方法获得防治某种传染病的能力。用于免疫接种的免疫原(即特异性抗原)、免疫效应物质(即特异性抗体)等皆属生物制品。动物常见的免疫接种是针对当地流行的主要疾病选用优秀的疫苗来进行免疫接种预防工作，以提高畜禽整体的免疫力，减少该种疾病的发生。

每一种疫苗，都有其特定的免疫方法和免疫途径，免疫时应根据其实际情况选择最佳的接种方法和途径。常见的免疫接种方法有饮水、滴鼻、点眼、喷雾、肌肉注射、皮下、皮内注射、刺种免疫等。临床上由于各种原因造成的免疫失败很多，因此，应掌握各种免疫方法的操作技术，规范操作，确保免疫有效。

△【技能目标】

● 通过对本项目的学习，会进行免疫操作，能采用各种不同免疫接种方法对动物进行免疫接种。

技能一　饮水免疫法

疫苗的饮水免疫主要用于鸡，是将能够饮水的疫苗放入水中，让鸡在规定的时间内喝完达到免疫的作用。

一、疫苗饮水免疫的优、缺点

疫苗饮水免疫的优点是省时省力、应激小、简便易行。

疫苗饮水免疫的缺点是每只禽饮入的疫苗量不一，免疫效果参差不齐，免疫失败时有发生，免疫后鸡群产生抗体参差不齐。如新城疫苗饮水免疫时而发生非典型新城疫，建议饲养管理及环境卫生条件好规范化养鸡场(户)可进行疫苗的饮水免疫，而饲养管理差，环境卫生条件差的鸡场最好不要进行。

二、疫苗饮水免疫的注意事项

(1)疫苗饮水前检查疫苗的批号、有效期、性状、存放条件等。如冻干苗检查真空程度，失去真空的疫苗，空气进入疫苗瓶内，会导致污染，疫苗的效价降低，不能使用。如果使用油乳剂灭活苗，应检查是否分层。因质量差，保存时间长会分层，这样的油苗不能用。

(2)保证饮水的质量，鸡免疫用水严格要求用凉开水或者井水，禁用自来水，以防水中含有氯、锌、铁等离子灭活疫苗。如果用自来水最好在饮苗前 1 d 把水装入缸内过夜(过夜水),第 2 天再用,不要用当日的自来水。在配制疫苗时,同时加入 0.2%脱脂奶粉,以保证疫苗的免疫效果。

(3) 准备足够的饮水器,饮水器要比饮水前增加 1/3 的数量。饮水器具要干净,禁用金属制的饮水器,以保证疫苗的效价,以塑料制的为好,使用前应该反复用水冲刷干净后再用。使用乳头饮水器进行疫苗饮水免疫时,应将水箱和管道内进行清洁处理,否则管道内含有对疫苗有害残留物,会使疫苗灭活。

(4)饮水免疫之前要限制饮水,停止喝水,不断料,目的在于使每只鸡在饮疫苗水前处于口渴的状态,但不要达到使鸡发疯的程度,以便饮水时保证每只鸡在较短时间内准确地饮到规定的疫苗水量,促使鸡产生整齐的抗体。断水时间长短考虑到气温、季节、鸡龄等。夏季天气热断水时间为 1～2 h,其他季节为 3～6 h。

(5) 配制疫苗的饮水量准确度很难掌握,用疫苗的饮水量受到气温,舍温,鸡龄大小等许多因素影响。只能是估计饮水量,最好在饮苗前做饮水试验,饮水量的确定以鸡群在 30～60 min 内饮完为准。也可根据饲养人员的经验给予,也可参考下列饮水原则,4 周龄以内的雏鸡,每只鸡 12 mL 水,8 周龄以上的鸡,每只鸡 40 mL 水。

(6)饮水免疫苗的用量不宜过大,新城疫苗的饮水免疫 3～5 倍量即可,疫苗的饮水用量过大,使免疫应答减弱,影响免疫的效果。

(7)饮水免疫的当天,禁止对鸡舍清毒或带鸡消毒以及口服抗生素、抗病毒药物。不宜在疫苗中加入维生素和抗生素,以免改变溶液的 pH 值和渗透压。

(8)在饮水免疫期间尚未产生抗体前,加强饲养管理,保持良好的饲养环境,禁用抗病毒药物。否则尚未产生免疫力之前感染强毒,而使免疫失败。根据禽群的饮水量计算用水量,将口服疫苗 3 倍剂量溶于水中,装入容器中,供禽群自由饮用,2 h 内饮完。

◙ 技能二　滴鼻、点眼免疫法

滴鼻、点眼免疫法是将疫苗稀释于生理盐水中,充分摇匀,用专用滴管或滴瓶,将稀释后的疫苗滴入鸡鼻孔或眼结膜内,以刺激上呼吸道黏膜、哈德氏腺,从而产生局部免疫。

本法适用于鸡新城疫Ⅱ系、Ⅲ系、Ⅳ系疫苗和传染性支气管炎疫苗及传染性喉气管炎弱毒型疫苗的接种。对幼雏应用这种方法,可以避免疫苗病毒被母源抗体中和,从而取得比较良好的免疫效果,而且能保证每只鸡普遍得到免疫,且剂量一致。因此,一般认为点眼、滴鼻法是鸡疫苗接种的最佳方法,尤其是对鸡新城疫苗的接种。

一、具体操作

(1)稀释液用量　免疫所用的滴管或滴瓶,确定每毫升多少滴,然后再计算出实际使用稀释液的用量(一般情况一滴在 0.03～0.05 mL)。疫苗用蒸馏水、生理盐水或专用稀释液稀释后待用。

(2)操作　对于小鸡雏,一只手手心握住鸡背,食指和拇指把握住鸡头,另一只手食指和拇指轻轻挤压滴瓶,将一滴疫苗溶液自 2～3 cm 高处,垂直滴进鸡的一只眼睛或一侧鼻孔,待眼睛眨动或鼻孔吸气将疫苗液吸收后方可将鸡松开。若药液滴入后,不向鼻内渗入,工作人员可用右手轻捏鸡的嘴或用手堵另一侧鼻孔,药液自然会渗入。成鸡免疫时,只需打开鸡笼门,握住鸡颈部(鸡只是头颈部在笼外,身体在笼内),滴鼻、点眼方法同小鸡雏。

二、注意事项

(1)免疫前、后 48 h 不能用消毒液消毒及洗刷饮水器、水(料)槽。

(2)疫苗应遵循“现用现配”的原则,避免时间过长,一般建议不超过 2 h。

(3)疫苗瓶和剩余疫苗应妥善处理(焚烧或深埋也可以加入大计量消毒剂)。

(4)有稀释液的疫苗瓶避免用手掌长时间接触,以免影响免疫效果。

技能三 喷雾免疫法

喷雾免疫是指容器中的液体在压力的作用下(通常为 6～8 kg/cm^3),从喷头喷出变为雾滴,鸡只通过眼、鼻、口吸入或接触带有疫苗的雾滴(弱毒活疫苗),产生特异性抗体的过程。气雾免疫可以刺激黏膜产生分泌型免疫球蛋白 A 等,形成局部免疫,又可引起全身性的免疫应答,从而形成体内广泛而有效的免疫保护。免疫效果取决于鸡舍中漂浮物滴的浓度大小和时间长短,它关系到鸡只吸入或摄取疫苗的剂量是否足够。

喷雾免疫根据其物滴的大小,分为粗雾免疫和细雾免疫两种。

粗雾免疫:根据雾粒大小又分为大雾滴和粗雾滴两种。大雾滴直径在 100～150 μm,液体从喷头喷出后快速沉降,雾粒在空中不飘浮,此法适用于 1 日龄雏鸡,1 日龄雏鸡可直接在雏鸡盒内喷雾。粗雾滴直径在 70～120 μm,液体从喷头喷出后,雾粒有 50%飘浮,并较快沉降(半小时左右)另一半直接沉降(100 μm 以上)。粗雾免疫适用于 10 日龄以上雏鸡,喷雾时,要先把雏鸡按圈集中,每平方米 30～40 只,以使喷出的雾粒尽可能落在雏鸡身上,疫苗通过眼、鼻、口进入鸡只体内。

细雾免疫:雾粒直径 30～60 μm,雾粒直径在空中漂浮较长时间(1 h 以上),此法适用于 22 日龄以上鸡群,细雾粒主要用于加强免疫,喷雾时把鸡群相对集中一下更好,不能集中时,为达到有效免疫效果,需加大疫苗的用量。30～50 μm 漂浮的雾粒很容易被吸入气管、细支气管,而 80 μm 以上的雾粒很难被吸入,100 μm 以上的雾粒基本不飘浮。

一、喷雾免疫的优、缺点

优点是省时省力,对某些对呼吸道有亲嗜性的疫苗特别有效,如新城疫Ⅱ、Ⅳ系,传染性支气管炎弱毒疫苗等。

缺点是应激较大,会加重慢性呼吸道病及大肠杆菌引起的气管炎。

二、喷雾免疫的操作

(1)用该方法进行免疫接种一般选择在傍晚进行,以降低鸡群发生应激反应的概率,并避免阳光直射疫苗。关闭鸡舍的门窗和通风设备,减少鸡舍内的空气流动,并将鸡群圈于阴暗处。喷雾器或雾化器内应无消毒剂等药物残留,最好选用疫苗接种专用的器具。

(2)疫苗的配制及用量:选用不含氯元素和铁元素的清洁水溶解疫苗,并在水中打开瓶盖倒出疫苗。常用的水有去离子水和蒸馏水,不能选用生理盐水等含盐类的稀释剂,以免喷出的雾粒迅速干燥致使盐类浓度升高而影响疫苗的效力。该接种法疫苗的使用量通常是其他接种法疫苗使用量的 2 倍。

(3)喷雾方法:将鸡群赶到较长墙边的一侧,在鸡群顶部 30～50 cm 处喷雾,边喷边走,至少应往返喷雾 2～3 遍后才能将疫苗均匀喷完。喷雾时,应关闭风机,喷雾后 30 min 以后才能开启门窗通风。因为一般的喷雾雾粒大约需要 20 min 才会降落至地面。

粗雾免疫:手提喷雾器或背负式喷雾器或台式喷雾器,喷雾时应注意喷雾的压力,尽可能地使雾化的雾粒符合要求和均匀。用量,1 日龄雏鸡每 1 000 只喷雾量在 200 mL 左右,喷雾时喷头距鸡 30～40 cm,并快速移动 2～3 遍,喷雾完后,鸡群应在原地或雏鸡盒中停留 20～30 min。

细雾免疫:喷雾设备,有空气压缩机、胶皮管、喷漆枪、塑料桶(5 L)组成,喷雾前一天应带鸡消毒舍内环境,要求没有明显灰尘。喷雾时在鸡头顶上方 30～50 cm 处,快速往返 3～4 次,喷雾量,每米^{3}15 mL 或每 1 000 只鸡 500 mL。

三、注意事项

(1)免疫前一天必须做好带鸡消毒工作,以净化鸡舍环境,从而降低免疫反应,提高免疫效果,喷雾免疫当天停止带鸡消毒。

(2)除一日龄外,喷雾免疫疫苗用量须适当增加,应增加 0.5～1 倍。

(3)为避免疫苗反应,可在喷雾溶液中加一些抗生素。

(4)注意粗雾和细雾免疫的不同之处,确保鸡群接触到或吸入足够的疫苗量。

(5)喷雾时,为减少应激和便于操作,应关闭灯光。

(6)禽舍温度在 22～25℃喷洒为宜, 相对湿度 70%左右,以免雾滴迅速蒸发,若湿度达不到要求,可以先在室内喷洒清水。

(7)以蒸馏水或去离子水稀释疫苗,并加入 0.1%的脱脂奶粉。

(8)避免鸡群在刚吃完料或饮完水后进行免疫,以防出现应激。炎热时宜早晚进行。

(9)雾化粒子的大小要适中,雾化粒子太大,由于沉降速度快,疫苗在空气中停留的时间短,疫苗的利用率降低;雾化粒子过小,疫苗在呼吸道内不易着落而被呼出。在喷雾前可以用定量的水试喷,掌握好最佳的喷雾速度、喷雾流量和雾化粒子大小。

(10)关闭门窗,停止所有通风设备,以减少空气流动。不要直接喷向鸡体表,应较慢、匀速喷两遍至刚好用完。喷完后 20～30 min 再开门窗。

(11)免疫前后应使用抗应激药物,添加抗生素防止气囊炎。

(12)该接种法在有慢呼等疾病的鸡群中应慎用。

(13)新城疫弱毒苗等疫苗会引发喷雾人持续 2～3 d 的结膜炎,因此,喷雾人也应该注意自身防护,需要戴口罩和面罩来保护自己的眼睛和鼻子。

技能四　肌肉注射免疫法

肌肉注射免疫法是把疫苗注射到肌肉中,可使疫苗吸收准确均匀,效果可靠。

一、注射部位

鸡常取胸肌、翅膀肩关节附近的肌肉或腿部外侧的肌肉。马、牛、猪、羊及其他动物常取颈部、臀部或股。

二、注射方法

左手固定注射部位,右手拿注射器,针头垂直刺入肌肉内,然后左手固定注射器,右手将针芯回抽一下,如无回血,将药液慢慢注入。若发现有回血,应变更位置。如动物不安或皮厚不易刺入，可将注射针头取下，右手拇指、食指和中指紧持针尾，对准注射部位迅速刺入肌肉，然后针尾与注射器连接可靠后，注入疫苗。注意：注射时要将针头留有 1/4 在皮肤外面，以防折针后不易拔出。

鸡的肌肉注射主要用于 1 日龄马立克氏病弱毒疫苗及各种灭活疫苗的接种。操作者一手握住小鸡，使其头朝前腹朝下，食指与拇指提起头颈部背侧皮肤，右手持注射器由前向后从皮肤隆起处刺入皮下，注入疫苗。注射点在颈背侧 2/3 处为宜，太靠上，头部皮下组织不易吸收，易引起肿头。

三、注意事项

(1)注射器、针头及注射管，每次使用前要进行彻底的清洗消毒(水中煮沸 20～30 min)。

(2)用前先将疫苗摇匀，油乳剂灭活苗分层后不能使用。

(3)鸡腿肌注射时要注入大腿外侧、肌肉最丰满处，避免注入肌腱或小腿处，否则会引起腿肿、运动障碍。胸肌注射时，注射角度不要过大，以 30°～45°为宜，避免损伤肝脏、心脏或胸腔，如果针头过长，要在针头根部垫一块胶皮或塑料。

技能五　皮下、皮内注射免疫法

一、注射部位

对马、牛等大动物皮下注射时，一律采用颈侧部位；猪在耳根后方；家禽在颈部或大腿内侧；羊在股内侧、肘后及耳根处；兔在耳后或股内侧；鸡在颈部正中线的下 1/3 处。羊痘弱毒疫苗采用皮内注射，注射部位多在尾根或尾下。

二、注射方法

皮下注射的注射方法：左手拇指与食指捏取皮肤成皱褶，右手持注射针管在皱褶底部稍倾斜快速刺入皮肤与肌肉间，缓缓推药。注射完毕，将针拔出，立即以药棉揉擦，使药液散开。

皮内注射的注射方法：常规消毒，用左手指捏起皮肤成皱褶，右手持针从皱褶顶部与之呈 20°～30°角，向下刺入皮肤内，缓慢注入疫苗，也可用左手的拇指与食指捏起皮肤呈皱褶进针。

技能六　刺种免疫法

刺种免疫法目前主要用于鸡痘苗的翅膀内侧刺种。适用于鸡痘、鸡脑脊髓炎、鸡痘-脑脊髓炎二联弱毒活疫苗等的免疫。

一、注射部位

刺种部位在鸡翅翼膜内侧中央，严禁刺入肌肉、血管、关节等部位。

二、注射方法

将 1 000 羽份的疫苗稀释于 4～5 mL 的生理盐水中，充分混匀。助手一手握住鸡双腿，另一手握住一翅，同时托住背部，使其仰卧，操作者左手握住另一翅尖，右手持接种针或钢笔尖蘸取疫苗，垂直刺入翅膀内侧无血管处的翼膜内，小鸡一针，大鸡两针。刺种后 5～10 d 检查有无反应灶，若无结痂应重新接种。

三、刺种免疫法优、缺点

优点是剂量准确，效果确实，快速产生免疫保护。

缺点是耗费劳力较多，对鸡群应激较大，适用疫苗有限。

四、注意事项

(1)疫苗稀释液质量要保证，推荐使用专用稀释液，条件不允许时，可用灭菌蒸馏水或生理盐水替代。为保证稀释后疫苗的效价，疫苗瓶外需加装防热材料。稀释好的疫苗要在 1 h 内用完。

(2)刺种时，应保证刺种部位无羽毛，防止药液蘸在羽毛上，造成剂量不足。

(3)疫苗液须浸过刺种针槽，保证刺种时针槽内充满药液。防止刺种针手柄浸入疫苗溶液造成污染。

(4)刺种 3～5 d 后及时检查接种部位结痂情况，以评价免疫效果。结痂较差时要及时补充免疫。

(5)建议每次刺种时只接种相同的翅膀，便于检查鸡是否已获得免疫功能。

技能七 涂肛或擦肛免疫法

涂肛或擦肛免疫法仅用于接种传染性喉气管炎强毒型的疫苗。

将 1 000 羽份的疫苗稀释于 30 mL 的生理盐水中。助手将鸡倒提，用手握腹，使肛门黏膜翻出，操作者将一滴疫苗或用去尖毛笔蘸取疫苗涂擦肛门。

【项目小结】

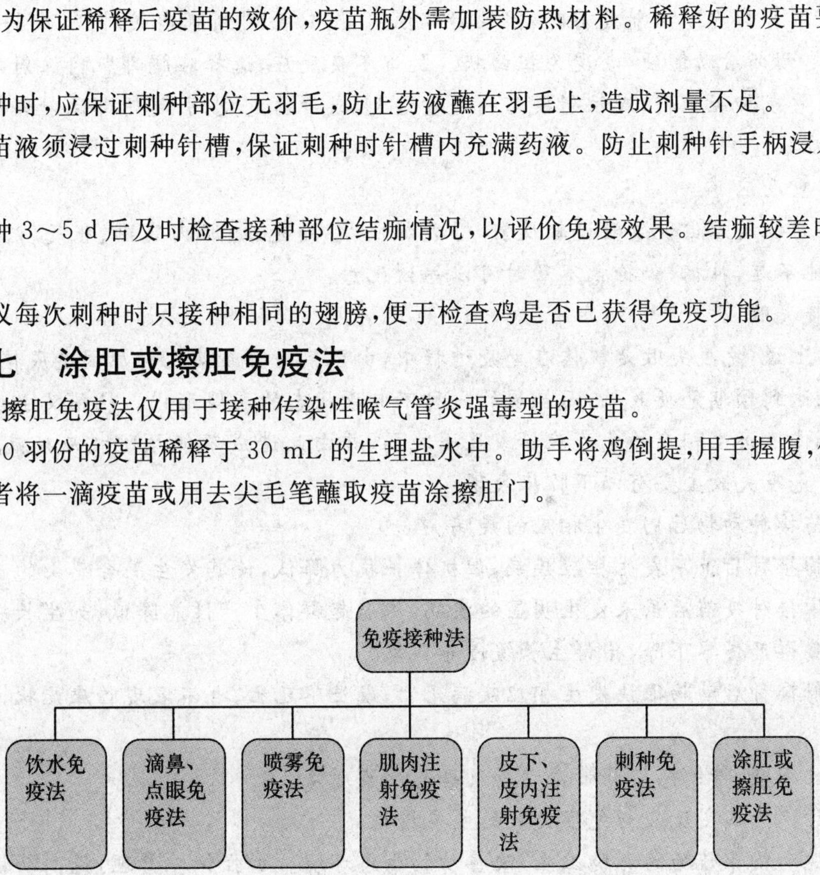

【复习与思考】

1. 饮水免疫的注意事项有哪些？

2. 喷雾免疫的注意事项有哪些？

3. 简述皮下、皮内注射免疫法的操作方法。

【知识链接】

免疫不良反应和免疫失败

一、不良反应

(一)一般反应

少数家畜注苗后出现精神萎靡不振、食欲减退、体温微升现象。一般不需要处理属于正常反应,1～2 d即可完全恢复。

家禽常见的不良反应有以下两种情况:

1. 呼吸道不良反应

雏鸡在接种传染性支气管炎疫苗发生呼吸道免疫反应,一般在寒冷的冬季易发生。因为养鸡场为保暖而紧闭门窗,致使鸡舍内空气污浊,有害气体增多,此时给鸡进行呼吸道病免疫接种,就会引起严重呼吸道免疫反应,常表现呼吸啰音、摇头和眼睑肿胀、流泪等症状。

2. 头颈部不良反应

选择在颈背部皮下注射疫苗时,因注射部位不当,针头刺到肌肉或神经,或将疫苗注入颈部肌肉,引起颈部活动僵硬,表现为扭曲状。腿部不良反应,选择在腿部肌肉注射疫苗时,因失手易造成血管或神经损伤,或注射疫苗的用量过大,或带菌免疫,引起腿部注射部位发炎,出现肿胀、跛行症状。

(二)严重反应

个别家畜注苗后出现急性过敏反应,呼吸加快、黏膜充血、肌肉震颤、胀气、流产。甚至口吐白沫,倒地不起,抽搐,如抢救不及时可以导致死亡。

二、免疫失败

从广义上说,免疫失败是机体在免疫过程中,由于某一种或某几种原因造成接种疫苗后群体或个体未达到预期免疫效果,而呈现的一种不健康状态的表现形式。从狭义上说,疫苗接种进的动物机体不产生相应的免疫应答或显著减弱,并由此造成不能预防相应疫病的现象称为免疫失败。免疫失败主要有以下临床表现:

(1)疫苗接种动物后仍发生相应的疾病。

(2)动物接种后虽不发生相应疾病,但机体抵抗力降低,使其发生混合感染的疾病增多。

(3)群体接种疫苗后虽未发生明显的疾病,但引起群体生产性能降低,如生长缓慢,饲料转化率降低,鸡群产蛋率下降,猪群生长缓慢等现象。

(4)注射接种后动物很快发生相应疾病死亡,或虽不死亡,也不表现临床症状,但体内检测不到抗体。

(5)隐性感染、持续感染和带毒动物及垂直感染现象。

三、预防免疫不良反应与免疫失败的主要措施

(1)重视动物养殖场的环境卫生,改善动物生态环境。加强饲养管理,提高动物的体质,增强动物抗病能力。加强检疫、消毒、隔离工作,防止传染病的水平传播。建立完善的生物安全体系。

(2)结合本地区的疫情和本饲养场的病史,制定合理、科学的免疫程序。根据所饲养动物的用途、种类及饲养规模,选用不同的疫苗及制定不同的免疫程序。根据疫病的性质、疫苗的特点,采用合理、有效的免疫接种途径。注意所选择疫(菌)苗毒株的血清型,亚型或株型与本地、本场所流行的毒株的一致性。同时根据疫苗的性质和质量,正确地选择疫苗种类。采用正确的免疫操作方法,保证免疫质量。

(3)加强免疫前检测工作,及时注意发现和淘汰带毒动物及隐性感染动物。特别注意能经胎盘或卵垂直传播的疾病和能产生免疫抑制的疾病,并防止母源抗体的干扰作用。根据免疫监测结果及突发疾病的性质,及时对免疫程序做出必要的修改和补充等。

项目八　内服给药法

▲【项目描述】

● 随着养殖规模化程度的不断提高，内服给药技术不断被普及。内服给药包括直接灌药、胃导管灌药、混饲给药和混水给药等多种方法。规范、安全、有效的内服给药技术能保证药物疗效。口服药物，经胃肠道吸收后作用于全身，或停留在胃肠道发挥局部作用。优点是操作比较简单，适合于大多数药物。缺点受胃肠内容物的影响较大，吸收不规则，显效慢；能被消化道破坏的药物也不宜口服；草食动物口服广谱抗生素易引起胃肠道菌群失调。

▲【技能目标】

● 通过对本项目的学习，会使用内服给药用具，能采用各种不同方法对动物进行内服给药。

技能一　直接灌药法

直接灌药法也叫经口灌药法，主要用于少量的水剂、糊剂，中药及其煎剂、片剂、丸剂、舔剂等剂型药物的投服。尤其对苦味健胃药，常用面粉、糠麸等赋形药制成糊剂或舔剂，经口投服以加强健胃的效果。所有动物均可采用。经口灌服的药物一般应无强刺激性和特殊异味。

一、操作方法

灌药前应先将动物保定确实，然后打开口腔并轻压舌头；选择适当的喂药工具，自一侧口角伸入，抬高药瓶并轻轻振抖，如系橡胶瓶则可轻压使药液流出，待动物吞咽后再继续灌入，直至灌完。

给犬、猫口服片剂或丸剂，助手左手握其下颚，使动物颊部皮肉置于上下臼齿之间，打开口腔。用手或者镊子夹住药物送入舌根部，迅速抽出手或镊子，闭口并按摩咽部促动物咽下药物。

投药用具有药匙(汤匙)、竹筒、橡皮瓶或长颈玻瓶、盛药盆或注射器等；舔剂一般可用光滑的木板或竹片；丸剂、片剂多可徒手投服。

二、注意事项

(1)灌药时，头部应举起或吊起，高度以口角与眼角的连接线呈水平线为宜。当动物咀嚼、吞咽时，如有药液流出，应以药盆接取之，以免流失。

(2)每次灌入药量不宜太多，不能过急。灌药过程中，患病动物发生强烈咳嗽时，应暂停灌服并使其头部低下，使药液咳出，待安静后再灌服。

(3)给仔猪灌药时，第一匙的药物不要太多，否则容易因药物的异味使仔猪产生呕吐反射，灌第二匙时，仔猪的呕吐反应就会大大减少。

(4)如果仔猪不咽药，将药物含在口中，伺机吐出，则可用小匙按压仔猪舌体的后半部，或用手刺激咽喉的外部皮肤，促其产生吞咽反射，咽下药物。在灌药过程中，切不可采用捏小猪鼻子阻塞气管的办法令其咽下，否则会呛入仔猪气管，造成仔猪窒息死亡。

(5)对于重病后期或体质极度衰弱的仔猪，不宜采用灌药的方法给药。因为这时仔猪呼吸急迫短促而无力，采用灌药的方式给药，药物极易呛入仔猪气管和肺内，造成仔猪窒息死亡。

技能二　胃导管灌药法

适用于大量水剂或可溶于水的药液的灌服。牛、羊等大动物常采用插入胃导管的方法投药。胃导管一般选用软硬适宜的橡皮管或塑料管，使用时应根据动物个体的大小选用相应的口径及长度。胃导管在使用前应清洗干净，并在前端涂以滑润油或水。

一、操作方法

(一)牛、羊胃导管灌药法

一人抓住牛、羊的两耳(角)，固定头部并稍抬高。而后装上横木开口器，系在两角根后部。胃导管从开口器中间孔插入，前端抵达咽部时，轻轻抽动，刺激牛、羊吞咽，随咽下动作将胃导管插入食道。确定胃导管确定在食道后，再将胃导管前端推送至牛、羊颈部下 1/3 处。然后连接漏斗，先灌入少量清水，证明插入无误后，即可投药。投药结束后，再用少量清水冲洗漏斗。见图 8-1。

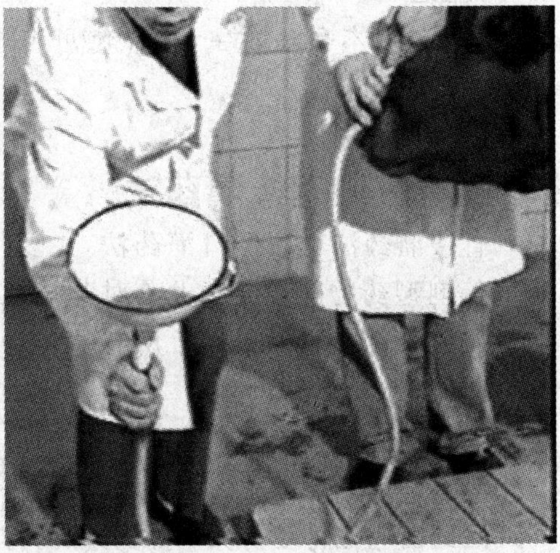
图 8-1　牛胃导管灌药法

(二)猪胃导管灌药法

将猪横卧保定或站立保定。横卧保定时，要将颈部压紧(不要压胸部和腹部)；站立保定时，要抓住两前肢，用开口器将口撑开，投药管从舌旁伸入(管的弯曲要向内下方)咽部再伸入食道，伸过咽头再伸进 7～10 cm，将胃导管固定，检查证明胃导管进入胃内后，即可接上漏斗，灌入药液。灌完后再向管内灌入少量清水，使胃导管内药物排空，然后迅速拔出胃导管。

(三)检查胃管是否插入食道或胃内的方法

(1)用压瘪的胶皮球连接在胃导管的外口上，如球仍保持原状而不鼓起，或用胶皮球向胃导管内打气畅通无阻，即证明胃导管已进入食道或胃内。

(2)将胃导管外口浸在水中，如随呼气喷出气泡，则是插入了气管，如无气泡发生，则是插入食管。

(3)如胃导管插入气管，则动物不叫或叫声低弱，如胃导管插入食道内，则叫声不变。

二、注意事项

(1)胃导管使用前要清洗、消毒、涂上润滑油。

(2)一定确定胃导管插入食道而不是气管后，才可以灌药。

(3)灌药过程中，若动物出现咳嗽应停止灌药。

(4)寒冷季节，灌入药物最好提前加温，以防出现胃肠痉挛。

◉技能三 混饲给药法

混饲给药，是指将药物均匀拌入饲料中，让畜禽采食的同时，吃进药物。药物预防是集约化养殖场预防疾病的常用措施，而混饲给药是畜禽群体给药最常用的一种途径。

一、混饲给药法的优、缺点

优点是简便易行、节省人力、减少应激、切实可靠，适用于长期投药，对于不溶于水或适口性差的药物更为恰当。通常抗球虫病药物、促生长剂及控制某些传染病的抗菌药物常用此法。缺点是动物个体差异较大，采食量不同，治疗效果不均一，特别是瘦弱或有疾病的动物由于采食量少，很难获得足够剂量的治疗药物。

二、操作方法

在生产中常用递加稀释法，又称分级混合法，即先将一定剂量的药物加入少量饲料中混合均匀，再与2倍量饲料混合，依此类推，直至混合到全部饲料当中。

三、注意事项

(1)混饲给药时，要准确计算所用药物剂量。如果按采食量给药，应详细准确了解畜禽日平均采食量，再计算所需药量；如果按畜禽体重给药，则必须抽样测得畜禽平均体重，算出全群(场)体重数，再计算所需药量。

(2)药物与饲料必须搅拌均匀，尤其是一些安全范围较小的药物和用量较小的药物。注意不能将药片直接加入颗粒料中，否则药物会沉积到料槽(桶)底部，造成混合不均，以致引起畜禽个体采食药量不均衡，药量不足达不到药效，药量过大会引起畜禽药物中毒。切忌将药物一次性地加入到饲料当中。

(3)要根据需要，给畜禽提供充足的采食位置和采食时间，保证在药物有效期内，每头(只)畜禽可同时采食完预定的饲料、摄入预定数量的药物。包括混饲给药之前的适当限喂(注意不能停水)、适当调整弱小畜禽的采食位置和适当延长采食时间等。

(4)注意饲料添加剂与药物的配伍禁忌，如较长时间应用磺胺类药物时应补给维生素 B_1 和维生素 K；应用氨丙啉时则应减少维生素 B_1 的用量。此外，在饲料中添加金霉素或土霉素时，这些抗生素会与饲料中的金属离子，尤其是钙离子结合而不能被肠道吸收利用，这时可在每千克饲料中添加13 g硫酸铜，使饲料中的钙离子与硫酸根结合成不溶性的硫酸钙。

(5)注意避免药物间的拮抗作用。如泰妙菌素与盐霉素、甲基盐霉素等有拮抗作用；诺氟沙星(氟哌酸)不可与利福平、呋喃坦丁合用、利福平可拮抗氟哌酸的作用，呋喃坦丁可对抗氟哌酸在尿道中的抗菌作用；鞣酸蛋白不宜与胰酶、胃蛋白酶、乳酶生同服，因这些蛋白质与鞣酸结合即失去活性，鞣酸可使硫酸亚铁、氨基比林、洋地黄类药物发生沉淀，而妨碍吸收，影响疗效；硫酸亚铁等铁剂与四环素类药物可形成络合物，互相妨碍吸收。

技能四　混水给药法

混水给药就是将药物溶解于水中，让药物在畜禽饮水过程中进入体内。此法常用于预防和治疗畜禽群发性疾病。投喂的药物应该是较易溶于水的药剂，如葡萄糖、维生素 C 等。此法尤其适用于因病不吃食，但还能饮水的动物。

一、操作方法

先将一定剂量易溶于水的药物加入少量饮水中混合均匀，再加入 2 倍量饮水搅拌混合，依此类推，直至药物全部溶解，然后再投放到特定的容器中供畜禽饮用。

二、注意事项

(1)易溶于水的药物可采用混水给药，难溶于水的药物不可采用混水给药，否则容易引起中毒。

(2)严格掌握药物的浓度。应先计算出一群畜禽所需的药量，并严格按比例配制成符合浓度要求的药液。只有配制准确的药液浓度才能避免浓度过低无疗效，浓度过高产生中毒反应。

(3)根据畜禽的可能饮水量来计算药液量。饮水量的大小与畜禽种类、饲养方式、饲料、季节及气候紧密相关。冬季饮水量一般减少、配制的药液不宜过多，而夏季饮水量增加，配制的药液必须充足。否则就会造成部分畜禽缺饮，达不到防治效果。

(4)掌握给药时间。在水中不易破坏的药物，其药液可以让畜禽全天自由饮用；在水中超过一定的时间就容易破坏的药物，要求在一定时间内饮完，以保证药效。为此，混水给药前要停止给畜禽群供水，一般夏天停 1～2 h，冬天停 3～4 h，然后喂药液。待畜禽群饮完药液后，恢复正常供水。

【项目小结】

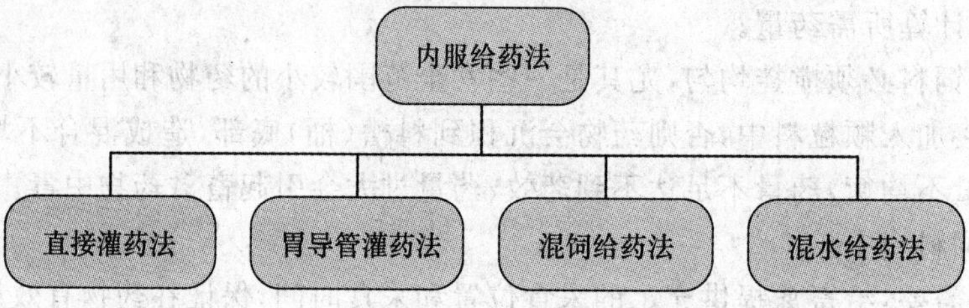

【复习与思考】

1. 混饲给药和混水给药各有什么优点和缺点？
2. 规模化养殖场大群发病时如何给药？
3. 胃导管灌药法在操作时如何判断胃导管是否进入食道或胃内？
4. 混饲给药如何操作？要注意什么？
5. 混水给药注意事项是什么？

【知识链接】

饮水给药和拌料给药在家禽生产中的应用

饮水给药即把药物溶于饮水中饲喂，是禽用药物的最适宜、最方便的途径，这一方法适用于短期投药和紧急治疗投药,特别有利于发病后采食量下降的禽群。

注意药物特性和饮水要求饮水给药要注意药物必须是水溶性的,要能溶于水。同时,饮用水要清洁,若是用氯消毒的自来水,应先用容器装好露天放置1~2 d,让余氯挥发掉,以免药物效果受到影响。

注意调药均匀,按量给水调配药液时,药物要充分溶解并搅拌均匀。保证绝大部分禽只在一定时间内喝到一定量的药物水,一般药水以在 1 h 内饮完为好,防止剩水过多,造成吸入禽体内的药物剂量不够,或加水不够,饮水不够,饮水不均。调药时要认真计算不同日龄及禽群大小的供水量,并掌握饮水中的药物浓度,浓度通常以百分比表示。

注意饮水前停水,确保药效为保证禽只饮入适量的药物,用药前要让整个禽群停止饮水一段时间(具体时间视气温而定),一般寒冷季节停水 4 h 左右,气温较高季节停水 2~3 h。经过一定时间的停水,然后添加对症的带药饮水,不仅能让禽只在一定时间内充分喝到药水,而且治疗效果十分理想。

在现代集约化养禽中,拌料给药是常用的一种给药途径。这种方法是将药物均匀地拌入料中,让禽只采食时,同时吃进药物。拌料给药简便易行,节省人力,减少应激,效果可靠,主要适用于预防性用药,尤其适用于几天、几周、甚至几个月的长期性投药。

拌料给药的药物拌料给药的药物一般是难溶于水或不溶于水的药物。此外,如一般的抗球虫药及抗组织滴虫药,只有在一定时间内连续使用才有效,因此多采用拌料给药。抗生素用于控制某些传染病时,也可混于饲料中给药。

准确掌握混料浓度进行混料给药时应按照拌料给药浓度,准确、认真计算所用药物的剂量。若按禽只体重给药,应严格按照禽只体重,计算总体重,再按照要求把药物拌进料内。药物的用量要准确称量,切不可估计大约,以免造成药量过小起不到作用,或过大引起中毒等不良反应。混于饲料中的药物浓度以百万分之(ppm)表示,例如百万分之 125(125 ppm),等于每吨饲料加入 125 g 药物,或每千克饲料加入药物 125 mg。

确保用药混合均匀为了使所有禽只都能吃到大致相等的药物,必须把药物和饲料混合均匀。拌药时坚持做到:从小堆到大堆,反复多次搅拌,避免个别禽只中毒的发生。加入饲料中的药量越小,越要先用少量饲料混匀,因为直接将药加入大批饲料中是很难混匀的。尤其对于容易引起药物中毒或副作用大的药物,如磺胺类、呋喃类药物尤其要混合均匀,切忌把全部药量一次加入到所需饲料中简单混合,造成部分禽只药物中毒和部分禽吃不到药,达不到防治目的。开料时要保证有充足的料位,让所有禽只能同时采食,从而使每只禽都吃到合适的药量。

用药后密切注意有无不良反应有些药物混入饲料后,可与饲料中的某些成分发生拮抗反应,这时应密切注意不良作用。如饲料中长期混合磺胺类药物,就易引起维生素 B 和维生素 K 的缺乏,这时应适当补充这些维生素。另外还要注意中毒等反应,发现问题及时加以补救。

长期临床应用实践表明:饮水给药和拌料给药两种途径各有所长,但以饮水方法最佳,因为禽群发病时往往出现采食量下降,甚至不采食,而饮水量增加的现象,这时采用饮水给药,一举两得,既保证了病禽对水的需求,又达到了用药治病的目的。而拌料给药病禽的实际食入剂量一般较难达到预期要求,常常造成最佳治疗时机的延误。

项目九　穿刺技术

▲【项目描述】

●穿刺技术是兽医临床上比较常用的一种诊疗技术，对辅助诊断或局部治疗具有重要意义。通过穿刺不仅可以获取病畜体内特定的病理材料，以供实验室检查，为疾病的确诊提供有力证据；而且也可以对某些因急性肠、胃臌气而致的危急病例，通过穿刺放气，迅速缓解症状，为进一步诊断与治疗提供条件。本项目介绍了瘤胃、瓣胃、胸腔、腹腔、脑脊液、肠管、膀胱、心包等穿刺技术，从应用范围、穿刺部位、操作方法、注意事项等方面进行了详细介绍。

▲【技能目标】

●通过对本项目的学习，会使用各种穿刺用具，能采用各种不同穿刺技术对动物进行穿刺。

技能一　瘤胃穿刺术

瘤胃穿刺术是指用穿刺针或套管针穿透瘤胃壁，到达瘤胃腔内的一种穿刺方法。主要用于治疗急性瘤胃臌气或向瘤胃内注入药液。

一、穿刺部位

牛在左侧肷窝部，即左侧髋结节向最后肋骨所引的水平线的中点，距腰椎横突 10～12 cm 处。羊距腰椎横突 3～5 cm 处。严重的瘤胃臌气可在肷窝臌胀明显处进行穿刺。

二、操作方法

病牛、羊行站立保定，穿刺部剪毛、消毒，术者用左手将穿刺部皮肤稍向前推，右手持套管针（或穿刺针）朝向前肢的方向刺入，也可先用外科刀在穿刺点做一小切口再刺入。固定套管（或穿刺针）拔出针芯，瘤胃内的气体即自动排气。如遇针孔阻塞。可用针芯通透，继续排气。为了防止臌气继续发生，造成重复穿刺，根据病情，留放一定时间后再拔出，必要时亦可以从套管向瘤胃内注入制酵剂。拔出套管时，将针芯插回套管，压定针孔周围的皮肤，再拔出套管针，然后消毒处理，皮肤切口结节缝合一针，再用碘酊涂擦消毒。

三、注意事项

(1)放气时不能太快，要断续、缓慢排出，否则可引起大脑急性贫血，发生昏迷。

(2)泡沫性瘤胃臌气时要注入止酵消沫药。

(3)针头被食物阻塞时,可用针芯疏通。

(4)穿刺和放气时,应注意防止针孔局部感染。

(5)经套管针注入药液时,要确认套管针仍在瘤胃内。

技能二 瓣胃穿刺术

用于牛、羊瓣胃阻塞(百叶干)时的注药治疗。

一、穿刺部位

在右侧第 9～11 肋骨前缘与肩端水平线交点的上方或下方 2 cm 范围内,一般以第 9 肋间为好。

二、操作方法

站立保定,术部剪毛消毒,术者左手稍移动皮肤,用长 15～20 cm 长的瓣胃穿刺针,与皮肤垂直并稍向前下方刺入 10～12 cm(针头透过肋间后再向左侧肘头的方向刺入),羊稍浅,刺入瓣胃后有硬、实、沙沙的感觉,连接注射器,先注入 30～50 mL 生理盐水,并迅速回抽,如回抽的液体混浊并带有草渣,证明刺入正确,即可进行瓣胃内注射所需药物(如 25%～30%硫酸钠溶液 300～500 mL、10%温生理盐水 2 000 mL、液体石蜡等)注药完毕,用注射器将针体内液体全部打入瓣胃后迅速拔针,术部用碘酊消毒。

三、注意事项

(1)穿刺部位必须准确。

(2)控制进针深度。

(3)一定要先注入生理盐水或蒸馏水,然后马上回抽,液体混浊并带有草渣,才可注入药液。若回抽液体变红色或绿色,说明位置偏高,刺入了肝脏。须向下调整针头方向。

技能三 胸腔穿刺术

胸腔穿刺是指用穿刺针刺入胸膜腔的穿刺方法。主要用于胸腔积液的诊断和治疗。

一、穿刺部位

牛、羊及猪在右侧第 5 肋间、左侧第 6 肋间、肘关节水平线上或胸外静脉上方 2～3 cm 处。

二、操作方法

将动物保定好(大动物应站立保定于柱栏内,小动物以蹲坐姿势为好),术部剪毛消毒。穿刺时术者左手将术部皮肤向前(向后、向上,向下也可)稍稍移动 1～2 cm 并压紧,右手持适当大小的灭菌套管针(无套管针时可用注射针头代替,针基部连接一小段细胶管或塑料管,并将其用止血钳夹住或折转,防止空气进入胸腔),沿肋骨前缘垂直刺入。刺入深度,大动物 2～4 cm,小动物 1～2 cm(即相当于胸壁厚度)。当感觉阻力突然降低时,即表示已刺入胸腔。拔出套管针的针芯,如胸腔内积液甚多并很稀薄,同时穿刺正确时,则液体可自动流出,如不自动流出,可用注射器吸取。当点滴流出鲜血,则有刺伤肺脏可能,应立即把穿刺针稍向外抽,调节深度。流出或吸出的液体,按检验目的不同,收集于清洁无杂质的或灭菌容器中送检。如针孔阻塞不流时，可用针芯疏通。需进行药物治疗时，可在放液完毕，将药物经穿刺针注入。穿刺完毕，插入针芯，左手紧按针刺点，右手拔出穿刺针，使皮肤恢复原状，进行术部消毒。

三、注意事项

(1)胸腔穿刺应严格遵守操作规程，所用针头、注射器及胶管等事先都要经过消毒。抽出的液体要作微生物学检查时，则更应注意无菌操作，并防止空气进入胸腔。

(2)如必须在左胸穿刺时，则应相应地向后移一肋间(即牛、羊及猪在第6肋间)，以免伤及心脏。

(3)排出液体和注入药剂时应缓慢进行，同时注意观察动物有无异常表现。

(4)当无液体流出或取下注射器时，必须夹住胶管或堵住套管(尤在吸气时更应注意)。

(5)穿刺时，应用手指控制套管针的刺入深度，防止刺入过深损伤心、肺。

◉ 技能四　腹腔穿刺术

腹腔穿刺是指用穿刺针刺入腹膜腔的穿刺方法。腹腔穿刺主要用于腹腔积液的诊断和治疗。

一、穿刺部位

一般在腹腔最低点，腹白线两侧任选一侧施行。在牛为了避开瘤胃，应在白线右侧2～3 cm，牛还可在脐孔与右侧膝关节连线中点穿刺。猪在脐后方，白线两侧1～2 cm处。犬在脐至耻骨前缘的连线中央，腹白线两侧。

二、操作方法

大动物在栏柱内站立保定，小动物站立保定或横卧保定。术部剪毛消毒后，将皮肤略向侧方移动，用灭菌的穿刺套管针或大号注射针头，垂直刺入腹腔，深2～4 cm，刺入不宜过深，以免伤及肠管。然后抽出套管针芯，则腹腔液经套管或针头而自动流出。

三、注意事项

(1)严格消毒，执行无菌操作。

(2)穿刺位置准确，控制穿刺深度，以免伤及肠管。

(3)抽、放液体速度不可过快。

(4)穿刺过程中，应注意动物的反应，出现异常时，应停止操作，并进行适当处理。

◉ 技能五　脑脊液穿刺术

一、穿刺部位

大家畜通常在腰部穿刺，以“百会穴”为穿刺点，也就是最后腰椎与第一荐椎之间的凹窝处。动物确实保定，特别要保定好后躯。

颈部穿刺部位在寰椎与枢椎之间的寰枢孔进行，即在寰椎两后角连线与颈背正中线的交点处为穿刺点。该部位穿刺通常取侧卧位(或站立位)保定，小动物取横卧位并使腰部稍向腹侧弯曲便于施术。

二、操作方法

大家畜采用长约 15 cm，内径约 2 mm 的脑脊液穿刺针(或用封闭长针头代替)，消毒备用。穿刺时，穿刺点剪毛消毒，手持针并靠在动物背部作稳定支持点，将针垂直刺入。先穿通皮肤和肌肉，通过腰、荐间隙刺入脊髓管。当穿过棘间韧带及硬膜时，针感稍有阻力。刺破硬膜时，动物尾根(甚至后躯)，可见突然跳动。此时将针芯拔出，即有脑脊液流出。穿刺深度，牛约6～8 cm。

在寰枢孔穿刺时，局部常规处理后，针垂直刺入皮肤，此时阻力较大，当针头通过阻力较小的项韧带间隙后，即刺到枢椎的齿突上，此时将针略后退(约 0.5 cm)，使动物头部弯向腹侧，再将针头继续向前下方刺入，并拔出针芯再接上注射器，边刺入边回抽注射器，一旦抽出脑脊液时，立即停止进针。当针刺破硬膜时，动物出现轻微震颤和不安。抽取脑脊液后，注入灭菌容器内或留在注射器内送检化验。

● 技能六　肠管穿刺术

肠管穿刺术是指用穿刺针刺入肠腔的一种穿刺方法。肠管穿刺用于排除盲肠、结肠内的积气和向肠腔内注入药液。

一、穿刺部位

马属动物盲肠穿刺，在右肷窝的中心处，即从右侧髋结节中央点向最后肋骨所引的水平线的中点前方 1～2 cm 处；结肠穿刺在左侧腹部膨胀最明显处。

二、操作方法

动物安全保定后，术部剪毛、消毒，穿刺针先垂直刺透过皮肤后，然后针头对准对侧肘头方向(盲肠膀胱穿刺术穿刺)刺入 6～10 cm；结肠穿刺时，针头与腹壁垂直刺入 3～4 cm。针头刺入肠管后，气体自然排出，排气完毕(或连接注射器向肠内注药)后拔下针头，碘酊消毒。

● 技能七　膀胱穿刺术

膀胱穿刺术是用穿刺针刺入膀胱抽取尿液的一种诊疗技术。对因尿道阻塞引起的急性尿潴留，经膀胱穿刺可暂时缓解膀胱的内压，防止内压过大而继发膀胱破裂；膀胱穿刺采集尿液进行检验。

一、穿刺部位

小动物在耻骨前缘 3～5 cm 处腹白线一侧的腹底壁上；大动物在直肠内进行穿刺，首先温水灌肠排净直肠内蓄粪，用带一 30～40 cm 长胶管的针头进行穿刺。针头在膀胱体穿刺，而不在膀胱顶部穿刺。

二、操作方法

小动物采取仰卧保定，大动物在六柱栏内站立保定。小动物术部消毒后，用左手隔着腹壁固定膀胱，右手持 16～18 号针头，刺入皮肤，经肌肉、腹膜、膀胱壁刺入膀胱内，尿液即可从针头内流出。大动物需在直肠内穿刺。术者右手持针头带入直肠内，手感觉膀胱的轮廓，于膀胱体部进行穿刺，穿刺针经直肠壁、膀胱壁进入膀胱内，手在直肠内固定针头，以防针头随肠蠕动而脱出，连接针头的胶管在肛门外，即可见到尿液排出，穿刺完毕拔下针头，消毒术部。

技能八 心包穿刺术

心包穿刺术是借助穿刺针直接刺入心包腔的诊疗技术。心包穿刺术用于诊断创伤性心包炎，放出心包内渗出液和向心包内注入药物以控制心包内感染。

一、穿刺部位

大家畜六柱栏内站立保定，左前肢向前方牵引伸展，充分暴露肘头内侧心区。小动物侧卧保定，左前肢向前方伸展。穿刺部位在左侧第 4 肋间隙，胸外静脉上方，或肘头水平线与第 4 肋间隙交点处。

二、操作方法

局部剪毛消毒，大家畜在穿刺术部用手术刀做一个 0.5 cm 的皮肤小切口，小动物可直接用穿刺针穿刺。穿刺针经皮肤小切口垂直刺入，经肋间肌、胸膜、心包壁而刺入心包腔内，针头一旦进入心包腔内，即可经针头向外排出心包液，采集心包液进行检验。

若牛患创伤性心包炎，可在心包腔内留置引流管，其操作方法如下：针头进入心包腔内，固定针头，取直径 1.0～1.5 mm 聚乙烯塑料管经针头向心包腔内插入 15～20 cm，此时腐败性心包液可经塑料管端流出，术者用左手固定塑料管，右手拔出穿刺针头，塑料管即留置在心包腔内。心包腔长期引流和向心包腔内注入药物都可经塑料管完成，这样减少了对心包的反复穿刺。

【项目小结】

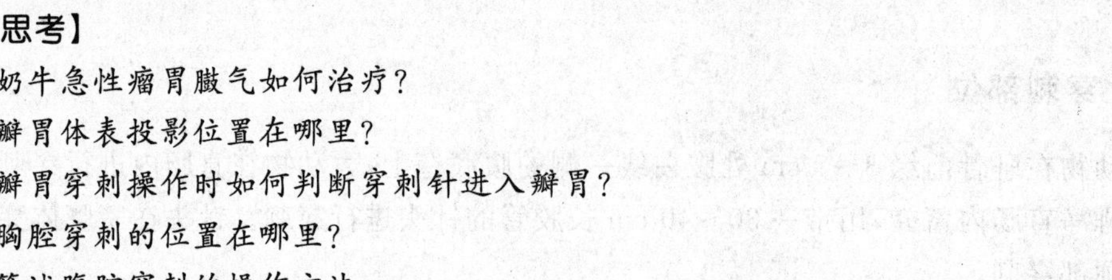

【复习与思考】

1. 奶牛急性瘤胃臌气如何治疗？
2. 瓣胃体表投影位置在哪里？
3. 瓣胃穿刺操作时如何判断穿刺针进入瓣胃？
4. 胸腔穿刺的位置在哪里？
5. 简述腹腔穿刺的操作方法。

【知识链接】

血肿、脓肿、淋巴外渗的穿刺诊断

一、血肿的穿刺诊断

血肿是因皮下组织、肌肉组织内血管破裂所形成，形成得很快，肿胀迅速增大，呈现明显的波动感或饱满有弹性，4～5 d后，肿胀周围呈坚实感且有捻发音，中央有波动，局部增温，穿刺可排出血液，在穿刺前局部剪毛、消毒，用14～16号穿刺针于血肿肿胀最明显处刺入血肿深部，针头内可流出血液，新发生的血肿可流出鲜红色新鲜血液，4～5 d后，血肿流出污黑色血液，陈旧性血肿穿刺仅能流出淡黄色血清或抽不出液体。

二、脓肿的穿刺诊断

穿刺之前对术部剪毛、消毒，用灭菌14～16号注射针头，于脓肿肿胀最明显处穿刺，已成熟的脓肿于波动最明显处穿刺，深在性脓肿于皮肤最紧张、敏感处穿刺。当针头进入脓腔后即可从针头内流出脓汁，当脓汁过分黏稠时穿刺排不出脓汁，此时应拔出穿刺针观察针孔内有无脓汁附着。脓肿尚未成熟时应禁忌穿刺，以防感染扩散。

三、淋巴外渗的穿刺诊断

穿刺部位为淋巴外渗隆起最明显处。局部剪毛、消毒后，用14～16号针头经皮肤刺入囊腔内，即可从针孔内流出橙黄色稍透明液体，或混有少量的血液，穿刺液内有时混有纤维素块。穿刺完毕，拔下针头消毒穿刺孔以防感染。

项目十　冲洗技术

△【项目描述】

● 洗胃是瘤胃积食和中毒病的基本治疗方法，子宫冲洗是治疗子宫内膜炎的常用技术。本项目介绍了洗胃技术和子宫冲洗技术的操作方法及注意事项。

△【技能目标】

● 通过对本项目的学习，会使用各种冲洗用具，能对动物进行胃、阴道和子宫的冲洗。

技能一　洗胃技术

用一定量的溶液灌洗胃，清除胃内容物的方法即洗胃法。主要用于瘤胃积食，代谢性酸、碱中毒，农药、有毒植物中毒或药物中毒等的治疗。

一、操作方法

动物确实保定，抬头装好开口器，缓慢插入经清洗、消毒、涂上润滑油的胃导管，确认将胃导管插入胃内后，接上漏斗，灌入洗胃液，然后放低，利用虹吸原理，放出洗胃液。如此反复进行直到洗胃液澄清透明、无味为止。冲洗完毕，缓慢抽出胃导管，解除保定。

二、注意事项

(1)操作中要注意保障人和动物安全。

(2)根据动物种类、大小不同，选择适宜长度和粗细的胃导管。

(3)确定胃导管插入胃内后，才可以灌洗胃液。

(4)洗胃液温度应接近体温，并且分少量多次灌注。

(5)根据不同目的，正确选择洗胃液。如敌百虫中毒不能用肥皂水，乐果中毒不能用高锰酸钾。

(6)洗胃液每次灌入量与吸出量要基本相符。

(7)洗胃过程中，应随时观察动物脉搏、呼吸的变化，如有异常，马上停止。

技能二　阴道及子宫冲洗技术

阴道和子宫冲洗技术是用于治疗阴道炎和子宫内膜炎的一种技术，以排出阴道或子宫内的炎性分泌物，促进黏膜修复，尽快恢复生殖机能。

一、操作方法

冲洗液可选用温生理盐水、0.1%～0.5%高锰酸钾溶液、0.1%雷夫奴尔等。

冲洗子宫时，应先充分洗净外阴部，术者手臂常规消毒，手握输液瓶或漏斗所连接的长胶管，先轻轻插入子宫颈口，再缓慢导入子宫内；待输液瓶或漏斗中的冲洗液快流完时，迅速将输液瓶或漏斗放低，借虹吸作用使子宫内液体自行排出。如此反复冲洗 2～3 次，直至流出的液体透明为止。

冲洗阴道时，将导管的一端插入阴道内，提高漏斗，冲洗液即可流入，借病畜的努责，冲洗液可自行排出，反复至冲洗液透明为止。

冲洗阴道或子宫后，可放入抗生素或其他抗菌消炎药物。

二、注意事项

(1)操作过程要认真，防止粗暴，特别是在冲洗管插入子宫内时，须谨慎缓慢以免造成子宫壁穿孔。

(2)不要应用强刺激性或腐蚀性的药液冲洗。量不宜过大，一般 500～1 000 mL 即可。冲洗完后，应尽量排净子宫内残留的洗涤液。

【项目小结】

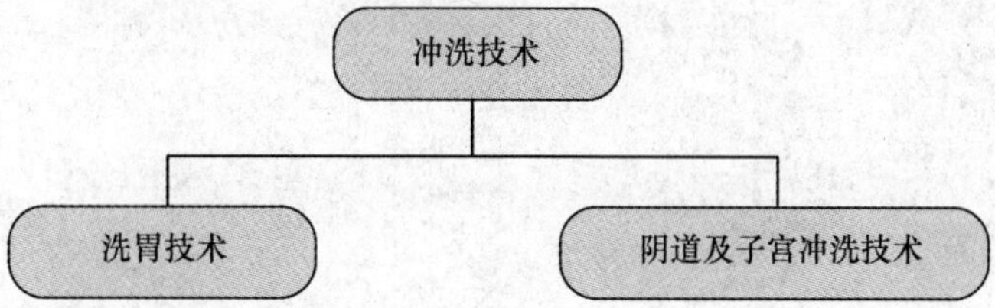

【复习与思考】

1. 洗胃时有哪些注意事项？

2. 阴道及子宫冲洗主要治疗哪些疾病？

3. 阴道及子宫冲洗时选用的冲洗液有哪几种？

【知识链接】

动物导尿及膀胱的冲洗

一、应用

用于尿道炎及膀胱的治疗，或采取尿液供化验诊断。

二、用具和药品

(1)根据不同动物种类使用不同类型的导尿管。用前将导尿管放在 0.1%高锰酸钾溶液或温水中浸泡 5～15 min，前端蘸液体石蜡。

(2)注射器与洗涤器。

(3)常用的有生理盐水、2%硼酸溶液、0.1%～0.5%高锰酸钾溶液、1%～2%石炭酸溶液、0.1%～0.2%雷夫奴尔溶液等刺激或腐蚀性小的消毒、收敛剂。此外，也常用抗生素及磺胺制剂的溶液。

三、方法

助手将尾巴拉向一侧或吊起。术者将导尿管握于掌心，前端与食指同长，呈圆锥形伸入阴道约 15～20 cm(大动物)，先用手指触摸尿道口，轻轻刺激或扩张尿道口，插入导尿管，徐徐推进，当进入膀胱后，则无阻力尿液自然流出。排完尿后，导尿管外端连接洗涤器或注射器，注入冲洗药液，反复冲洗，直至排出药液透明为止。

四、注意事项

当识别母畜尿道口有困难时，可用开膣器开张阴道，即可看到尿道口；插入导尿管时，要小心操作，以免损伤尿道黏膜或造成膀胱壁的穿孔；在对公马导尿或冲洗膀胱时，要注意人畜安全；冲洗药液的温度要与体温相等；术者手、病畜的外阴部及公畜阴茎、尿道口要清洗消毒。

项目十一　其他治疗技术

△【项目描述】

●本项目主要介绍灌肠技术、药物熏蒸技术、气雾给药技术、药浴技术和封闭治疗技术，这些治疗技术都是在兽医临床中常用的技术，本项目从应用范围、治疗目的、操作方法、注意事项等方面进行了详细介绍。

△【技能目标】

●通过对本项目的学习，会使用各种治疗用具，能采用各种不同治疗技术对动物进行治疗。

技能一　灌肠技术

灌肠是指将药液灌入直肠或结肠的方法。主要用于治疗家畜便秘。

一、操作方法

动物站立保定，助手将尾部拉向一侧，操作者一手提盛有药液的灌肠用吊桶，另一只手将连接吊桶的胶管轻轻插入肛门，缓慢向前推进，直至插入直肠或结肠，然后高举吊桶使药液进入直肠内。灌肠完后，抽出胶管，用尾根压迫肛门数分钟。

灌肠液可选择温水、肥皂水、0.1%高锰酸钾溶液、甘油、2%硼酸溶液、葡萄糖溶液等。

二、注意事项

(1)直肠内存有积粪时，要先取出，再进行灌肠。

(2)避免粗暴操作，以防损伤肠黏膜或造成肠穿孔。

(3)溶液注入直肠后，由于排泄反射易被排出，应用手压迫尾根和肛门，或于注入药液同时用手刺激肛门周围，也可按摩腹部减少排出。

(4)灌肠器应根据动物种类的不同，而选择不同的工具。

(5)灌肠时胶管由浅入深、边插入边冲洗，直到冲洗液澄清透明为止。

技能二　药物熏蒸技术

药物熏蒸疗法是利用熏蒸药物产生的蒸汽进行治疗的方法，是一种传统的物理疗法。

在对动物进行群体治疗时，可采用室内熏蒸法。治疗室面积以 10～12 m^2 为宜，应密闭。内设药物蒸汽锅，将药物加水倒入锅内，加热煮沸，让蒸汽弥漫室内。将待治疗动物放入室内。每次治疗时间为 15～30 min。每日或隔日 1 次。此疗法适用于流行性感冒、支气管炎、肺炎以及某些皮肤病的治疗。

对个体病例也可采用上述室内熏蒸疗法，但治疗室不宜太大，以免影响疗效。也可采用喷熏疗法，即用自制的小型蒸汽发生器，用时先将药液放于蒸汽发生器内，加热使其喷出药物蒸汽，将喷头对准所需治疗部位进行喷熏，每次 20 min 左右。此疗法用于咽喉炎、支气管炎、乳腺炎、关节炎等病的治疗。

技能三 气雾给药技术

将药物以气雾的形式喷出，使之分散成微粒，让动物经呼吸道吸入而在呼吸道发挥局部作用，或使药物经肺泡吸收进入血液而发挥全身治疗作用。若喷于皮肤或黏膜表面，则可发挥保护创面、消毒、局麻、止血等局部作用。

气雾给药是家禽有效给药途径之一，它充分利用家禽独特的气囊功能特性，增大药物扩散面积，从而增加药物吸收量。使用时应注意以下问题：

(1)严格掌握适用药物种类，使用药物必须对动物呼吸道无刺激，而且能溶解于呼吸道分泌物中，否则不能被吸收或造成呼吸道炎症。药物吸湿性差的比吸湿性高的更适合于气雾给药；吸湿性高的药物在通过湿度较大的呼吸道时，会发生微粒膨大，会减少药物进入肺脏深部与气囊的量，影响药物作用。

(2)要控制好喷雾微粒，雾粒的大小主要由喷雾器的设计功能和用药距离所决定，如雾粒过小，其与肺泡表面的黏着力小，容易随呼气排出，影响药效；但若雾粒过大，则易引起家禽上呼吸道炎症。药物微粒直径以 0.5～5 μm 为宜。

(3)科学配置药液，用深井水或自来水、纯净水、冷开水，水温 35℃左右，现配现用，一次用完，疫苗稀释按说明书规定。

(4)保持环境清洁卫生，气雾给药前必须对环境进行彻底清扫，清除粪便、尘土及杂物等。

(5)消毒药物应根据不同药物的消毒作用和机制，按一定时间交替使用，避免病原微生物对消毒药产生抗药性。

技能四 药浴技术

药浴就是用杀虫剂药液对羊只体表进行洗浴。药浴的目的：一是驱杀羊体表寄生虫、杂菌，使羊只体表清洁卫生以利于羊生长发育；二是预防和治疗疥癣病。

一、操作方法

药浴分为池浴、盆浴、淋浴 3 种。池浴是在专业的药浴池内进行，适合于大型羊场和养羊数量较多的专业户。淋浴要求在特设的淋浴场内进行，要求操作人员有专业的保护设施。盆浴是一种适合于小型养殖场或散养的数量较少的农户养羊，是一种简单、方便的药浴形式。

二、药浴池的建造

药池要求狭长，长度约 10 m，宽约 1 m，以保证绵羊通过时，身体能充分浸泡在药液中。深度以绵羊平均身高的 2 倍为宜，药液在能淹没羊体的同时，要求药液面以上的池沿必须保持足够的高度，防止绵羊从池沿爬出。入口与出口处分别砌有斜坡，以备绵羊安全出入药池。在药池的出口处砌有滴流台，使羊身上的药液能充分回流到药池内。

三、注意事项

(1)对2个月内羔羊、妊娠2个月以上母羊、病羊或有伤的羊只禁止药浴。

(2)药浴的顺序是先让健康羊浴,有疥癣的羊最后浴。

(3)药浴后不能马上放牧,应把羊只赶到通风、避光、干燥处观察1～2 h,如有中毒现象应立即抢救治疗。

(4)应注意掌握好药液浓度、温度和浸泡时间。

(5)药浴前8 h停止喂料,入浴前2 h给羊饮足水,以免羊入浴池后吞饮药液。

(6)药液的深度以淹没羊体为原则。浴池为一个狭长的走道,当羊走近出口时,要将羊头压入药液内1～2次,以防头部发生疥癣。

(7)离开药池让羊在滴流台上停留20 min,待身上药液滴流入池后,才将羊收容在凉棚或宽敞的厩舍内,免受日光照射,过6～8 h后,方可饲喂或放牧。

(8)药浴的时间最好是剪毛后7～10 d进行,如过早,则羊毛太短,羊体上药液沾得少。若过迟,则羊毛太长,药液沾不到皮肤上,都对消灭体外寄生虫和预防疥癣病不利。第一次药浴后,隔8～14 d再药浴一次。

(9)牧羊犬也应同时进行药浴。

(10)工作人员应戴好口罩和橡皮手套,以防中毒。

技能五 封闭治疗技术

封闭疗法是以不同剂量和不同浓度的局部麻醉药注入组织内,利用其局部麻醉作用减少局部病变对中枢的刺激并改善局部营养,从而促进疾病痊愈的一种治疗方法。常用药物有1%～2%普鲁卡因、0.5%～1%利多卡因、类固醇类药物(醋酸泼尼松龙、曲安奈德、地塞米松等)。

一、主要作用

(1)保护神经系统。普鲁卡因、利多卡因是对神经系统有亲和性的麻醉药物,它可以阻断疼痛的恶性循环,使神经系统得到休息和调整。

(2)镇痛作用。普鲁卡因、利多卡因等麻醉药物有很强的镇痛作用,可以阻断局部病变发出的疼痛信号。

(3)消炎作用。大多数软组织疼痛多由于局部的无菌性炎症及软组织充血水肿刺激神经系统,因此会引起疼痛。利多卡因等麻醉药物合并类固醇药物可以改变局部的血液循环,减少炎性渗出,促进局部代谢产物的排出,从而起到消炎作用。

二、封闭方法

(1)病灶周围封闭法　首先剪毛,消毒,然后根据封闭的不同要求,采用直线、菱形、扇形或分层等形式,将0.25%～0.5%盐酸普鲁卡因溶液注入病灶周围的皮下与肌肉深部,使普鲁卡因药液包围整个病灶,药量以能达到浸润麻醉的程度即可,每天或隔天1次。为了提高疗效,可于药液内加入50万～100万IU青霉素。

本法常用于治疗创伤、溃疡、局部炎症等,乳房炎时可将药液注入于乳房基部的周围。注意勿将针头刺入脓腔内或血管中。

(2)四肢环状封闭法　将0.25%～0.5%盐酸普鲁卡因溶液注射于四肢病灶上方3～5 cm处的健康组织内，分别在前、后、内、外从皮下到骨膜进行环状分层注射药液。注射部位剪毛消毒后，针头与皮肤呈45°角或垂直刺入皮下，再横向推进针头，直到骨膜为止，一面退一面注射药液，拔出针头，再以同样方法环绕患肢注射数点，注入所需量的药液。用量应根据部位的粗细而定，每日或隔日1次。要注意的是注射时应注意针头勿损伤较大的神经和血管。

适用于四肢和蹄部疾病的治疗。

(3)静脉内封闭法　将普鲁卡因溶液注入静脉内，使药物作用于血管内壁感受器以达到封闭目的。方法与一般静脉注射法相同，但注入速度要缓慢。有的动物注射后，出现暂时兴奋，但多数表现沉郁，常站立不动，垂头，眼半闭，不久即恢复正常。一般用0.1%～0.25%普鲁卡因生理盐水，中等体型的牛每次用量100～200 mL，每2日1次，连用3～4次。

本法适用于蜂窝织炎、顽固性浮肿、久不愈合的创伤、风湿症、化脓性炎症、乳房炎以及过敏性疾病等。

(4)穴位封闭法　在针灸穴位上进行封闭注射。临床上常用0.25%～0.5%盐酸普鲁卡因溶液注入抢风穴或巴山穴，分别治疗前肢或后肢疾病，每日1次，连用3～5次。具体操作是剪毛消毒后，用连接胶管的封闭针头于皮肤垂直刺入4～6 cm深，回抽不见血液后，即可缓慢注入药液。注意要定准穴位，深度适当，防止针头折断。

三、注意事项

(1)做好保定工作，注射部位剪毛、消毒，防止感染。

(2)注射溶液最好预热到体温温度。

(3)封闭局部炎症疾病时，加入适量青霉素粉剂将会提高疗效。但在加入青霉素时，不可用0.5%以上浓度的普鲁卡因溶液，因青霉素一遇到较浓的普鲁卡因溶液，即变为长条状的结晶，而不溶解。

(4)虽然封闭疗法止痛效果好，但不适合长期使用，以免导致局部骨质疏松，必要时需加用抗骨质疏松药物。

【项目小结】

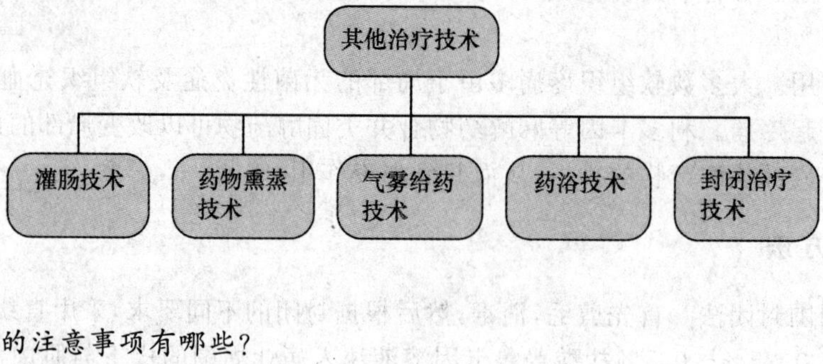

【复习与思考】

1. 灌肠时的注意事项有哪些？

2. 气雾给药时的注意事项有哪些？

3. 封闭疗法通常使用哪些药物？

【知识链接】

养禽业中气雾给药的要点

近几年一直推行饮水给药与气雾给药相结合的方式进行禽呼吸道疾病的治疗，收效很好。

一、气雾给药的优势

(1)气雾给药可使药物吸收快，可瞬间到达作用部位，吸收率高，药效迅速。在气雾给药中，药物直接到达肺和气囊等病变部位而发挥作用，可避免药物对胃肠道的不良刺激，避免肝胃肠道对药物的代谢降解作用。另外由于肺泡面积大，而且有丰富的毛细血管，故可使药物迅速被吸收，使药物生物利用率非常高。

(2)气雾给药导致药物直接达到家禽的特殊生理结构——气囊。气囊是属于家禽类特有的生理结构，目前不管什么样的呼吸道都会继发或并发气囊炎。家禽的气囊一共有 9 个，分布在胸腹腔，气囊上面没有血管分布，如果依靠饮水给药再通过血液循环达至气囊部位消炎，几乎很难实现，所以气雾给药恰恰应用了这一特殊的生理结构，导致药物直接达到病灶的优势。

(3)对于呼吸系统栓塞情况，能快速降低死亡率。我们用于治疗呼吸道疾病气雾给药的药物中有效成分多包含祛痰类药物和支气管扩张剂等直接接触气管黏膜，可调节浆液和黏液的分泌，使痰液变稀，使之易于咳出，支气管平滑肌松弛，从而减轻咳嗽，缓解症状，降低死亡。药物和肺直接接触，可促进肺部表面活性物质的合成，加强纤毛摆动，增加黏液纤毛运输系统的清除能力，防止重复感染。

(4)喷雾对于不能采食或饮水的鸡，可经呼吸使药物迅速到达气管和支气管以及气囊等部位，有效地抑制或杀死病原菌，起到治疗作用。

(5)气雾给药能减轻肝肾的负担。据实验室检测和临床事例表明，气雾给药在肺部的组织浓度很高，但是在肝脏和肾脏的浓度却比口服低得多。这表明，气雾给药时对肝脏和肾脏损伤最小，对于疾病后期肝脏和肾脏严重损伤的鸡群，利于生产能力的快速恢复。

(6)在喷雾的过程中对鸡舍环境实现了降尘的目的。

二、气雾给药如何科学地实施

(1)选择适宜的药物。气雾给药要求选择对动物呼吸道无刺激性，且能溶解于呼吸道分泌物中的药物，否则不宜使用。

(2)掌握气雾用药的剂量。气雾给药的剂量与其他给药的途径不同，一般以每立方米用多少药物来表示。如硫酸新霉素对鸡的气雾用药剂量是每立方米 100 万 IU，鸡只吸入时间应该为 1.5 h，要想掌握气雾的药量，那么我们就应该先计算出鸡舍的体积，然后再计算出药物的用量。

(3)要严格控制雾粒的大小，确保用药的效果。气雾给药中，颗粒越小，越容易进入肺泡，可是却与肺泡表面的黏着力小，容易随肺脏呼气排出体外；颗粒越大，则大部分散落在地面和墙壁或停留在呼吸道黏膜表面，不宜进入肺脏深部，造成药物吸收不好。临床根据用药目的，适当调节气雾颗粒的大小。

药物气雾颗粒到达鸡的呼吸道次序：鼻孔—咽喉—气管—支气管—肺脏—细支气管—气囊(骨髓)。

雾粒与鸡体关系：一般认为，雾滴如果大于 3 μm，它可以到达鸡只的鼻、咽、气管以上部位；雾滴如果等于 1 μm，它可以到达鸡只深部气管、胸气囊；雾滴如果小于 0.1 μm，它可以到达鸡只腹气囊。所以说如果要治疗深部呼吸道或全身感染，气雾颗粒的大小应控制在0.5～5 μm，如果要治疗上呼吸道炎症或使药物主要作用于上呼吸道则要加大雾化颗粒。如治疗鸡传染性鼻炎时，颗粒一般控制在10～30 μm。

三、气雾给药的操作

(1)在操作之前建议先做喷水试验。通过喷水实验，我们可了解用水量，喷雾行进及走速的快慢。目的是核实适中的雾滴大小及其喷雾量，以避免药物浪费和喷雾不均匀的现象发生。

(2)要求工作人员手持喷雾器，自鸡舍或鸡笼的一端走向另一端时，恰好能将所需要的药液喷完为止(可反复试喷清水来摸索较为准确的行进和喷雾的速度)。

(3)喷雾时间的选择对喷雾的效果也很重要。

在治疗呼吸道时，晚上6～8时效果最佳，在治疗大肠杆菌时，早晨4～6时效果最佳，喷雾时应关闭灯光减少操作噪声避免惊群。

(4)喷雾时，房舍应密闭，关闭门、窗和通风口，减少空气流动，避免直射阳光。比如选用直径为50 μm以下的细雾滴气雾时，喷雾枪口应在鸡头上方30 cm处喷射，使鸡体周围形成一个良好的雾化区，并且雾滴粒子不立即沉降而在空间悬浮适当时间。如用100～200 μm粗雾滴对雏鸡进行喷雾免疫时，喷雾枪口可在其鸡头上方约0.8～1 m处喷雾。晚上喷雾时，关闭灯光，调低通风，气雾免疫时通风全停。

四、气雾给药中鸡舍最适宜的条件

1. 温度要求

气雾给药时较合适的温度是15～25℃，温度再低些也可以进行，但一般不要在环境温度低于4℃的情况下进行。如果环境温度高于25℃时，雾滴会迅速蒸发而不能进入鸡的呼吸道。如果要在高于25℃的环境中进行气雾法给药，则可以先在鸡舍内喷水提高鸡舍内空气的相对湿度后再进行。在天气炎热的季节，气雾给药应在早晚较凉爽时进行。

2. 相对湿度

喷雾时要求相对湿度在70%以上。建议：气雾给药前2 h鸡舍用清水喷雾，目的是降低鸡舍内的灰尘，增加湿度。

五、可用于气雾给药的药物

在生产中，可用于气雾给药的药物：氨茶碱、扑尔敏、克林霉素、阿奇霉素、硫酸卡那霉素、氟苯尼考等，气雾给药最佳的雾滴直径为10～20 μm，即使用常规喷雾器(直径≥80 μm)也会取得较饮水给药更好的效果。

项目十二　兽医临床外产科基本操作技术

△【项目描述】

● 动物的外科病和产科病在兽医临床上比较常见，本项目主要介绍兽医临床外产科基本操作技术，包括消毒法、麻醉法、组织切开与分离、止血技术、缝合技术、拆线技术、包扎技术和接产技术。

△【技能目标】

● 通过对本项目的学习，会使用各种外科和产科器械，能进行一般外科手术操作和接产。

◎ 技能一　一般外科技术

一、消毒法

(一)外科无菌术的概念

无菌术是在外科范围内防止伤口(包括手术创)发生感染的综合性预防性技术。它包括的具体内容主要有灭菌和抗菌，二者又称为消毒，目的是消除细菌、防止感染。

习惯上所说的灭菌术是指用物理方法彻底杀灭一切微生物，如干热和湿热的灭菌(包括常用的高压蒸汽灭菌和干燥灭菌箱的运用)、人工紫外线灭菌、微波灭菌、辐射灭菌、超声波灭菌。而使用各种化学消毒剂达到抗感染的目的称为抗菌术。在手术过程中通常把灭菌术和抗菌术配合起来应用，以达到抗感染的目的。

(二)常用的化学消毒剂

(1)醛类消毒剂　以甲醛为最常用，此外还有戊二醛，应用较少。

(2)酚类消毒剂　包括苯酚、煤酚和复合酚等。

(3)酸类与碱类消毒剂　常用的有乳酸、醋酸、硼酸以及氢氧化钠、生石灰和碳酸钠等。

(4)含氯消毒剂　以漂白粉、次氯酸钠、氯胺等应用较多。

(5)醇类消毒剂　如乙醇、异丙醇、甲醇、苯甲醇、苯乙醇、乙二醇、二氯丙甲醇和苯氯乙醇等。

(6)过氧化物消毒剂　如过氧乙酸、过氧化氢以及臭氧等。

(7)烷基化类气体消毒剂　常用的有环氧乙烷、乙型丙内酯、环氧丙烷以及溴化甲烷等。

(8)碘与含碘消毒剂　碘酊是最常用的外科消毒剂，其他的含碘消毒剂有强力碘、碘伏、碘仿、聚乙烯酮碘、三氯化碘以及碘甘油等。

(9)季铵盐类消毒剂　如新洁尔灭、度米芬、洗必泰、消毒净等。

(三)手术人员的准备与消毒

1. 更衣

手术人员在术前应穿着清洁的衣服和鞋套,上衣最好是短袖衫以充分裸露手臂,并戴好手术帽和口罩。手术帽应把头发全部遮住,要求帽的下缘应达到眉毛直上和耳根顶端。手术口罩应完全遮住口和鼻,对防止手术创发生飞沫感染和滴入感染极为有效。

2. 手、臂的清洗与消毒

手术人员手臂的准备与消毒对防止手术创感染具有重要意义,手臂消毒不好就很难保证在无菌条件下进行手术。手和臂的消毒方法如下:

手、臂的洗刷:用肥皂反复擦刷和用流水充分冲洗以对手臂进行初步的机械性清洁处理。

手、臂的消毒:将擦刷过的手臂浸泡在以下的化学药品内,可选用其中一种进行浸泡。

70%酒精浸泡或拭洗 5 min,浸泡前应将手、臂上的水分拭干,以免降低酒精浓度;0.1%新洁尔灭溶液浸泡 5 min,也可选用适当浓度的其他化学消毒剂进行手、臂的消毒。

浸泡完毕后,用无菌巾拭干。用酒精浸泡消毒后再用 2%碘酊涂擦甲缘、指端后,再用 70%酒精脱碘穿手术衣和戴灭菌手套;用新洁尔灭浸泡消毒后的手臂,自然干燥后穿手术衣。穿手术衣时用两手拎起衣领部,放于胸前将衣服向上抖动,双手趁机伸入上衣的两衣袖内,助手协助手术人员在背后系上衣带,然后再戴灭菌手套,双手放在胸前轻轻举起妥善保护手臂,准备进行手术。

(四)动物术部的准备消毒

术部准备通常分为三个步骤:

1. 术部除毛

家畜的被毛浓密,容易沾染污物,并藏有大量的微生物。因此手术前必须用肥皂水刷洗术部及周围大面积的被毛,然后剃毛。剃毛的范围要超出切口周围 20～25 cm,小动物可在 10～15 cm 的范围。剃完毛后,用肥皂反复擦刷并用清水冲净,最后用灭菌纱布拭干。

2. 术部消毒

术部的皮肤消毒,最常用的药物是 5%碘酊和 70%酒精,在消毒时要注意:无菌手术,应由手术区中心部向四周涂擦(图 12-1),如是已感染的创口,则应由较清洁处向患处涂擦(图12-2)。

图 12-1 无菌手术手术区域消毒方法

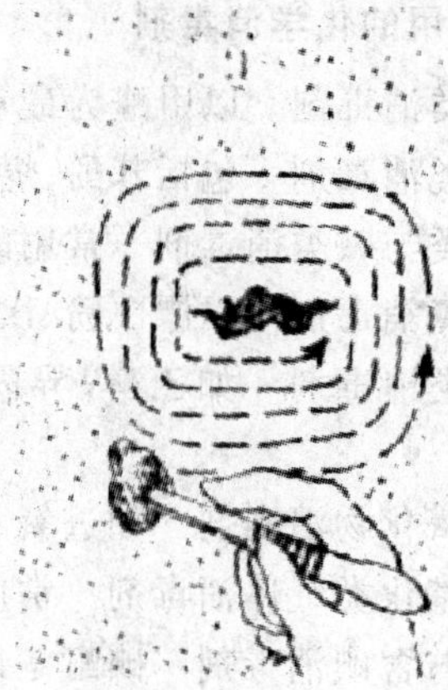

图 12-2 感染创区域消毒方法

消毒的范围要相当于剃毛区。碘酊消毒后必须稍待片刻，待完全干后，再以70%酒精将碘酊擦去，以免碘沾及手术器械，带入创内造成不必要的刺激。

对口腔、鼻腔、阴道、肛门等处黏膜的消毒不可使用碘酊，可用0.1%新洁尔灭、高锰酸钾、利凡诺溶液；眼结膜多用2%～4%硼酸溶液消毒。

3. 术部隔离

采用大块有孔手术巾覆盖于手术区，仅在中间露出切口部位，使术部与周围完全隔离。

二、麻醉法

(一)麻醉的分类

目前外科临床上常用的麻醉方法可分为两大类：

(1)局部麻醉　利用某些药物有选择性的暂时阻断神经末梢、神经纤维以及神经干的冲动传导，从而使其分布或支配的相应局部组织暂时丧失痛觉的一种麻醉方法。

(2)全身麻醉　利用某些药物对中枢神经系统广泛性的产生抑制作用，从而暂时地使机体的意识、感觉、反射和肌肉张力部分或完全丧失的一种麻醉方法称为全身麻醉。

(二)常用的局部麻醉药

1. 盐酸普鲁卡因

注入组织后1～3 min出现麻醉，一次量可维持0.5～1 h。本品穿透黏膜力量弱，不宜做表面麻醉。临床上应用0.5%～1%进行局部浸润麻醉；2%～5%作传导麻醉；2%～3%作脊髓麻醉；4%～5%进行关节内麻醉。

2. 盐酸利多卡因

本品局部麻醉强度和毒性在1%浓度以下时，与普鲁卡因相似，在2%浓度以上时，其麻醉强度增强至2倍，并有较强的穿透力和扩散性，作用出现的时间快，能持久，一次给药量可维持1 h以上。所用浓度：局部浸润麻醉0.25%～0.5%，神经传导麻醉2%，表面麻醉2%～5%，硬膜外麻醉为2%。

3. 盐酸丁卡因

本品麻醉作用强、作用迅速，并具有较强的穿透力，最常用于表面麻醉。毒性比普鲁卡因大12～15倍，麻醉强度大10倍，表面麻醉强度比利多卡因大10倍，点眼时不散大瞳孔，不妨碍角膜愈合，因此该药常用于表面麻醉，可用1%～2%溶液。

(三)局部麻醉方法

1. 表面麻醉

利用麻醉药的渗透作用，使其透过黏膜而阻滞浅在的神经末梢，称为表面麻醉。

眼结膜和角膜用0.5%丁卡因或2%利多卡因；鼻、口腔、直肠黏膜用1%～2%丁卡因或2%～4%利多卡因。每隔5 min用药一次，共2～3次。一般将局部麻醉药滴入，涂抹、填塞或喷雾等方法使药液作用于局部组织黏膜而达到麻醉效果。

2. 局部浸润麻醉

沿手术切口线皮下注射或深部分层注射，阻滞神经末梢，称局部浸润麻醉。

常用浓度为0.5%～1%盐酸普鲁卡因。麻醉方法是将针头插至皮下，边注药边推进针头至所需的深度及长度。分为直线浸润、菱形浸润、扇形浸润、基部浸润、分层浸润(图12-3)。

3. 传导麻醉(神经阻滞)

在神经干周围注射局部麻醉药,使其所支配的区域失去痛觉,称为传导麻醉。

优点是使用少量麻醉药产生较大区域的麻醉。使用浓度为2%盐酸利多卡因或2%~3%盐酸普鲁卡因,所用浓度及用量与所麻醉的神经大小成正比。

4. 脊髓麻醉

将局部麻醉药注射到椎管内,阻滞脊神经的传导,使其所支配的区域无痛,称为脊髓麻醉。根据注入部位的不同,分为硬膜外腔麻醉和蛛网膜下腔麻醉。

脊髓外被三层膜包裹:外层为脊硬膜,厚而坚韧;中层为脊蛛网膜,薄而透明;内层为脊软膜,有丰富的血管。在脊硬膜与椎管的骨膜之间有一较宽的间隙称为硬膜外腔,内含疏松结缔组织、静脉和大量脂肪,两侧脊神经即在此经过,向腔内注入麻醉药液,可阻滞若干对脊神经;脊硬膜与脊蛛网膜之间有一狭窄的腔,称为硬膜下腔。此腔往往紧贴一处,不能做脊髓麻醉之用;脊蛛网膜与脊软膜之间形成一较大腔隙,称为蛛网膜下腔,内含脑脊髓液,向前与脑蛛网膜下腔相通,麻醉药注入此腔可向前、后阻滞若干对在此经过的脊神经根(图12-4)。

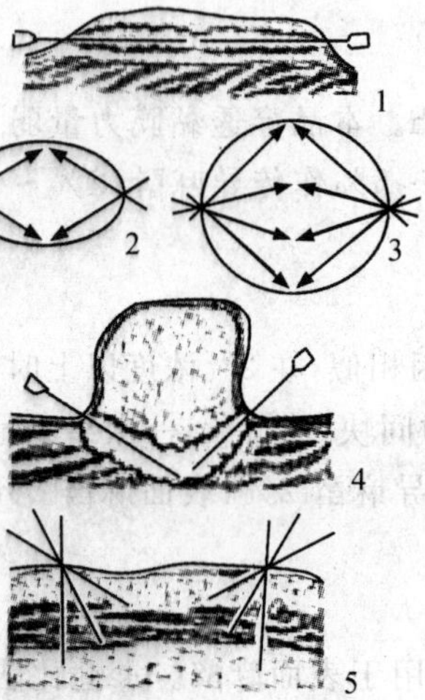

图12-3 局部浸润麻醉方法

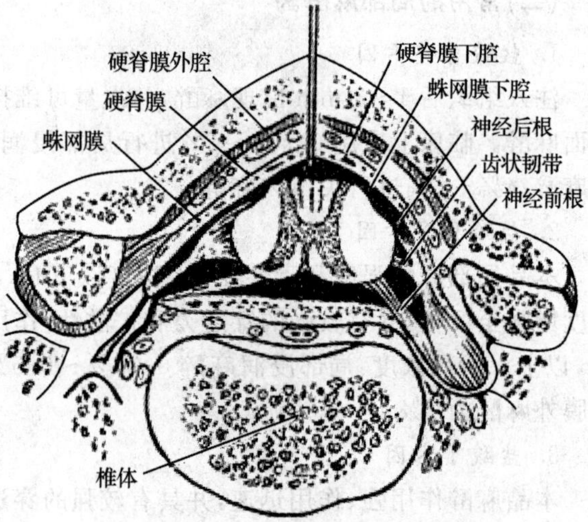

图12-4 脊髓横切面

(四)全身麻醉

全身麻醉有两类:一类是非吸入性麻醉,另一类是吸入性麻醉。

1. 非吸入麻醉

麻醉药不经吸入方式而进入体内并产生麻醉效应的方法称非吸入性麻醉。非吸入性麻醉的输入途径有多种,如静脉注射、皮下注射、肌肉注射、腹腔内注射、口腔及直肠灌注等。

常用的非吸入性麻醉药,包括非巴比妥类和巴比妥类。

(1)非巴比妥类非吸入性麻醉药

隆朋:在我国生产的商品名叫麻保静。其化学名称为2,6-二甲苯胺噻嗪。它具有中枢性镇静、镇痛和肌松作用,此药对反刍动物,特别是牛很敏感,用量小,作用迅速。该药现已广泛用于牛、羊、犬、猫、兔等多种动物。同时也有效地用于各种野生动物，做临床检查及各种手术，也用于许多动物的保定、运输等。临床上常以其盐酸盐配成2%～10%水溶液供肌肉注射、皮下注射或静脉内注射用。本品的安全范围较大，毒性低，无蓄积作用。主要经肾脏排泄。

静松灵：其化学名称为2,4-二甲苯胺噻唑。它是近年来我国自行合成的产品。通过药理实验和临床实践，表明本品有与隆朋相同的作用和特点。本品对反刍动物可引起明显的流涎，对犬科动物在麻醉诱导期可引起呕吐，为此，在给药前的10～15 min，注射阿托品。

保定宁：是以静松灵为基础的复合剂，静松灵和乙二胺四乙酸（EDTA）二者的等量配合，用于手术麻醉，临床止痛效果优于单独应用静松灵。

速眠新(846)：解放军兽医大学军事兽医研究所和中国军事医学科学院合作研制的一种新的动物麻醉剂。每毫升含保定宁60 mg，双氢埃托啡4 μg，氟哌啶醇2.5 mg。目前该麻醉剂已广泛应用与兽医临床，在犬麻醉诱导期常出现呕吐，为此在麻醉前10～15 min，应用阿托品。

氯胺酮：本品是一种较新的、快速作用的非巴比妥类麻醉药剂，注射后对大脑中枢的丘脑——新皮质系统产生抑制，故镇痛作用较强，但对中枢的某些部位则产生兴奋。注射后虽然显示镇静作用，但受惊扰仍能醒觉并表现有意识的反应，这种特殊的麻醉状态叫作"分离麻醉"。本品根据使用剂量大小不同，可产生镇静、催眠到麻醉作用，在兽医临床上已用做猪、羊、犬、猫及多种野生动物的化学保定、基础麻醉和全身麻醉药。

由于氯胺酮对循环系统具有兴奋作用，因此静脉注射时速度要缓慢。本品对呼吸只有轻微影响（抑制），对肝、肾功能未见不良影响；对唾液分泌有增强现象，事先注入少量阿托品可加以抑制。

噻胺酮注射液（复方氯胺酮注射液）：是我国自行复合的一种新的动物用麻醉药，近几年来已在临床广泛应用。对猪有较好的麻醉效果，对犬、猫等均可应用。本药是一个复合型的药物，其有效成分包括氯胺酮、隆朋，还有苯乙哌酯（类阿托品样药）。肌肉注射给药较为方便，给药后动物进入麻醉状态时比较稳定，由站立而自行倒卧，无明显的兴奋期，在麻醉期间体温下降，肌松良好，对呼吸有一定的抑制作用。应用剂量较大时对循环系统也有影响。本药的恢复期较长，且有复睡现象。特别是在猪，在恢复期间常表现向前冲撞，站立不稳，口鼻干燥。复方噻胺酮给药方便，安全剂量的范围较宽，起效迅速，诱导和恢复都平稳。连续给药不蓄积，无耐受。可以广泛用于家畜、家禽、实验动物。并可用于野生动物的制动保定和手术麻醉，尤其对猪和野生凶猛食肉兽的麻醉效果更有明显的优点。

(2)巴比妥类非吸入麻醉药　严格来讲，这类药物属于催眠药物。这类药物很多，都是巴比妥酸（丙酰脲）的衍生物。巴比妥类药物口服、直肠给药都容易吸收，其钠盐的溶解度好，可作为注射剂使用。巴比妥类药物的作用，是阻碍兴奋冲动传至大脑皮层，从而对中枢神经系统起到抑制作用。

硫喷妥钠：本品系淡黄色粉末，味苦，有洋葱样气味，易潮解。用时现配制成不同浓度的溶液。硫喷妥钠静脉注射的麻醉诱导和麻醉持续时间以及苏醒时间均较短，一次用药后的持续时间可以从2～3 min到25～30 min不等。这与剂量和注射速度密切相关，麻醉的深度也与注射速度有关系，注射愈快麻醉愈深，维持时间愈短，所以在用药时要特别注意注射的速度，还应严格准确计算所用药量。在静脉注射时，应将全量的1/3～1/2在30 s内迅速注入，然后停注 30～60 s，并进行观察。如果麻醉体征显示麻醉的深度不够，再将剩余量在 1 min 左右的时间里注入，同时边注边观察动物的麻醉体征，尤应注意呼吸的变化，一经达到所需麻醉程度即停止给药。以硫喷妥钠作为维持麻醉，可在动物有觉醒表现时，如呼吸加快，体动，再追加给药，在追加时也应密切注意观察动物麻醉体征的变化，即达到所需麻醉的深度时，应及时停止由静脉注入。硫喷妥钠除用做全麻外，还可以用做吸入麻醉的诱导，以静注方式给药，使动物达到浅麻醉，随之尽快作气管内插管，并连接吸入麻醉机进行吸入麻醉。用此方法可以消除吸入麻醉药在诱导期的不良反应，使麻醉进行得平稳安全。此外，如果采用静脉滴注，则可以维持较长时间的麻醉也很安全可靠。

戊巴比妥钠：戊巴比妥钠是临床常用的一种药物。肝功能不全的家畜应慎用，幼畜和饥饿的动物应使用较小的剂量。本品易透过胎盘影响胎儿，甚至会造成胎儿死亡。故在孕畜或是行剖腹产手术时不能用本品做麻醉。作为麻醉剂量会对呼吸有明显的抑制现象。同时也影响循环系统，减少心排量。故此在静注戊巴比妥钠时速度宜慢。当动物进入浅麻醉之后应稍暂停注射，并仔细观察呼吸和循环的变化，然后再决定是否继续给药。临床给犬静脉注射戊巴比妥钠进行麻醉时，在苏醒阶段不可静注葡萄糖溶液(因有些病例需要术后输液)，因为有的犬在给静注葡萄糖后又会重新进入麻醉状态，即所谓“葡萄糖反应”，有的甚至造成休克死亡。本药属于中短时作用型的巴比妥，临床上适用于做中、小动物的全麻，或作为基础麻醉给药。一般不用于马、牛，更多的是用于猪、羊和犬等。本药的麻醉持续时间平均在 30 min 左右，但种属间有较大的差别，狗为 1～2 h，山羊 20～30 min，绵羊可稍长，猫的持续时间较长，可长达 72 h 之久，故应慎重。为了减少用量和减轻其副作用(苏醒期兴奋)，可以在给本药之前注射氯丙嗪以强化麻醉。

异戊巴比妥钠：其药理作用和作用时间等均与戊巴比妥钠相似。

硫戊巴比妥钠：本品属于超短时作用型的巴比妥类，用做短时间的静脉麻醉。其作用很相似于硫喷妥钠，使用剂量稍低于硫喷妥钠。快速静脉注射显著抑制呼吸，但对心脏的影响则较轻，蓄积作用也较小。常用剂量下对肝、肾的影响不大，但肝功能不正常时则可增强其毒性。静注给药 30 s 可产生麻醉效应。根据用量的不同，可维持 10～30 min，常用 4%溶液给小动物做静脉麻醉之用。如犬静注 17.5 mg/kg 时，可维持外科麻醉 15 min，3 h 后完全苏醒。复合应用安定药和肌松药，可明显延长麻醉时间。在大动物如马、牛等，可作为吸入麻醉的诱导用药。是属于比较安全的静脉麻醉药。

2. 吸入性麻醉

指采用气态或挥发性液态的麻醉药物。使药物经过呼吸由肺泡毛细血管进入循环，并达到中枢，使中枢神经系统产生麻醉效应。常用吸入麻醉药有以下几种：

(1)麻醉乙醚　乙醚麻醉安全、方便，价格便宜。作为吸入麻醉药，应该使用符合药典标准的麻醉乙醚。乙醚易被空气和光分解，遇热也会分解破坏，故应密闭保存于阴凉处(装棕色瓶中)。乙醚对呼吸道黏膜有强烈的刺激性，可使分泌增多，若随唾液进入胃内可引起呕吐，故在麻醉前应给予阿托品。乙醚的诱导和苏醒都比较慢，如果使用基础麻醉，则诱导将会平稳。一般来说，用乙醚做吸入麻醉是很安全的，在麻醉中如果不是严重缺氧，对肝、肾的功能影响并不大。在麻醉的初期，由于呼吸道受刺激，可反射性引起呼吸增快。随着麻醉的加深，呼吸数逐渐减少而呼吸深度增加，若达到中毒浓度时，则呼吸变浅和无节律并发生缺氧现象。乙醚可用于开放式、半关闭或关闭方式的吸入麻醉。

(2)氟烷(三氟乙烷,三氟溴氯乙烷)　氟烷是兽医临床应用较为普遍的吸入麻醉药。被广泛应用于各种动物的麻醉,它的特点就是麻醉性能很强。氟烷的麻醉强度要比乙醚强得多。用氟烷吸入其诱导时间和苏醒恢复都较快。但产生血压下降、心动徐缓和呼吸抑制等。因其价格较贵,多用关闭式吸入麻醉。诱导用4%~5%,维持用1.5%左右。需要特殊专用的蒸发器来控制浓度。

(3)甲氧氟烷　麻醉效力强,是氟烷的2~4倍,但诱导和恢复要慢。它的镇痛和肌松作用都强,且在术后镇痛效果亦好。

(4)安氟醚　本药不刺激呼吸道,气管腺和唾液腺的分泌无明显增加。临床特征更像氟烷。

(5)异氟醚(lsoflurane,Forane)　新型的卤族麻醉药。对机体的生理干扰较轻。对肝、肾的影响也较小,肌松好,诱导平稳而快,苏醒也比较快,术后复原好,很少有不良副作用。

(6)氧化亚氮(笑气)　它是气态全麻药的代表,是无机气体,无爆炸性,但可以助燃。若与乙醚和氧混合,可引起爆炸,应慎重使用。本品的毒性小,镇痛效果较好,麻醉后的恢复也快,但其麻醉作用较弱,单独使用麻醉程度不会超出浅麻醉的范围。麻醉效能不理想,多与其他吸入麻醉药物混用,如与乙醚、氟烷、甲氧氟烷以及安氟醚和异氟醚等混合应用。

(五)其他麻醉方法

1. 电针麻醉

针刺麻醉是在祖国医学针灸疗法的基础上发展起来的麻醉方法,电针麻醉又是从针刺麻醉发展而来,是属于针刺麻醉的一种特殊形式。针刺麻醉是用针刺并进行手法捻针,但在兽医临床实践上,因手法捻针较费力与不便,刺激量也较弱,所以目前一般多改用各种不同波型、频率和电压进行刺激,以代替手法捻针,称为电针麻醉。

2. 激光麻醉

在我国,激光麻醉是在针刺麻醉的基础上开展起来的。激光麻醉可分为氦氖激光麻醉和二氧化碳激光麻醉两种。氦氖激光麻醉方法在我国首先由东北农业大学外科教研室提出。是在电针马外周神经和马群慧穴麻醉成功的基础上,把传统的针麻和现代激光技术相结合,成功地用于马属动物的外科手术并取得了满意的镇痛效果。在此基础上又试用于牛、羊、犬、猪的外科手术,也都取得了较好的镇痛效果。二氧化碳激光麻醉的优点是后续镇痛效应持久,在手术进行前即可麻醉完毕,因此又称之为激光手术期前麻醉。

三、组织切开与分离

(一)组织切开

组织切开是显露手术野的重要步骤。适宜的切口应该符合下列要求:

(1)切口须接近病变部位,最好能直接到达手术区,并能根据手术需要,便于延长扩大。

(2)切口在体侧、颈侧以垂直于地面或斜行的切口为好,体背、颈背和腹下沿体中正线或靠近正中线的矢状线的纵行切口比较合理。

(3)切口避免损伤大血管、神经和腺体的输出管,以免影响术部组织或器官的机能。

(4)切口应该有利于创液的排出,特别是脓汁的排出。

(5)二次手术时,应该避免在瘢痕上切开,因为瘢痕组织再生力弱,易发生弥漫性出血。

按上述原则选择切口后，在操作上需要注意下列问题：

(1)切口大小必须适当。切口过小，不能充分显露；作不必要的大切口，会损伤过多组织。

(2)切开时，须按解剖层次分层进行，并注意保持切口从外到内的大小相同。切口两侧要用无菌巾覆盖、固定，以免操作过程中把皮肤表面细菌带入切口，造成污染。

(3)切开组织必须整齐，力求一次切开。手术刀与皮肤、肌肉垂直，防止斜切或多次在同一平面上切割，造成不必要的组织损伤。

(4)切开深部筋膜时，为了预防深层血管和神经的损伤，可先切一小口，用止血钳分离张开，然后再剪开。

(5)切开肌肉时，要沿肌纤维方向用刀柄或手指分离，少作切断，以减少损伤，影响愈合。

(6)切开腹膜、胸膜时，要防止内脏损伤。

(7)切割骨组织时，先要切割分离骨膜，尽可能地保存其健康部分，以利于骨组织愈合。

在进行手术时，还需要借助拉钩帮助显露。负责牵拉的助手要随时注意手术过程，并按需要调整拉钩的位置、方向和力量。并可以利用大纱布垫将其他脏器从手术野推开，以增加显露。

(二)组织分离

分离是显露深部组织和游离病变组织的重要步骤。分离的范围，应根据手术的需要进行。按照正常组织间隙的解剖平面进行分离。但是在有炎症性粘连、瘢痕组织以及大的肿物时，正常解剖关系已改变，或正常组织间隙已不清楚，分离比较困难，要提高警惕，谨慎进行，防止损伤邻近的重要器官。

分离的操作方法，分为两种：

1. 锐性分离

用刀或剪刀进行。用刀分离时，以刀刃沿组织间隙作垂直的、轻巧的、短距离的切开。用剪刀时以剪刀尖端伸入组织间隙内，不宜过深，然后张开剪柄，分离组织，在确定没有重要的血管、神经后，再予以剪断。锐性分离对组织损伤较小，术后反应也少，愈合较快。但必须熟悉解剖，在直视下辨明组织结构时进行。动作要准确、精细。

2. 钝性分离

用刀柄、止血钳、剥离器或手指等进行。方法是将这些器械或手指插入组织间隙内，用适当的力量，分离周围组织。这种方法最适用于正常肌肉、筋膜和良性肿瘤等的分离。钝性分离时，组织损伤较重，往往残留许多失去活性的组织细胞，因此，术后组织反应较重，愈合较慢。在瘢痕较大、粘连过多或血管、神经丰富的部位，不宜采用。

(三)皮肤切开

1. 紧张切开

由于皮肤的活动性比较大，切皮时易造成皮肤和皮下组织切口不一致，为了防止上述现象的发生，较大的皮肤切口应由术者与助手用手在切口两旁或上、下将皮肤展开固定(图 12-5)，或由术者用拇指及食指在切口两旁将皮肤撑紧并固定，刀刃与皮肤垂直，用力均匀地一刀切开所需长度和深度皮肤及皮下组织切口，必要时也可补充运刀，但要避免多次切割，重复刀痕，以免切口边缘参差不齐，出现锯齿状的切口，影响创缘对合和愈合(图 12-6)。

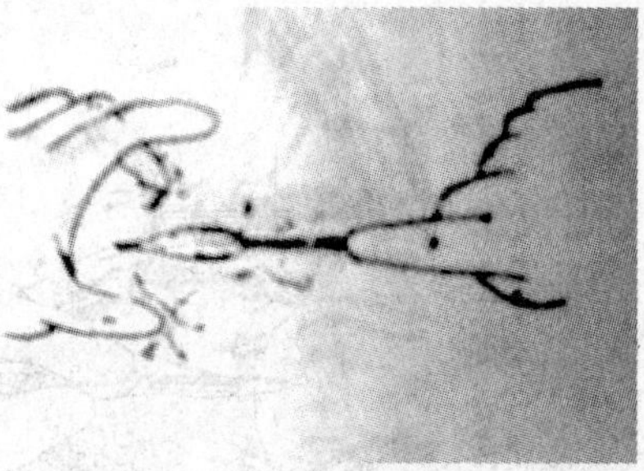

图 12-5 皮肤紧张切开(一)

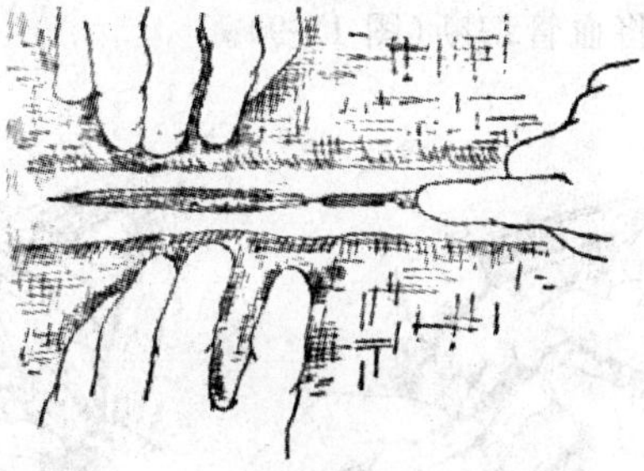

图 12-6 皮肤紧张切开(二)

2. 皱襞切开

在切口的下面有大血管、大神经、分泌管和重要器官,而皮下组织甚为疏松,为了使皮肤切口位置正确且不误伤其下部组织,术者和助手应在预定切线的两侧,用手指或镊子提拉皮肤呈垂直皱襞,并进行垂直切开(图 12-7)。

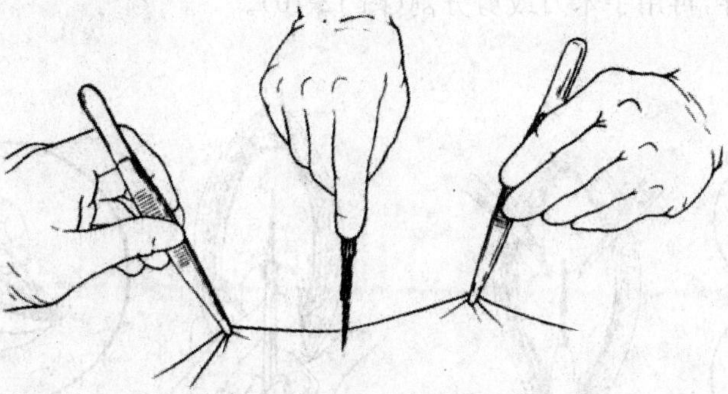

图 12-7 皮肤皱襞切开

(四)皮下组织及其他组织的分离

切开皮肤后组织的分割宜用逐层切开的方法,以便识别组织,避免或减少对大血管、大神经的损伤,只有当切开浅层脓肿时,才采用一次切开的方法。

1. 皮下疏松结缔组织的分离

皮下结缔组织内分布有许多小血管,故多用钝性分离。方法是先将组织刺破,再用手术刀柄、止血钳或手指进行剥离。

2. 筋膜和腱膜的分离

用刀在其中央作一小切口,然后用弯止血钳在此切口上、下将筋膜下组织与筋膜分开,沿分开线剪开筋膜。筋膜的切口应与皮肤切口等长。若筋膜下有神经血管,则用手术镊将筋膜提起,用反挑式执刀法作一小孔,经小切口伸入镊子,在其引导下切开。

3. 肌肉的分离

一般是沿肌纤维方向作钝性分离。方法是顺肌纤维方向用刀柄、止血钳或手指剥离,扩大到所需要的长度(图 12-8),但在紧急情况下,或肌肉较厚并含有大量腱质时,为了使手术通路广阔和排液方便也可横断切开。横过切口的血管可用止血钳钳夹,或用细缝线从两端结扎后,从中间将血管切断(图 12-9)。

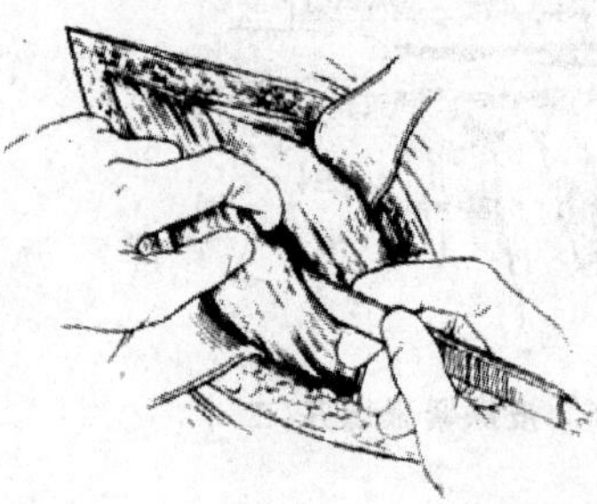

图 12-8 肌肉钝性分离

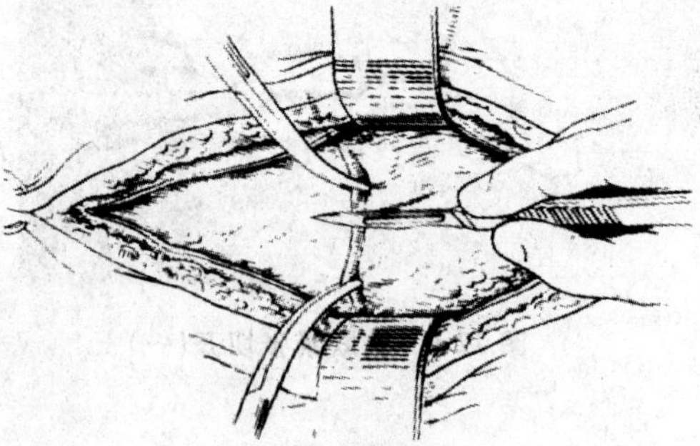

图 12-9 肌肉横断切开

4. 腹膜的分离

腹膜切开时,为了避免伤及内脏,可用组织钳或止血钳提起腹膜作一小切口,利用食指和中指或有沟探针引导,再用手术刀或剪分割(图 12-10)。

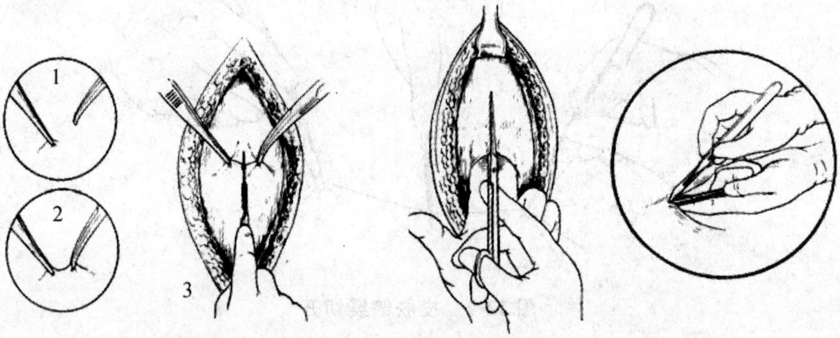

图 12-10 腹膜的切开

5. 肠管的切开

肠管侧壁切开时,一般于肠管纵带上纵行切开,并应避免损伤对侧肠管(图 12-11)。

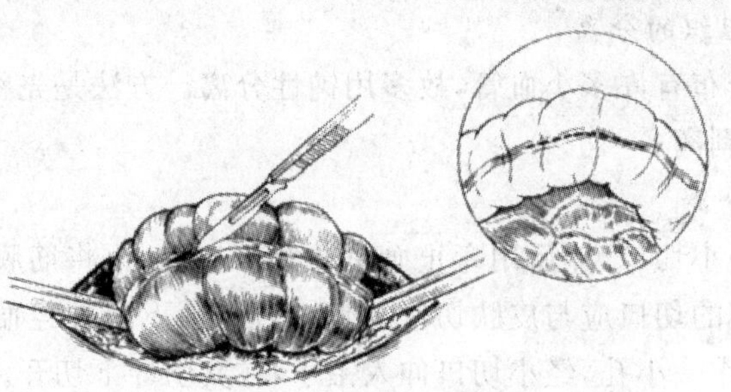

图 12-11 肠管的切开

6. 索状组织的分离

索状组织(如精索)的分割,除了可应用手术刀(剪)作锐性切割外,尚可用刮断、拧断等方法，以减少出血。

7. 良性肿瘤、放线菌病灶、囊肿及内脏粘连部分分离

良性肿瘤、放线菌病灶、囊肿及内脏粘连部分分离宜用钝性分离。

分离的方法是：对未机化的粘连可用手指或刀柄直接剥离；对已机化的致密组织，可先用手术刀切一小口，再用钝性剥离。剥离时手的主要动作应是前后方向或略施加压力于一侧，使较疏松或粘连最小部分自行分离，然后将手指伸入组织间隙，再逐步深入。在深部非直视下，手指左右大幅度的剥离动作，应少用或慎用，除非确认为稀松的纤维蛋白粘连，否则，易导致组织及脏器的严重撕裂或大出血。对某些不易钝性分离的组织，可将钝性分离与锐性分割结合使用，一般是用弯剪伸入组织间隙，用推剪法，即将剪尖微张，轻轻向前推进，进行剥离。

(五)骨组织的分割

首先应分离骨膜，然后再分离骨组织。分离骨膜时，应尽可能完善地保存健康部分，以利骨组织愈合。

分离骨膜时，先用手术刀切开骨膜(切成“十”字形或“工”字形)，然后用骨膜分离器分离骨膜。骨组织的分离一般是用骨剪剪断或骨锯锯断，当锯(剪)断骨组织时，不应损伤骨膜。为了防止骨的断端损伤软部组织，应使用骨锉锉平断端锐缘，并清除骨片，以免遗留在手术创内引起不良反应和障碍愈合。

(六)蹄和角质的分离(属于硬组织的分离)

对于蹄角质可用蹄刀、蹄刮挖除，浸软的蹄壁可用柳叶刀切开。闭合蹄壁上的裂口可用骨钻、锔子钳和锔子。截断牛羊角时可用骨锯或断角器。

四、止血技术

止血是手术过程中自始至终经常遇到而又必须立即处理的基本操作技术。手术中完善的止血，可以预防失血的危险和保证术部良好的显露，直接关系到施术动物的健康。因此要求手术中的止血必须迅速而可靠，并在手术前采取积极有效的预防性止血措施，以减少手术中出血。

(一)全身预防性止血法

是在手术前给家畜注射增高血液凝固性的药物和同类型血液，借以提高机体抗出血的能力，减少手术过程中的出血。常用下列几种方法。

1. 输血

目的在于增高施术家畜血液的凝固性，刺激血管运动中枢反射性地引起血管的痉挛性收缩，以减少手术中的出血。在术前 30～60 min，输入同种同型血液，牛、马 500～1 000 mL，猪、羊 200～300 mL。

2. 注射增高血液凝固性以及血管收缩的药物

肌肉注射 0.3%凝血质注射液，以促进血液凝固。牛、马 10～20 mL。

肌肉注射维生素 K 注射液，以促进血液凝固，增加凝血酶原。牛、马 100～400 mg；猪、羊 2～10 mg。

肌肉注射安络血注射液，以增强毛细血管的收缩力，降低毛细血管渗透性。牛、马 30～

60 mg;猪、羊 5～10 mg。

肌肉注射止血敏注射液,以增强血小板机能及黏合力,减少毛细血管渗透性。牛、马 1.25～2.5 g;猪、羊 0.25～0.5 g。

肌注或静注对羧基苄胺(抗血纤溶芳酸),以拮抗纤维蛋白的溶解,抑制纤维蛋白原的激活因子,使纤维蛋白溶酶原不能转变成纤维蛋白溶解酶,从而减少纤维蛋白的溶解而发挥止血作用。对于手术中的出血及渗血、尿血、消化道出血有较好的止血效果。使用时可加葡萄糖注射液或生理盐水注射,注射时宜缓慢。牛、马一次量 1～2 g;猪、羊 0.2～0.4 g。

(二)局部预防性止血法

1. 肾上腺素止血

应用肾上腺素作局部预防性止血常配合局部麻醉进行。一般是在每 1 000 mL 的 0.5% 普鲁卡因溶液中加入 0.1% 肾上腺素溶液 2 mL,利用肾上腺素收缩血管的作用,达到减少手术局部出血之目的,其作用可维持 20 min 至 2 h。但手术局部有炎症病灶时,因高度的酸性反应,可减弱肾上腺素的作用。此外,在肾上腺素作用消失后,小动脉管扩张,如若血管内血栓形成不牢固,可能发生二次出血。

2. 止血带止血

适用于四肢、阴茎和尾部手术。可暂时阻断血流,减少手术中的失血,有利于手术操作。用橡皮管止血带或其代用品——绳索、绷带时,局部应垫以纱布或手术巾,以防损伤软部组织、血管及神经。

橡皮管止血带的装置方法是:用足够的压力(以止血带远侧端的脉搏将消失为度),于手术部位上 1/3 处缠绕数周固定之,其保留时间不得超过 2～3 h,冬季不超过 40～60 min,在此时间内如手术尚未完成,可将止血带临时松开 10～30 s,然后重新缠扎。松开止血带时,宜用多次"松、紧、松、紧"的办法,严禁一次松开。

(三)手术过程中止血法

手术过程中的止血方法很多,兹将几种常用的止血方法叙述如下。

1. 机械止血法

(1)压迫止血　用纱布或泡沫塑料压迫出血的部位,以清除术部的血液,辨清组织和出血径路及出血点,以便进行止血措施。在毛细血管渗血和小血管出血时,如机体凝血机能正常,压迫片刻,出血即可自行停止。为了提高压迫止血的效果,可选用温生理盐水、1%～2% 麻黄素、0.1% 肾上腺素、2% 氯化钙溶液浸湿后扭干的纱布块作压迫止血。在止血时,必须是按压,不可用擦拭,以免损伤组织或使血栓脱落。

(2)钳夹止血　利用止血钳最前端夹住血管的断端,钳夹方向应尽量与血管垂直,钳住的组织要少,切不可作大面积钳夹。

(3)钳夹扭转止血　用止血钳夹住血管断端,扭转止血钳 1～2 周,轻轻去钳,则断端闭合止血。如经钳夹扭转不能止血时,则应予以结扎,此法适用于小血管出血。

(4)钳夹结扎止血　是常用而可靠的基本止血法,多用于明显而较大血管出血的止血。其方法有两种:

单纯结扎止血:用丝线绕过止血钳所夹住的血管及少量组织而结扎(图 12-12)。在结扎结扣的同时,由助手放开止血钳,于结扣收紧时,即可完全放松,过早放松,血管可能脱出,过晚放松则结扎住钳头不能收紧。结扎时所用的力量也应大小适中。结扎止血法，适用于一般部位的止血。

贯穿结扎止血：将结扎线用缝针穿过所钳夹组织（勿穿透血管）后进行结扎。常用的方法有“8”字缝合结扎及单纯贯穿结扎两种（图 12-13）。

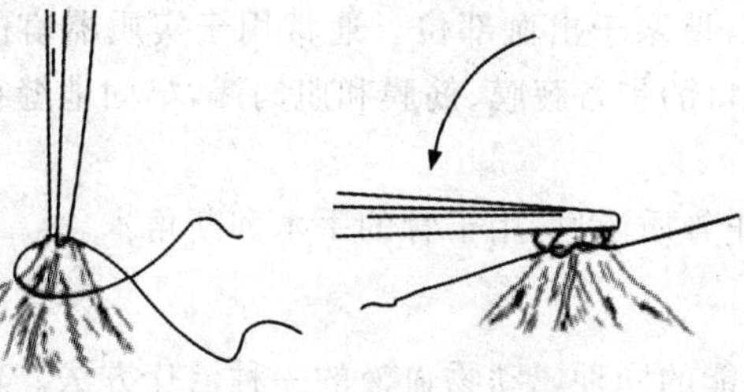

图 12-12　单纯结扎止血

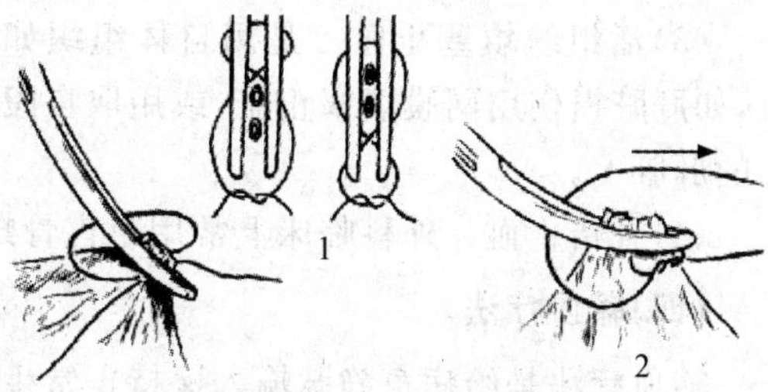

图 12-13　贯穿钳夹结扎止血

1.“8”字缝合结扎　2. 单纯贯穿结扎

贯穿结扎止血的优点是结扎线不易脱落，适用于大血管或重要部分的止血。在不易用止血钳夹住的出血点，不可用单纯结扎止血，而宜采用贯穿结扎止血的方法。

（5）创内留钳止血　用止血钳夹住创伤深部血管断端，并将止血钳留在创伤内 24～48 h。为了防止止血钳移动，可把用绷带固定止血钳的柄环部拴在家畜的体躯上。创内留钳止血法，多用于大家畜去势后继发精索内动脉大出血。

（6）填塞止血　本法是在深部大血管出血，一时找不到血管断端，钳夹或结扎止血困难时，而用灭菌纱布紧塞于出血的创腔或解剖腔内，压迫血管断端以达到止血之目的。在填入纱布时，必须将创腔填满，以便有足够的压力压迫血管断端。填塞止血留置的敷料通常是在 12～48 h 后取出。

2. 电凝及烧烙止血法

（1）电凝止血　利用高频电流凝固组织的作用达到止血目的。使用方法是用止血钳夹住血管断端，向上轻轻提起，擦干血液，将电凝器与止血钳接触，待局部发烟即可。电凝时间不宜过长，否则烧伤范围过大，影响切口愈合。在空腔脏器、大血管附近及皮肤等处不可用电凝止血，以免组织坏死，发生并发症。

电凝止血的优点是止血迅速，不留线结于组织内，但止血效果不完全可靠，凝固的组织易于脱落而再次出血，所以对较大的血管仍应以结扎止血为宜，以免发生继发性出血。

（2）烧烙止血　是用电烧烙器或烙铁烧烙作用使血管断端收缩封闭而止血。其缺点是损伤组织较多，兽医临诊上多用于弥漫性出血，羔羊断尾术和某些摘除手术后的止血。使用烧烙止血时，应将电阻丝或烙铁烧得微红，才能达到止血的目的，但也不宜过热，以免组织炭化过多，使血管断端不能牢固堵塞。烧烙时，烙铁在出血处稍加按压后即迅速移开，否则组织粘附在烙铁上，当烙铁移开时而将组织扯离。

3. 局部化学及生物学止血法

（1）麻黄素、肾上腺素止血　用 1%～2%麻黄素溶液或 0.1%肾上腺素溶液浸湿的纱布进行压迫止血（见压迫止血）。临床上也常用上述药品浸湿系有棉线绳的棉包作鼻出血、拔牙后齿槽出血的填塞止血，待止血后拉出棉包。

(2)止血明胶海绵止血　明胶海绵止血多用于一般方法难以止血的创面出血，实质器官、骨松质及海绵质出血，使用时将止血海绵铺在出血面上或填塞在出血的伤口内，即能达到止血的目的，如果在填塞后加以组织缝合，更能发挥优良的止血效果。止血明胶海绵的种类很多，如纤维蛋白海绵、氧化纤维素、白明胶海绵及淀粉海绵等。它们止血的基本原理是促进血液凝固和提供凝血时所需要的支架结构，止血海绵能被组织吸收和使受伤血管日后保持贯通。

(3)活组织填塞止血　是用自体组织如网膜，填塞于出血部位。通常用于实质器官的止血，如肝脏损伤用网膜填塞止血，或用取自腹部切口的带蒂腹膜、筋膜和肌肉瓣，牢固地缝在损伤的肝脏上。

(4)骨蜡止血　外科临床上常用市售骨蜡制止骨质渗血，用于骨的手术和断角术。

(四)输血疗法

输血疗法是给病畜静脉输入保持正常生理功能的同种属动物血液的一种治疗方法。输血的作用和意义：给病畜输入血液可部分或全部地补偿机体所损失的血液，扩大血容量，同时补充了血液的细胞成分和某些营养物质。输血有止血作用，是促进凝血过程的结果。输入血液能激化肝、脾、骨髓等各组织的功能，并能促使血小板、钙盐和凝血活酶进入血流中。这些，对促进血液凝固有重要作用。输血具有对病畜刺激、解毒、补偿以及增强生物学免疫功能等作用。

1. 适应症及禁忌症

适用于大失血、外伤性休克、营养性贫血、严重烧伤、大手术的预防性止血等。禁忌症为严重的心血管系统疾病、肾脏疾病和肝病等。

2. 血液的采集和保存

供血者应该是健康、体壮的成年家畜，无传染病及血原虫病的家畜。

3. 血液相合性的判定

输血前必须进行血液相合性试验，以防发生输血反应。临床上常用的方法有：玻片凝集试验法及生物学试验法。两者结合应用，更为安全可靠。每次输血时，最好先将供血者的少量血液(马、牛 150～200 mL，犬 40～50 mL)注入受血者静脉内，注入后 10 min，若受血者的体温、脉搏、呼吸及可视黏膜等无明显变化，即可将剩余的血液全部输入。

4. 输血的径路、数量及速度

常用输血径路为静脉内注射。一次输血量须按病情确定。急性大失血时，应该大量输血以挽救生命；以止血为目的，宜用小剂量。马、牛一次输血量为 1～2 L，犬为 5～7 mL/kg。输血速度宜缓慢，不宜过快，马、牛 1L 血液需 20 min 输完。输血操作时严格保证无菌。

5. 副作用及抢救

发热反应：输血后 15～30 min，受血者出现寒颤和体温升高，应停止输血。过敏反应：呼吸急迫、痉挛，皮肤有荨麻疹等症状，应停止输血。肌肉注射苯海拉明或 0.1% 肾上腺素溶液。溶血反应：受血者在输血过程中突然不安，呼吸、脉搏增数，肌肉震颤，排尿频繁，高热、可视黏膜发绀等，应停止输血，配合强心、补液治疗。

五、缝合技术

缝合是将已切开、切断或因外伤而分离的组织、器官进行对合或重建其通道，保证良好愈合的基本操作技术。在愈合能力正常的情况下，愈合是否完善与缝合的方法及操作技术有一定的关系。

(一)缝合的基本原则

(1)严格遵守无菌操作。

(2)缝合前必须彻底止血,清除凝血块、异物及无生机的组织。

(3)为了使创缘均匀接近,在两针孔之间要有相当距离,以防拉穿组织。

(4)缝针刺入和穿出部位应彼此相对,针距相等,否则易使创伤形成皱襞和裂隙。

(5)凡无菌手术创或非污染的新鲜创经外科常规处理后,可作对合密闭缝合。具有化脓腐败过程以及具有深创囊的创伤可不缝合,必要时作部分缝合。

(6)在组织缝合时,一般是同层组织相缝合,除非特殊需要,不允许把不同类的组织缝合在一起。缝合、打结应有利于创伤愈合,如打结时既要适当收紧,又要防止拉穿组织,缝合时不宜过紧,否则将造成组织缺血。

(7)创缘、创壁应互相均匀对合,皮肤创缘不得内翻,创伤深部不应留有死腔、积血和积液。在条件允许时,可作多层缝合,正确与不正确的缝合见图12-14。

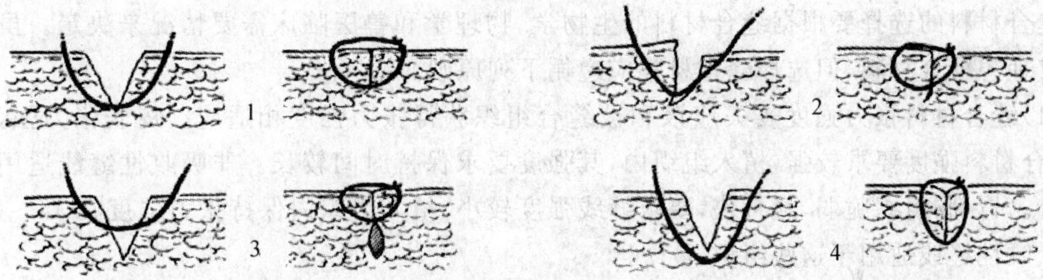

图12-14　正确与不正确的切口缝合

1. 正确的缝合　2. 两皮肤创缘不在同一平面　3. 缝合太浅,形成死腔　4. 缝合太紧,皮肤内陷

(8)缝合的创伤,若在手术后出现感染症状,应迅速拆除部分缝线,以便排出创液。

(二)常用的缝合材料

缝合材料是用于闭合组织和结扎血管。兽医外科临床上,所应用的缝合材料种类很多。选择适宜的缝合材料是很重要的。

缝合材料按照在动物体内吸收的情况分为吸收性缝合材料和非吸收性缝合材料。缝合材料在动物体内,60 d内发生变性,其张力强度很快丧失的为吸收性缝合材料。缝合材料在动物体内60 d以后仍然保持其张力强度的为非吸收性缝合材料。

缝合材料按照其材料来源分为天然缝合材料和人造缝合材料。

1. 天然吸收性缝合材料

肠线:是由羊肠黏膜下组织或牛的小肠浆膜组织制成。肠线的种类:分为A、B、C、D共4种类型。C型为中度铬盐处理型,植入体内20 d被吸收,是手术常用的肠线。D型为超级铬盐处理型,植入体内40 d被吸收。

2. 天然非吸收性缝合材料

丝线是蚕茧的连续性蛋白质纤维,是传统的、广泛应用的非吸收性缝线。

丝线有型号编制,使用时应根据不同的型号,用于缝合不同的组织。粗线为7～9号,抗张力为 2.7～4.5 kg，适用于大血管结扎，筋膜或张力较大的组织缝合；中等线为 3～4 号，抗张力为 1.65 kg，适用于皮肤、肌肉、肌腱等组织缝合；细线为 0～1 号，抗张力为 0.9 kg，适用于皮下、胃肠道组织的缝合；最细线为 000～0000 号，抗张力为 0.5 kg，适用于血管、神经缝合。

丝线优点：价廉，广泛应用；容易消毒；编织丝线张力强度高，操作使用方便。打结确实。

丝线缺点：缝合空隙器官时，如果丝线露出腔内，易产生溃疡。缝合膀胱、胆囊时，易形成结石。因此，丝线不能用于空腔器官的黏膜层缝合。不能缝合被污染或感染的创伤。

3. 不锈钢丝

现在使用的不锈钢丝是唯一被广泛接受的金属缝线。适用于制作不锈钢丝的材料是铬镍不锈钢。有单丝和多丝不锈钢丝。

4. 尼龙缝线

尼龙是由六次甲基二胺和脂肪酸制成。尼龙缝线分为单丝和多丝两种。其生物学特性为惰性，植入组织内对组织反应很小。张力强度较强。

(三)缝合材料的选择

缝合材料的选择要根据缝合材料的生物学、物理学和兽医临床需要情况来决定。虽然一般没有理想缝合材料，但选择缝合材料应遵循下列原则。

(1)缝合材料张力强度丧失应该和被缝合组织获得张力强度相适应。皮肤张力强，愈合慢，缝合材料强度要求较强，植入组织内，其强度要求保持时间较长。非吸收性缝线适用于皮肤缝合。胃、肠组织脆弱，愈合快，要求缝线强度较小，植入组织内保持张力强度在 14～21 d，使用吸收性缝线适用于这些组织。

(2)缝线的生物学作用能改变创伤愈合过程。缝线的物理学和化学性质，影响缝合组织抵抗创伤感染的能力。同样的缝合材料，单丝缝线耐受污染创比多丝缝线好。人造缝线抵抗创伤感染能力比天然缝线好。聚乙醇酸缝线、单丝尼龙等用于污染组织，感染率很低、膀胱、胆囊的缝合，应用丝线易形成结石。

(3)缝线机械特性应该与被缝合的组织特性相适应。聚丙烯和尼龙缝线最适用缝合具有伸延性组织，例如皮肤；而肠线和聚乙醇酸缝线适用于较脆弱组织，例如肠管、子宫等。

(4)不同的组织使用不同的缝合材料。皮肤缝合使用丝线、尼龙等非吸收性缝线。皮下组织使用人造可吸收性缝线是适宜的。筋膜缝合，腹壁和许多其他部位的筋膜张力强度较大，愈合慢，需要缝线强度较强，应用中等规格尼龙等非吸收性缝线是适宜的。对张力较小部位的筋膜，可以应用人造可吸收性缝线。肌肉缝合应用人造可吸收性或非吸收性缝线。空腔器官缝合应用肠线、聚乙醇酸缝线和单丝非吸收性缝线。腱的修补通常应用尼龙、不锈钢丝等。聚丙烯缝线、尼龙缝线用于血管缝合。神经缝合要考虑对缝合组织无反应性，应用尼龙和聚丙烯缝线。

(四)打结

打结是外科手术最基本的操作之一，正确而牢固地打结是结扎止血和缝合的重要环节，熟练地打结，不仅可以防止结扎线的松脱而造成的创伤哆开和继发性出血，而且可以缩短手术时间。

1. 结的种类

常用的结有方结、三叠结和外科结。

(1)方结 又称平结。是手术中最常用的一种，用于结扎较小的血管和各种缝合时的打结，不易滑脱。

(2)三叠结　又称加强结。是在方结的基础上再加一个结，共 3 个结。较牢固，结扎后即使松脱一道，也无妨；但遗留于组织中的结扎线较多。三叠结常用于有张力部位的缝合，大血管和肠线的结扎。

(3)外科结　打第一个结时绕两次，使摩擦面增大，故打第二个结时不易滑脱和松动。此结牢固可靠，多用于大血管、张力较大的组织和皮肤缝合。在打结过程中常产生的错误结，有假结和滑结两种。

(4)假结(斜结)　此结易松脱。

(5)滑结　打方结时，两手用力不均，只拉紧一根线，虽则两手交叉打结，结果仍形成滑结，而非方结，亦易滑脱，应尽量避免发生。各种结如图 12-15 所示。

2. *打结方法*

常用的有三种，即单手打结、双手打结和器械打结。

(1)单手打结　为常用的一种方法，简便迅速。左右手均可打结。虽各人打结的习惯常有不同，但基本动作相似(图 12-16)。

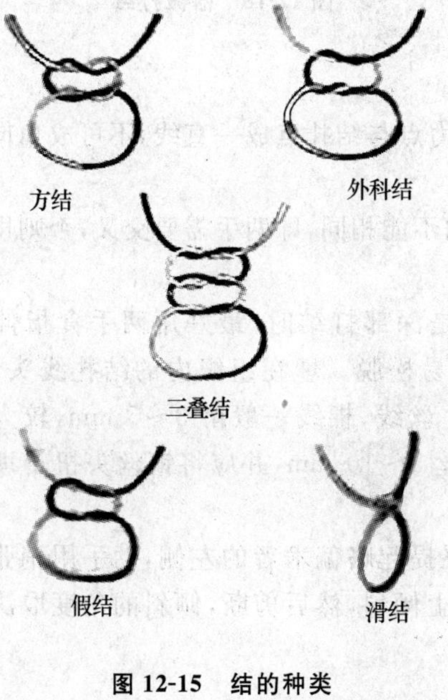

图 12-15　结的种类

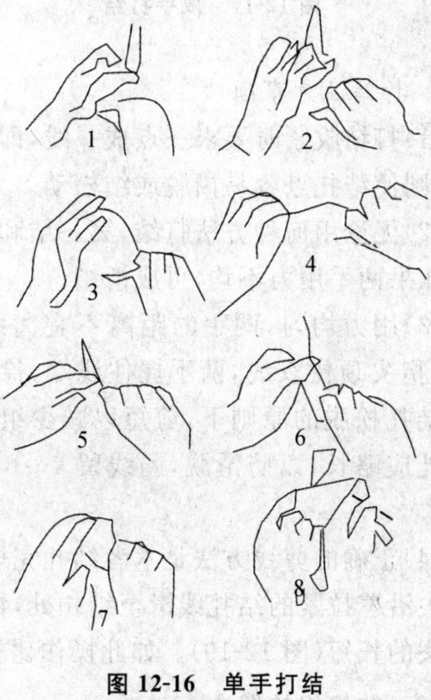

图 12-16　单手打结

(2)双手打结　除了用语一般结扎外，对深部或张力大的组织缝合，结扎较为方便可靠。(图 12-17)

(3)器械打结　用持针钳或止血钳打结。适用于结扎线过短、狭窄的术部、创伤深处和某些精细手术的打结。方法是把持针钳或止血钳放在缝线的较长端与结扎之间，用长线头端缝线环绕血管钳一圈后，再打结即可完成第一结，打第二结时用相反方向环绕持针钳一圈后拉紧，成为方结(图 12-18)。

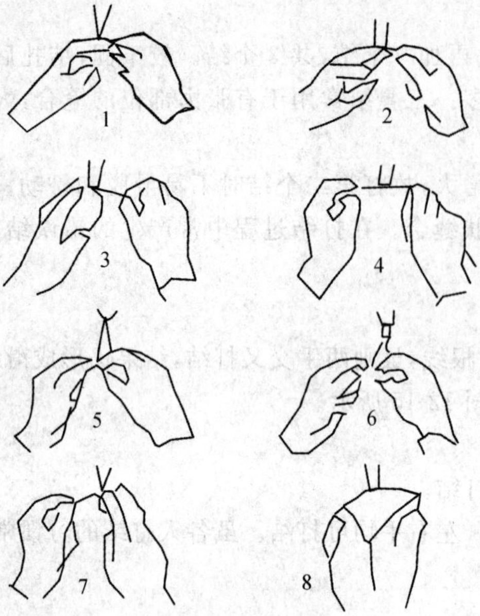

图 12-17 双手打结

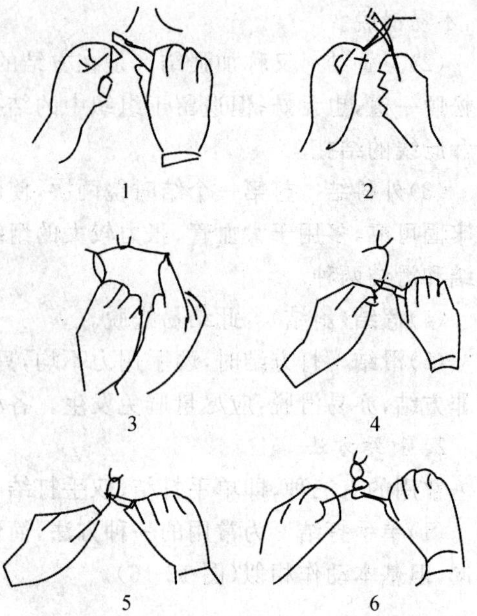

图 12-18 器械打结

3. 打结注意事项

(1)打结收紧时要求三点成一线,即左、右手的用力点与结扎点成一直线,不可成角向上提起,否则使结扎点容易撕脱或结松动。

(2)无论用何种方法打结,第一结和第二结的方向不能相同,即两手需要交叉,否则即成假结。如果两手用力不均,可成滑结。

(3)用力均匀,两手的距离不宜离线太远,特别是深部打结时,最好用两手食指伸到结旁,以指尖顶住双线,两手握住线端,徐徐拉紧,否则易松脱。埋在组织内的结扎线头,在不引起结扎松脱的原则下,剪短以减少组织内的异物。丝线、棉线一般留 3～5 mm,较大血管的结扎应略长,以防滑脱,肠线留 4～6 mm,不锈钢丝 5～10 mm,并应将钢丝头扭转埋入组织中。

(4)正确的剪线方法是术者结扎完毕后,将双线尾提起略偏术者的左侧,助手用稍张开的剪刀尖沿着拉紧的结扎线滑至结扣处,再将剪刀稍向上倾斜,然后剪断,倾斜的角度取决于要留线头的长短(图 12-19)。如此操作比较迅速准确。

(五)软组织的缝合

1. 对接缝合

(1)单纯间断缝合 单纯间断缝合或称为结节缝合,是最古老、最常用的缝合方式。缝合时,将缝针引入 15～25 cm 缝线,于创缘一侧垂直刺入,于对侧相应的部位穿出打结。每缝一针,打一次结(图 12-20)。缝合要求创缘密切对合。缝线距创缘距离,根据缝合的皮肤厚度来决定,小动物 3～5 mm,大动物 0.8～1.2 cm。缝线间距要根据创缘张力来决定,使创缘彼此对合,一般间距 0.5～1.5 cm。打结在切口一侧,防止压迫切口。用于皮肤、皮下织、筋膜、黏膜、血管、神经、胃肠道缝合。

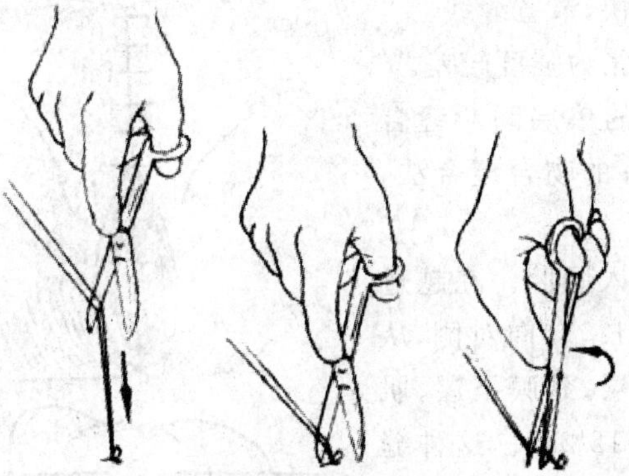

图 12-19　剪线法

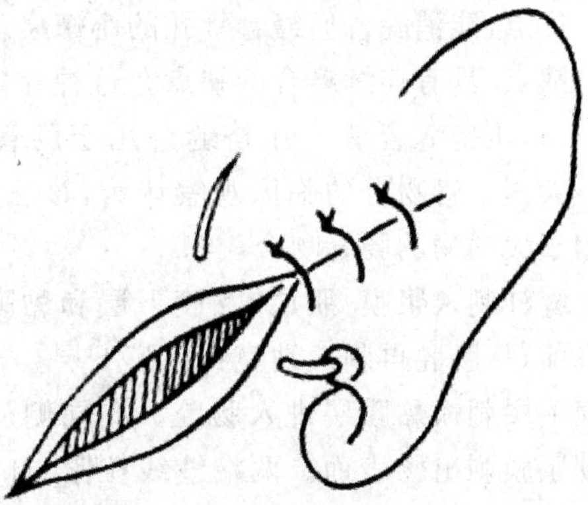

图 12-20　单纯间断缝合

优点：操作容易，迅速。在愈合过程中，即使个别缝线断裂，其他邻近缝线不受影响，不致整个创面裂开。能够根据各种创缘的伸延张力正确调整每个缝线张力。如果创口有感染可能，可将少数缝线拆除排液。对切口创缘血液循环影响较小，有利于创伤的愈合。

缺点：需要较多时间，使用缝线较多。

(2)单纯连续缝合　单纯连续缝合是用一条长的缝线自始至终连续地缝合一个创口，最后打结。第一针和打结操作同结节缝合，以后每缝一针以前，对合创缘，避免创口形成皱褶，使用同一缝线以等距离缝合，拉紧缝线，最后留下线尾，在一侧打结(图 12-21)。常用于具有弹性、无太大张力的较长创口。用于皮肤、皮下组织、筋膜、血管、胃肠道缝合。

优点：节省缝线和时间，密闭性好。

缺点：一处断裂，全部缝线拉脱，创口哆开。

(3)表皮下缝合　适用于小动物表皮下缝合。缝合在切口一端开始，缝针刺入真皮下，再翻转缝针刺入另一侧真皮，在组织深处打结。应用连续水平褥式缝合平行切口。最后缝针翻转刺向对侧真皮下打结，埋置在深部组织内(图 12-22)。一般选择可吸收性缝合材料。

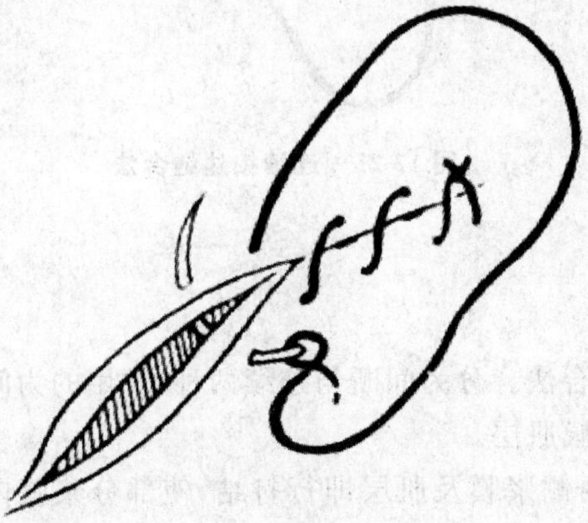

图 12-21　单纯连续缝合

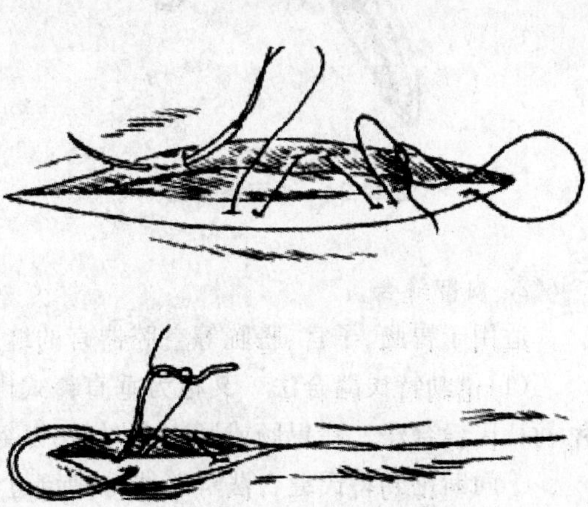

图 12-22　表皮下缝合

优点：能消除普通缝合针孔的小瘢痕。操作快，节省缝线。

缺点：具有连续缝合的缺点。这种缝合方法张力强度较差。

(4)压挤缝合法　压挤缝合用于肠管吻合的单层间断缝合法。犬猫肠管吻合的临床观察认为，该法是很好的吻合缝合法，也用于大动物的肠管吻合。

缝针刺入浆膜、肌层、黏膜下层和黏膜层进入肠腔。在越过切口前，从肠腔再刺入黏膜到黏膜下层。越过切口，转向对侧，从黏膜下层刺入黏膜层进入肠腔。在同侧从黏膜层、黏膜下层、肌层到浆膜刺出肠表面。两端缝线拉紧、打结(图 12-23)。这种缝合是浆膜、肌层相对接；黏膜、黏膜下层内翻。这种缝合是肠组织本身组织的相互压挤，具有良好的防止液体泄漏，肠管吻合的密切对接和保持正常的肠腔容积。

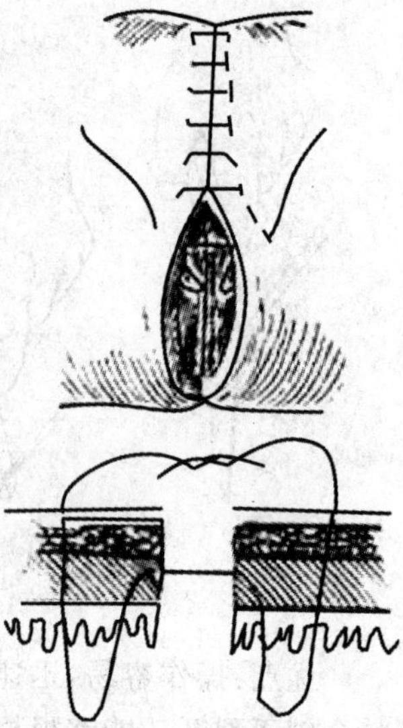

图 12-23　压挤缝合法

(5)十字缝合法　第一针开始，缝针从一侧到另一侧作结节缝合，第二针平行第一针从一侧到另一侧穿过切口，缝线的两端在切口上交叉形成 X 形，拉紧打结(图 12-24)。用于张力较大的皮肤缝合。

(6)连续锁边缝合法　这种缝合方法与单纯连续缝合基本相似。在缝合时每次将缝线交锁(图12-25)。此种缝合能使创缘对合良好，并使每一针缝线在进行下一次缝合前就得以固定。多用于皮肤直线形切口及薄而活动性较大的部位缝合。

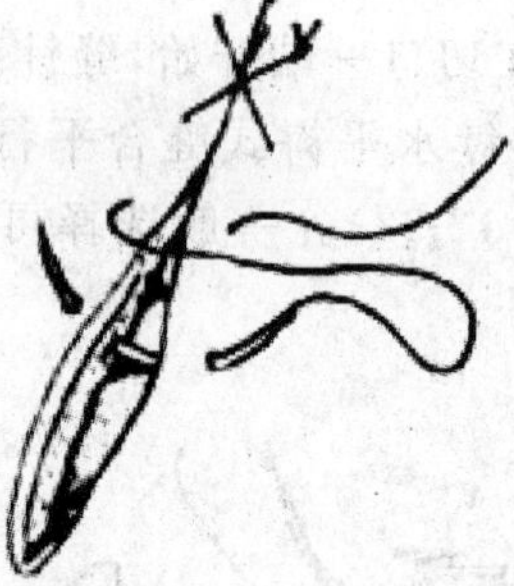

图 12-24　十字缝合法

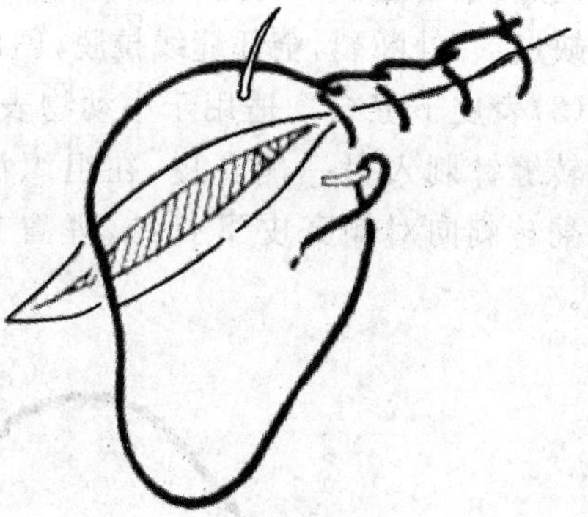

图 12-25　连续锁边缝合法

2. 内翻缝合

适用于胃肠、子宫、膀胱等空腔器官的缝合。

(1)伦勃特氏缝合法　又称为垂直褥式内翻缝合法。分为间断与连续两种，常用的为间断伦勃特氏缝合法。在胃肠或肠吻合时，用以缝合浆膜肌层。

①间断伦勃特氏缝合法　缝线分别穿过切口两侧浆膜及肌层即行打结，使部分浆膜内翻对合，用于胃肠道的外层缝合(图 12-26)。

②连续伦勃特氏缝合法　于切口一端开始，先作一浆膜肌层间断内翻缝合，再用同一缝线作浆膜肌层连续缝合至切口另一端(图 12-27)。其用途与间断内翻缝合相同。

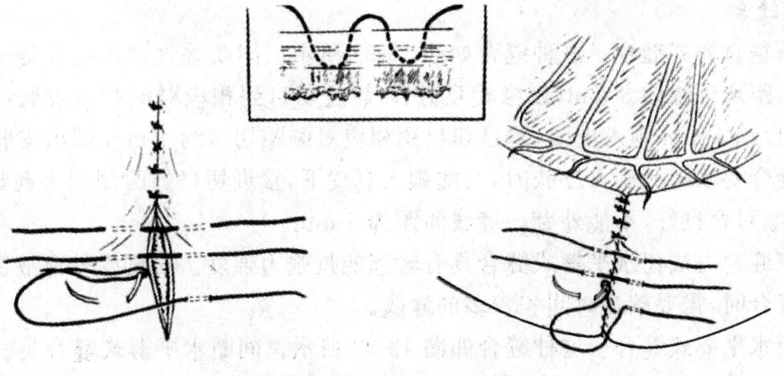

图 12-26 间断伦勃特氏缝合法

(2)库兴氏缝合法 又称连续水平褥式内翻缝合法,这种缝合法是从伦勃特氏连续缝合演变来的。缝合方法是于切口一端开始先做一浆膜肌层间断内翻缝合,再用同一缝线平行于切口做浆膜肌层连续缝合至切口另一端(图 12-28)。适用于胃、子宫浆膜肌层缝合。

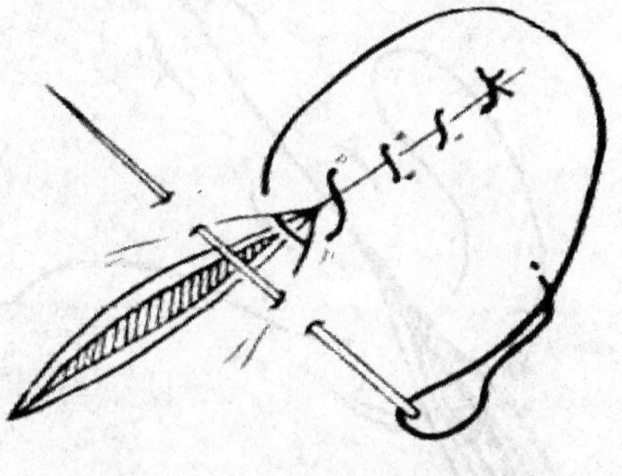

图 12-27 连续伦勃特氏缝合法

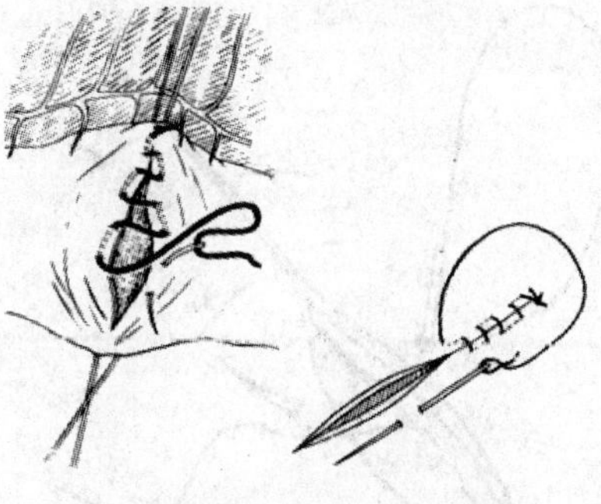

图 12-28 库兴氏缝合法

(3)康乃尔氏缝合法 这种缝合法与连续水平褥式内翻缝合相同,仅在缝合时缝针要贯穿全层组织,当将缝线拉紧时,则肠管切面即翻向肠腔(图 12-29)。多用于胃、肠、子宫壁缝合。

(4)荷包缝合 即作环状的浆膜肌层连续缝合。主要用于胃肠壁上小范围的内翻缝合,如缝合小的胃肠穿孔。此外还用于胃肠、膀胱造瘘等引流固定的缝合方法(图 12-30)。

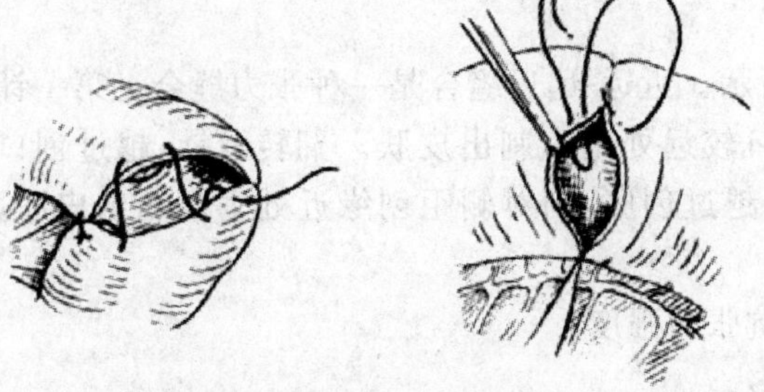

图 12-29 康乃尔氏缝合法

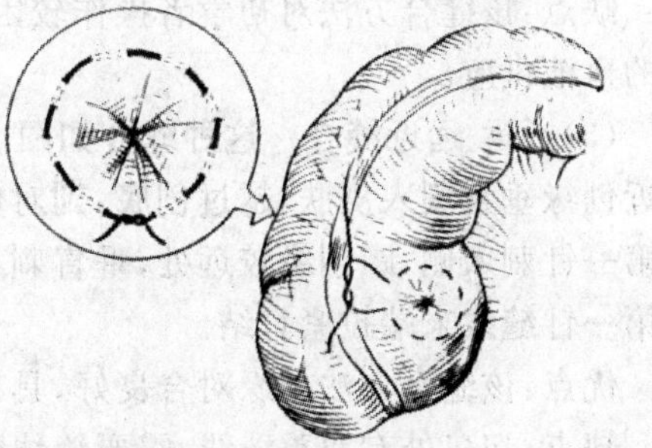

图 12-30 荷包缝合法

3. 张力缝合

(1)间断垂直褥式缝合　这种缝合如图 12-31 所示。间断垂直褥式缝合是一种张力缝合。针刺入皮肤，距离创缘约 8 mm，创缘相互对合，越过切口到相应对侧刺出皮肤，然后缝针翻转在同侧距切口约 4 mm 刺入皮肤，越过切口到相应对侧距切口约 4 mm 刺出皮肤，与另一端缝线打结，该缝合要求缝针刺入皮肤时，只能刺入真皮下，接近切口的两侧刺入点要求接近切口，这样皮肤创缘对合良好，不能外翻。缝线间距为 5 mm。

优点：该缝合方法比水平褥式缝合具有较强的抗张力强度。对创缘的血液供应影响较小。

缺点：缝合时，需要较多时间和较多的缝线。

(2)间断水平褥式缝合　这种缝合如图 12-32 所示。间断水平褥式缝合是一种张力缝合，特别适用于马、牛和犬的皮肤缝合。针刺入皮肤，距创缘 2～3 mm，创缘相互对合，越过切口到对侧相应部位刺出皮肤，然后缝线与切口平行向前约 8 mm，再刺入皮肤，越过切口到相应对侧刺出皮肤，与另一端缝线打结。该缝合要求，缝针刺入皮肤时，要求刺在真皮下，不能刺入皮下组织，这样皮肤创缘对合才能良好，不出现外翻。根据缝合组织的张力，每个水平褥式缝合间距为 4 mm。

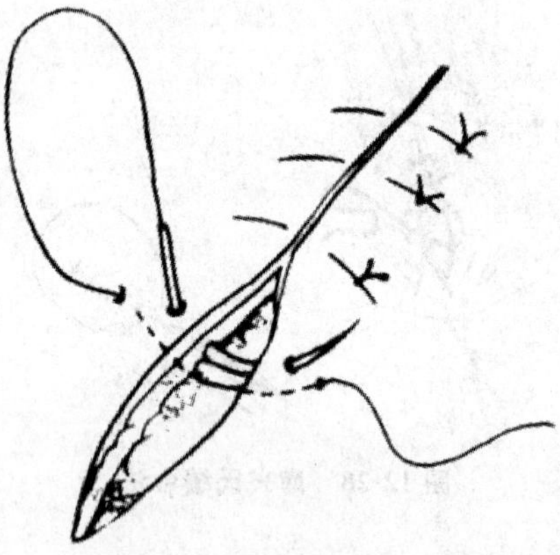

图 12-31　间断垂直褥式缝合

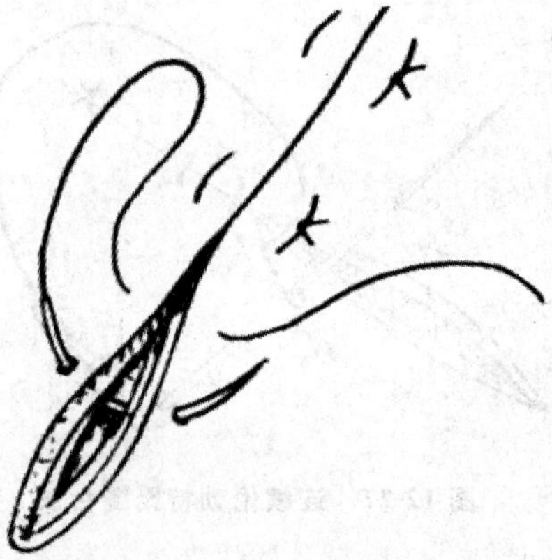

图 12-32　间断水平褥式缝合

优点：使用缝线较节省，操作速度较快。该缝合具有一定抗张力条件，对于张力较大的皮肤，可在缝线上放置胶管或纽扣，增加抗张力强度。

缺点：该缝合方法对初学者操作较困难。根据水平褥式缝合的几何图形，该缝合能减少创缘的血液供应。

(3)近远-远近缝合　这种缝合如图 12-33 所示。近远-远近缝合是一种张力缝合。第一针接近创缘垂直刺入皮肤，越过创底，到对侧距切口较远处垂直刺出皮肤。翻转缝针，越过创口到第一针刺入侧，距创缘较远处，垂直刺入皮肤，越过创底，到对侧距创缘近处垂直刺出皮肤，与第一针缝线末端拉紧打结。

优点：该缝合方法创缘对合良好，具有一定抗张力强度。

缺点：切口处有双重缝线，需要缝线数量较多。

4. 各种软组织的缝合技术

(1)皮肤的缝合　缝合前创缘必须对好，缝线要在同一深度将两侧皮下组织拉拢，以免皮下组织内遗留空隙，滞留血液或渗出液易引起感染。两侧针眼离创缘 1～2 cm，距离要相等。皮肤缝合采用间断缝合，缝合反应在创缘侧面打结，打结不能过紧。皮肤缝合完毕后，必须再次将创缘对好。

(2)皮下组织的缝合　缝合时要使创缘两侧皮下组织相互接触，一定要消除组织的空隙。使用可吸收性缝线，打结应埋置在组织内。

(3)筋膜的缝合　筋膜缝合应根据其张力强度。筋膜的切口应该与张力线平行，而不能垂直于张力线。所以，筋膜缝合时，要垂直于张力线，使用间断缝合。大量筋膜切除或缺损时，缝合时使用垂直褥式或远近-近远等张力缝合法。

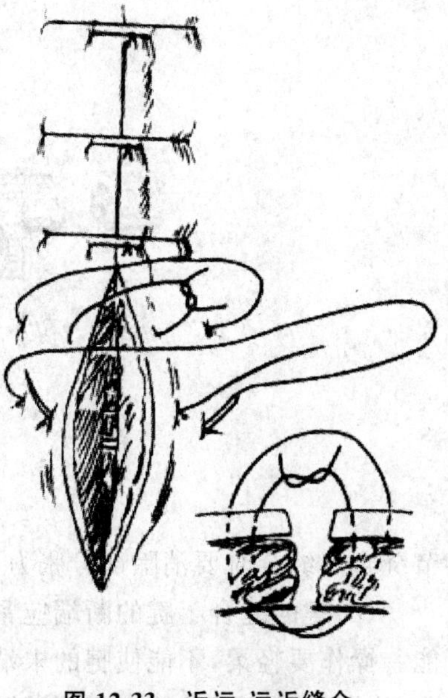

图 12-33　近远-远近缝合

(4)肌肉的缝合　肌肉缝合要求将纵行纤维紧密连接，瘢痕组织生成后，不能影响肌肉收缩功能。缝合时，应用结节缝合分别缝合各层肌肉。当小动物手术时，肌肉一般是纵行分离而不切断，因此，肌肉组织经手术细微整复后，可不需要缝合。对于横断肌肉，因其张力大，应该在麻醉或使用肌松剂的情况下连同筋膜一起缝合，进行结节缝合或水平褥式缝合。

(5)腹膜的缝合　腹膜缝合必须完全闭合，不能使网膜或肠管漏出或钳闭在缝合切口处。

(6)血管的缝合　血管缝合常见的并发症是出血和血栓形成。操作要轻巧、细致、不得损伤血管壁。血管端端吻合要严格执行无菌操作，防止感染。血管内膜紧密相对，因此，血管的边缘必须外翻(图 12-34)，让内膜接触，外膜不得进入血管腔。缝合处不宜有张力，血管不能有扭转。血管吻合时，应该用弹力较低的无损伤的血管夹阻断血流。缝合处要有软组织覆盖。

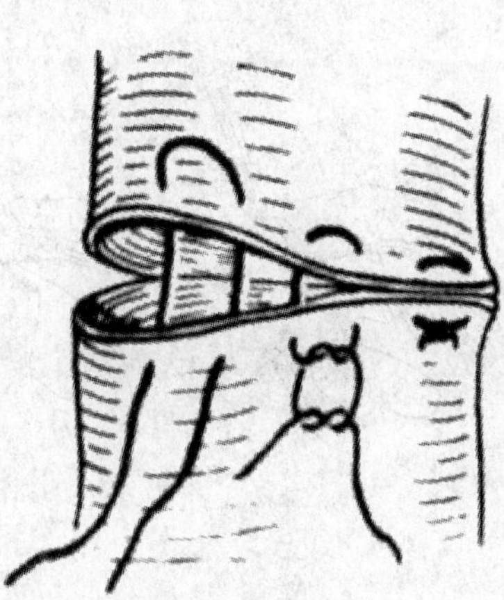

图 12-34　血管缝合

(7)神经的缝合　神经缝合应具备的条件：操作要轻柔；有精细的缝合器械；神经横断面要准确对合，避免神经鞘内和神经周围出血；缝合时，不能损伤神经组织。

神经缝合依损伤程度不同，可分为端端缝合和部分端端缝合两种。

①端端缝合　用以修复神经干完全断裂。对新鲜损伤，经清创后，用利刃修切神经干两断端使断面整齐，然后在神经两端的内外侧各缝一针，作固定牵引线，按 2～3 mm 左右的针距，2 mm 左右的边距用细丝线作结节或单纯连续缝合。前侧缝合完毕后，调换固定缝线，使神经翻转 180°，以同法缝合后侧(图 12-35)。缝合后，神经置于健康肌肉或皮下组织内覆盖。

②部分端端缝合　用于修复部分断裂的神经干，对新鲜的神经部分切割断面整齐者，可直接作结节缝合。反之，用利刃切除损伤部分，再行部分端端缝合。

对晚期神经部分断裂伤，应将神经充分显露并游离出来，在健康与损伤的交界处，纵切神经外膜，仔细地分开损伤与正常的神经束，切除神经纤维瘤或疤痕组织，将两断端对合后作结

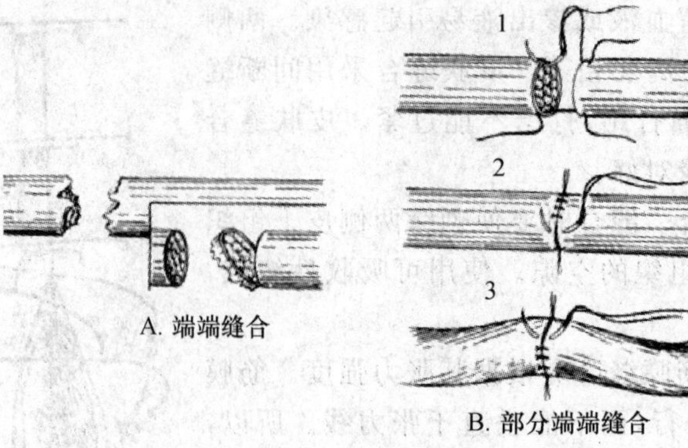

图 12-35 神经缝合

节缝合。缝合时要消除部分张力，以免断端接触不良妨碍神经再生。

(8)腱的缝合 腱的断端应紧密连接，如果末端间有裂缝被结缔组织填补，将影响腱的功能。操作要轻柔，不能使腱的末端受到挫伤而引起坏死。缝合部位周围粘连，会妨碍腱愈合后的运动。因此，腱的缝合要求腱鞘要保留或重建，腱、腱鞘和皮肤缝合部位，不要相互重叠，以减少腱周围的粘连，手术必须在无菌操作下进行。

腱的缝合使用白奈尔氏(Bunnell)缝合，缝线放置在腱组织内，保持腱的滑动机能(图 12-36)。腱鞘的缝合使用结节缝合，使用非吸收性缝合材料，如特制的细钢丝缝合。肢体固定是非常重要的，至少要进行肢体固定 3 周，使缝合的腱组织不能有任何张力。

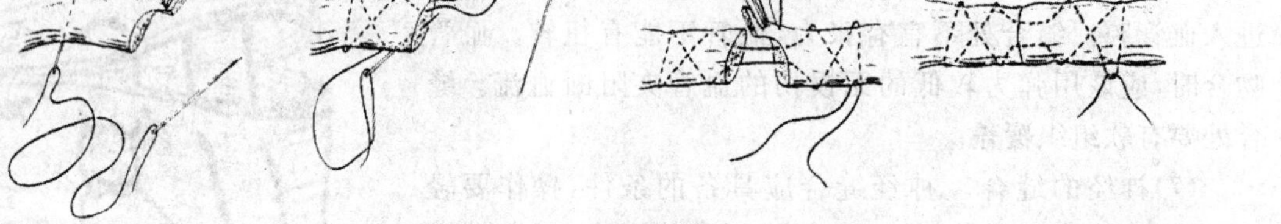

图 12-36 腱的缝合

(9)空腔器官缝合 空腔器官(胃、肠、子宫、膀胱)缝合，根据空腔器官的生理解剖学和组织学特点，缝合时要求良好的密闭性，防止内容物泄漏；保持空腔器官的正常解剖组织学结构和蠕动收缩机能。因此，对于不同动物和不同器官，缝合要求是不同的。

犬、猫胃缝合：胃内具有高浓度的酸性内容物和消化酶。缝合时要求良好的密闭性，防止污染，缝线要保持一定的张力强度，因为术后动物呕吐或胃扩张对切口产生较强压力，术后胃腔容积减少，对动物影响不大。因此，胃缝合第一层连续全层缝合或连续水平褥式内翻缝合。第二层缝合在第一层缝合上面，采用浆肌层间断或连续垂直褥式内翻缝合。

小肠缝合：小肠血液供应好，肌肉层发达，其解剖特点是低压力导管，而不是蓄水囊。内容物是液态的，细菌含量少。小肠缝合后 3～4 h，纤维蛋白覆盖密封在缝线上，产生良好的密闭条件，术后肠内容物泄漏发生机会较少。由于小肠肠腔较小，缝合时防止肠腔狭窄是重要的。马的小肠缝合可以使用内翻缝合，但是要避免较多组织内翻引起肠腔狭窄。小动物(犬、猫)的小肠缝合使用单层对接缝合。常用压挤缝合法能达到良好对接，不易发生泄漏、狭窄和感染。缝合切口愈合快，有少量纤维结缔组织沉积，反应轻微，愈合后瘢痕较小，肠腔直径变化很小。

大肠缝合：大肠内容物是固态，细菌含量多。大肠缝合并发症是内容物泄漏和感染。内翻缝合是唯一安全的方法。内翻缝合浆膜与浆膜对合，防止肠内容物泄漏，并能保持足够的缝合张力强度。内翻缝合采用第一层连续全层或连续水平内翻缝合，第二层采用间断垂直褥式浆肌层内翻缝合。内翻缝合部位血管受到压迫，血流阻断，术后第 3 天黏膜水肿、坏死，第 5 天内翻组织脱落。黏膜下层、肌层和浆膜保持接合强度。术后 14 d 左右瘢痕形成，炎症反应消失。

子宫缝合：剖腹取胎术实行子宫缝合有其特殊的意义，因为子宫缝合不良会导致母畜不孕，术后出血和腹腔内粘连。

母牛子宫缝合，首先在子宫浆膜面做斜行刺口，使第一个结埋置在内翻的组织内，然后连续库兴氏缝合，每一针都作斜行刺入，但是不穿透子宫内膜。浆膜与浆膜紧密对合，缝线埋置在内翻的组织内，而连续缝合的最后一个结也要求埋置在组织内，不使其暴露在子宫浆膜表面。这种缝合方法，使缝线不但不能在子宫表面暴露，而且也不在子宫内膜露出。所以，该法能防止缝线和打结与内脏器官粘连，特别是缝线和打结不露在子宫内膜面上，不易引起慢性子宫内膜炎。临床资料证明，该法使剖腹产后生育率明显提高。

犬、猫空腔器官缝合时，要求使用小规格缝线，因为大规格缝线，通过组织时，对组织损伤严重。空腔器官缝合时，最好使用无损伤性缝针，圆体针，以减少组织损伤。

(10)实质器官缝合　实质器官包括肝、肾、脾等组织。由于不同的器官组织解剖结构不同，其缝合方法是不同的。脾脏组织非常脆弱，如果脾脏损伤时，不能缝合，只有实行脾脏摘除术。肝脏的缝合分为两种情况：浅表裂创，创面无活动性出血，可用 1～0 号肠线作结节缝合修补，每针相距 1～1.5 cm。较深裂创，可作褥式缝合。肝组织小范围缺损，可在创面填塞带蒂大网膜后，再以 1～0 号肠线作创口两侧贯穿缝合，缝线先穿过大网膜，后穿过肝实质。肝组织完全断裂，创面有活动性出血，应该先结扎出血点，将血管从创面钝性分离，结扎。然后以 1～0 号肠线平行创缘作一排褥式缝合，再在上述褥式缝合外方，以 1～0 号肠线作两侧贯穿缝合，使创口对合(图 12-37)。

肾脏缝合，肾组织切开后，对小的出血点，压迫止血即可，然后用手指将两瓣切开肾组织紧密对合，轻轻压迫，内纤维蛋白胶接起来，不需要肾组织褥式缝合，只需要连续缝合肾脏被膜，称为无缝合肾切开闭合性。

(六)骨缝合

骨缝合是应用不锈钢丝或其他金属丝进行全环扎术和半环扎术。

1. 全环扎术

全环扎术是应用不锈钢丝紧密缠绕 360°，固定骨折断端。全环扎术适用于斜骨折长度大于骨直径两倍以上，不适用短的斜骨折。骨折断片能充分整复。适用于圆柱形骨，例如股骨、肱骨、胫骨等，如果用于圆锥形骨，容易滑脱，应该在骨皮质上做成缺口。配合骨髓针内固定，效果最好。不适用于应用邻近关节和骨骺端的固定。一个金属丝不能同时固定邻近的两个骨，例如桡骨和尺骨。全环扎术必须同时由两个金属丝固定，间距不少于 1 cm，距骨折断端不少于 5 mm(图 12-38)。骨折处固定只应用一个金属丝缠绕不确实，容易滑脱。

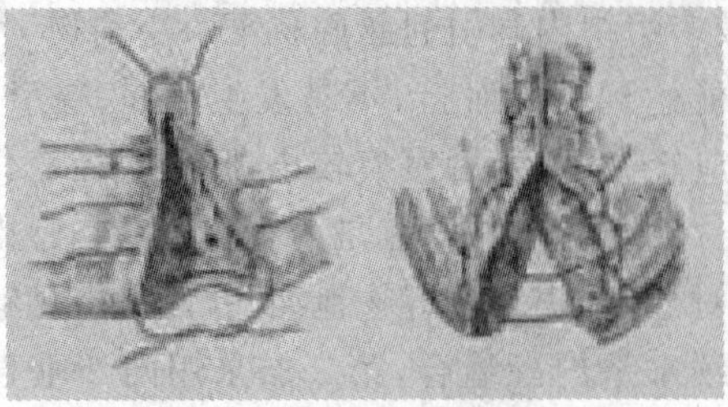

图 12-37 实质器官缝合

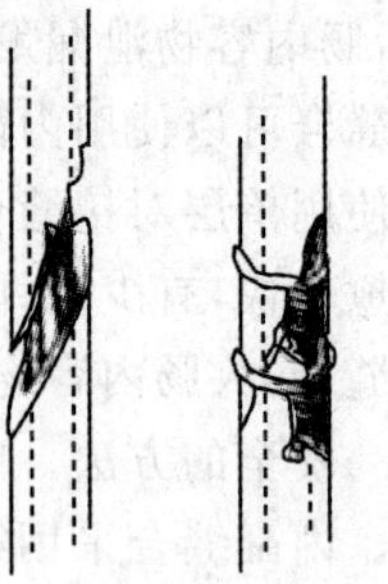

图 12-38 全环扎术

2. 半环扎术

金属丝通过每个骨断片钻成小孔，将骨折端连接、固定称为半环扎术。金属丝从皮质穿入骨髓腔，由对侧骨折断片皮质出口，然后两个金属末端拧紧(图 12-39)。这种方法容易出现骨断片旋转。配合螺钉固定，可以避免骨断片旋转。

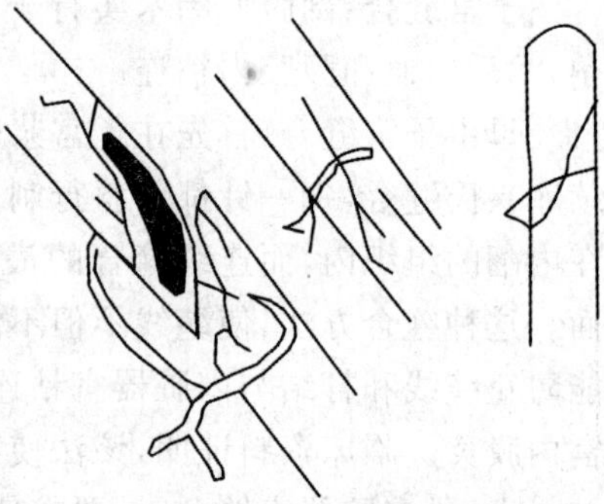

图 12-39 半环扎术

(七)组织缝合注意事项

(1)目前外科临床中所用的缝线(可吸收或不吸收的)对机体来讲均为异物，因此在缝合过程中要尽可能地减少缝线的用量。

(2)缝线在缝合后的张力与缝合的密度(即针数)成正比，但为了减少伤口内的异物，缝合的针数不宜过多，一般间隔为 1～1.5 cm，使每针所加于组织的张力相近似，以便均匀地分担组织张力。缝合时不可过紧或过松，过紧引起组织缺氧，过松引起对合不良，以致影响组织愈合。皮肤缝合后应将积存的液体排出，以免造成皮下感染和线结脓肿。

(3)连续缝合虽有力量分布均匀、抗张力较用间断缝合强的优点，但一处断裂则全部缝线松脱，伤口裂开。

(4)组织应按层次进行缝合，较大的创伤要由深而浅逐层缝合，以免影响愈合或裂开。浅而小的伤口，一般只作单层缝合，但缝线必须通过各层组织，缝合时应使缝针与组织呈直角刺入，拔针时要按针的弧度和方向拔出。

(5)根据腔性器官的生理解剖和组织学上的特点，缝合时应注意以下问题：缝合时要求闭合性好，不漏气不透水，更不能让内容物溢入腹腔，保持原有的收缩功能，为此，缝合时应尽量采用小针、细线，缝合组织要少，除第一道作单纯连续缝合外，对于肠管，第二道一般讲不宜做一周性的连续缝合，以免形成一个缺乏弹性的瘢痕环，收缩后发生狭窄，影响功能，腔性器官缝合的基本原则是使切开的浆膜向腔体内翻，浆膜面相对，借助于浆膜上的间皮细胞在受损后析出的纤维蛋白原，在酶的作用下很快凝固为纤维蛋白粘附在缝合部，修补创伤，为此，在第二道缝合时均应以浆膜对浆膜的内翻缝合。

六、拆线技术

拆线是指拆除皮肤缝线。缝线拆除的时间，一般是在手术后 7～8 d进行，凡营养不良、贫血、老龄家畜、缝合部位活动性较大、创缘呈紧张状态等，应适当延长拆线时间，但创伤已化脓或创缘已被缝线撕断不起缝合作用时，可根据创伤治疗需要随时拆除全部或部分缝线。拆线方法如下：

(1)用碘酊消毒创口、缝线及创口周围皮肤后，将线结用镊子轻轻提起，剪刀插入线结下，紧贴针眼将线剪断。

(2)拉出缝线：拉线方向应向拆线的一侧，动作要轻巧，如强行向对侧硬拉，则可能将伤口拉开。

(3)再次用碘酊消毒创口及周围皮肤。拆线方法如图 12-40 所示。

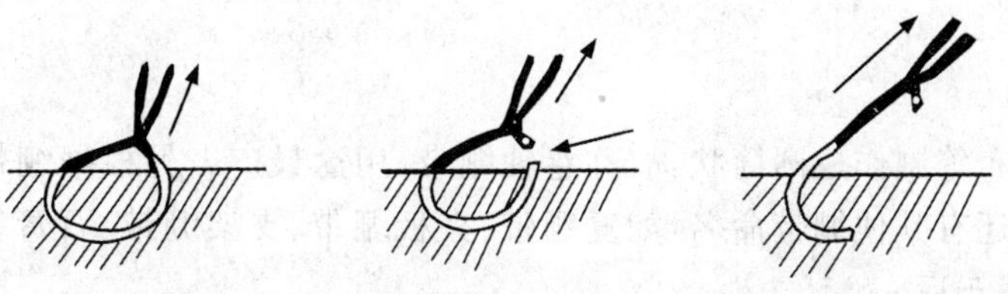

图 12-40 拆线

七、包扎技术

包扎是利用敷料，卷轴绷带、复绷带、夹板绷带、支架绷带及石膏绷带等材料包扎止血，保护创面，防止自我损伤，吸收创液，限制活动，使创伤保持安静，促进受伤组织的愈合。

(一)包扎类型

根据敷料、绷带性质及其不同用法，包扎法有以下几类：

1. 干绷带法

干绷带法又称干敷法，是临床上最常用的包扎法。凡敷料不与其下层组织粘连的均可用此法包扎。本法有利于减轻局部肿胀，吸收创液，保持创缘对合，提供干净的环境，促进愈合。

2. 湿敷法

对于严重感染、脓汁多和组织水肿的创伤，可用湿敷法。此法有助于除去创内湿性组织坏死，降低分泌物黏性，促进引流等。根据局部炎症的性质，可采用冷、热敷包扎。

3. 生物学敷法

指皮肤移植。将健康的动物皮肤移植到缺损处，消除创面，加速愈合，减少瘢痕的形成。

4. 硬绷带法

指夹板和石膏绷带等。这类绷带可限制动物活动，减轻疼痛，降低创伤应激，缓解缝线张力，防止创口裂开和术后肿胀等。

根据绷带使用的目的，通常有各种命名。例如局部加压借以阻断或减轻出血及制止淋巴液渗出，预防水肿和创面肉芽过剩为目的而使用的绷带，称为压迫绷带，为防止微生物侵入伤口和避免外界刺激而使用的绷带，称为创伤绷带；当骨折或脱臼时，为固定肢体或体躯某部，以减少或制止肌肉和关节不必要的活动而使用的绷带，称为制动绷带等。

(二)包扎材料及其应用

1. 敷料

常用敷料有纱布、海绵纱布及棉花等。

纱布要求质软、吸水性强。多选用医用的脱脂纱布。根据需要剪叠成不同大小的纱布块。其纱布块四边要光滑、没有脱落棉纱，并用双层纱布包好，高压蒸气灭菌后备用。用以覆盖创口、止血、填充创腔和吸液等。

海绵纱布是一种多孔皱褶的纺织品(一般是棉制的)。质柔软，吸水性比纱布好，其用法同纱布。

棉花选用脱脂棉花。棉花不能直接与创面接触，应先放纱布块，棉花则放在纱布上。为此，常可预制棉垫，即在两层纱布间铺一层脱脂棉，再将纱布四周毛边向棉花折转，使其成方形或长方形棉垫。其大小按需要制作。棉花也是四肢骨折外固定的重要敷料。使用前应高压灭菌。

2. 绷带

多由纱布、棉布等制作成圆筒状，故称卷轴绷带，用途最广。另根据绷带的临床用途及其制作材料的不同，还有其他绷带命名，如复绷带、夹板绷带、支架绷带、石膏绷带等。现将绷带及其临床应用分述于后。

绷带按其制作材料可分纱布绷带、棉布绷带、弹力绷带和胶带四种。

纱布绷带是临床上常用的绷带，有多种规格。长度一般 6 m，宽度有 3、5、7、10 和 15 cm 不等。根据临床需要选用不同规格。纱布绷带质柔软，压力均匀，价格便宜，但在使用时易起皱、滑脱。

棉布绷带用本色棉布按上述规格制作。因其原料厚，坚固耐洗，施加压力不变形或断裂，常用以固定夹板、肢体等。

弹力绷带是一种弹性网状织品，质地柔软，包扎后有伸缩力，故常用于烧伤、关节损伤等。此绷带不与皮肤、被毛粘连，故拆除时动物无不适感。

目前多数胶带是多孔的，能让空气进入其下层纱布、创面，免除创口因潮湿不透气而影响蒸发。我国目前多用布制胶带，也称胶布或橡皮膏。胶带使用时难撕开，需用剪刀剪断。胶带是包扎不可缺少的材料。通常局部剪剃被毛，盖上敷料后，多用胶布条粘贴在敷料及皮肤上将其固定。也可在使用纱布或棉布绷带后，再用胶带缠绕固定。

(三)基本包扎法

卷轴带多用于家畜四肢游离部、尾部、角头部、胸部和腹部等。包扎时，一般以左手持绷带的开端，右手持绷带卷，以绷带的背面紧贴肢体表面，由左向右缠绕。当第一圈缠好之后，将绷带的游离端反转盖在第一圈绷带上，再缠第二圈压住第一圈绷带。然后根据需要进行不同形式的包扎法缠绕。无论用何种包扎法，均应以环形开始并以环形终止。包扎结束后将绷带末端剪成两条打个半结，以防撕裂。最后打结于肢体外侧，或以胶布将末端加以固定。卷轴绷带的基本包扎法有如下方法。

(1)环形包扎法　用于其他形式包扎的起始和结尾，以及用于系部、掌部、跖部等较小创口的包扎。方法是在患部把卷轴带呈环形缠数周，每周盖住前一周，最后将绷带末端剪开打结或以胶布加以固定(图 12-41)。

(2)螺旋形包扎法　以螺旋形由下向上缠绕，每后一圈遮盖前一圈的 1/3～1/2。用于掌部、跖部及尾部等的包扎(图 12-42)。

(3)折转包扎法　又称螺旋回反包扎。用于上粗下细径圈不一致的部位，如前臂和小腿部。方法是由下向上作螺旋形包扎，每一圈均应向下回折；逐圈遮盖上圈的 1/3～1/2(图12-43)。

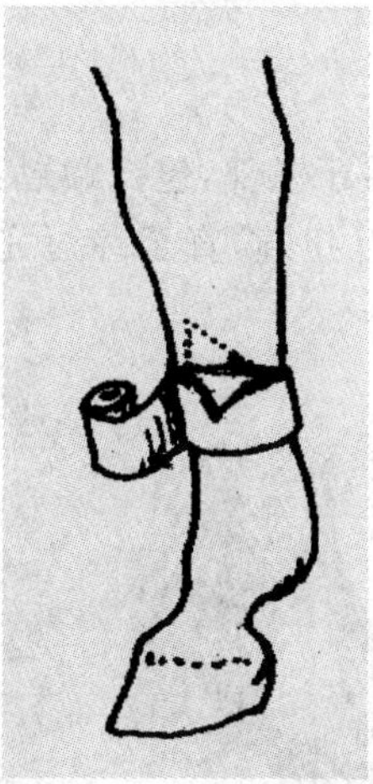

图 12-41　环形包扎法

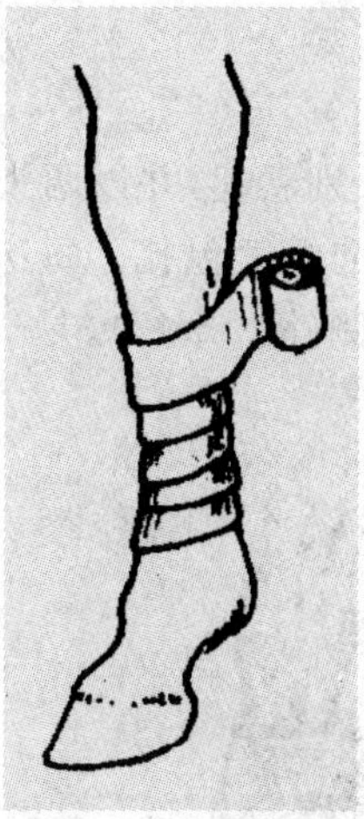

图 12-42　螺旋形包扎法

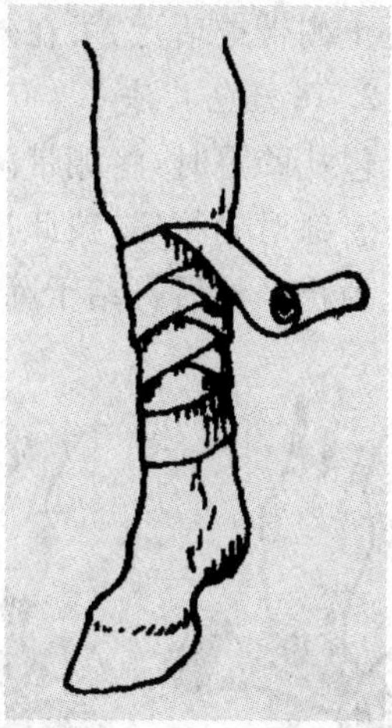

图 12-43　折转包扎法

(4)蛇形包扎　或称蔓延包扎。斜行向上延伸,各圈互不遮盖。用于固定夹板绷带的衬垫材料(图 12-44)。

(5)交叉包扎法　又称“8”字形包扎。用于腕、跗、球关节等部位,方便关节屈曲。包扎方法是在关节下方做一环形带,然后在关节前面斜向关节上方,做一周环形带后再斜行经过关节前面至关节之下方。如上操作至患部完全被包扎住,最后以环形带结束(图 12-45)。

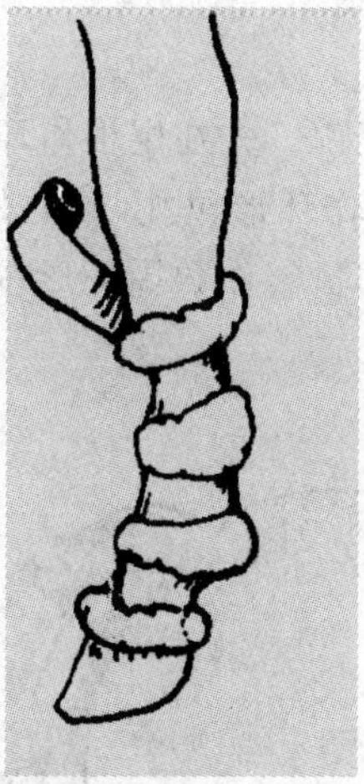

图 12-44　蛇形包扎法

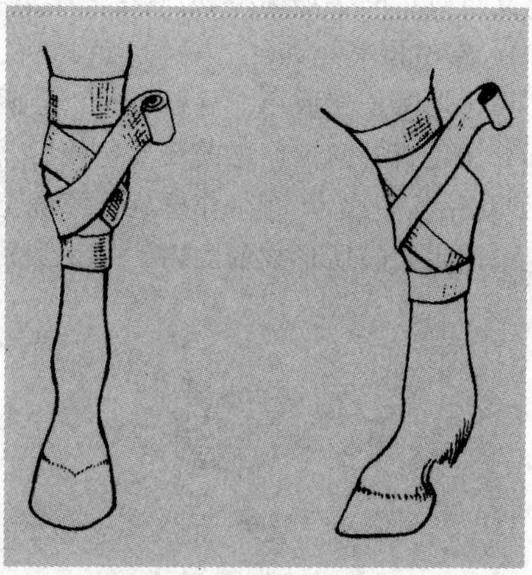

图 12-45　交叉包扎法

(四)各部位包扎法

1. 蹄包扎法

将绷带的起始部留出约 20 cm 作为缠绕的支点,在系部作环形包扎数圈后,绷带由一侧斜经蹄前壁向下,折过蹄尖经过蹄底至踵壁时与游离部分扭缠,以反方向由另一侧斜经蹄前壁作经过蹄底的缠绕。同样操作至整个蹄底被包扎,最后与游离部打结,固定于系部(图 12-46)。

为防止绷带被玷污，可在外部加上帆布套。

2. 蹄冠包扎法

包扎蹄冠时，将绷带两个游离端分别卷起，并以两头之间背部覆盖于患部，包扎蹄冠，使两头在患部对侧相遇，彼此扭缠，以反方向继续包扎。每次相遇均行相互扭缠，直至蹄冠完全被包扎为止。最后打结于蹄冠创伤的对侧(图 12-47)。

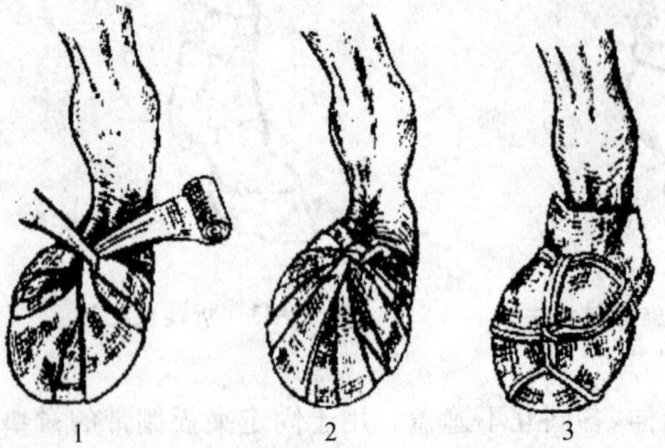

图 12-46 蹄包扎法

图 12-47 蹄冠包扎法

3. 角包扎法

用于角壳脱落和角折。包扎时先用一块纱布盖在断角上，用环形包扎固定纱布，再用另一角作支点，以“8”字形缠绕，最后在健康角根处环形包扎打结(图 12-48)。

4. 尾包扎法

用于尾部创伤或用于后躯，肛门、会阴部施术前、后固定尾部。先在尾根作环形包扎，然后将部分尾毛折转向上作尾的环形包扎后，将折转的尾毛放下，作环形包扎，目的是防止包扎滑脱，如此反复多次，用绷带作螺旋形缠绕至尾尖时，将尾毛全部折转作数周环形包扎后，绷带末端通过尾毛折转所形成的圈内(图 12-49)。

图 12-48 角包扎法

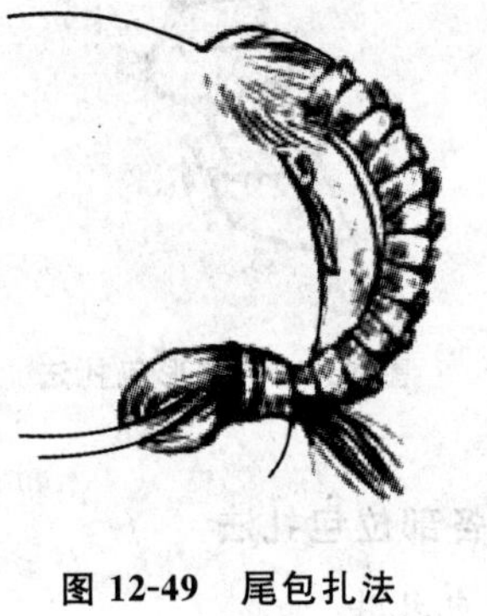

图 12-49 尾包扎法

5. 耳包扎法

用于耳外伤。

垂耳包扎法：先在患耳背侧安置棉垫，将患耳及棉垫反折使其贴在头顶部，并在患耳耳廓内侧填塞纱布。然后绷带从耳内侧基部向上延伸到健耳后方，并向下绕过颈上方到患耳，再绕到健耳前方。如此缠绕 3～4 圈将耳包扎(图 12-50)。

竖耳包扎法：多用于成形术。先用纱布或材料做成圆柱形支撑物填塞于两耳廓内，再分别用短胶布条从耳根背侧向内缠绕，每条胶布断端相交于耳内侧支撑上，依次向上贴紧。最后用胶带"8"字形包扎将两耳拉紧竖直(图 12-51)。

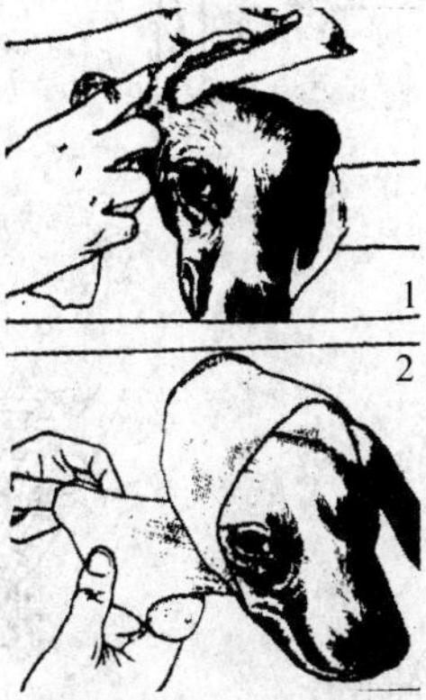

图 12-50　垂耳包扎法

图 12-51　竖耳包扎法

(五)包扎注意事项

(1)按包扎部位的大小、形状选择宽度适宜的绷带。过宽使用不便，包扎不平；过窄难以固定，包扎不牢固。

(2)包扎要求迅速确实，用力均匀，松紧适宜，避免一圈松一圈紧。压力不可过大，以免发生循环障碍，但也不宜过松，以防脱落或固定不牢。在操作时绷带不得脱落污染。

(3)在临床治疗中不宜使用湿绷带进行包扎，因为湿布不仅会刺激皮肤，而且容易造成感染。

(4)对四肢部的包扎须按静脉血流方向，从四肢的下部开始向上包扎，以免静脉瘀血。

(5)包扎至最后末端应妥善固定以免松脱，一般用胶布贴住比打结更为光滑、平整、舒适。如果采用末端撕开系结，则结扣不可置于隆突处或创面上。结的位置也应避免啃咬而松结。

(6)包扎应美观，绷带应平整无折皱，以免发生不均匀的压迫。交叉或折转应成一线，每圈遮盖多少要一致，并除去绷带边上活动的线头。

(7)解除绷带时，先将末端的固定结松开，再朝缠绕反方向以双手相互传递松解。解下的部分应握在手中，不要拉得很长或拖在地上。紧急时可以用剪刀剪开。

(8)对破伤风等厌气菌感染的创口，尽管作过一定的外科处理，也不宜用绷带包扎。

(六)复绷带、结系绷带

1. 复绷带

复绷带是按畜体一定部位的形状而缝制，具有一定结构、大小的双层盖布，在盖布上缝合若干布条以便打结固定。复绷带虽然形式多样，但都要求装置简便、固定确实。常用的复绷带见图 12-52。

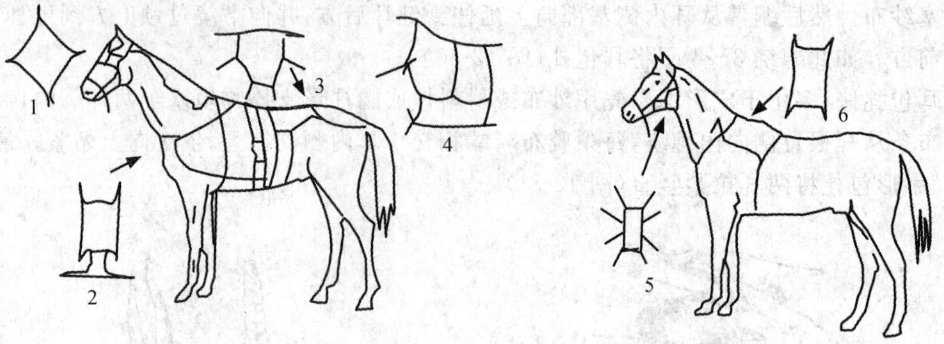

图 12-52 复绷带

装置复绷带时应注意的几个问题：

(1)盖布的大小、形状应适合患部解剖形状和大小的需要，否则外物易进入患部。

(2)包扎固定须牢靠，以免家畜运动时松动。

(3)绷带的材料与质地应优良，以便经过处理后反复使用。

2. 结系绷带

结系绷带或称缝合包扎，是用缝线代替绷带固定敷料的一种保护手术创口或减轻伤口张力的绷带。结系绷带可装在畜体的任何部位，其方法是在圆枕缝合的基础上，利用游离的线尾，将若干层灭菌纱布固定在圆枕之间和创口之上(图 12-53)。

图 12-53 结系绷带

(七)夹板绷带和支架绷带

1. 夹板绷带

夹板绷带是借助于夹板保持患部安静，避免加重损伤、移位和使伤部进一步复杂化的制动作用的绷带，可分为临时夹板绷带和预制夹板绷带两种。前者通常用于骨折、关节脱位时的紧急救治，后者可作为较长时期的制动。

临时夹板绷带可用胶合板、普通薄木板、竹板、树枝等作为夹板材料。小动物亦选用压舌板、硬纸壳、竹筷子作为夹板材料。预制夹板绷带常用金属丝、薄铁板、木料、塑料板等制成适合四肢解剖形状的各种夹板。另外，在小动物，厚层棉花和绷带的包扎也起到夹板作用。无论临时夹板绷带或预制夹板绷带，皆由衬垫的内层、夹板和各种固定材料构成。

夹板绷带的包扎方法是，先将患部皮肤刷净，包上较厚的棉花、纱布棉花垫或毡片等衬垫，并用蛇形或螺旋形包扎法加以固定，尔后再装置夹板。夹板的宽度视需要而定，长度既应包括骨折部上下两个关节，使上下两个关节同时得到固定，又要短于衬垫材料，避免夹板两端损伤皮肤。最后用绷带螺旋包扎或结实的细绳加以捆绑固定。铁制夹板可加皮带固定(图 12-54)。

2. 支架绷带

支架绷带是在绷带内作为固定敷料的支持装置。这种绷带应用于家畜的四肢时，用套有橡皮管的软金属或细绳构成的支架，借以牢靠地固定敷料，而不因动物走动失去它的作用。在小动物四肢常用改良托马斯(Thomas)氏支架绷带。其支架多用铝棒根据动物肢体长短和肢

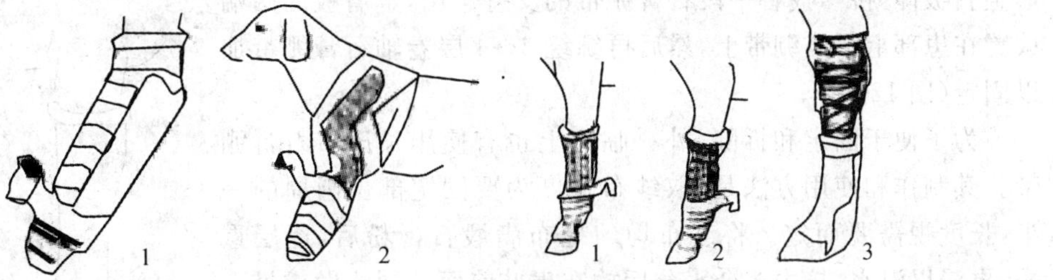

图 12-54 夹板绷带的包扎方法

上部粗细自制(图 12-55)。应用在鬐甲、腰背部的支架绷带为被纱布包住的弓状金属支架,使用时可用布条或细软绳将金属架固定于患部。

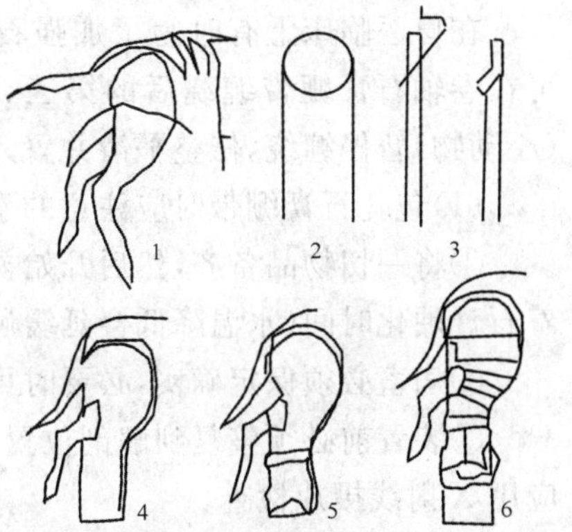

图 12-55 支架绷带

支架绷带具有防止摩擦、保护创伤、保持创伤安静和通气作用,因此为创伤的愈合提供了良好的条件。

(八)硬化绷带

1. *石膏绷带*

石膏绷带是在淀粉液浆制过的大网眼纱布上加上煅制石膏粉制成的。这种绷带用水浸后质地柔软,可塑制成任何形状敷于伤肢,一般十几分钟后开始硬化,干燥后成为坚固的石膏夹。根据这一特性,石膏绷带应用于整复后的骨折、脱位的外固定或矫形都可收到满意的效果。

应用石膏绷带治疗骨折时,可分为无衬垫和有衬垫两种,一般认为无衬垫石膏绷带疗效较好。骨折整复后,消除皮肤上泥灰等污物,涂布滑石粉,尔后于肢体上、下端各绕一圈薄纱布棉垫,其范围应超出装置石膏绷带卷的预定范围。根据操作时的速度逐个地将石膏绷带卷轻轻地横放到盛有 30～35℃的温水桶中,使整个绷带卷被淹没。待气泡出完后,两手握住石膏绷带圈的两端取出,用两手掌轻轻对挤,除去多余水分。从病肢的下端先作环形包扎,后作螺旋包扎向上缠绕,直至预定的部位。每缠一圈绷带,都必须均匀地涂抹石膏泥,使绷带紧密结合。骨的突起部,应放置棉花垫加以保护。石膏绷带上下端不能超过衬垫物,并且松紧要适宜。根据伤肢重力和肌肉牵引力的不同,可缠绕 6～8 层(大动物)或 2～4 层(小动物)。在包扎最后一层时,必须将上下衬垫向外翻转,包住石膏绷带的边缘,最后表面涂石膏泥,待数分钟后即可成型。但为了加速绷带的硬化,可用电吹风机吹干。犬猫石膏绷带应从第二、四指(趾)近端开始。

当开放性骨折或有伴发创伤的其他四肢疾病时,为了观察和处理创伤,常应用有窗石膏绷带。"开窗"的方法,是在创口上覆盖灭菌的创伤压布,将大于创口的杯子或其他器皿放于布巾上,杯子固定后,绕过杯子按前法缠绕石膏绷带,在石膏未硬固之前用刀作窗,取下杯子即成窗口,窗口边缘用石膏泥涂抹平。有窗石膏绷带虽然有便于观察和处理创伤之优点,但其缺点是可引起静脉瘀血和创伤肿胀。若窗孔过大,往往影响绷带的坚固性。为了满足治疗上的需要和不影响绷带的坚固性,可采用桥形石膏绷带。其制作方法是用 5～6 层卷轴石膏绷带缠绕于创伤的上、下部,作为窗孔的基础,待石膏硬化后于无石膏绷带部分的前后左右各放置一条弓形金属板即“桥”，代替一段石膏绷带的支持作用，金屑板的两端放置在患部上下方绷带上，然后再缠绕3～4层卷轴石膏绷带加以固定（图12-56）。

为了便于固定和拆除，外科临床上也有使用长压布石膏绷带。其制作和使用方法是：取纱布宽度为要固定部位圆周的一半，长度视需要而定。将纱布均匀地布满煅石膏粉后，逐层重叠，再浸以温水，挤去多余水分后放在患肢前面。同法做成另一半长压布，放在患肢后面。待干燥之后再用卷轴绷带将两页固定于患部。

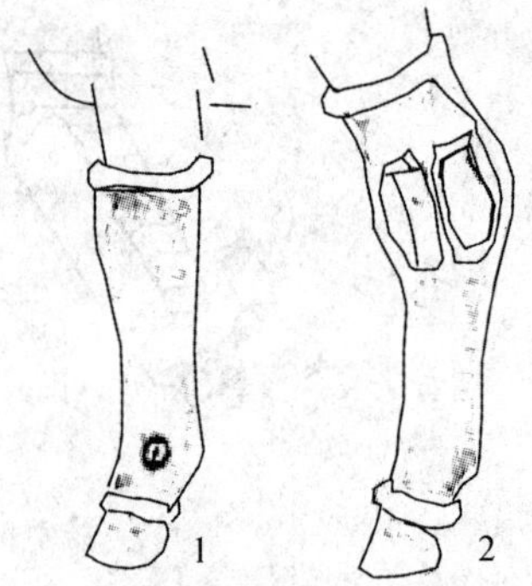

图12-56 石膏绷带“开窗”

在兽医临床上有时为了加强石膏绷带的硬度和固定作用，可在卷轴石膏绷带缠绕后的第三、四层（大动物）或第一、二层（小动物）暂停缠绕，修整平滑并置入夹板材料，使之成为石膏夹板绷带。

（1）包扎石膏绷带时应注意的事项

①将一切物品备齐，然后开始操作，以免临时出现问题延误时间。由于水的温度直接影响着石膏硬化时间（水温降低会延缓硬化过程），应予注意。

②病畜必须保定确实，必要时可作全身或局部麻醉。

③装置前必须整复到解剖位置，使病肢的主要力线和肢轴尽量一致，为此，在装置前最好应用X射线摄片检查。

④长骨骨折时，为了达到制动目的，一般应固定上下两个关节，才能达到制动的作用。

⑤骨折发生后，使用石膏绷带作外固定时，必须尽早进行。若在局部出现肿胀后包扎，则在肿胀消退后，皮肤与绷带间出现空隙，达不到固定作用。此时，可施以临时石膏绷带，待炎性肿胀消退后将其拆除，重新包扎石膏绷带。

⑥缠绕时要松紧适宜，过紧会影响血流循环，过松会失去固定作用。一般在石膏绷带两端以插入一手指为宜。缠绕的基本方法是把石膏绷带“贴上去”，而不是拉紧了“缠上去”，每层力求平整，为此，应一边缠绕一边用手将石膏泥抹平，使其厚薄均匀一致。

⑦未硬化的石膏绷带不要指压，以免向下凹陷压迫组织，影响血液循环或发生溃疡、坏死。

⑧石膏绷带敷缠完毕后，为了使石膏绷带表面光滑美观，有时用干石膏粉少许加水调成糊，涂在表面，使之光滑整齐。石膏夹两端的边缘，应修理光滑并将石膏绷带两端的衬垫翻到外面，以免摩擦皮肤。

⑨最后用变紫铅笔或毛笔在石膏夹表面写明装置和拆除石膏绷带的日期，并尽可能标记出骨折线或其他。

（2）石膏绷带的拆除　石膏绷带拆除的时间，应根据不同的病畜和病理过程而定。一般大家畜为6～8周，小家畜3～4周，但遇下列情况，应提前拆除或拆开另行处理。

①石膏夹内有大出血或严重感染。

②病畜出现原因不明的高热。

③包扎过紧，肢体受压，影响血流循环。表现为病畜不安，食欲减少，末梢部肿胀，蹄（指）温变冷。如出现上述症状，应立即拆除重行包扎。

④肢体萎缩，石膏夹过大或严重损坏失去作用。

由于石膏绷带干燥后十分坚硬，拆除时多用专门工具，包括锯、刀、剪、石膏分开器等。

拆除的方法是：先用热醋、双氧水或饱和食盐水在石膏夹表面划好拆除线，使之软化，然后沿拆除线用石膏刀切开、石膏锯锯开，或石膏剪逐层剪开。为了减少拆除时可能发生的组织损伤，拆除线应选择在较平整和软组织较多处。外科临床上也常直接用长柄石膏剪沿石膏绷带近端外侧缘纵行剪开，尔后用石膏分开器将其分开，石膏剪向前推进时，剪的两页应与肢体的长轴平行(图 12-57)，以免损伤皮肤。

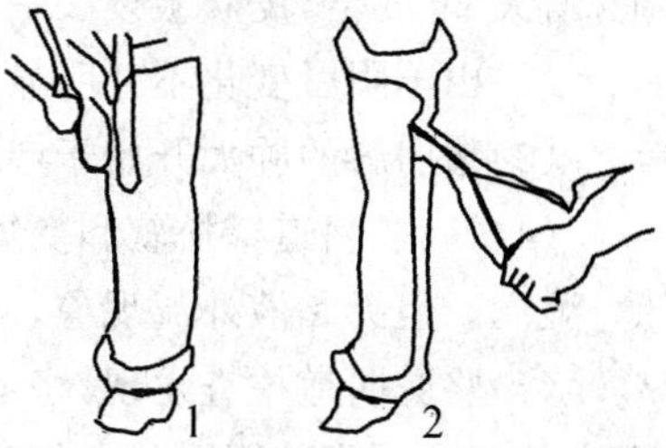

图 12-57　石膏绷带拆除

2. 其他硬化绷带

Vet-Lite 是一种热熔可塑型的塑料，浸满在网孔的纺织物上。如将其放在水中加热至 71～77℃，则变得很软，并可产生黏性。然后置室温冷却，几分钟后就可硬化；Vet-Lite 多用于小动物的硬化夹板。

纤维玻璃绷带为一种树脂粘合材料。绷带浸泡冷水中 10～15 s 就起化学反应，随后在室温条件下几分钟则开始热化和硬固。纤维玻璃绷带主要用于四肢的圆筒铸型，也可以用作夹板。具有重量轻、硬度强、多孔及防水等特性。

技能二　接产技术

一、分娩预兆

随着胎儿的发育成熟和分娩期逐渐接近，母畜的生殖器官及骨盆部会发生一系列变化，以适应排出胎儿及哺育仔畜的需要；母畜的精神状态及全身状况，也有所改变。通常把这些变化称为分娩前征或分娩预兆。从这些预兆可以预测分娩时间，以便做好接产的准备工作。

(一)乳房的变化

(1)奶牛在产前(经产牛约 10 d)可由乳头挤出少量清亮胶样液体或初乳；至产前 2 d 内，除乳房极度膨胀、皮肤发红以外，乳头中充满白色初乳，乳头表面被覆一层蜡样物。有的奶牛有漏奶现象，乳汁呈滴或成股流出来；漏奶开始后数小时至 1 d 即分娩。

(2)猪产前 3 d 左右，乳头向外侧伸张，中部两对乳头可以挤出少量清亮液体；产前 1 d 左右，可以挤出 1～2 滴白色初乳。产前约半天，前部乳头能挤出一两滴白色初乳。

(3)马、驴产前数天乳头变粗大。漏奶开始后往往在当天或次日夜晚分娩；驴在产前 3～5 d 乳头基部开始膨大，产前约 2 d 整个乳头变粗大，呈圆锥状；起先从乳头中挤出的是黏稠、清亮的液体，以后即为白色初乳；约半数驴有漏奶现象。

(4)骆驼乳房一般从产前 1～1.5 个月开始迅速发育增大；产前 10 多天显著膨胀，皮肤紧张。乳头基部从产前半个月开始变粗、软化，产前 1～5 d 整个乳头显著膨大、变软，充满乳汁，触诊感觉内有波动；但有的至临产前仍不膨大，有的至临产前仅挤出少量胶样液体或挤不出任何分泌物。

乳头及乳汁的变化虽然对估计分娩时间比较可靠，但受饲养的影响很大。在饲养不良的母畜，变化不很清楚。因此不能单独依靠乳头及乳汁做出判断。

(二)软产道的变化

(1)牛分娩前 1～2 d 子宫颈开始胀大、松软。子宫颈开始扩张以后，即已进入开口期，分娩必然在数小时内发生(经产牛较快，初产牛较慢)。从分娩前约 1 周开始，阴唇逐渐柔软、肿胀，增大 2～3 倍，皮肤皱襞展平。

(2)山羊阴唇变化不甚明显，至产前数小时或 10 余小时才显著增大。

(3)猪阴唇的肿大开始于产前 3～5 d。产前数小时有时排出黏液。

(4)马、驴阴道壁松软和变短特别明显。阴道黏膜潮红。黏液由原来的浓厚、黏稠变为稀薄、湿润。但无黏液外流现象。阴唇在产前十余小时开始胀大。

(5)骆驼阴道检查发现，将近半数的临产母驼在表现不安后企图离群时，子宫颈管有不同程度的开放。骆驼阴唇肿大的时间是从产前数天到 40 d 不等，且程度各不相同，有些则不明显肿大。

(6)犬骨盆和腹部肌肉的松弛是可靠的临产征兆。臀部坐骨结节处下陷，外阴部肿大、充血。有的乳房可挤出白色乳汁。阴道和子宫颈变柔软。由逐渐扩张的子宫颈口流出水样透明黏液，同时伴有少量出血。

(三)骨盆韧带的变化

(1)牛　骨盆韧带在临近分娩时开始变为松软，从分娩前 1～2 周即开始软化，至产前 12～36 h 荐坐韧带后缘变为非常松软，外形消失，尾根两旁只能摸到一堆松软组织，且荐骨两旁组织塌陷。但初产牛的变化不明显。

(2)乳山羊　乳山羊荐坐韧带的软化也很明显，荐骨两旁各出现一纵沟；手拉尾根可以上下活动。在荐坐韧带后缘完全松软以后，分娩可能不超过 1 d。

(3)猪　猪的荐坐韧带后缘也变柔软，但因这里的软组织本来即较丰满，所以变化不显著。

(4)马、驴　在荐坐韧带软化的同时，荐髂韧带也变软，荐骨后端的活动性因而增大。但因臀肌肥厚，尾根活动性不明显。

(5)骆驼　荐坐韧带的后缘至产前逐渐软化差异悬殊，和分娩之间没有很一致的时间关系。

(四)精神状态

母畜在产前一般都出现精神抑郁及徘徊不安等现象。产畜都有离群寻找安静地方分娩的习性，临产前食欲不振，排泄量少而且次数增多。

(1)乳牛体温从产前 1 个月开始发生变化。至产前 7～8 d，可缓慢增高到 39～39.5℃；产前 12 h 左右(有时为 3 d)，则下降 0.4～1.2℃；分娩过程中或产后又恢复到分娩前的体温。但这种变化须作系统观察才能发现。其他家畜也有类似的体温变化。

(2)猪在产前 6～12 h(有时为数天)有衔草作窝现象，这在我国品种的猪尤其明显。

(3)骆驼最可靠的分娩预兆是不安或企图离群。临产前，离群疾行，或早晨一出牧即离群，此乃即将分娩的可靠预兆，在初产驼更为明显，流产前也有同样现象。这是和其他母畜不同的一个特点。有时可走出 10～15 km，而且一般是向上坡走。因而如丢失了临产母驼，牧民都是向高坡去找，以免驼羔受到损失。

(4)犬分娩前 1～1.5 d 左右，精神变得不安，寻找僻静、黑暗的地方。产前 24～36 h 食欲大减，行动急躁，不断地用爪刨地、啃咬物品等，尤以初产犬表现更为明显。

犬的正常体温为 38～39℃，临产前 3 d 左右体温可下降至 36.5～37.5℃。母犬的活动减少，食欲下降。当体温回升时，即将临产。

分娩前 3～10 h，由于子宫颈口已开张，出现阵痛，起卧不宁；排尿次数增多，呼吸加快；常张口打哈欠，并发出怪声呻吟或尖叫，乱扒垫草等。

上述各种现象，都是分娩即将来临的预兆。但在预测分娩时，不可单独依靠其中某一种变化，必须全面观察，才能做出正确判断。

二、接产准备

（一）大家畜

为了使母畜安全生产，农牧场和饲养单位应该根据自己的条件，准备专用的产房或分娩栏。对产房除要求清洁、干燥、阳光充足、通风良好无贼风外，还应宽敞，以免因为狭窄而母畜踏伤仔畜，或妨碍助产。

（二）猪

猪的产房内温度应不低于15～18℃，否则分娩时间可能延长，小猪的死亡率也增高；还应设小猪栏，避免母猪压死小猪。

接产用具及药械应放在产房的一定地方，以免临时缺此少彼，造成慌乱。

（三）犬

犬的产前准备包括环境和犬本身。

1. 环境准备

应考虑通风、保暖和保持环境安静。最重要的是需避免穿堂风。提供良好的热源，温度保持在37～38℃，因母犬接近热源，应注意防止烧伤。褥草以厚层报纸最理想，因为随时可以取除污染的上层，且容易清除和更换。为了防止产仔时对母犬的干扰，产仔时不要围观，并将产仔箱置于屋角。

2. 犬的准备

妊娠后期，宜少量多餐，切忌强行补饲。尤应避免补钙，以免抑制甲状旁腺功能，而妨碍分娩时钙的动员，导致产出无力。要检查并消灭跳蚤和耳螨。

在预产期前2周将母犬引进产仔间，使其获得充分休息。在最后1周要监视乳房发育。对于长毛品种，可剪掉乳房的毛，以便仔犬易于接近乳头；剪去会阴和后肢的长毛，以便产仔后彻底清洗。

从预产日前1周起，开始测量母犬的直肠温度。每天至少测温3次。正常体温为38～39℃，临产前3天左右体温可下降至36.5～37.5℃，体温回升时即将临产。如果体温下降后48 h内尚未出现产仔指征，便有可能患原发性子宫无力。体温监测对于已知窝仔数太多或太少的母犬特别重要，因为这些情况都很容易引起子宫无力。

在预产期前几天，妊娠母犬就会自动寻找屋角、棚下等隐蔽之处，叼草筑窝，这是母犬的一种本能，表示不久就要分娩。这时就应抓紧时间，为犬的分娩做好特需准备。

在临产时要有专人看护，以便随时给予助产。并要求孕犬全身洁净，用温水、肥皂水将孕犬外阴部、肛门、尾根、后躯及乳房洗净擦干，再用新洁尔灭溶液消毒。

母犬一般在夜间或清晨分娩。为了防冻、防压、保护仔犬，最好用木料做一个产箱。

（四）骆驼

(1)产地的选择产前应把驼群迁到草好、水近、避风、以前没有产过羔的地方。因为母驼的母性很强，产后久守驼羔，不愿远离，因此附近须有水、草。大肠杆菌病是驼羔最常发生的传染病，死亡率高，凡是产过羔，发生过该病的地方，驼羔容易受到感染。

(2)临产母驼的管理。放牧时要经常注意有无不安、企图离群的母驼，将不安者立即送回驻地。驻地如无围墙，每天归牧后须将临产母驼拴系起来，以防逃逸。

三、接产的方法步骤

接产应在严格遵守消毒的原则下，按照以下方法步骤(主要针对牛、羊、马)进行，以保证母仔双全。

(一)做好接产准备

清洗和消毒母畜的外阴部及其周围，用绷带缠好牛、马尾根，并将尾拉向一侧系于颈部。产出期开始时，接产人员应系上胶围裙、穿上胶靴、消毒手臂，准备作必要的检查工作。

(二)进行临产检查

(1)进行临产检查在大家畜，当胎儿前置部分进入产道时，可将手臂伸入产道，确定胎儿的方向、位置及姿势是否正常，以便对胎儿的反常做出早期诊断。及早发现、及早矫正不但容易克服难产，而且有望救活胎儿。如果胎儿正常，正生时三件(唇及二蹄)具全，可等候它自然排出。检查的时间，牛是在胎膜露出至排出胎水这一段时间；马是在第一胎囊破裂后。

除检查胎儿外，还可检查母畜骨盆有无变形，阴门、阴道及子宫颈的松软扩张程度，以判断有无因产道反常而发生难产的可能。

(2)观察努责及产出过程是否正常。遇到下述情况时，可以帮助拉出胎儿：母畜努责阵缩微弱，无力排出胎儿；产道狭窄，或胎儿过大，产出滞缓；正生时胎头通过阴门困难，迟迟没有进展；牛、马倒生时，因为脐带可能被挤压于胎儿和骨盆底之间，妨碍血液流通，故须迅速拉出，以免胎儿因氧的供应受阻，反射性地发生呼吸而吸入羊水，引起窒息。

当胎儿唇部或头部已露出阴门时，可撕破羊膜，擦净胎儿鼻孔内的黏液，以利呼吸。在猪，有时两胎儿的产出间隔时间拖长。这时如无强烈努责，虽然产出较慢，对胎儿的生命一般尚无危险。但如曾经强烈努责，而下一个胎儿未能产出时，则有可能窒息死亡。这时可用手掏出胎儿。也可注射催产药物，促使胎儿排出。猪的死胎主要发生在最后几个胎儿，所以在产出期末，发现尚有胎儿而排出滞缓时，必须用药物催产。

在骆驼，胎头及前肢露出后，如胸部通过骨盆缓慢，须配合母驼的努责拉出胎儿，以免发生窒息死亡。拉的方向是向后并使胎儿身体的纵轴成为向下弯的弧形。为免驼峰撑破阴门，可由一人拉住阴唇上角。

(三)处理新生仔畜

(1)防止新生仔畜窒息擦净鼻孔内的羊水，观察呼吸是否正常。如无呼吸，必须立即抢救。

(2)处理脐带。牛、羊胎儿产出时，脐带一般均被扯断，脐血管回缩，脐带残段仅为一羊膜鞘。马的则不断，为了使胎盘上更多的血液流入幼驹体内，可迅速在脐带上涂碘酒后，用左、右手轮流从母马阴门向幼驹脐部捋脐带，至脐动脉搏动停止后再捋若干次，到脐血管显得空虚时，将脐带剪断，以利于幼驹健康。

脐带断端不宜留得太长。小牛和猪尤应留短，因为它们常因寻找奶头而误将彼此的脐带残段吮坏。断脐后，可将马、猪的残段在碘酒内浸泡片刻；牛、羊、驼可在残段外面涂以碘酒，并将少量碘酒倒入羊膜鞘内。断脐后如持续出血，必须加以结扎。

胎儿产出后，脐血管可能由于前列腺素的作用而迅速封闭，所以处理脐带的目的并不在于防止出血，而是希望残段及早干燥，避免细菌侵入。结扎和包扎都妨碍残段中的液体渗出及蒸发；而且包扎物浸上污水后，反而容易感染。只要给脐带上充分涂以碘酒，最好在碘酒内浸泡，每天 1 次，即能很快干燥。碘酒除有杀菌作用外，对残段也有鞣化作用，可以防止细菌侵入。

驼羔的脐带，于产后 3～4 d 即完全干燥，但脱落比其他家畜慢，一般需 30 d 左右(19～39 d)。

(3)擦干小马及猪身上的羊水，并防止天冷时受冻害。在牛及羊，则让母畜舔干，吃入羊水可增强母畜子宫收缩，加速胎衣脱落。天气寒冷时，应将羔羊迅速擦干，以防冻在地上；但对头胎羊，不要因此惊动了母羊，而且不要擦羔羊的头颈及背部，否则母羊可能不认羔羊。

(4)扶助仔畜站立，并帮助吃奶新生仔畜产出后不久即试图站起，宜加以扶助。在仔畜接近母畜乳房以前，最好先挤出初乳，然后擦净乳头，让它吮乳。偶尔有的头胎牛、马因不认仔或不习惯，拒绝仔畜吮乳。这时必须帮助仔畜吃奶，并防止母畜伤害它们。当产出特别虚弱或不足月的仔畜时，应把它放在 20～30℃的温暖屋子内，包上棉被，进行人工哺乳。

母猪分娩完毕之前，即可帮助已出生的仔猪吃奶，以免它们的叫声扰乱母猪继续分娩。

(四)检查胎衣

猪、马胎衣脱落后，尽可能检查它是否完整和正常，以便确定是否有部分胎衣不下或子宫是否有病理变化。

检查马胎衣的方法是将胎衣平铺在地上，认出体及角，并且确定其上下左右(胎衣的形状与子宫完全一样)。除了胎儿通过时所造成的破口以外，如果还有其他破口，要注意是否有缺损胎衣留在子宫内。决定的方法是将破口的边缘对齐，如果两侧边缘及其血管互相吻合，证明是完整的，否则就是缺少了一部分。这时可将手臂伸入子宫，按照它在子宫内的位置(由胎衣的位置来决定)，将它找到并剥下取出。如果胎衣有病理变化，应继续观察恶露排出的情况，给予适当治疗。

在猪，将胎衣放在水中观察比较清楚。通过核对胎儿和胎衣上脐带断端的数目，即可决定胎衣是否已全部排出。

胎衣检查完毕后，应及时将其埋掉，以免牛、羊吞食后引起消化不良，或者猪吃惯了造成食仔恶癖。

四、产后期

从胎衣排出到生殖器官恢复原状的一段时间，称为产后期。在此期中，母畜的行为和生殖器官都发生一系列变化。

(一)行为变化

产后母畜表现出强烈的母性行为，如舔仔畜、哺乳、护仔等。

1. 舔仔畜

除猪、马、驴以外，所有家畜都有舔仔畜的行为。舔去仔畜身上的羊水，可以减少蒸发引起的散热，保持仔畜体温，还能刺激仔畜的血液循环，牛、羊舔仔畜的肛门区域特别重要，因为该区存在有各自的独特气味，以后借助这种气味可识别自己的仔畜。

2. 哺乳

新生仔畜站起以后，即走向母畜，寻找乳头吮乳，母畜也会调整自己的体位而靠近仔畜，便于哺乳。牛、羊在哺乳中还不断舔仔畜，并嗅闻肛门区。

3. 护仔

各种家畜产后均有强烈的护仔习性，猪、犬表现最为明显。即使平时温驯的母畜，产后期如果有人接近其仔畜，也会表示警惕，甚至攻击。

上述母性行为随仔畜的成长，逐渐减弱，直至消失。

(二)生殖器官变化

1. 子宫

产后期生殖器官中变化最大的是子宫。妊娠期中子宫所发生的各种改变，在产后期中都要恢复原来的状态，这称为复旧。子宫复旧与卵巢机能的恢复有密切关系。卵巢如能迅速出现卵泡活动，即使不排卵，也会大大提高子宫的紧张度，促进子宫的变化。如卵巢的机能恢复较慢，无卵泡发育，尤其存在有持久黄体时，可引起子宫长久弛缓，导致不孕。

分娩以后，子宫黏膜发生再生现象，一部分黏膜实质发生变性萎缩并被吸收。母体胎盘的黏膜表层变性脱落，由于子宫腺的上皮增生而重新长出新的上皮。变性脱落的母体胎盘，残留在子宫内的血液、胎水以及子宫腺的分泌物被混合排出，称为恶露。产后头几天，恶露量多，因含血液而呈红褐色，含有白色分解的母体胎盘碎屑；以后颜色逐渐变淡，血液减少，大部分为子宫颈及阴道分泌物；最后变为无色透明，停止排出。正常恶露有血腥味，但不臭；如果有腐臭气味，则说明是有胎盘残留或产后感染。如果恶露排出期延长，且色泽气味反常或呈脓样，表示子宫有病理变化，应及时予以治疗。

(1)牛恶露很多，产后 3～4 d 大量流出，持续时间较长。头 2 d 色暗红，以后呈黏液状，逐渐变为透明，10～20 d 停止排出。3 周以后仍排出者，表示有子宫感染。

(2)水牛恶露多，但持续时间较短。完全复旧平均为 39 d，孕角较慢(31～45 d)，空角较快(16～30 d)。产后头 14 d 复旧速度快，以后逐渐减慢。

(3)羊恶露不多，绵羊在产后 4～6 d 停止排出，山羊约为 2 周。子宫复旧至少需要 24 d 才能完成。

(4)猪恶露很少，初为污红色，以后变为淡白，再转成透明，常在产后 2～3 d 停止排出。子宫上皮至产后 3 周已更新，子宫复旧在产后 28 d 以内完成。

(5)马子宫复旧较快，产后 8～12 d 完成。恶露不多，产后 3 d 即停止排出，维持到 3 d 以上的宜进行治疗，以免影响产后第一次发情时受孕。产后 13～15 d 于宫内膜已完全更新。妊娠脉搏在产后数小时即停止，但子宫血管的复旧在产后 3 周才完成。

(6)骆驼产后 6 d，子宫缩小到直肠检查能摸到右角和左角基部。约半个月时，可以摸到整个子宫。产后 25～30 d，子宫的大小及位置恢复正常。

2. 卵巢

分娩后，卵巢内可能有卵泡开始发育。但是各种家畜产后第一次出现发情的时间早晚有所不同。

(1)牛妊娠黄体分娩后才萎缩并被吸收，所以产后发情出现很晚。妊娠黄体的变性萎缩进程和发情周期黄体相同。

(2)马分娩时已无黄体，分娩后很快即有卵泡发育，产后不久就会出现发情。

(3)骆驼右卵巢在产后3～5 d直肠检查即能摸到,左卵巢则需5～10 d才能摸到。黄体逐渐缩小、变硬,表面常凹凸不平。缩小到直径0.8～1.0 cm后,吸收过程很慢,可存在3～4个月之久。产后15～35 d,母驼中有1/3的卵巢上有直径1～1.4 cm能够排卵的卵泡。

3. 阴道、前庭及阴门

在分娩后4～5 d复原,但并不完全恢复到原来的大小。

4. 骨盆及韧带

在分娩后4～5 d恢复原状。

【项目小结】

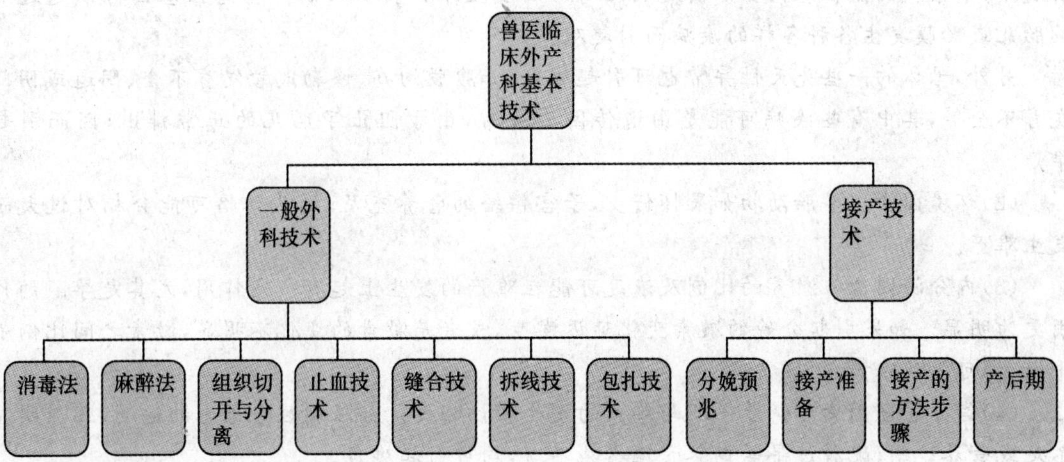

【复习与思考】

1. 简述外科无菌术的概念。
2. 动物术部准备通常分为哪几个步骤?如何操作?
3. 常用的局部麻醉药有哪几种?
4. 组织切开的原则是什么?
5. 组织缝合注意事项有哪些?
6. 犬的产前准备包括哪些?
7. 接产主要分哪几个步骤?

【知识链接】

难产

难产是指由于各种原因而使分娩的时间明显延长,如不进行人工助产,则母体难于或不能排出胎儿的产科疾病。难产如果处理不当,不仅会危及母体及胎儿的生命,而且往往能引起母畜生殖道疾病,影响以后的繁殖力。

一、难产的发病率

各种动物难产的发病率差别很大,家畜中以牛最常发生,发病率为3.23%,初产牛及体格较大的品种,难产的发病率更高。绵羊怀双胎时难产的发病率明显较高,马和猪的发病率相对较低,约为1%～2%,山羊的发病率为3%～5%,犬和猫则因品种不同而差别很大。

初产动物难产的发病率比经产动物高。早产时，由于子宫迟缓、胎儿死亡及胎势异常较多，从而使难产的发病率升高。

二、难产的病因

难产的发病原因可以分为普通病因和直接病因两大类。

(一)普通病因

引起难产的普通病因主要包括遗传因素、环境因素、内分泌因素、饲养管理因素、传染性因素及外伤因素等。

(1)遗传因素　遗传因素在难产的发生上起有一定的作用，有些因素可以引起母畜异常而诱发难产；亲代的隐性基因可以引起胎儿畸形而发生难产。双亲的一些隐性基因可以通过影响胎儿或胎膜发生各种各样的疾病而引起难产。

另外，母体的一些先天性异常也可引起难产，如腹股沟疝、谬勒氏管发育不全、阴道或阴门发育不全等，其中有些疾病可能是由遗传因素异常，由于阻止了胎儿的正常排出，因而引起难产。

(2)环境因素　多胎动物如果怀仔少，子宫供给的营养充足，胎儿体格可能会相对过大而发生难产。

(3)内分泌因素　激素的比例及浓度可能在难产的发生上起有一定作用，尤其是孕酮的作用更为明显。如果引起分娩的激素变化延迟发生，或者是激素的变化不明显，激素之间比例不平衡，均可导致难产。

(4)饲养管理因素　饲养管理与难产的发生密切相关。如限制妊娠母畜的运动，营养明显不足或营养过剩，配种过早等饲养管理措施不当，均可引起难产。

(5)传染性因素　所有影响妊娠子宫及胎儿的传染病均可引起流产、子宫弛缓、胎儿死亡及子宫炎等疾病。如果子宫壁严重感染，则其张力及收缩能力均会受到损害，出现子宫颈开张不全、子宫迟缓等而引起难产。如果胎儿死亡或早产，则多发生胎势异常而引起难产。

(6)外伤性因素　如外伤引起的腹壁疝，妊娠后期耻骨前腱破裂等，由于腹壁难于收缩也可引起难产。

(二)直接病因

难产的直接原因可以分为母体性和胎儿性两个方面，据此也可将难产分为母体性难产和胎儿性难产；母体性难产又包括产力性难产和产道性难产。

(1)母体性难产　主要是指引起产道狭窄或阻止胎儿正常进入产道的各种因素，例如骨盆骨折或骨瘤，母畜配种过早而骨盆狭小，营养不足导致骨盆发育不全，遗传性或先天性产道或阴门发育不全，分娩或其他原因引起产道损伤，子宫颈、阴道或阴门狭窄，骨盆内血肿，阴道周围脂肪过度沉积，犬和猪结肠阻塞或膀胱扩张，骨盆部的软骨肉瘤、子宫颈或阴道的纤维瘤、脂肪瘤、骨盆部淋巴结的淋巴瘤等肿瘤，子宫捻转，子宫折叠于骨盆前缘，子宫颈扩张不全，子宫弛缓，胎膜水肿等。

(2)胎儿性难产　比母体性难产更常发生，主要是由于胎向、胎位及胎势异常，胎儿过大等引起。

三、难产的检查

救治难产的主要目的是确保母体的健康和以后的繁殖力，而且能够挽救胎儿的生命。手术助产的效果，与诊断是否准确有密切关系。只有在术前进行详细检查，确定母畜及胎儿的反常情况，并通过全面的分析和判断，才能正确拟定切实可行的助产方案，采用合适的助产方法，准确判断预后。此外还应把检查的结果，预定的手术方案以及预后向畜主说明，争取在手术过程中及术后取得畜主的积极支持和密切配合。因此，难产的检查是救治难产的一个重要环节。

难产检查包括病史调查、母畜全身检查、产科检查以及术后检查四个方面。

四、助产手术的选用原则及注意事项

手术助产时，除各种助产手术所必须注意的事项外，为了保证手术效果，还必须重视以下基本原则。

(1)尽早发现，果断处理。难产病例均应做急诊处理，手术助产越早越好，剖腹产术尤其是这样。

(2)进行详细的产科检查，选择合适的助产方案。术前检查必须周密细致，根据检查结果和设备条件，慎重考虑手术方案的每个步骤及相应的保定、麻醉等，然后迅速进行。

(3)消毒润滑，防止产道损伤。在助产手术中，无菌观念和手术素养极为重要。手术助产的目的一般是既要取出胎儿，又必须注意保全母畜以后的生育能力，绝对不可忽视消毒工作。并须重视使用润滑剂，尽可能防止生殖道在手术过程中受到刺激和感染，术后还要在子宫中放入抗菌药物。

(4)术前必须对母畜进行一般性全身检查，依据检查结果，采用适当的对症疗法。母畜在分娩过程中丧失大量水分，体力消耗很大，全身及生殖道都发生剧烈变化，特别是发生难产的母畜，分娩时间延长，往往导致全身耗竭，甚至处于濒危状态。所以，术前进行详细检查，并根据情况给予适当的对症疗法(如补液、强心等)，对保证助产成功是十分必要的。

五、术后护理

手术助产后的护理包括以下几个方面。

(1)手术助产后应肌注或静注催产素，促进子宫的收缩和复旧，加快胎衣的排出，也可用来止血。大动物可注射30～50 IU，羊、猪10～30 IU，犬、猫5～10 IU。

(2)全身及生殖道用抗生素治疗。

(3)术后应密切观察有无休克等并发症，如果出现症状则应立即治疗。

(4)助产后如有胎衣不下，则应及时用抗生素处理，以免发生子宫炎。

(5)将手术过的动物与其他动物分离，以免发生外伤。

(6)注意有无其他产后疾病发生，如有则应尽快治疗。

(7)及时处理产道损伤。

(8)注意检查体温、呼吸、脉搏有无异常变化。

(9)在破伤风散发的地区，为防止术后感染，应于手术同时注射破伤风抗毒素。

参 考 文 献

[1]章红兵,丁岚峰．兽医临床诊疗基础［M］. 北京:科学出版社,2012.

[2]唐艳林,裴春生．兽医生物制品［M］. 北京:科学出版社,2012.

[3]赵兴绪．兽医产科学［M］. 3版．北京:中国农业出版社,2004.

[4]陈北亨,王建辰．兽医产科学［M］. 北京:中国农业出版社,2001.

[5]林德贵．兽医外科手术学［M］. 3版．北京:中国农业出版社,2004.

[6]李玉冰,范作良．宠物疾病临床诊疗技术［M］. 北京:中国农业出版社,2007.

[7]何肆德．动物临床诊疗与内科病［M］. 重庆:重庆大学出版社,2007.

[8]丁岚峰,杜护华．宠物临床诊断及治疗学［M］. 哈尔滨:东北林业大学出版社,2006.